機械製造

林英明、卓漢明、林彥伶　編著

全華圖書股份有限公司

作者序

一、本書適於大專機械相關系所教材，或從事機械相關工作者自學用書。

二、本書中之專有名詞與中譯名詞，參照教育部規定、國內書刊或習慣用語，且能與其他專業學科所使用者一致。

三、本書圖文採用彩色印刷，圖例簡單易懂，機器工具圖片精美清晰。另於每章末均附有依各節順序的試題，可以提供同學複習或評量學習之用。

四、本書課文中以「二維碼」科技結合，方便學習者即時點閱影片與動畫，增進學習者興趣與進一步了解其內容。

五、第八篇「觀念統合實例」共七大案例題，有效融合各章概念，提供學習者從例題中學習如何選用最適合加工法，解析亦提供相關知識說明。

六、本書「生活小常識」即時補充相關知識。

七、本書為方便教學，除提供電子書外，亦編製中文版 PPT 教學檔案供授課老師使用。

八、本書之編撰雖經嚴謹校對，唯仍不免疏漏及錯誤，尚祈先進不吝賜教與指正；最後，衷心感謝國內廠商提供型錄與授權。

編者　謹識

1. 本書的教學目標在培養學習者了解各種機械製造加工法的基礎能力（知識），及能有效融合各章概念且提供學習者選用最適合加工法（技能），最後能讓學習者體會這課程對製造、工程的重要性與貢獻（情意）。

2. 本書的教學主要內容包含概論、機械傳統加工、非傳統加工、表面處理加工、改變形狀加工、機件連接加工、新興製造技術、觀念統合實例等八篇，共 28 章。

1. The goal of this book is to train learners to understand the basic ability (knowledge) of various mechanical manufacturing processing methods, and can effectively integrate the concepts of each chapters and provide learners to choose the most suitable processing method (skills). Finally, learners can realize the importance and contribution of this course to manufacturing and engineering (emotional).

2. The main content contains eight parts, 28 chapters in total. ie.,introduction, traditional machining, nontraditional machining processes, surface treatment method, processes of shape change, joining processes of parts, advanced manufacturing, and examples of idea integration.

編者　林英明謹識

目錄

Contents

目錄

Contents

目錄

第 3 篇　非傳統加工 Nontraditional Machining Processes

第 4 篇　表面處理加工 Surface Treatment Method

目錄

第 5 篇　改變形狀加工 Processes of Shape Change

Contents

目錄

目錄

第 8 篇　觀念統合實例 Examples of Idea Integration

第一篇

概論

本篇大綱

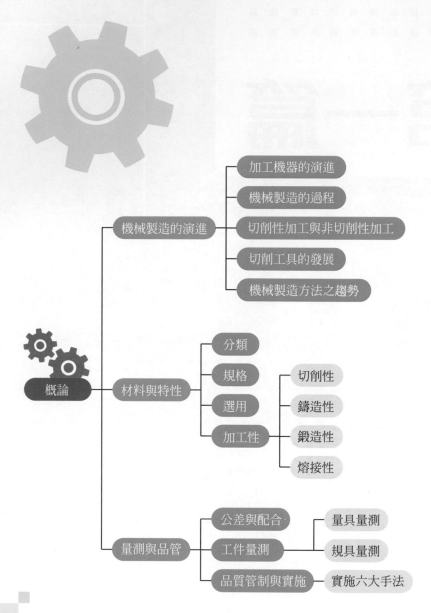

概論
- 機械製造的演進
  - 加工機器的演進
  - 機械製造的過程
  - 切削性加工與非切削性加工
  - 切削工具的發展
  - 機械製造方法之趨勢
- 材料與特性
  - 分類
  - 規格
  - 選用
  - 加工性
    - 切削性
    - 鑄造性
    - 鍛造性
    - 熔接性
- 量測與品管
  - 公差與配合
  - 工件量測
    - 量具量測
    - 規具量測
  - 品質管制與實施
    - 實施六大手法

機械製造的演進

人類隨著石器、銅及鐵器時代，進步到機械時代，而且朝向自動化；製造方法亦不斷推陳出新，發展出切削性加工與非切削性加工；製造過程從設計、選材、生產計畫、製造加工到品質保證；切削刀具亦從工具鋼進步到碳化鎢、陶瓷、塗層等朝耐高溫及高硬度的刀具，整個機械產業朝專業化、電腦化、自動化、多元化及彈性化的革命性發展邁進。

本章大綱

1-1 加工機器的演進

　　機械在人類生活中佔有很重要的地位，機器更是人類從事生產工作不可或缺的伙伴。一部機器的演進史，就如同人類文明的進化史一般。十八世紀中葉英國人瓦特 (James Watt) 發明蒸氣機，當時被用來轉動紡織機；到了十九世紀又被運用在船上，進入了汽船時代；隨後英國人史蒂芬生 (George Stephenson) 把蒸氣機運用在火車上，使交通工具向前邁進一大步。十九世紀中葉，人類發明了內燃機改善了蒸氣機的笨重不方便性，從此開始了使用汽油的時代。

　　環顧遠古迄今，由圖 1-1 所示刀具演化可得知，人類從木材、石器作為簡單工具的石器時代，歷經幾千年的演進，隨著銅器時代、鐵器時代進步到機械時代。這個機械化時代的來臨，各式各樣的機器不斷地被應用在各行各業中，亦改變了人類整個生活形態與便利性。迄至今日，隨科技的進步及電腦技術的發展與機械相結合，使機器又邁向一個新紀元，進入一個工廠自動化新時代，使得製造之成本、品質與效率有了空前的變革。

 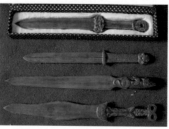  

機構設計

(A) 石器刀具　　　(B) 戰國時期青銅劍　　　(C) 西漢鐵劍　　　(D) 現代機關槍

• 圖 1-1　武器演化 (互動百科 & 中國製造網 & 林政賢痞客幫網)

　　談近代機器製造方法之發明先驅，可推在十八世紀美國人伊利・懷特尼 (Elij Whiteney) 發明軋棉機為代表。然而，機器的發明都是由簡單的機構或機械演變而來，如圖 1-2(A) 所示可說明車床機器的發明原型，於 1740 年法國創造屬於一種切削螺絲專用機器，在 1770 年又設計了較具今日車床形狀的機器，如圖 1-2(B) 所示乃早期利用弓的彈力和腳踏板使繩索上下，以轉動工件而達到加工的方法。隨後又進一步利用腳踏機構，經曲柄供給動力，如圖 1-3(A) 所示。接著英國的「工業革命」後，有了馬達動力如圖 1-3(B) 所示為車床頭座內皮帶傳動機構，並利用階級塔輪及皮帶來變速。

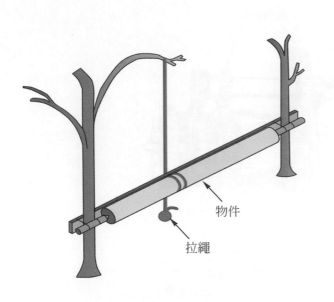

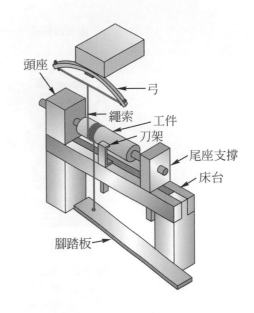

(A) 車床原理(取自參考書目1)　　　　　　　(B) 原始車床模型(取自參考書目2，P82)

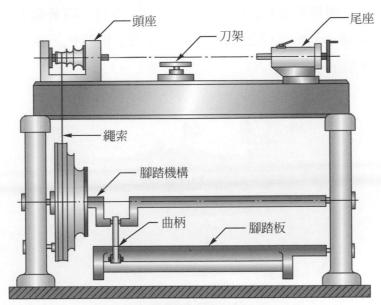

(C) 腳踏車床 (取自參考書目 2)

- 圖 1-2　機器的演進史 (參考書目 1& 參考書目 2)
　　　參考書目 1-93 年四技二專統測機械專業二試題
　　　參考書目 2- 機工學 - 張甘棠著 - 三文出版社

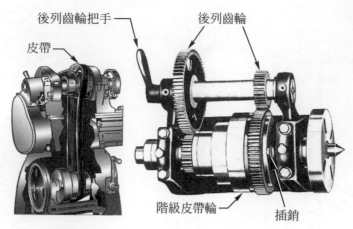

後列齒輪把手　　　　後列齒輪

皮帶

階級皮帶輪　　　插銷

(D) 皮帶傳動車床裝置 (取自參考書目 2)

・圖 1-2　機器的演進史 (參考書目 1& 參考書目 2)
　　　　　參考書目 1-93 年四技二專統測機械專業二試題
　　　　　參考書目 2- 機工學 - 張甘棠著 - 三文出版社 (續)

　　進入二十世紀，如圖 1-3 所示，此時車床改進齒輪系傳動，增加精密度、速度和自動進刀機構等，更能精確地傳送動力及切削工作。今日，隨著電子工業蓬勃發展，電腦結合機器，如圖 1-4 所示，開啓了「新工業革命」的時代，並朝工業自動化的境界邁進，如圖 1-5 所示。

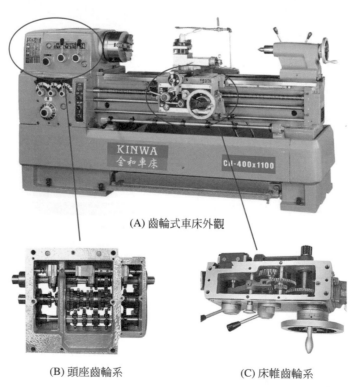

(A) 齒輪式車床外觀

(B) 頭座齒輪系　　　　　　(C) 床帷齒輪系

・圖 1-3　齒輪系傳動車床 (金竑精密提供)

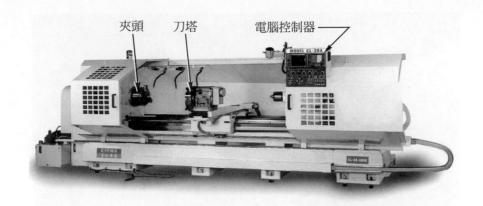

夾頭　刀塔　電腦控制器

• 圖 1-4　電腦數值控制車床 (金竑精密提供)

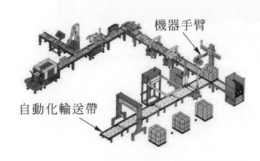

機器手臂

自動化輸送帶

(A) 無人化自動包裝生產線(台灣新技股份公司)

(B) 自動化零件輸送線(昆山恒達公司)

• 圖 1-5　自動化生產線

　　現今進入 21 世紀以後，世界各國紛紛投入發展智慧工廠，使機器智慧化、生產自動化與管理辦公協同化，包括資訊化、物聯網、IT 和 OT 融合互通等技術，以增強企業市場競爭力，形成未來的第四次工業革命，如圖 1-6 所示。

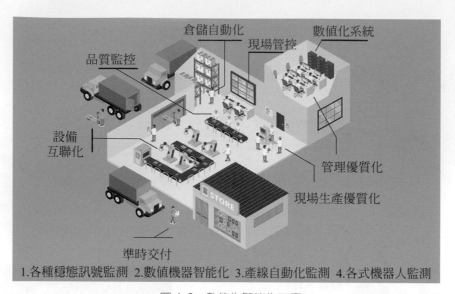

• 圖 1-6　數位化智能化工廠

(tuya 網 2022/08/31 - https://www.tuya.com/cn/industry-details/Kbvzpt4eospi4)

1-2　機械製造的過程

　　機械製造係使用各種工具機及設備，將材料變成有用且富價值的產品。在製造的過程中，必先依設計的圖樣，愼選材料，並選擇加工方法及正確的使用加工工具，方能以最經濟的方式，製造出符合品質及精度需要的產品。機械製造過程，如圖 1-7 所示，敘述如下：

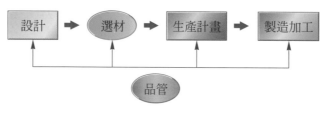

• 圖 1-7　機械製造流程

一、設計 (Design)

　　設計師在設計產品時，必須了解製程，而且清楚地了解產品的功能、預期的性能及考慮人因工程；從原始產品的概念圖開始發展，設計師必需考慮產品的生命周期，諸如設計、發展、生產、分配、使用及最後處理，如圖 1-8 所示。設計人員在設計產品時，必需依據工廠設備，工廠產能、工廠機器性能、技術人員的技術程度及產品的精度要求等條件，設計出產品的工作圖；同時，必須依據市場需求，顧客需求，產品責任、安全性，回收與環保等問題加以衡量，這些內外因素，是一位優秀的設計師必需要面對的課題。

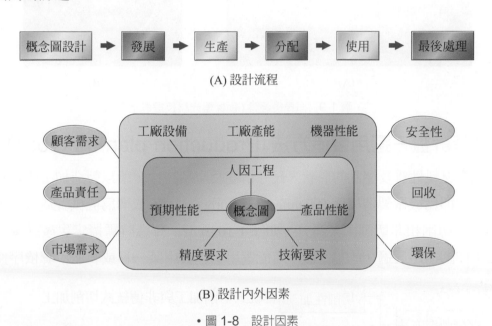

(A) 設計流程

(B) 設計內外因素

• 圖 1-8　設計因素

▶ 生活小常識

人因工程（1993，人因工程學會）

乃是了解人的身體、感知以及心智能力與限制，而應用於工具、機器、流程、系統、方法和環境之設計，使人能在安全舒適及合乎人性的狀況下發揮最大效率和使用效能，並提高生產力及使用者的滿意度。

二、選用材料 (Material selection)

材料有不同的機械性質及特性，如加工性、硬度和延展性等，不同的材料，亦有不同的價格及供應的難易度。所以，必需根據這些條件慎選適當的材料。如圖 1-9 所示為汽車後照鏡外殼，選用塑膠材質。

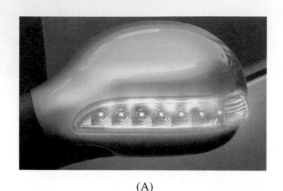
(A)

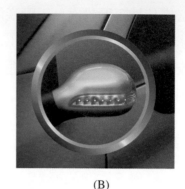
(B)

• 圖 1-9　汽車後照鏡 (新傑燈光科技提供)

三、生產計畫－選用製造方法 (Production plan-methods)

為適合材料性質及產品的形狀、尺寸精度及產品特性，所以製造加工皆有其一定的程序，此即為機械製造程序 (Manufacturing processes)，或稱為機械製造方法，大致上概括分為切削和非切削兩大部分，如圖 1-10 所示，製造時需擬定生產計畫，依所設計之工作圖選用最適切的加工法，可能選用上述其中某一種或多個步驟依序使用。

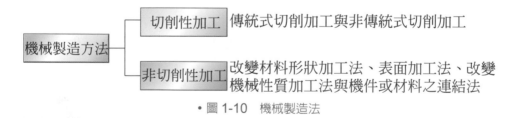

機械製造方法
切削性加工　傳統式切削加工與非傳統式切削加工
非切削性加工　改變材料形狀加工法、表面加工法、改變機械性質加工法與機件或材料之連結法

• 圖 1-10　機械製造法

生活小常識

生產管理

生產管理指的是計畫、組織、控制生產活動的綜合管理活動。生產管理重點如下：

1. 生產組織：包括廠址選擇，工廠布置生產線，員工招募與職前訓練，設置生產管理系統。
2. 生產計畫：包括編制生產計畫、生產技術準備和生產作業計畫。
3. 生產控制：包括控制生產進度、倉庫管理、品質和成本。

四、製造加工 (Manufacturing)

　　依所選擇的加工方法在機械上加工，此時必須注意尺寸的精度及表面粗糙度 (光度) 是否符合設計上圖面的要求，才能製造出符合設計需求的機件，故製造加工時，必須配合適當的量具加以測量，如圖 1-11 所示為工作圖圖例。

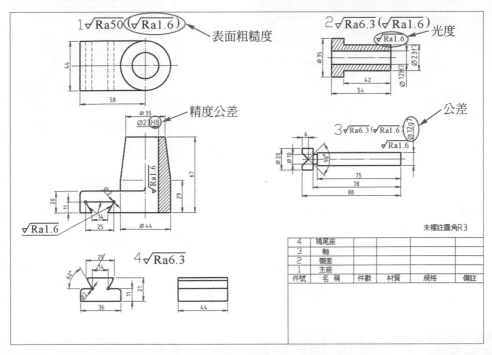

• 圖 1-11　製造加工需符合工作圖

五、品管要求 (Quality control)

　　在大量生產的工廠中，機件必須以抽驗檢驗的方式實施品質管制，才能使不良品降低，並及時管制生產有瑕疵的機件及機器，進而加以改善，使品質更加良好。甚至近年來國內大型工廠，對產品的品質已由廠內的「品質管制」(Quality control，簡稱 QC)，更重視售後的顧客滿意度和需求，使更能達「品質保證」(Quality assurance，簡稱 QA) 的境界；所以，一些工廠以誠信、踏實、積極、創新的理念經營公司，及追求 ISO 認證，並將品管部門提升為品保部門，如圖 1-12 所示。ISO9001 為品質管理系統之要求，而國際標準組織於 2015 年發布最新版本，即，ISO9001：2015。

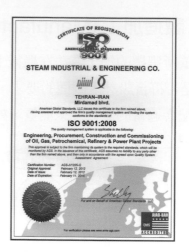

(A) 顧客滿意度和需求調查　　　　　　　(B) ISO 9001：2008 認證(取自 Steam)

• 圖 1-12　品管要求 (新傑燈光科技公司提供)

　　若是公司內全體部門必須同心協力、互助合作達到品質管制目的稱為全面品質管制 (Total Quality Control，TQC)。另外，統計品質管制 (Statistical Quality Control，簡稱 SQC) 是一門應用資料分析配合統計方法，運用在製造過程來解決問題的科學的方法。在實施品質管制時常應用統計方法在 5M 上，所謂 5M 是指人 (Men)、原料 (Materials)、機器 (Machines)、技術方法 (Methods)、測量檢驗 (Measurement)。

1-3 切削性加工與非切削性加工

一、切削性加工 (Machinability manufacturing)

　　產品的製造過程中，往往需將材料切削 (Cutting) 成一定尺寸及精度的工件，進而才能有效地組成一台機器。故大多數以刀具將工件作精確尺寸之修整者，稱為切削性加工，因大多數此種加工法會產生切屑 (Chip)，又稱為有屑加工法。一般分為傳統式及非傳統式切削加工法。分述如下：

1. **傳統式切削加工法 (Traditional machining)**：以硬質刀具作爲切削工具，常見之傳統式工作母機有：

   (1) 車削 (Turning)：如圖 1-13 所示，其切削原理爲刀具移動而工件旋轉，詳見 5-1 節。

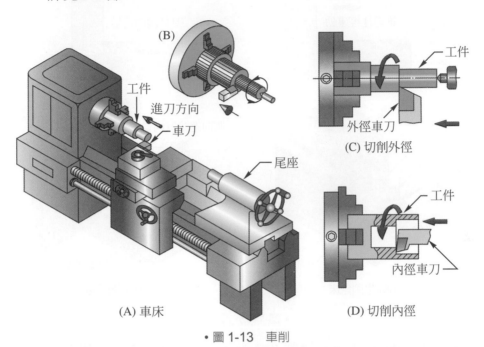

車削動畫
示意動畫

• 圖 1-13　車削

   (2) 磨削與銑削 (Grinding & Milling)：如圖 1-14 所示，其切削原理爲工件、刀具同時運動者，詳見 5-5、5-6 節。

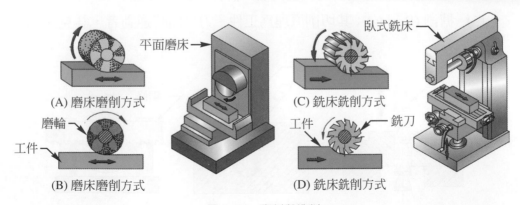

• 圖 1-14　磨削與銑削

(3) 鉋削 (Shaping and Planing)：如圖 1-15 所示，其中牛頭鉋床切削原理為工件靜止而刀具作直線往復運動；龍門鉋床切削原理為刀具靜止而工件作直線往復運動，詳見 5-3 節。

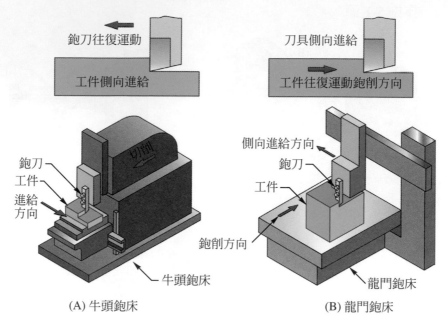

鉋刀往復運動　工件側向進給

刀具側向進給　工件往復運動鉋削方向

側向進給方向
鉋刀　工件
鉋削方向

鉋刀　工件　進給方向　切削　牛頭鉋床

龍門鉋床

(A) 牛頭鉋床　　(B) 龍門鉋床

• 圖 1-15　鉋削

(4) 拉削 (Broaching)、鋸削 (Sawing)、鑽削 (Drilling)：如圖 1-16 所示，其中拉削、鋸削切削原理為工件靜止而刀具作直線往復運動，而鑽削切削原理為工件靜止而刀具旋轉者，詳見 5-2、5-4 節。

(5) 搪削 (Boring)：其切削原理為工件、刀具同時運動者，詳見 5-2 節。

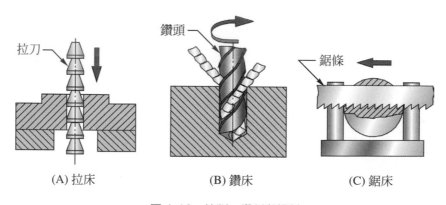

拉刀　鑽頭　鋸條

(A) 拉床　　(B) 鑽床　　(C) 鋸床

• 圖 1-16　拉削、鑽削與鋸削

2. 非傳統式切削加工法 (Nontraditional machining processes)：又稱特殊切削加工法，分為四種方式，詳見以下介紹。

(1) 機械式：加工原理是利用高速振動，如超音波加工 (USM)、磨料噴射加工 (AJM)，如圖 1-17 所示。

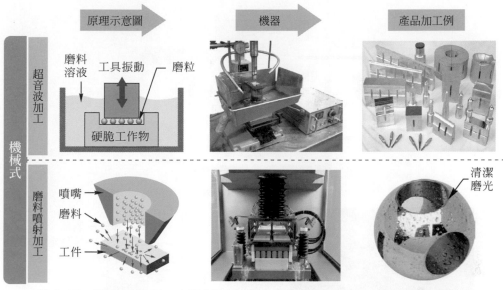

• 圖 1-17　機械式加工法 (大阪大學科研所 & 力鋒超音波設備加工廠 & 自動化在線)

(2) 熱電式：如電子束加工 (EBM)，加工原理是利用電子的動能轉換為熱能的一種加工法。放電加工 (EDM) 的加工原理是利用放電火花的熱能的一種加工法，雷射加工 (LBM) 的加工原理是利用光能的一種加工法，如圖 1-18 所示。

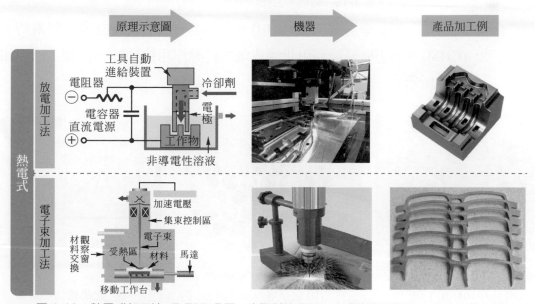

• 圖 1-18　熱電式加工法 (E-FAB 公司、宜聖科技公司、中國傳動設備網 & 科焱實業公司)

(3) 電化式：如電化加工 (ECM) 與電化研磨加工 (ECG)，原理同電鍍法，唯工件接陽極，而工具接陰極的一種加工法，如圖 1-19 所示。

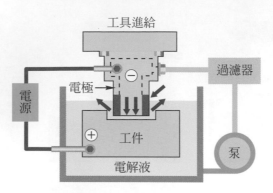

(A) 電化加工示意圖

(B) 電化加工電解槽

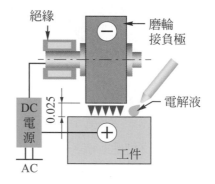

(C) 電化研磨示意圖

• 圖 1-19　電化加工 (Burningsmell 公司)

(4) 化學式：如化學切胚加工 (CHB)、化學雕刻加工 (CHE) 及化學銑切加工 (CHM)，加工原理是利用化學溶劑之腐蝕作用達到的一種加工法，如圖 1-20 所示。

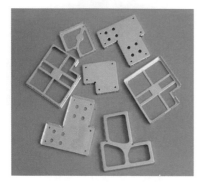

(A) 化學切胚加工例

(B) 化學雕刻加工例

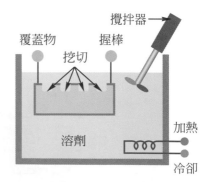

(C) 化學銑切示意圖

• 圖 1-20　化學式加工法 (卓力達公司)

二、非切削性加工 (Non-machinability manufacturing)

　　非切削性加工法具有節省材料、人力及動力，並可降低成本、節省購置切削加工機器費用等優點，但缺點是模具和設計費用增加。大多數非切削性加工不會產生切屑，故又稱為無屑加工法，大致上可分為下列四種：

1. **改變材料形狀的加工法 (Methods of changing material shapes)**：主要目的是在將材料定型，一般需再做進一步的加工，常見者如下：

   (1) 鑄造 (Casting)：如圖 1-21 所示，將熔融之金屬液澆鑄入鑄模孔後，凝固取出鑄件法，詳見第 15 章。

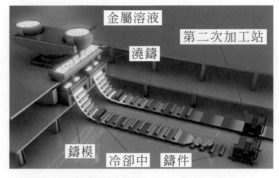

(A) 鑄造(台中精機廠提供)　　　　　(B) 鑄造流程(三島光產株會社)

• 圖 1-21　鑄造

   (2) 熱作 (Hot working)：如鍛造 (Forging)、滾軋 (Rolling) 等，如圖 1-22(A) 所示為利用模具將熱作鍛胚加壓成形之法，其製造原理詳見 16 章。

   (3) 冷作 (Cold working)：如抽拉 (Drawing)、壓印 (Coining)、壓浮花 (Embossing) 等，其製造原理詳見 17 章。

   (4) 衝壓 (Pressing)：如壓床工作，如圖 1-22(B) 所示，為利用模具將冷胚板材加壓成形之法，詳見 18 章。

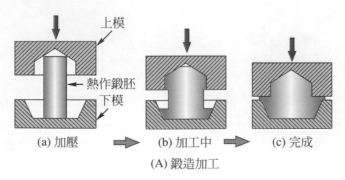

(a) 加壓　➡　(b) 加工中　➡　(c) 完成

(A) 鍛造加工

• 圖 1-22　鍛造加工與衝壓床加工

鍛造原理
示意動畫

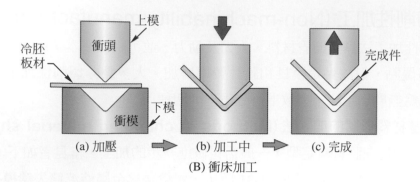

• 圖 1-22　鍛造加工與衝壓床加工 (續)

(5)　電積成型 (Electroforming)：其製造原理如圖 1-23 所示，詳見第 9 章。

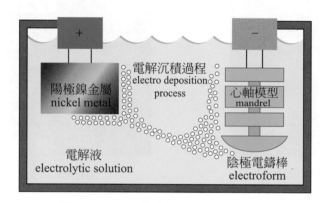

• 圖 1-23　電積成形原理 (取自 wikipedia)

(6)　塑膠模成型 (Plastic molding)：塑膠模具與製品如圖 1-24 所示，詳見第 10 章。

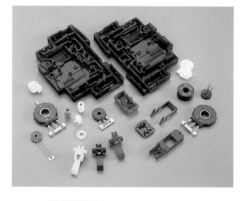

(A) 塑膠射出成型模具(時代精密塑膠模具公司)　　(B) 塑膠製品(LEECH Indistries Ins.)
　　　　　　　　　　　　　　　　　　　　　　　　　　　　　(參考書目60)

• 圖 1-24　塑膠成型模

2. **表面處理 (Surface treatment)**：主要目的在使產品具有光滑美觀外表、精度或增加產品防腐蝕能力，可增加產品壽命及商業附加價值，以刺激顧客的購買慾。加工法主要有表面精製與表面塗層，如圖 1-25 所示，分述如下：

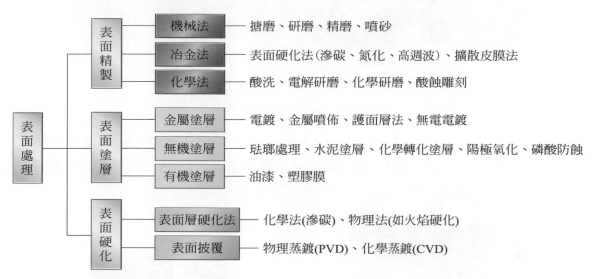

• 圖 1-25　表面處理之分類

(1) 表面精製 (Surface finishing)：是利用機械法、冶金法或化學法的加工方法，增加金屬零件的機械性質或改善其硬度、光度的方式。有：

① 機械法：如搪磨 (Honing)、研磨 (Lapping)、拋光 (Polishing)、擦光 (Buffing)、滾磨 (Barrel tumbling)、超級精磨 (Super finishing)、噴砂 等，其製造原理詳見第 24 章其他製造技術。

② 冶金法：如表面硬化法 (滲碳法、氮化法、高週波硬化法)，其原理詳見第 15 章表面硬化。

③ 化學法：如酸洗、化學研磨、電解研磨、酸蝕雕刻等。

(2) 表面塗層 (Surface coating)：是指利用金屬塗層、無機塗層或有機塗層的方法將金屬零件表面塗上一層保護層的方式。參見第 13 章表面塗層，有：

① 金屬塗層：如電鍍 (Electroplating)、金屬噴佈 (Metal spray) 等，如圖 1-26 所示為水龍頭電鍍製品。

• 圖 1-26　電鍍製品 (無極網吧)

② 無機塗層：如陽極氧化 (Anodizing)、磷酸防蝕 (Parkerizing)、琺瑯處理、水泥塗層、化學轉化塗層等，如圖 1-27 所示為陽極氧化設備及其製品。

(A)陽極氧化設備(Avcorp Industries Inc.)　　　**(B)陽極氧化製品(搜狗百科)**

• 圖 1-27　陽極氧化

③ 有機塗層：如油漆、塑膠膜等。

(3) 表面硬化：是指使機件表層硬化之法，參見第 14 章表面硬化，有：

① 表面層硬化法：如化學法 (有滲碳法、氮化法等) 和物理法 (有火焰硬化法、高週波硬化法等)。

② 表面披覆法：如物理蒸鍍 (PVD) 和化學蒸鍍 (CVD)。

3. 機件或材料之連接法 (Methods of joining)：乃是將兩件或兩件以上的機件組合之法，其結合的方式有：

(1) 熔接 (Welding)：如軟銲、硬銲、氣銲、電銲及電阻銲等，其原理詳見第 20 章。

(2) 鉚接 (Riveting)：如圖 1-28(A) 所示，用於兩個工件的接合。

(3) 黏接 (Adhesive joining)：如利用環氧樹脂黏接劑膠埋電子零件。

(4) 螺釘接合 (Screw fastening)：如圖 1-28(B) 所示，藉螺栓與螺帽接合兩機件。

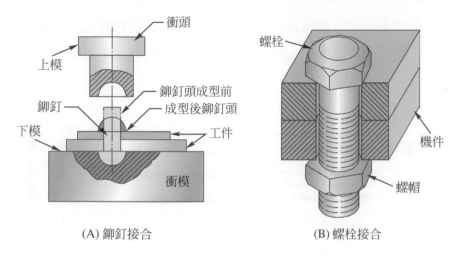

(A) 鉚釘接合   (B) 螺栓接合

• 圖 1-28 鉚釘接合與螺栓接合

4. **改變機械性質的加工法**：此法是藉溫度與冷卻之變化，或快速反覆對工件施加應力，而達到改變機械性質爲目的之加工法，有下列四種：

(1) 熱處理 (Heat treatment)：如淬火可增加鋼件硬度，退火可使鋼件軟化、降低硬度，回火可增加鋼件韌性。

(2) 熱作 (Hot working)：參見第 18 章熱作。

(3) 冷作 (Cold working)：參見第 19 章冷作。

(4) 珠擊法 (Shot peening)：參見第 19-4 節。

1-4 切削工具的發展

在切削性加工中，由於工具機不斷的進步，切削速度不斷地提昇，進刀量及切削深度亦不斷地增加，而且對產品的品質及精度要求也愈嚴格；所以，在考慮成本時，刀具壽命成了一項很重要的決定因素之一。

金屬作切削加工時，機器切削速度愈快，則生產效率愈高，因而可減少工時及降低成本。然而，增加切削速度會增大刀具承受的切削熱與衝擊力，因而造成刀具磨

耗、燒毀與斷裂等現象。故而切削工具朝著高溫、耐磨耗、耐高壓與耐衝擊等方向發展。常見切削工具之硬度比或切削速度高低比為鑽石 > 立方氮化硼 > 陶瓷 > 塗層刀具 > 碳化鎢 > 鑄造合金 > 高速鋼 > 工具鋼，敘述如下：

一、工具鋼 (Tool steel)

以鐵、碳為主要元素，含碳量約 1.0 ～ 1.5%，硬度在 HRC62 ～ HRC64，耐熱溫度約 200℃，主要用於製造銼刀、刮刀、鋸片、鑿子或低切削速度之刀具，如圖 1-29 所示。

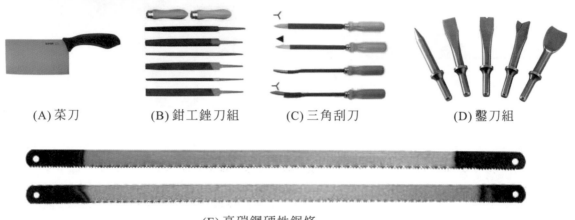

(A) 菜刀　　　　(B) 鉗工銼刀組　　　　(C) 三角刮刀　　　　(D) 鑿刀組

(E) 高碳鋼硬性鋸條

• 圖 1-29　工具鋼 (1688 網 & renshoudh 網 & 錢銀網)

二、高速鋼 (High-speed steel，簡稱 H.S.S)

如圖 1-30(A) 所示，高速鋼硬度在 HRC65 ～ HRC67，耐熱溫度約 600℃，應用最廣者依所含金屬元素不同分為三類，如圖 1-30(C) 所示：

1. **鎢系高速鋼 (T 級)**：常見標準型為 18-4-1 型，即分別各含鎢 18%、鉻 4%、釩 1%，是製造各類型車刀和成型刀具的主要材料。
2. **鉬系高速鋼 (M 級)**：常見標準型為 6-6-4-2 型，即分別各含鎢 6%、鉬 6%、鉻 4%、釩 2%，主要用於低速切削刀具，如鑽頭、鉸刀或螺絲攻等的主要材料。
3. **含鈷高速鋼**：此系高速鋼是在一般高速鋼中加入鈷 (Co) 元素，又稱超高速鋼，用於耐高溫之切削。

三、鑄造合金 (Cast alloy)

　　以鑄造方式製成，主要成份為鎢 (W)、鉻 (Cr)、鈷 (Co)，最具代表者為 Stellite(史斗鉻鈷)，亦稱亮金。耐熱溫度約 820℃，切削速度約比高速鋼大 2 倍。其紅熱硬度、耐磨性及耐震性介於高速鋼與碳化鎢之間。一般用於製造測定工具，工模夾具、鑿岩刀具或用於高速切削高強度材料或不銹鋼之刀具，如圖 1-30(B) 所示為鑿岩刀頭。

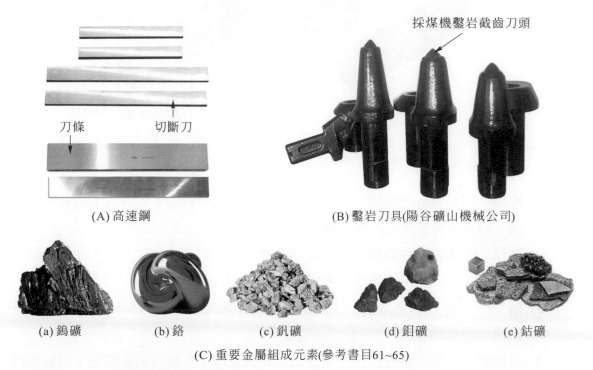

採煤機鑿岩截齒刀頭

刀條　　　　切斷刀

(A) 高速鋼　　　　　　　　　　(B) 鑿岩刀具(陽谷礦山機械公司)

(a) 鎢礦　　　(b) 鉻　　　(c) 釩礦　　　(d) 鉬礦　　　(e) 鈷礦

(C) 重要金屬組成元素(參考書目61~65)

• 圖 1-30　高速鋼與鑄造合金 (永興機床刃具廠、陽谷礦山機械公司、中華網、人民網、儀器信息網、科力達化工 & 維基百科)

四、碳化物刀具 (Sintered carbides)

　　常見者為碳化鎢，耐熱溫度約 1200℃，紅熱硬度達 HRA92(約 HRC76)，切削速度約比高速鋼大 3 ～ 4 倍，耐磨性佳，但性脆。碳化鎢主要成份為碳 (C)、鎢 (W) 粉末混入鈷 (Co) 粉作為結合劑後，加壓成形並經約 1500℃燒結溫度之粉末冶金法製成。製成刀片後，以銅銲銲在刀柄上使用。於切削時，不宜斷續切削，以免刀片受損。依 ISO 常用者分為 K、P、M 三類，如圖 1-31 所示，並標示分類數字，如 K40、P01、P40、M10、M40；數字愈小表示硬度愈高，適合高速精密切削；數字愈大表示韌性愈佳，愈適合於低速重切削場合。分述如下：

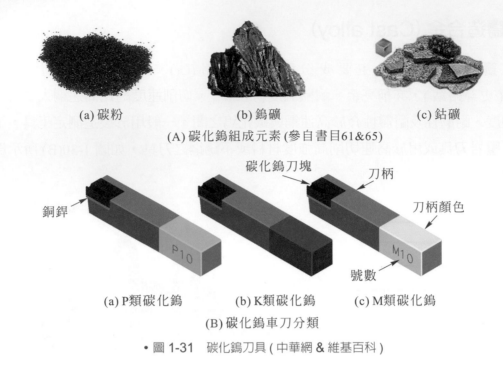

(a) 碳粉　　　(b) 鎢礦　　　(c) 鈷礦

(A) 碳化鎢組成元素 (參自書目61&65)

碳化鎢刀塊　　刀柄

刀柄顏色

銅銲

號數

(a) P類碳化鎢　　(b) K類碳化鎢　　(c) M類碳化鎢

(B) 碳化鎢車刀分類

• 圖 1-31　碳化鎢刀具 (中華網 & 維基百科)

1. **K 類**：刀柄以紅色識別，主要成分為碳化鎢及鈷合金，韌性大，用於切削鑄鐵、石材或低強度之非鐵金屬等不連續切削工作。

2. **P 類**：刀柄以藍色識別，主要成分為碳化鎢、鈷及碳化鈦合金，硬度及耐磨耗性高，用於切削高強度之鋼類連續切削工作。

3. **M 類**：刀柄以黃色識別，性質介於 P 與 K 類之間，用於切削不銹鋼、延性鑄鐵、高錳鋼等工作。

4. **其他類**：N 類刀柄塗綠色，用於切削非鐵金屬；S 類刀柄塗橘色，用於切削高溫合金與鈦金屬；H 類刀柄塗灰色，用於切削硬材料。

五、塗層刀具 (Coated tooling)

　　常見塗層刀具有鍍層高速鋼及鍍層碳化鎢，係在具有高強度之成型刀片上，利用蒸鍍法 (Vapor deposition process) 鍍上一層 5 ～ 8 μm 薄膜而成，如碳化鈦 (銀灰色)、氰化鈦 (紅褐色)、氧化鋁 (乳白色)、氮化鈦 (金黃色) 或氮化鋁 (暗紫色)、氮化鉻 (銀白色澤或鑽石膜 (黑色)。另外，碳氮化鈦 (TiCN) 鍍層顏色隨碳 (C)、氮 (N) 不同比例而變化，如玫瑰金、灰色或古銅色。具耐磨性及降低切削間之親和性 (親合性低則磨耗小)，且較不易黏屑現象。如圖 1-32 所示為金黃色氮化鈦鑽頭。

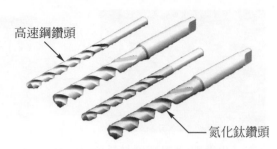

高速鋼鑽頭

氮化鈦鑽頭

(A) 高速鋼鑽頭與塗層氮化鈦鑽頭　　　　　　(B) 塗層氮化鈦刀具

• 圖 1-32　塗層刀具

六、陶瓷刀具 (Ceramic tooling)

　　如圖 1-33 所示，主要成份為氧化鋁 (Al_2O_3)，以粉末冶金法製成，又稱燒結氧化物刀具 (Cemented oxide)，硬度達 HRA94，切削速度約比碳化鎢高 2～3 倍，具耐高溫、耐磨性佳、壽命長及加工後光度佳等特性。但是，陶瓷刀具韌性低、性脆而不耐衝擊，不適合重切削或振動性切削，一般研磨刀口斜角時，均取負 5～負 7 度，以增加其強度，一般用於切削鑄鐵及高硬度材料。

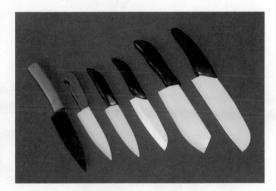

(A) 陶瓷刀具(津特機械貿易公司)　　　　　(B) 廚房料理刀(參考書目53)

• 圖 1-33　陶瓷刀具 (津特機械貿 &Tupian.Baike.com)

七、立方氮化硼 (Cubic Boron Nitride，簡稱 CBN)

　　主要係由碳化物基質外加一層多晶體硼氮化物 (B_3N)，如圖 1-34 所示，此外層作切削用，硬度比陶瓷刀具高，達莫氏 (Mohs)9.36 度 (約 HRA97) 僅次於鑽石，刀具壽命為碳化物刀具之 300 倍。一般刀具採用負斜角及 15 度以上切邊角，以增加其強度。切削時避免振動，極適合高硬度淬火鋼及耐熱鋼之切削工作。

 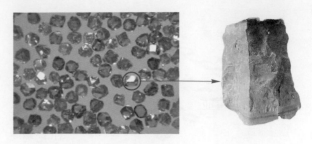

(A) 立方氮化硼砂輪(中國砂輪提供)　(B) 立方氮化硼粒(禹凱超硬材料公司)　(C) 顆粒放大圖

• 圖 1-34　立方氮化硼 (中國砂輪 & 禹凱超硬材料公司)

八、鑽石 (Diamond)

　　鑽石硬度達莫氏硬度最高等級 10 度，故性極硬、耐磨，但脆性大、價格昂貴，如圖 1-35 所示，不宜作衝擊性切削，常用於切削陶瓷、碳化鎢等硬材，或鋁、銅、塑膠、玻璃纖維等材質之高速、鏡面精切削工作；不適合切削鐵系材料，以免鐵和鑽石產生親和作用。一般用於砂輪修整器、冷作抽線模及切削或研磨工具。

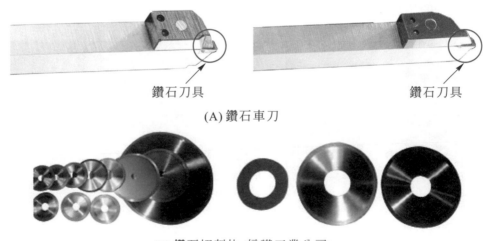

鑽石刀具　　　　　　　　　　　　鑽石刀具

(A) 鑽石車刀

(B) 鑽石切割片 (信諾工業公司)

• 圖 1-35　鑽石刀具 (中國砂輪企業 & 信諾工業公司)

生活小常識

鑽石

是碳元素組成的無色晶體，為目前已知最硬的天然物質；鑽石的切削和加工必須使用金剛石粉或雷射（比如 532nm 或者 1064nm 波長雷射）來進行。

1-5 機械製造方法之趨勢

　　隨著時代巨輪的推動，這二百年來，科技的進步，伴隨著加工技術的演進及追求高品質、高價值並須符合大量生產的需求，依製品不同的形狀、性能、產量與精度要求，發展出不同的加工機器，而目前加工機械的趨勢，大致朝下列方向演進：

一、零件製造朝專業化 (Specialzed manufacturing)

　　專業分工是符合現代經濟的生產觀念，可使製造成本、品質與效率大大的提昇。所以，目前絕大部分的廠商在生產機器時，通常配合衛星工廠作業的制度。主工廠只負責主要機件製造及機器最後的組裝，大部分的零件則委託專業的衛星工廠製造以達分工的目的，如圖 1-36 所示。

(A) 機器組裝　　　　　　　　　　　(B) 主要機件製造

• 圖 1-36　零件製造專業化 (台中精機廠提供)

二、控制方式朝電腦化 (Computerized cantrol)

　　隨著科技的發展，現今的機械大都已結合電腦。早期乃透過數值控制機器 (Numerical control machine，簡稱 NC 機器) 加工工件，NC 係將加工數據的資料，儲存於紙帶、磁帶或卡帶上，以控制機器的運行。現今則大都使用 CNC 電腦化數值控制 (Computerized numerical control，簡稱 CNC) 工具機，它係 NC 機械加入電腦，使程式可經由控制面盤的鍵盤直接輸入、修改、儲存，並可顯示於螢幕上，此種 CNC 機械對於中量多樣化的生產，甚為經濟、方便及精確。近年來，此類機械的主軸已朝超高速之方向發展，如圖 1-37(A) 所示為立式綜合加工機，圖 1-37(B) 為電腦靠模銑床。

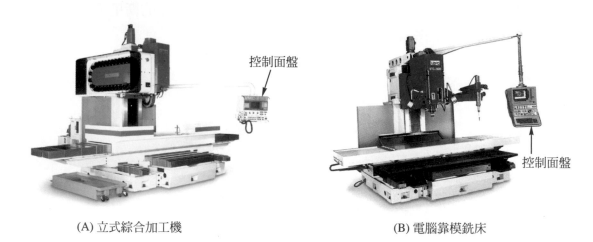

(A) 立式綜合加工機　　　　　　　　　(B) 電腦靠模銑床

• 圖 1-37　CNC 工作機械 (瀧鋒科技提供)

三、製程朝自動化 (Automated process)

　　為了符合最經濟的方法，從材料之接收、輸送、裝卸、檢驗及加工成產品，至包裝完全自動，稱為一貫作業化，又稱為聯製生產自動化，特色是產品單一化。為了能夠生產多種中小量的產品，今日的科技發展出一套彈性製造系統 (Flexible manufacture system，簡稱 FMS)，它係綜合 CNC 機械、倉儲管理系統、無人搬運車、工件自動裝卸設備與機器人，甚至於自行檢驗機件，皆能透過電腦來處理的技術，使工業生產達到無人化的境界，降低了人工成本。如圖 1-38 所示。

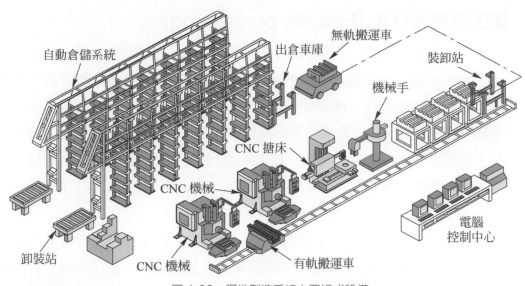

自動倉儲系統

出倉車庫

無軌搬運車

裝卸站

機械手

CNC 搪床

CNC 機械

電腦
控制中心

卸裝站

CNC 機械

有軌搬運車

• 圖 1-38　彈性製造系統主要組成設備

生活小常識

工業互聯網 (Industry of Internet)

工業互聯網是工業系統與高級計算、分析、感測技術以及互聯網的高度融合，是一種結合軟體和大數據分析、預測演算法等能力，乃將互聯網中人與人之間的溝通延續到人與機器的溝通，以及機器和機器的溝通，即人、機、物整合，它重構全球工業、幫助降低成本、節省能源並提高生產率。鴻海集團郭台銘正計畫利用區塊鏈安全可靠的密碼學技術，打通工業互聯網上人流、物流、過程流、資訊流、金流與技術流的「六流」環節。

四、材料使用朝多元化 (Diversified material usage)

　　材料的選用，除應考慮其機械性質、外觀、功能、成本與加工性，同時現今漸漸注重環保觀念，因此，材料的使用已朝多元化發展，逐漸擺脫對金屬之依賴。如以一部汽車而言，可以回收或自然分解、氧化的塑膠製品之應用漸受使用；陶瓷引擎取代以前金屬所製引擎，使汽車更耐高溫及耐磨耗；電子影音器具亦被廣泛使用在駕駛座上等，這些都是在各類產品設計中，廣泛地使用多元化的材料。

五、加工觀念彈性化 (Flexible processing)

　　傳統工件之開發流程是設計者根據需求來訂定規格、創造設計產品、運用工具機製造加工及最後檢驗。但是隨著科技的進步，製造加工的型態亦跟隨著彈性及多元化，逆向工程觀念因應而生。所謂逆向工程 (Reverse engineering) 是依產品本身去回溯造型資料，重建產品資料在電腦中進而複製該產品，一旦資料重建後可方便變更設計及創新。換言之，先有產品或樣品，以三次元量測掃瞄系統建立該樣品數據，進入 CAD/CAM 作後處理，再進入快速成型系統複製該產品或直接進入數控工具機作量產加工。

　　快速原型機 (Rapid prototyping，簡稱 RP) 是 20 世紀以來機械結合電腦技術之代表性機器之一。它是藉由 CAD 或逆向掃瞄所建立之電腦資料，使用積層之材料堆疊方式，自動製作立體機件方法的機器，如圖 1-39 所示。雖然所建構之機件模型精密度比工具機加工差，但具有優勢包括：(1) 以實體代替圖形；(2) 做為機件尺度及功能驗證；(3) 縮短研發時程；(4) 用途廣泛。

(A) 逆向工程掃描系統　　　　　　　(B) RP 快速原型設備

(C) 產品圖例

・圖 1-39　逆向暨快速原型設備 (南開科技大學機械系提供)

六、加工方式朝無屑加工及非傳統式加工

傳統機器的切削加工必須切除很多材料，造成材料的浪費，且生產速度較慢，材料的回收亦不經濟，徒增製造成本。故近年來漸有無屑 (Chipless) 加工化的趨勢，如壓鑄、鍛造、滾軋及沖壓等加工法被廣泛使用。

傳統的切削觀念是以硬質刀具向相對較軟工件施以加工，但是遇到特殊材料或特硬材質，往往束手無對策。如今隨著科技的進步與應用，吾人可藉非傳統式的加工法達到加工的目的，這些機器如放電加工機 (EDM)、雷射加工機 (LBM)、超音波加工 (USM)……等，如圖 1-40 所示為 LBM。

(A) 雷射加工機(京傳企業提供)

(B) 加工例(京傳企業提供)

(C) 傳統晶片切割面有崩角

(D) 雷射切割面平滑無崩角

(E) 藍寶石晶片切割

• 圖 1-40　雷射加工機 (鈺晶科技提供)

七、切削刀具朝耐高溫及高硬度

「工欲善其事，並先利其器」，這句話很貼切地說明機械加工過程中，切削刀具的重要性。早期的高碳鋼工具、高速鋼刀具，至近十幾年前的碳化鎢刀具被使用，迄今的切削刀具已朝更耐高溫及高硬度的方向，方能應付現今高轉速機器的時代。因此，代之而起的有陶瓷刀具、塗層刀具 (如氮化鈦、碳化鈦等)、氮化硼刀具及鑽石刀具等，如圖 1-41 所示爲各種鑽石刀具。

• 圖 1-41　各種高硬度刀具 (臺灣鑽石工業提供)

另外，選用刀具以適宜最佳，新式刀具的價格較高，所以除非必要，仍以使用一般材料的刀具爲主。但是近年來碳化鎢刀具以捨棄式 (Throw away type) 最爲常見，如圖 1-42 所示爲捨棄式碳化鎢刀具。

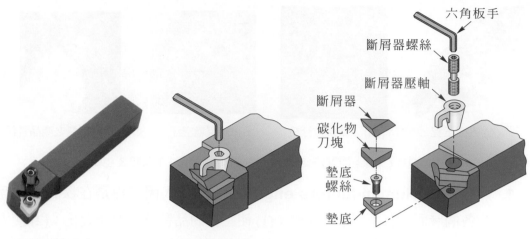

(A) 捨棄式車刀
(沉銘企業有限公司)　　(B) 捨棄式碳化物車刀組合圖　　(C) 捨棄式碳化物車刀分解圖

• 圖 1-42　捨棄式碳化鎢刀片 (沉銘企業 & 參考書目 22.p21-9)
參考書目 22，P21-9：機械製造，邱雲堯等，文京出版社

八、工具機朝複合化

隨著科技的進步，未來複雜的精密零件將在一台機器上全部完成，藉以提高精度及縮短加工時間，如鑽銑機、搪銑及車銑複合機，多軸機械加工機等，如圖 1-43 所示。

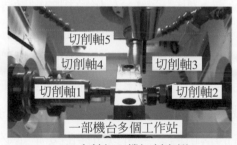

(A) 多軸加工機切削實例

(B) 引擎汽門調整器實例

• 圖 1-43　多軸加工機 (凱泓機械)

九、製造觀念改變

不管自動化的程度如何，機械技術人員仍需對機器，工具以及設備作有效率的使用、維護和修理，而現今的人們在使用產品時，強調舒適、安全及環保，如圖 1-44 所示。因此，製造的觀念朝下列幾項因素發展：

(A) 人因工程　　　(B) 工廠排放汙染　　　(C) 環境空汙　　　(D) 車架斷裂之產品責任

• 圖 1-44　製造觀念 (來源：CGD 形宙數字、Google 大數據、T 客邦 & 山姆叔叔痞客邦)

1. **人因工程 (Human-factors engineering)**：人因工程是在探討人機互動的各個層面，有兩個主要目標：(1) 使工作的品質及效率最大化；(2) 使人類的價值最大化。換言之，就是要使操作者 (或使用者) 擁有既安全、舒適、滿意，又能使疲勞及壓力降至最低。所以，人因工程涉及人類生理、心理各方面的特性與能力的知識應用；這些特性與能力包含身高、體重、姿勢、力量、視覺、聽覺、年齡、智力、教育水準及反應時間等。

2. **環境顧慮 (Environmental consideration)**：環境顧慮涵蓋空氣、水和土地的品質和管制，這些關係著所有製造業的重要因素，也關係著自然資源的維護。製造業所造成的主要衝擊有兩種：(1) 工廠排放污染物，如固態和液態廢料、廢水等；(2) 空中污染物，如鑄造廠、石化廠和煉鋼廠等氣體排放。所以，製造工程師和管理者必須深切體認保護環境的責任。

3. **產品責任 (Product liability)**：人命無價漸漸成為人類的普世價值，因此不管是工作中受傷或是因為使用產品所造成的傷害，都造成現代工廠每年的直接和間接成本。在未來，機械製造業必須體認到產品責任主義的抬頭，而不是早期那種貨物出門概不負責的落伍觀念。所以，產品安全是必要的作法，相關者包括設計、材料、製造工程師、技術員、管理者、檢查員及運輸裝貨人員等，都必須體會安全產品 (Safe products) 是所有人的共同責任。

生活小常識

環境另一殺手 - 塑膠微粒

美國海洋暨大氣總署（NOAA）定義塑膠微粒是指尺寸小於 5 毫米的塑膠碎片，包含初級和次級兩種來源：初級來源例如洗面乳中的塑膠柔珠、次級來源是從日常生活的塑膠製品分解而來。依國際自然保護聯盟（IUCN）調查，微塑膠危害海洋的塑膠問題中，家用及工業排放的微塑膠佔 15%-31%，而 35% 微塑膠污染來自合成纖維，即我們光是洗衣服，就會讓塑膠纖維釋放到自然環境中。

塑膠微粒具有親油性，易與海水、環境荷爾蒙或戴奧辛結合，使得塑膠微粒上的有機化合物濃度是周圍海水濃度的 100 萬倍。若這些進入生物食物鏈，人類因而誤食海鮮將危害入體健康，故杜絕塑膠微粒須從污染源開始做起，人們必須減少塑膠的使用量。

學後評量

1-1　1. 請以車床為例，敘述車床的演進過程。

1-2　2. 試述機械製造的五大過程。

1-3　3. 試舉常見 8 種傳統式工作母機。

4. 簡述非切削性加工大致分為那四種？

5. 請舉例 6 種非傳統式切削加工。

6. 請舉例說明表面塗層分為哪 3 大類。

7. 請舉例說明表面形成分為哪 3 大類。

8. 請舉例說明機件或材料之連接法有哪 4 種方法。

9. 請舉例說明改變機械性質的加工方法有哪 4 種方法。

1-4　10. 碳化鎢刀具常用者分為哪三大類？各性質及其用途為何？

11. 高速鋼刀具常用者分為哪三大類？常見型號與用途為何？

1-5　12. 請問目前加工機械的趨勢，大致朝哪幾方面演進？

材料與特性

人類用來製造工具、日用品,其材料應用的演變可謂是人類文明的發展史;舉凡鐵金屬、非鐵金屬、非金屬材料的發明和應用,了解工程材料的組成、特性、規格、加工性等皆是從事機械相關行業人員必需瞭解的知識;如何正確使用材料在機械零件或日常用品上,關係著產品的品質與壽命。因此,本章對於材料的分類及規格,機械材料的主要加工性,包括切削性、鑄造性、鍛造性及熔接性作一說明,最後說明選用材料時必需考慮八種特性。

☼ 本章大綱

2-1　材料的分類
2-2　材料的規格
2-3　主要機械材料的加工性
2-4　材料的選用

2-1 材料的分類

史前人類使用石器開始，便是文明的開端，從「青銅器時代」、「鐵器時代」是人類使用金屬的開始，如圖 2-1 所示，金屬成爲工具，工作母機很重要的製造材料。

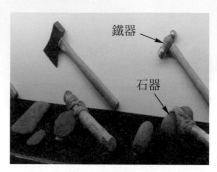

(A) 石器與鐵器　　　　　　　　　　(B) 青銅器刀

• 圖 2-1　石器、鐵器與青銅器 (Xuite 日誌、善德源古玩店)

在機械製造上所選用的材料，視產品的特性、功能、價格或種類等因素有所協調取捨；通常作爲製造機器及機件的材料，可將之分爲兩大類，即金屬與非金屬材料。如圖 2-2 所示。

材料
- 金屬材料
  - 鐵系金屬及其合金：如鑄鐵、碳鋼、合金鋼等
  - 非鐵系金屬及其合金：如銅、鋁、鈦、鋅、黃銅、青銅等
- 非金屬材料
  - 無機類材料：如水泥、陶瓷、玻璃、石材等
  - 有機類材料：如塑膠、木材、皮革、油漆等

膠合玻璃

鍍鋅鋼板

塑膠燈殼

五金把手

烤漆

鋁合金鋼圈

橡膠輪胎

金屬飾條

(A) 材料分類

塑膠面板　後視鏡

扶手　金屬變速手把　皮革座椅

(B) 汽車重要材料 (愛卡汽車網)

・圖 2-2　材料之選用

一、金屬材料 (Metal materials)

　　一般金屬材料可依照鐵性分為鐵屬金屬 (Ferrous metal) 與非鐵屬金屬 (Nonferrous metal) 材料兩大類，**鐵屬金屬**指鐵及鐵之合金，例如純鐵、鑄鐵、碳鋼、不鏽鋼等，如圖 2-3 所示。**非鐵屬金屬**指鐵屬以外的金屬材料，如金 (Au)、銅 (Cu)、鎂 (Mg)、鋁 (Al)、鋅 (Zn)、鉛 (Pb)、錫 (Sn)、鎳 (Ni)、鈦 (Ti) 等，如圖 2-4 所示。

材料

產品

(A) 純鐵錠　　　　　(B) 鑄鐵錠　　　　　(C) 鋼胚　　　　　(D) 不鏽鋼板

(E) 純鐵平底鍋　　　(F) 灰鑄鐵零件　　　(G) 碳鋼機件　　　(H) 不鏽鋼容器

・圖 2-3　鐵屬金屬材料 (亞馬遜網、凱風機械、世界工廠產品 & 鑫凱水處理、八方資源網、沃昌金屬材料廠、日豐特鋼公司、冠捷金屬公司)

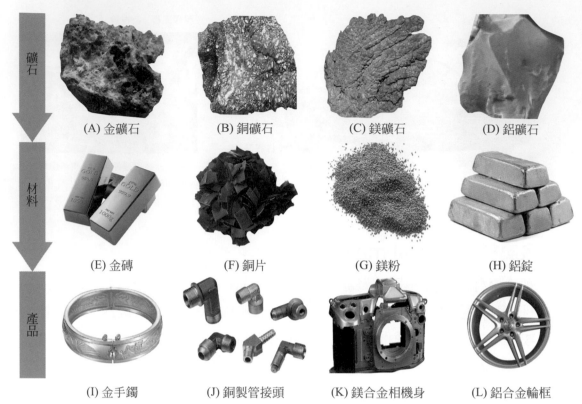

礦石

材料

產品

(A) 金礦石　(B) 銅礦石　(C) 鎂礦石　(D) 鋁礦石

(E) 金磚　(F) 銅片　(G) 鎂粉　(H) 鋁錠

(I) 金手鐲　(J) 銅製管接頭　(K) 鎂合金相機身　(L) 鋁合金輪框

• 圖 2-4　非鐵屬金屬材料 (中國銅業網 & 鋁業網 & 製造網、東北大宗商品交易中心、淘圖網、孚傑有色金屬公司、鶴壁維多莉亞金屬公司、環宇鈦金屬公司、明牌珠寶、華星祥科技公司、創銘鋁製品公司)

(一) 金屬的意義

金屬一般涵蓋純金屬 (Metal) 與合金 (Alloy)，純金屬是指單一種元素，目前自然界中大約有 70 多種純金屬，其中常見的有鐵、鋅、鉛、錫、銅、鋁、鎳、金、銀、鉑、鈀等，如圖 2-5 所示。

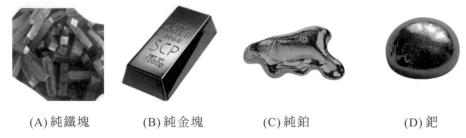

(A) 純鐵塊　(B) 純金塊　(C) 純鉑　(D) 鈀

• 圖 2-5　純金屬材料 (-long sun antigues com& 中博重機公司 & 動百科 & 維基百科)

合金常指兩種或兩種以上的金屬或金屬與非金屬結合而成，且具有金屬特性的材料。常見的合金如黃銅，為銅和鋅所形成的合金，如圖 2-6 所示。如青銅為銅和錫所

形成的合金，如圖 2-7 所示。如高速鋼車刀是鐵以外，鎢、鉻、釩等四種以上的金屬組成，如圖 2-8 所示。

(A) 黃銅三通管　　　　　　(B) 純銅片　　　　　　(C) 純鋅錠

• 圖 2-6　黃銅 (孚傑有色金屬公司 &- 中國製造網 & 南陽天下玉緣公司)

(A) 青銅器　　　　　　(B) 純銅片　　　　　　(C) 純錫絲線

• 圖 2-7　青銅 (孚傑有色金屬公司 &- 台灣金電子網 & 星導環球網)

(A) 高速鋼車刀　　(B) 鎢礦　　　　(C) 鉻　　　　(D) 釩礦

• 圖 2-8　高速鋼合金 (BigGo 網 & 中華網 & 人民網 & 儀器信息網)

（二）金屬材料的通性

一般金屬均具有下列之通性：

1. **比重多大於一**：比重在 1 到 4 之間者稱爲輕金屬，如鎂、鋁、鈹，如圖 2-9 所示。比重在 4 以上者稱爲重金屬，如鐵、鉬、鉻、鎳、銅，如圖 2-10 所示。(唯鋰、鈉、鉀比重小於 1)。

(A) 鎂粉

(B) 鋁礦石

(C) 鈹礦石

• 圖 2-9　輕金屬 (鶴壁維多莉亞金屬公司、&CUST 公司 & 維基百科)

(A) 赤鐵礦

(B) 鉬礦

(C) 鉻礦

(D) 鎳礦

(E) 銅礦

• 圖 2-10　重金屬 (數位典藏與數位學習 & 科力達化工 & 維基百科 & 天下商機 & 鑫匯實業)

2. 具有光澤：一般金屬不透明、加工面具有光澤及反射光線的能力。

3. 固體狀態：常溫除汞 (Hg)、銫 (Cs) 和鎵 (Ga) 外，一般為固體狀態之結晶體。

4. 熔點高低不一：固態金屬在高溫時均能熔化，純金屬之熔點恆為一定，唯不同金屬有不同的熔點，其中以鎢 (W) 之熔點最高 (3410℃)，錫 (Sn) 之熔點為 (232℃)，而汞之熔點最低 (38.9℃) 如圖 2-11 所示。

具光澤及固體狀態　　　液態

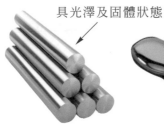

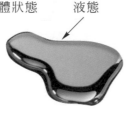

(A) 鈦金屬棒光澤
(北方環宇鈦金屬廠)

(B) 液體汞
(互動百科)

(C) 鎢棒鎢桿
(鎢鉬工業公司)

(D) 錫球
(同創時代焊錫公司)

• 圖 2-11　具有光澤、固體狀態與熔點高低不一

5. 電與熱的良導體：一般金屬均為熱與電之良導體，常用之金屬中以銀 (Ag) 之導電率最高，依次為銅 (Cu)、金 (Au) 與鋁 (Al)，如圖 2-12 和圖 2-13 所示。

| (A) 銀杯 | (B) 銅鍋 | (C) 金杯 | (D) 鋁鍋 |

導熱率高　←――――――――――――――――――――→　導熱率低

• 圖 2-12　金屬器具之導熱 (新華網 & Rakuten Global Market & 東方財富網 & 詠興鋁器實業公司)

| (A) 銀線 | (B) 銅線 | (C) 金線 | (D) 鋁線 |

導電率高　←――――――――――――――――――――→　導電率低

• 圖 2-13　金屬線之導電 (霍尼科技公司、物資回收網、LED 網、中鋁網)

6. **具有優良機械性質**：一般金屬之塑性變形能力大，富延性、展性及具有熱脹冷縮的特性。

7. **一般多呈鹼性反應**：除了溶於水中會呈酸鹼兩性反應者外 (如鈹、鋁、鉻等三種元素為兩性元素)，一般氧化物或氫氧化物材料若能溶於水中，一般多呈鹼性反應，如圖 2-14 所示。

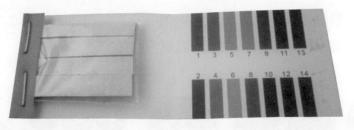

• 圖 2-14　酸鹼性試紙 (若變紅為酸性溶液；變藍為鹼性溶液)

（三）合金的通性

一般合金均具有下列之通性：

1. **合金之熔點較其成份金屬為低**：如伍德氏合金 (Woods fusible metal) 是鉛、錫、鉍、鎘之合金，其熔點僅 66℃，故又名易融合金，常作為保險絲之材料，如圖 2-15 所示。

(A) 保險絲 (天瑞電子公司)　　(B) 鉛封豆(大華電器)　(C) 錫球 (同創時代焊錫公司)

(D) 鉍塊 (新泰鐵合金公司)　(E) 鎘塊 (互動百科)

• 圖 2-15　保險絲

2. **硬度 (Hardness) 高**：合金之延性與展性，通常較其成份金屬為小，但硬度則較高。

3. **熔化時體積增大**：除了少數合金 (如印刷鉛字合金的銻 (Sb)) 外，其體積在熔化時會增大。

4. **具光澤、耐蝕且不易氧化**：鈍銅遇到空氣常生銅綠，如圖 2-16 所示。

5. **合金之導電率與導熱率，常低於其成分金屬。**

(A) 黃銅與紫銅光澤常可保持　　　(B) 銅幣　　(C) 銅幣與銅綠　　　(D) 銅綠

• 圖 2-16　合金的光澤常可保持且不易氧化 (中國金幣收藏網 & 昵圖網 & iCIBA 辭典 & 中醫百科)

(四)金屬材料的分類

機械製造所用之材料，以金屬材料及其合金最常使用，其原因是金屬材料具有不同之機械性質，皆為工業重要材料，常見大致分類如下：

1. 鐵系金屬及其合金 (Ferrous metals and alloy)

(1) 鑄鐵：如圖 2-17 所示，以鐵、碳為主要成份，含碳量約 2.0 ～ 6.67%，其熔點不高且流動性佳，常以鑄造成型其製品。當鑄造時含矽量 1 ～ 2.75% 且冷卻速度慢，可得粗大結晶粒、質地柔軟之石墨鑄鐵，此種稱為灰鑄鐵 (Gray iron)。當含矽量 0.5 ～ 1% 且冷卻速度快，可得細密結晶粒、質地堅硬之碳化鐵，此種稱為白鑄鐵 (White iron)。灰鑄鐵中石墨具有良好潤滑作用、切削性佳；但白鑄鐵中碳化鐵易造成刀刃磨耗。一般在灰鑄鐵中加鎂 (Mg)、鈰 (Ce) 等球化劑，可使鑄鐵性質由脆變韌，組織變成球化石墨，因而可得延性鑄鐵 (Ductile iron)。在白鑄鐵冷卻過程中，若是延長退火時間作脫碳處理，則可得展性鑄鐵 (Malleable iron)。

(2) 碳鋼：以鐵、碳為主要成份，常以低碳鋼 (含碳量 0.02 ～ 0.3%)、中碳鋼 (含碳量 0.3 ～ 0.6%) 及高碳鋼 (含碳量 0.6 ～ 1.8%) 三種作為分類。

(3) 合金鋼：碳、鐵中加入矽、錳、鉻、鎳等其他合金元素。如不鏽鋼為 Fe-Cr-Ni 合金鋼，抗蝕性隨 Cr 之含量而增加，含 Cr 在 12% 以上稱為不鏽鋼，含 Cr 在 12% 以下稱為耐蝕鋼。

(A) 鑄鐵型材　　　　　　　(B) 白鑄鐵零件　　　　　　(C) 灰鑄鐵零件

• 圖 2-17　鑄鐵 (宏業于金製造 & 恆安汽配廠 & 恆源達鑄造機械公司)

2. 非鐵系金屬 (Non ferrous metals) 及其合金

(1) 銅及其合金 (Copper and its alloys)

① 純銅：如圖 2-18 所示，質軟，可塑性高且導電性佳，常以抽拉法製成銅電線；若以鑽石刀具作切削加工時，一般以小切深、高速作鏡面精切削。

② 黃銅 (Brass)：如圖 2-19(A) 所示，為銅、鋅合金，色呈黃色，耐蝕性大，易於鑄造及加工；含鋅 30% 時，伸長率最大，稱為七三黃銅；含鋅 40% 時，抗拉強度大，稱為六四黃銅。

③ 青銅 (Bronze)：如圖 2-19(B) 所示，為銅與錫之合金，具高強度與硬度、熔點低、流動性佳，故其鑄造性佳，並具有優良的耐蝕性及耐磨性。如含錫量 10% 時，其延展性、耐磨、耐蝕皆佳，稱為砲銅。如圖 2-20 所示為中國銅器時代時所用的青銅器皿，如方鼎、方尊等。

(A) 純銅　　　　　　　　　(B) 銅電線　　　　　　　　　(C) 銅板

• 圖 2-18　純銅 (孚傑有色金屬公司 & 露天拍賣網 & 冠傑五金)

(A) 黃銅棒(金鷹銅業公司)　　　　　(B) 青銅板塊(金炳金屬材料公司)

• 圖 2-19　青銅鑄造

(A) 青銅方鼎   (B) 西周青銅方尊   (C) 青銅圓尊

• 圖 2-20 　黃銅與青銅 (昵圖網 & 互動百科)

(2) 鋁及其合金 (Aluminum and its alloys)

① 純鋁 (Aluminum)：如圖 2-21 所示是銀白色的輕金屬，導熱性比鋼鐵佳。純鋁的導電性為純銅之 60%，但是重量約為純銅的三分之一；故相同重量之鋁，其導電度約為銅的二倍，相對成本低，可冷抽拉成電線。

② 鋁合金：鋁合金強度較純鋁大，耐蝕性佳，易作表面處理。鑄造用鋁合金具有優良鑄造性，可為砂模鑄件及壓鑄件。鍛造用鋁合金，可在高溫進行鍛製、滾軋、擠製或抽製等加工成型。

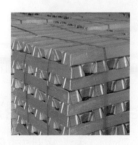

(A) 鋁礦石   (B) 鋁錠   (C) 鋁合金自行車

• 圖 2-21 　鋁金屬與用途 (聯合科技公司 & 麟龍貿易公司 & 捷安特公司)

(3) 鈦及其合金：如圖 2-22 所示，鈦的耐蝕性極佳，能抵抗硝酸、強酸、硫化物及海水之腐蝕，可做為良好的化工設備材料。鈦及其合金質輕，亦具有高強度、高耐熱性及耐潛變，常用在機身、火箭、噴射引擎或眼鏡架上。

(A) 鈦金屬棒

(B) 鈦金屬機身

(C) 鈦金屬眼鏡架

• 圖 2-22　鈦金屬 (北方環宇鈦金屬加廠 & 新浪軍事網)

(4) 鋅及其合金：如圖 2-23 所示，鋅在非鐵金屬中，產量僅次於鋁、銅，具有成本低廉、加工容易等優點。純鋅的主要用途為熱浸鍍 (Hot dipping)、鍍鋅 (Galvanizing) 或電鍍鍍鋅的主要材料，可提高鐵系金屬抗腐蝕的能力。鋅合金亦常用在壓鑄件上，製品如汽車化油器、照相機零件等。

• 圖 2-23　純鋅鋅錠 (沃昌金屬飾品材料廠)

二、非金屬材料 (Non-metallic materials)

　　非金屬材料中，若含有死或活的動物、植物細胞或碳者，稱為有機類材料，其特性是可溶解於酒精、四氯化碳等有機液體中，但不溶解於水。相反地，若是不含上列元素，而具有溶解於水中者，稱為無機材料。通常，無機材料之耐熱性較有機材料佳，如圖 2-24 所示。常見者有：

非金屬材料

無機類材料　如水泥、陶瓷、玻璃、石墨、石材等

有機類材料　如塑膠、木材、石油製品、紙、皮革、油漆等

(A) 非金屬材料分類

• 圖 2-24　非金屬材料

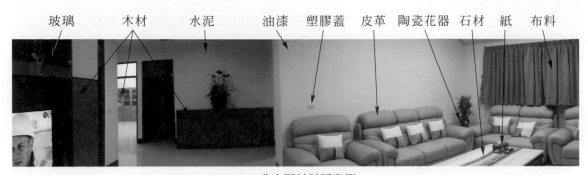

玻璃　　木材　　水泥　　　油漆　塑膠蓋　皮革　陶瓷花器　石材　紙　布料

(B) 非金屬材料類實例

・圖 2-24　非金屬材料 (續)

生活小常識

綠色材料 (Green material)

是指在原料採取、產品製造使用和回收再利用、及廢物處理等環節中與生態環境能和諧共存並有利於人類健康的材料。包括回收再利用材料、淨化材料、綠色能源材料和綠色建材。

2-2　材料的規格

一、概述

選用材料時必須瞭解材料規格，通常包括材質、尺寸及公差 (或檢驗標準)。如：

S45Cϕ25 × 75±1.0：S45C　係指材質含碳量 0.45% 為中碳鋼

ϕ25　係表示直徑 25 mm

75　係表示長度 75 mm

±1.0　係表示公差 1 mm

工業生產最常用的之材料為鋼鐵類與非鐵金屬類，現舉 CNS109G1001 鋼鐵符號、規格和說明，如表 2-1 及圖 2-25 所示，並依 CNS 標準列舉最常用之材料之材質編號，如表 2-2 所示，以供選用參考。

◆ 表 2-1 鋼鐵製品之形狀符號、規格及說明 (取自參考書目 19，P7)

品名	符號	規格舉例	說明
鋼板	P	P2	鋼板厚 2 mm
圓鋼	ϕ	$\phi20$	直徑 20 mm
鋼管	◎	◎ 20 × 2	公稱直徑 20 mm，管厚 2 mm
方鋼	□	□ 26	對邊長 26 mm
六角鋼	⬡	⬡ 26	對邊長 26 mm
扁鋼	▭	▭ 40 × 8	寬 40 mm，厚 8 mm
八角鋼	8	8 26	對邊長 26 mm
等角鋼	∟	∟ 40 × 4	邊長 40mm，腳厚 4 mm
I 字鋼	工	工 100	高 100 mm
槽鋼	⊏	⊏ 50	高 50 mm
T 型鋼	T	T 25	寬高皆為 25 mm
乙字型	⌐∟	⌐∟ 30	高 30 mm

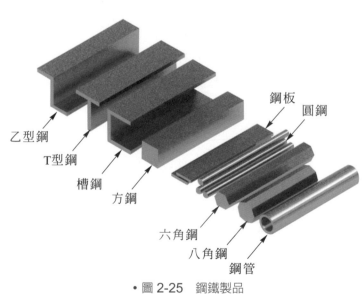

乙型鋼
T型鋼
槽鋼
方鋼
六角鋼
八角鋼
鋼管
鋼板
圓鋼

• 圖 2-25 鋼鐵製品

生活小常識

型鋼

為截面具一定形狀和尺寸的條型鋼材，乃鋼胚加熱經軋延製成，是指應用於建築 (鋼構)、構造物 (橋樑、船舶、車輛用等) 之主要鋼鐵材料。常見型鋼種類包括：H 型鋼、T 型鋼、I 型鋼、槽鋼、U 型鋼等。

◆ 表 2-2　常用金屬之規格 (參考目 CNS)

一般構造用鋼	機械構造鋼	鉻鋼	鎳鉻鋼
SS400 SS300	S25C S45C S55C	SCr430 SCr445	SNC236 SNC836

鎳鉻鉬鋼	鉻鉬鋼	彈簧鋼	不鏽鋼
SNCM431 SNCM630	SCM430 SCM445	SUP3 SUP6 SUP9	403 405 304

碳工具鋼	高速鋼	切削用合金工具鋼	熱加工模具鋼
SK1 SK2 SK3	SKH2 SKH3 SKH51	SKS2 SKS5 SKS7	SKD4 SKD6 SKD8

　　機械材料因種類繁多，且性質互異。所以，各國為了方便材料的交易、儲存、管理、選用、設計及製圖……等，均依其成分、性質及用途而加以分類與編號，最常用之國家標準其簡稱與全銜列述如表 2-3 所示：

◆ 表 2-3　常用之國家標準簡稱與全銜

英文簡稱	英文全銜	中文意義
ISO	International Organization for Standardization	國際標準組織
CNS	Chinese National Standard	中華民國國家標準
SAE	Society of Automotive Engineers	美國汽車工程學會
AISI	American Iron and Steel Institute	美國鋼鐵學會
JIS	Japanese Industrial Standard	日本工業標準
DIN	Deutsche Industrial Normen	德國工業標準

二、CNS 鋼鐵符號

　　CNS (中華民國國家標準) 有關鋼鐵分為鐵與鋼兩大類。鐵再分類為生鐵、合金鐵及鑄鐵；鋼再分類為普通鋼、特殊鋼、鑄鋼及鍛鋼；普通鋼依形狀、用途再細分為線鋼、棒鋼、薄板、厚板、型鋼；特殊鋼則依特性細分為工具鋼、強韌鋼及特殊用途鋼；CNS 109 鋼鐵材料符號經多次修改，分類說明如下：

（一）以最小抗拉強度表示

$$\underset{(1)}{\text{S}}\ \underset{(2)}{\text{S}}\ \underset{(3)}{\text{400}} \qquad \underset{(1)}{\text{F}}\ \underset{(2)}{\text{C}}\ \underset{(3)}{\text{200}} \qquad \underset{(1)}{\text{S}}\ \underset{(2)}{\text{UP}}\ \underset{(3)}{\text{6}}$$

1. **前段部分**：表示材質，以英文字母或元素符號作起頭。如以 S 表示鋼 (Steel)、F 表示鐵 (Ferrous)、D 表示延性鑄鐵 (Ductile iron)。

2. **中段部分**：表示製品名稱，係使用英文字母表示，如 P 表 Plate（薄板）、S 表 Structure(結構用鋼)、U 表 Use(特殊用途)、T 表 Tube(管)、W 表 Wire(線材)、F 表 Forging(鍛造件)、C 表 Casting(鑄造件)、K 表工具鋼。若是中段部分結合數字表示種類，如 SK2 表示第二種碳工具鋼、SUP3 表示特殊用途鋼（第三種彈簧鋼）。

3. **後段部分**：以數字表示最小抗拉強度或降伏強度（通常為 3 位數）。例如：

   SS400：一般構造用鋼，最小抗拉強度為 400 N/mm。

   SC400：鑄鋼，最小抗拉強度為 400 N/mm^2(MPa 或 40 kg/mm^2)。

   FC200：灰鑄鐵，最小抗拉強度為 200 N/mm^2(MPa 或 20 kg/mm^2)。

   SK2：第二種碳工具鋼。

   SUP3：特殊用途鋼（第 3 種彈簧鋼）。

（二）機械結構用鋼及結構用合金鋼之種類符號

1. 機械結構用鋼以含碳量表示（碳鋼）

$$\underset{(1)}{\text{S}}\ \underset{(2)}{\text{30}}\ \underset{(3)}{\text{C}}$$

(1) 前段部分：以 S 表示鋼 (Steel)。

(2) 中段部分：以數字表示含碳量點數，每一點為 0.01%。若加括號則表示最小抗拉強度 (kg/mm^2)[新 CNS 已刪除括弧規範]。

(3) 後段部分：以元素符號表示鐵以外之主要合金元素。例如：

   S25C：含碳 0.25% 之機械構造用鋼，見表 2-2。

   S(50)C：最小抗拉強度 50 一般構造用鋼。(新版 CNS 取消此括弧規範)。

2. 結構用合金鋼

$$\frac{S}{(1)} \; \frac{OOO}{(2)} \; \frac{\square\square}{(3)}$$

(1) 前段部分：表示材質，以英文字母或元素符號做起頭，如 S 表示鋼
   (Steel)。

(2) 主合金元素符號：以英文字母表示使用添加之主合金元素符號，構造用
   合金鋼群名稱例如鎳鉻鋼為 SNC、鉻鋼 SCr、鉻鉬鋼 SCM。

(3) 主合金元素含量代碼：用數字區別主合金元素之含量代碼，適用於碳鋼
   以外之其他所有鋼種。

   例如：

   ① SNCM431：構造用合金鋼中第 431 種鎳鉻鉬鋼 (Ni、Cr、Mo)。

   ② SCM430：構造用合金鋼中第 430 種鉻鉬鋼 (Cr、Mo)。

三、SAE 及 AISI 之構造用鋼符號

　美國汽車工程學會 (SAE) 之鋼鐵編號訂於 1911 年，為世界鋼鐵編號鼻祖，而於
1941 年美國鋼鐵協會 (AISI) 統一記號編修，成為目前通行的鋼鐵編號法。有關構造
用鋼之編號由四位或五位數字組成。分別表示鋼的種類、主要合金成分及含碳量等，
其表示法為：

SAE　□ □ □ □
　　　(1) (2) (3) (4)

(1) 第一位數字用 1、2、3、4、5、6、7、8、9 等表示鋼之種類，各數字分別代
   表之意義如下：

   ①：表示碳鋼 (Carbon steel) 及易切鋼、錳鋼。

   ②：表示鎳鋼 (Nickel steel)。

   ③：表示鎳鉻鋼 (Nickel-chromium steel)。

   ④：表示鉬鋼 (Molybdenum steel)。

   ⑤：表示鉻鋼 (Chromium steel)。

   ⑥：表示鉻釩鋼 (Chrome-vanadium steel)。

   ⑦：表示鎢鋼 (Tungsten steel)。

⑧：表示三元合金鋼 (鎳鉻鉬鋼)。

⑨：表示矽錳鋼 (Silicon manganese steel)。

(2) 第二位數字表示其主要合金元素的大約成分，0 表示無其他合金元素。

(3) 第三、四位數字表示平均含碳量之點數 (每點為 0.01%)，含碳量超過 1% 者，後面加上第五位數字。

(4) 若有字尾的字母，表示不同的煉鋼法。

(5) 範例說明：

SAE1035：表示含碳 0.35% 之碳鋼。

SAE8045：表示含碳為 0.45% 之鎳鉻鉬鋼。

SAE4025：表示含碳約 0.25% 之鉬鋼。

SAE2550：表示含鎳約 5.0%，含碳約 0.5% 之鎳鋼。

2-3 主要機械材料的加工性

機械材料加工時所考慮的加工性通常包括有切削性、鑄造性、鍛造性與熔接性四種為主，分述如後。

一、切削性 (Machinability)

切削性係指材料容易被切削的程度，如圖 2-26 所示為機件切削加工情形，切削性常以刀具壽命的長短、切削所需動力、或切削後之表面狀況來表示。影響切削性的最主要因素是材料的材質，包括組合成分、硬度、晶粒大小、顯微組織及工件延性等特性。硬度高的材料容易使刀具的刀腹處產生刀腹磨耗，延展性高的材料會使刀具刀口上產生積屑及刀口磨耗；故硬度高及延展性高之材料，其切削性較差。但是對鋼而言，含碳 0.3% 之中碳鋼軟硬適中，相對碳鋼而言，具有較優良的切削性。

生活小常識

碳鋼抗拉強度（資料來自昇茂金屬公司）

1. 低碳鋼抗拉強度為 300 ～ 450 MPa（N/mm²）或 30 ～ 45 kg/mm²

2. 中碳鋼抗拉強度為 450 ～ 620 MPa（N/mm²）或 45 ～ 62 kg/mm²

3. 高碳鋼抗拉強度為 620 ～ 720 MPa（N/mm²）或 62 ～ 72 kg/mm²

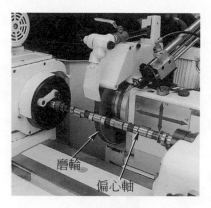
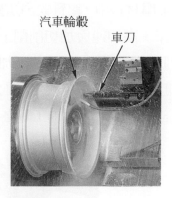

汽車輪轂
車刀
磨輪
偏心軸

• 圖 2-26　切削加工 (台中精機廠提供)

　　一般切削性之評估以易削鋼 (鋼中加入鉛、硫) 為準，其評估指數愈大，切削性愈好。因鋼為延展性材料，可加入如圖 2-27 所示之金屬元素如鉛、硫、磷、硒、碲、硫化鈉或冷作，皆可促使鋼變脆化，增加其脆性，因而可提高其切削性。

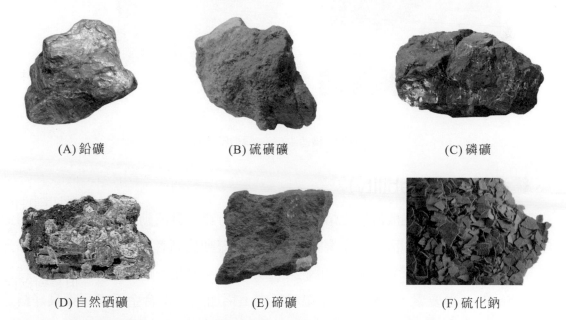

(A) 鉛礦　　　　　(B) 硫磺礦　　　　　(C) 磷礦

(D) 自然硒礦　　　(E) 碲礦　　　　　(F) 硫化鈉

• 圖 2-27　增加切削性重要元素 (臺灣大百科全書 & 維基百科 & 昌達化工 & 互動百科 & camcard 網 & 原物料商務網)

　　合金鋼之切削性依所含合金元素不同而定，例如鉬 (Mo) 和釩 (V) 鋼之硬度高，但切削性差，可經高溫退火而改善。不銹鋼含鉻 (Cr) 與鎳 (Ni)，會產生切削硬化，故切削性差，但加硫 (S) 和硒 (Se) 可改善。

　　一般非鐵金屬材料中，鋁質軟，切削易形成積屑刃緣之連續切屑，需選用大斜角、大刃角、小進深、高切速與加切削劑，方可獲理想切削效果。黃銅 (為銅、鋅合金) 切屑呈不連續狀，切削性不錯。若再加鉛，即成為易切黃銅。青銅 (為銅、錫合金) 之切削性差，但適合於鑄造成型，如圖 2-28(A) 所示。鎂金屬為脆性材料、質地不硬、切削性佳、加工面細緻，因此加工時之刀具壽命長，但是鎂易氧化而燃燒。

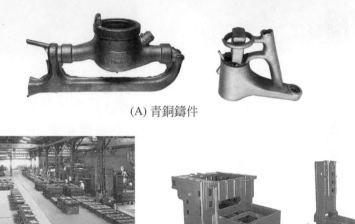

(A) 青銅鑄件

(B) 工作母機鑄鐵底座

• 圖 2-28　鑄造件 (台中精機廠提供)

二、鑄造性 (Castability)

　　鑄造性係指容易熔融成液態之熔點不高的金屬材料，且流動性良好，以便能鑄造成任何機械零件的特性。因此，金屬的熔點較低及流動性高者，其鑄造性較佳。舉凡工作母機的基座大都以鑄造製得，如圖 2-28(B) 所示，因此，鑄造性是機械加工特性中不可或缺的一項要素。一般非鐵金屬材料中，鋁加入適當合金元素可獲良好鑄造性，銅加入熔點低且流動性佳之錫 (Sn)，即具良好鑄造性。

三、鍛造性 (Forgeability)

　　材料經過鍛造而不會產生破裂的最大變形能力，稱為鍛造性。機件常以壓床鍛造生產，如圖 2-29 所示為鍛造製品，其產品經鍛造後更可增加其強度而更具實用性，經大量生產後，可降低其生產成本；常見產品如機車、腳踏車用接頭螺帽之冷鍛，套筒扳手之溫熱鍛造、機車連桿及棘輪軛之粉末鍛造、扭力桿及連桿之熱鍛等。良好的

鍛造性係指高延展性者，故一般硬度愈高愈難鍛造，且脆性材料如鑄鐵則更無法鍛造。而一般純金屬質較軟，故鍛造性比合金佳；金屬晶粒較粗者質較軟，故比晶粒細者鍛造性佳。對碳鋼之冷鍛而言，鍛造性與含碳量成反比，且其含碳量不宜超過 0.25%。黃銅之鍛造性與含鋅量成反比，故含鋅量低時採用冷作成型，含鋅量高時宜採熱作成型。

 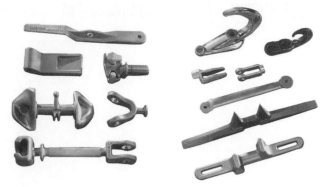

(A) 胚料加熱加壓成型　　　　　　　　(B) 鍛造製品

• 圖 2-29　鍛造 (金鍛工業提供)

四、熔接性 (Weldability)

　　機件的加工中，常藉熔接來完成機件的連接或切割，如圖 2-30 所示為利用機器人對汽車鈑金作點銲工作。碳鋼銲接時，銲道所形成之碳化物對銲接不利，故熔接性與含碳量成反比。因此，一般含碳量低者熔接性較含碳量高者為佳，碳鋼比鑄鐵之熔接性為佳。

　　另外，銅合金採用氧乙炔火焰銲接時，銲接性佳。但是鋁之氧化性強，高溫時易形成氧化物，故銲接性不佳。

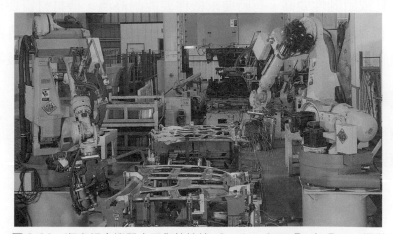
• 圖 2-30　汽車鈑金機器人工作站熔接 (Gordon Auto Body Parts 提供)

2-4 材料的選用

　　一位有經驗又優秀的機械工程師，在設計機械產品時須先考慮到適用的材料，以便能進行機械加工。所以，如何選用最適當的材料以用在最適當的場合或機件上，是從事機械業者所必須具備的專業知識。

　　材料的選用，仍然有一定的規則可循，其考慮的因素如圖 2-31 所示，敘述如下：

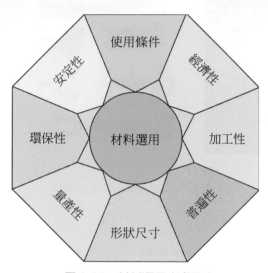

• 圖 2-31　材料選用考慮因素

一、材料特性須符合使用條件

　　此點是材料選用的最基本要求，因為不同的金屬材料，其機械性質相差極大；所以，在設計機械時，每一零件所需的特性可能不同，也許零件要求需具高強度，有時更需要求耐磨耗或耐蝕性要高，有時要求機件要能耐高溫、機材材質要求質輕或易熔接，有時同一機件為了同時達到兩種以上功能，常需選用複合材料結合……等。因此，選用材料時須符合機件使用的條件，方能發揮機件及機械的性能及特性。

二、材料價格須符合經濟性

　　材料的價格會影響到產品的成本，所以選用材料時，價格是考量的因素之一，才能合乎經濟原則。

三、材料選用要符合加工性

　　在設計好機械產品後，必須考量材料的加工性，如機械底座須鑄造時，必需考慮其鑄造性；若是機件須在工作母機上作切削加工時，必需考慮其切削性等。換言之，機件在特性均適用的多種金屬材料間，必需選用加工性最佳之材料。

四、選用材料要符合製品的形狀及尺寸

　　機械中每一機件的形狀及尺寸差異很大，如圖 2-32 所示各型材胚，可能是大機件或小機件，也可能是形狀簡單的，也可能是複雜的機件，亦可能形狀為圓形或板狀，這些都會影響材料的選用。因為正確的選用材料，不但能事半功倍，而且能符合經濟原則，不但加工時節省製造工時，也減少材料的浪費。吾人試想一小機件加工，卻採用大胚料去加工，或一圓形軸件卻採用板狀胚料去加工，那是何等錯誤之選擇。

厚鋼板　　　　　　圓棒　　　　　　特殊鋼管毛胚　　　　　方鋼

• 圖 2-32　各型材胚 (隆成發鐵工廠提供)

五、選用材料要符合普遍化原則

　　在金屬材料中，有些機械性質是相似的，但是在同特性的材料中，有些金屬是稀有的，有些金屬是相當昂貴的。所以，材料的選用必需符合普遍化原則，方能使機件在製造加工時，選材、購材容易取得，機件在製造加工過程，不會發生材料供應中斷或不合要求的現象，因而造成品質降低或偷工減料的現象。

六、選用材料要考慮量產

　　機械產品的生產數量分為 (1) 年產量達 10 萬件以上之大量生產 (Mass production)；(2) 年產量在 2500 ～ 10 萬件之中量生產 (Moderate production)；(3) 每批 500 件以下之小量生產 (Job lot production) 等三種，是以不同的生產量，單價或加工難易度等，為選用材料考慮的條件之一。

七、選用材料之安定性要好

在精密機械中，每一機件的精密度要求很高時，尚需考慮所使用的材料在加工後之安定性，考慮所選用的材料會不會因時間及溫度而導致變形。例如塑膠容易加工成形，但易受高溫軟化變形，致使尺寸安定性較差。

八、材料的選用要符合環保標準

現代很多國家在產品的認定標準上，都需考慮環保標準，因此從原料、製造過程、產品使用及最後的廢棄或回收，必需考慮是否符合環保要求。

生活小常識

綠色革命新潮流

21 世紀開啓綠色革命，生產設計加入綠色材質環保元素，生產廠商須符合各國的檢測標準，基本分為四重點：

(1) 生態材料 (減少化學合成)、(2) 可回收性 (減少材料耗能)、(3) 健康安全 (使用自然材料與有機物質、有毒物質含量檢測)、(4) 材料性能 (基本性與特殊性評估管制)。

學後評量

2-1　1. 詳細列表舉例金屬材料與非金屬材料兩大類。

　　2. 請簡述金屬材料具有哪些通性。

　　3. 請簡述鈦及其合金元素之性質與用途各為何。

　　4. 請簡述青銅與黃銅之組成合金元素、性質與用途各為何。

2-2　5. 請依 CNS 敘述碳鋼之規格表示由哪幾部分組成？

　　6. 請依 SAE 敘述之構造用鋼符號之規格表示由哪幾部份組成。

2-3　7. 請敘述機械材料的加工性包括哪四項？並請敘述其意義。

　　8. 有一材料之規格為：S140C、$\phi25 \times 300 \pm 1.0$，試說明其意義為何？

2-4　9. 簡述選用材料時，需考慮哪些因素？

量測與品管

產品的製造需根據所設計的工程圖之形狀、尺寸和表面特性來加工，並且經加工後的機件要能組裝及互換。這些均需依靠一定的公差、量具量測及檢驗程序，方能確保產品的品質。本章的重點在敘述公差與配合、工件量測及品管實施等。

本章大綱

3-1 公差與配合

3-2 工件量測

3-3 品質管制與實施

3-1 ▎公差與配合

使用機械加工機件時，為使機件能互換及具有高精密度，機件必須考慮其尺度公差、配合公差與表面粗糙度標註，分述如後。

一、公差 (Tolerance)

公差係機件製造時所允許的尺度差異，相關之術語說明如下：

1. 尺度、偏差與公差：如圖 3-1。

尺度與偏差
示意動畫

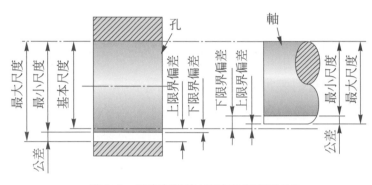

• 圖 3-1 尺度與偏差 (取自參考書目 34)

(1) 尺度：為物件空間的大小，基本上係以長度表示其距離，以長度單位表示數值的數字。

(2) 軸：習慣上用以標示機件所有外周特徵的一個名詞，並包括非圓柱零件在內。

(3) 孔：習慣上用以標示機件所有內部特徵的一個名詞，並包括非圓孔零件在內。

(4) 標稱尺度 (Nominal size)：又稱公稱尺度，由工程製圖技術規範所定義理想形態的尺度，乃在圖上所示之長度數值，為一般稱呼之尺度。

(5) 基本尺度 (Elemental size)：係決定尺度極限 (限界) 之基準或參考尺度，為一理論尺度。

(6) 實際尺度 (Actual size)：係機件製造後，經量測而得之尺度。

(7) 限界尺度 (Limit size)：尺度形態之可允許之極限尺度，即指機件製造所允許之兩個最大與最小的極端尺度，零件經量測所得之實際尺度必須介

於兩極限尺度之間方屬合格之機件，若是量測之尺度超出該二極限尺度者為不良品。

　① 上限界尺度：即最大極限尺度，乃尺度形態可允許之最大尺度，係二極限尺度中之最大尺度，簡稱最大尺度。

　② 下限界尺度：即最小極限尺度，尺度形態可允許之最小尺度；係二極限尺度中之最小尺度，簡稱最小尺度。

(8)　偏差 (Deviation)：係指極限尺度 (或實際尺度) 與基本尺度之差，分為：

　① 上偏差：上限界尺度與基本尺度之差稱之，代號 ES(孔)、es(軸)。

　② 下偏差：下限界尺度與基本尺度之差稱之，代號 EI(孔)、ei(軸)。

例題　3-1

一尺寸 $\phi 35 \,^{+0.02}_{-0.03}$，則 (1) 標稱尺度、(2) 基本尺度、(3) 最大尺度、(4) 最小尺度、

(5) 上偏差、(6) 下偏差、(7) 公差各為何？

解

(1)　標稱尺度：35

(2)　基本尺度：35.00

(3)　最大尺度：35.02

(4)　最小尺度：34.97

(5)　上偏差：0.02

(6)　下偏差：−0.03

(7)　公差：35.02 − 34.97 = 0.05 或 0.02 − (− 0.03) = 0.05

2. 公差種類

(1)　單向公差 (unilateral tolerance)：公差僅允許在標稱尺度的一方存在者，

　　如 $\phi 20 \,^{+0.02}_{0}$ 、 $\phi 20 \,^{+0.02}_{-0.04}$ 、 $\phi 20 \,^{+0.04}_{+0.04}$ 。

(2)　雙向公差 (Bilateral tolerance)：公差允許在標稱尺度的上下兩方存在者，

　　如 $\phi 20 \,^{+0.03}_{-0.02}$ 、 $\phi 20 \pm 0.02$ 。

(3)　一般公差 (General tolerance)：係指圖面上僅註入標稱尺度，但並非沒有公差，而是在標題欄內或近處有說明公差之數值者，如圖 3-2 所示之註解。

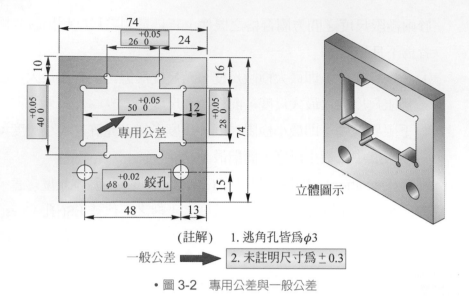

• 圖 3-2　專用公差與一般公差

(4) 專用公差 (Dedicated tolerance)：係指專爲製造某一尺度而允許之尺度變化量，其公差標註在該標稱尺度之後，通常使用在精密度需要較高時，如圖 3-2 所示之尺寸 $50^{+0.05}_{\ \ 0}$ 與 $\phi 8^{+0.02}_{\ \ 0}$ 。

3. **標準公差等級**：中國國家標準 (CNS) 所規範的公差等級，乃參考國際標準規格 (ISO) 之公差制度，以字母 IT 連接等級數字標示，故 CNS 公差大小等級由 IT01、IT0、IT1 ～ IT18 共計 20 級，稱爲標準公差等級，如表 3-1 所示。在同一標稱尺度中，公差等級號數愈大，則公差值愈大，表示機件愈粗糙，愈容易加工，精度愈差。反之公差等級號數愈小，則公差值愈小，如 $\phi 20H8$ 比 $\phi 20H7$ 之公差大。在同一公差等級中，標稱尺度愈大，則公差值愈大，如 $\phi 80H8$ 比 $\phi 20H8$ 之公差大。而公差等級之選用，依配合機件所需之公差大小而定，分爲三大類。

(1) 規具公差 (IT01 ～ IT4)：用於塊規量具或高精度範圍者。

(2) 配合公差 (IT5 ～ IT10)：用於一般機件之配合公差。

(3) 非配合公差 (IT11 ～ IT18)：用於次級加工品或不配合機件之公差。

◆ 表 3-1　標準公差數值表 (取自參考書目 34)

單位：1 μm

尺寸 分段 (mm) ＼ 級別	01	0	1	2	3	4	5	6	7	8	9	10	11	12	13	14	15	16	17	18
≤ 3	0.3	0.5	0.8	1.2	2	3	4	6	10	14	25	40	60	100	140	250	400	600	1000	1400
> 3 至 6	0.4	0.6	1	1.5	2.5	4	5	8	12	18	30	48	75	120	180	300	480	750	1200	1800
> 6 至 10	0.4	0.6	1	1.5	2.5	4	6	9	15	22	36	58	90	150	220	360	580	900	1500	2200
> 10 至 18	0.5	0.8	1.2	2	3	5	8	11	18	27	43	70	110	180	270	430	700	1100	1800	2700
> 18 至 30	0.6	1	1.5	2.5	4	6	9	13	21	33	52	84	130	210	330	520	840	1300	2100	3300
> 30 至 50	0.6	1	1.5	2.5	4	7	11	16	25	39	62	100	160	250	390	620	1000	1600	2500	3900
> 50 至 80	0.8	1.2	2	3	5	8	13	19	30	46	74	120	190	300	460	740	1200	1900	3000	4600
> 80 至 120	1	1.5	2.5	4	6	10	15	22	35	54	87	140	220	350	540	870	1400	2200	3500	5400
> 120 至 180	1.2	2	3.5	5	8	12	18	25	40	63	100	160	250	400	630	1000	1600	2500	4000	6300
> 180 至 250	2	3	4.5	7	10	14	20	29	46	72	115	185	290	460	720	1150	1850	2900	4600	7200
> 250 至 315	2.5	4	6	8	12	16	23	32	52	81	130	210	320	520	810	1300	2100	3200	5200	8100
> 315 至 400	3	5	7	9	13	18	25	36	57	89	140	230	360	570	890	1400	2300	3600	5700	8900
> 400 至 500	4	6	8	10	15	20	27	40	63	97	155	250	400	630	970	1550	2500	4000	6300	9700

註＊：不包括尺寸 1 mm 以下的 IT14 至 IT16 的標準公差數值

備考：(1)1 μm = 0.001 mm

　　　(2) 標稱尺度在 3150 mm 以下之標準公差等級之值。

　　　(3) 取自 CNS 標準。

4. **公差類別**：又稱公差符號，公差類別之決定來自於配合的要求，如間隙或干涉。字母代表公差域 (帶) 與零線間之位置關係，即一般所稱之公差位置，係上下偏差兩條線間之區域，如圖 3-3(A)(B) 所示。公差類別標示由代表其基礎偏差之孔用大寫字母，或軸用小寫字母，連接表示其標準公差等級之數字所組成。孔、軸基礎偏差標示符號依 A ～ ZC (或 a ～ zc) 各有 28 個配合等級，其中缺少 I、L、O、Q、W (i、l、o、q、w) 等字母，而增加 CD、EF、FG、JS、ZA、ZB、ZC (cd、ef、fg、js、za、zb、zc) 等字母。各英文字母符號說明如下：

(1) 孔基礎偏差標示符號 (孔公差位置)

　① A ～ G：在零線以上，以下偏差爲基礎偏差，即基本尺度 $^{+ES}_{+EI}$。

　② H：由零線往上偏，以下偏差爲基礎偏差，即基本尺度 $^{+ES}_{0}$。

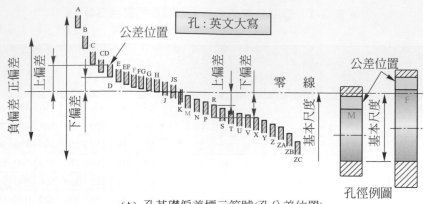

(A) 孔基礎偏差標示符號(孔公差位置)

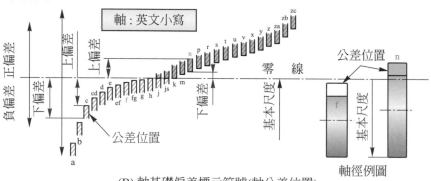

(B) 軸基礎偏差標示符號(軸公差位置)

• 圖 3-3　公差位置

③ J、JS、K：跨在零線上，爲雙向公差，即基本尺度 $^{+ES}_{-EI}$。

④ M～ZC：以上偏差爲基礎偏差，即基本尺度 $^{+ES}_{-EI}$。

(2) 軸基礎偏差標示符號 (軸公差位置)

① a～g：在零線以下，以上偏差爲基礎偏差，即基本尺度 $^{-es}_{-ei}$。

② h：由零線往下偏，以上偏差爲基礎偏差，即基本尺度 $^{0}_{-ei}$。

③ j、js：跨在零線上，爲雙向公差，即基本尺度 $^{+es}_{-ei}$。

④ k～zc：以下偏差爲基礎偏差，即基本尺度 $^{+es}_{+ei}$。

(3) 一般規則

① 基礎偏差爲最接近標稱尺度之限界偏差，孔之基礎偏差爲 EI 或 ES，軸之基礎偏差爲 ei 或 es。

② 對零線的關係而言，孔基礎偏差的限界與相同字母符號的軸基礎偏差的限界爲完全對稱。即在 A～H 中，| EI | = | es |，在 J～ZC 中，| ES | = | ei |，且需加注英文。

③若尺寸 $\phi25$ 之 7 級公差為 0.021 mm，字母 G 的基本偏差為 0.007 mm，則：

$$\phi25h7 = \phi25 \begin{smallmatrix} 0 \\ -0.021 \end{smallmatrix}, \quad \phi25H7 = \phi25 \begin{smallmatrix} +0.021 \\ 0 \end{smallmatrix}$$

$$\phi25G7 = \phi25 \begin{smallmatrix} +0.028 \\ +0.007 \end{smallmatrix}, \quad \phi25g7 = \phi25 \begin{smallmatrix} -0.007 \\ -0.028 \end{smallmatrix}$$

二、配合 (Fit)

1. **定義**：配合係軸、孔件裝配在一起，轉動成固定所需之鬆緊程度稱之，乃在裝配前所產生的尺度差異關係，即為相配零件之公差算術總和。

2. **配合種類及計算**：配合種類分為：

(1) 餘隙配合 (Clearance fit)：又稱鬆配合或間隙配合，係孔之尺度大於軸時，孔與軸之尺度差異為正值，如圖 3-4 所示，有：

① 最大間隙：孔之上限界尺度配軸之下限界尺度之差為正值。

② 最小間隙：孔之下限界尺度配軸之上限界尺度之差為正值。

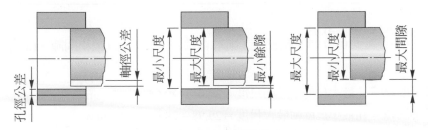

• 圖 3-4　餘隙配合

(2) 干涉配合 (Interference fit)：又稱過盈配合或緊配合，係軸之尺度大於孔時，軸與孔之尺度差異為正值，如圖 3-5 所示，有：

① 最大干涉：孔之下限界尺度配軸之上限界尺度之差為負值。

② 最小干涉：孔之上限界尺度配軸之下限界尺度之差為負值。

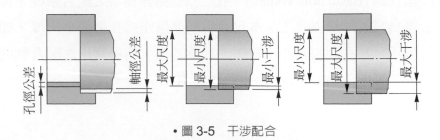

• 圖 3-5　干涉配合

(3) 過渡配合 (Transition fit)：係孔、軸組裝配合時，可能產生間隙或干涉者，如圖 3-6 所示，有：

① 最大間隙：孔之上限界尺度配軸之下限界尺度之差為正值。

② 最大干涉：孔之下限界尺度配軸之上限界尺度之差為負值。

(4) 裕度 (Allowance)：係兩配合件在最大材料狀況下所期望之差異，乃為加工所預留之尺度，又稱容許誤差 (容差)。即孔之最小尺度配軸之最大尺度之差。若為正值，表正裕度，即最小餘隙。若為負值，表負裕度，即最大干涉。

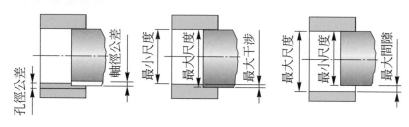

• 圖 3-6　過渡配合

例題 3-2

一孔 $\phi 30 \begin{smallmatrix}+0.04\\-0.02\end{smallmatrix}$ 與 $\phi 30 \begin{smallmatrix}-0.03\\-0.05\end{smallmatrix}$ 一軸配合，則求 (1) 最大間隙、(2) 最小間隙、(3) 裕度？

解

(1) 最大間隙 = 孔最大尺度軸最小尺度 = 30.04 – 29.95 = 0.09 mm

(2) 最小間隙 = 孔最小尺度軸最大尺度 = 29.98 – 29.97 = 0.01 mm

(3) 　裕度 = 孔最小尺度軸最大尺度 = 29.98 – 29.97 = 0.01 mm

註：正裕度表示最小間隙。

3. 配合制度：配合分有基孔制與基軸制，即：

(1) 基孔制 (Basic hole system)：孔之基礎偏差為零之配合系統，即下限界偏差為零；即係以孔之基本尺寸為基準以作為孔之最小尺度，如圖 3-7(A) 所示，基孔制的公差位置常以 H 為基準，為最常用之配合制度，常用的公差等級為 IT5 ～ IT10，即 H5 ～ H10 之間。

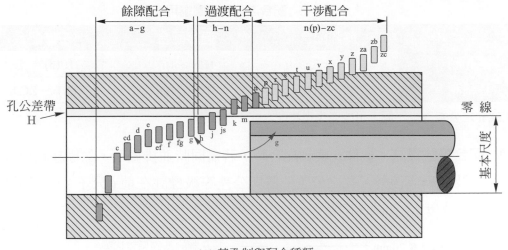

(A) 基孔制與配合種類

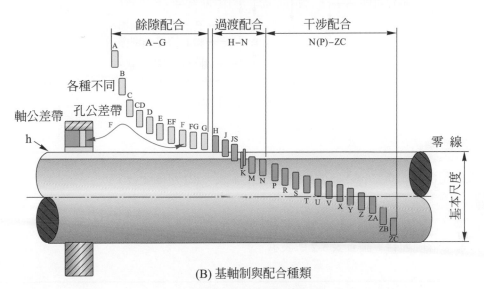

(B) 基軸制與配合種類

• 圖 3-7 基孔制與基軸制

(2) 基軸制 (Basic shaft system)：軸之基礎偏差為零之配合系統，即上限界偏差為零，即係以軸之基本尺度為基準以作為軸之最大尺度，如圖 3-7(B)，基軸制的公差位置常以 h 為基準，常用的公差等級為 IT4 ～ IT9，即 h4 ～ h9 之間。

由於軸徑較容易加工，故孔的公差等級較軸之公差等級大一級或同級。若是以公差位置及公差等級標註機件時，則軸、孔之配合依照配合種類之區分，可參見表 3-2 所示。

◆ 表 3-2　配合之公差範圍選用

	餘隙配合	過渡配合	干涉配合
基孔制	H/a ～ g	H/h ～ (n)	H/(n) ～ zc
基軸制	A ～ G/h	H ～ (N)/h	(N) ～ ZC/h

註：N 或 n 之公差等級不同，可能產生過渡配合或干涉配合。

4. **配合符號標註**：機件孔與軸配合時，若需同時並排表示，除標註圓形直徑符號及標稱直徑外，孔之公差位置與公差等級標註在前 (分子)，而軸標註在後 (分母)，如圖 3-8 所示。

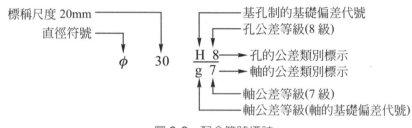

• 圖 3-8　配合符號標註

例題　3-3

依機件配合為 ϕ30G7/h6，試問 (1) 何種配合制度、(2) 何種配合？

解

(1) 屬於基軸制，因小寫代表軸，且出現 h。

(2) 屬於餘隙配合，請查表 3-2 所表示。

三、表面粗糙度 (Surface roughness)

　　機件的工作圖除了標註公差與考慮配合問題外，表面粗糙度亦是需加以考量，說明如下：

1. **表面粗糙度** (Surface roughness) 是指工件表面高低起伏的程度，如圖 3-9 所示，俗稱光度 (Smoothness)。影響工件表面粗糙度最重要的兩大因素是進刀量大小及刀具的刀鼻半徑大小，當表面粗糙度值愈大時，表示工件之表面愈粗糙，於大氣中比光滑者容易生銹，但加工較容易，製造成本較便宜。

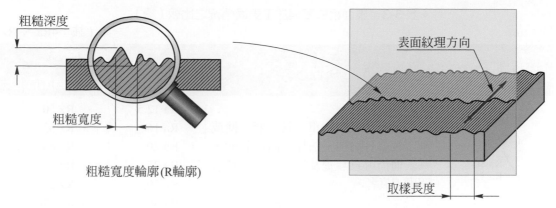

• 圖 3-9　表面粗糙度

　　表面粗糙度依照其值大小，分表面情況等級為光胚面、粗切面、精切面與超光面五等級，如表 3-3 所示，單位以 μm 表示。

◆ 表 3-3　表面粗糙度與加工表面情況之比較

單位：μm　　　　　　　　　　　　　　　　　　　　　　　　　　（註：4Ra ≒ Rz）

表面情況	說明	表面粗糙度	
		算術平均差	最大輪廓高度
超光面 （▽▽▽▽） Ra 0.1	以超光製法加工所得表面，其表面光滑如鏡。	Ra 0.01 Ra 0.02	Rz 0.04 Rz 0.08
		Ra 0.02 Ra 0.032 Ra 0.063 Ra 0.1	Rz 0.08 Rz 0.125 Rz 0.25 Rz 0.4
精切面 （▽▽▽） Ra 2.0 Ra 0.125	經一次或多次精密車、銑、磨、搪或刮、鉸等有屑加工法加工所得表面，其表面幾乎無法以觸覺或視覺分辨出加工刀痕者。	Ra 0.125 Ra 0.20 Ra 0.25 Ra 0.32 Ra 0.63 Ra 1.00 Ra 1.60 Ra 2.0	Rz 0.5 Rz 0.8 Rz 1.00 Rz 1.25 Rz 2.50 Rz 4.0 Rz 6.3 Rz 8.0
細切面 （▽▽） Ra 10 Ra 2.5	經一次或多次精密車、銑、磨、搪或刮、鉸等有屑加工法加工所得表面，其表面以觸覺試之光滑，視覺仍可分辨出模糊刀痕者。	Ra 2.5 Ra 3.2 Ra 4.0 Ra 5.0 Ra 6.3 Ra 10.0	Rz 10.0 Rz 12.5 Rz 16 Rz 20 Rz 25 Rz 40

◆ 表 3-3　表面粗糙度與加工表面情況之比較（續）

單位：μm　　　　　　　　　　　　　　　　　　　　　　　　（註：4Ra ≒ Rz）

表面情況	說明	表面粗糙度	
		算術平均差	最大輪廓高度
粗切面 （▽） Ra 80 Ra 12.5	經一次或多次精密車、銑、磨、搪或刮、鉸等有屑加工法加工所得表面，其表面仍可以觸覺及視覺分辨出殘留明顯刀痕者。	Ra 12.5 Ra 16 Ra 20 Ra 25 Ra 50 Ra 80	Rz 50 Rz 63 Rz 80 Rz 100 Rz 200 Rz 320
光胚面 （～） Ra 125 Ra 100	一般鑄造、鍛造、壓鑄、滾軋、火焰切割等所得表面，尚留有毛邊、黑皮表面者。	Ra 100 Ra 125	Rz 400 Rz 500

2. **表面織構 (Surface texture symbol)**：工作圖當要補充說明表面織構特徵時，必須以表面織構符號表示之，如圖 3-10(A) 基本符號，為包含兩條不等長且與指定表面成 60 度之兩直線，基本符號因缺補充資料而不能單獨使用；故符號的使用應該有整體的標示，如圖 3-10(B)(C)(D) 所示為延伸符號，分別代表必須去除材料、不得去除材料與允許任何加工方法。對表面織構之補充要求及其標示位置在完整符號中，可以加註表面織構要求事項的指定位置，如圖 3-10(E) 所示為表面織構完整符號，藉此來標示技術產品文件上對表面織構的要求，且每一圖形皆有其特別的意義。

(A) 表面織構基本符號　　(B) 必須去除材料　　(C) 不得去除材料　　(D) 允許任何加工方法

位置 a：單一項表面織構要求。
位置 b：對兩個或更多表面織構之要求事項。
位置 c：加工方法，如註研磨、銑等。
位置 d：表面紋理及方向，如註之符號與說明。
位置 e：加工裕度，單位為 mm。

註：位置 d 表示表面紋理及方向，如 ＝ 表紋理方向與其所指加工面之邊緣平行、⊥ 表紋理方向與其所指加工面之邊緣垂直、× 表紋理方向與其所指加工面之邊緣成兩方向傾斜交叉、M 表紋理呈多方向、C 表紋理呈同心圓狀、R 表紋理呈放射狀、P 表表面紋理呈凸起之細粒狀。

(E) 表面織構符號

• 圖 3-10　表面織構完整符號－表面織構之補充要求及其標示位置

3. 表面織構參數之標註

(1) 表面織構要求基本事項

工程圖中表面織構符號的控制元素，其完整的標註範例如圖 3-11 所示；一般表面織構應該標註的參數代號及數字組合，要求事項至少需要 4 項資訊，即①標註表面輪廓 (R、W 或 P 中擇 1 項)；②標註任一種表面織構特徵 (如 Ra、Wz、Pv 等)；③評估長度為取樣長度之倍數；④應說明所標註的限界規格 (如預設規則為 "16%- 規則)。

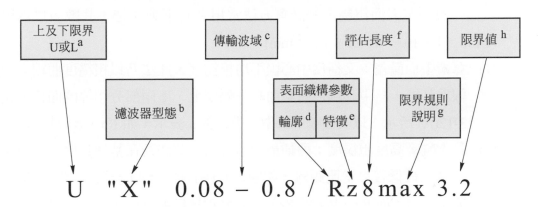

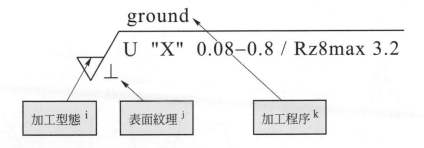

說明：
a. 上 (U)、下 (L) 限界之標註。
b. 濾波器型態可以標註成 "Gaussia" 或 "2RC"。
c. 傳輸波域可以標註成短波濾波器或長波濾波器。
d. 表面輪廓 (R、W 或 P 中擇一項)。
e. 特徵 / 參數 (如 Ra、Wz、Pv……等)。
f. 評估長度為多少倍取樣長度，R 輪廓之預設值 5 倍時可省略不標註。
g. 限界規則說明 ("16%- 規則" 或 "最大 - 規則")。
h. 限界值單位為 μm。
i. 加平型態：必須去除、不得去除、允許任何加工等三種。
j. 表面紋理：以符號表示，如＝、⊥、X、C、R、P 等。
k. 加工方法：以文字表示，如鑽、鉸、車、搪、鑄、鍛等。

• 圖 3-11 工程圖中表面織構符號的控制元素

(2) 表面輪廓參數、表面織構特徵。

① 表面輪廓參數有三,即:R 輪廓 (粗糙度參數)、W 輪廓 (波紋參數) 或 P 輪廓 (結構參數)。

② 表面織構特徵:常見代號如:Ra 為表面粗糙度輪廓算術平均偏差、Rz 為表面粗糙度最大輪廓高度、Rq 為表面粗糙度輪廓均方根偏差、Wz 為波紋最大輪廓高度、Pt 為結構輪廓總高度。

4. 測定表面粗糙度的計算方法

一般測定表面粗糙度的計算方法常用者有下列二種,其數值以為單位 $(1 \mu m = 1 \times 10^{-6} m = 1 \times 10^{-3} mm)$,即:

(1) 算術平均偏差:又稱為中心線平均粗糙度,此法乃以粗糙度曲線之中心線為基準,該中心線恰將該曲線分隔成上、下兩部分相等的面積,如圖 3-12(A) 所示。以表面輪廓特微參數代號 a 表示,如 Ra、Wa 或 Pa。

(2) 最大輪廓高度粗糙度:簡稱最大粗度法,此法乃在基準長度內,曲線最高峰至最低谷之垂直距離,如圖 3-12(B) 所示。以表面輪廓特徵參數代號 z 表示,如 Rz、Wz 或 Pz。若限界規格註明 max,表示採用 "最大規則"。

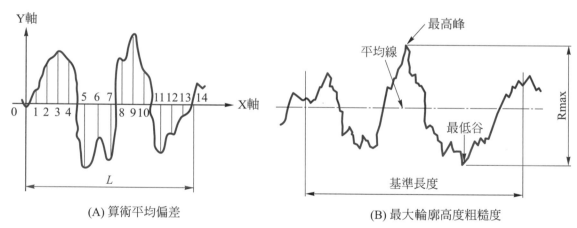

(A) 算術平均偏差   (B) 最大輪廓高度粗糙度

• 圖 3-12 　算術平均粗糙度與最大高度粗糙度

5. 表面織構符號標註意義範例

標註表面織構符號時,其代號與意義舉例如表 3-4 所示。

◆ 表 3-4　表面織構代號與意義

表面織構代號	意義
$\sqrt{}$ Rz 0.4	不得去除材料，單邊上限界規格，預設傳輸波域，R 輪廓，表面粗糙度最大高度 0.4 μm，未註明評估長度則為預設值取 5 倍取樣長度，限界規格未註明表示採用預設值 "16%- 規則"。
$\sqrt{}$ Rzmax 0.2	必須去除材料，單邊上限界規格，預設傳輸波域，R 輪廓，表面粗糙度最大高度 0.2 μm，未註明評估長度則為預設值取 5 倍取樣長度，限界規格註明 max 表示採用 "最大 - 規則"。
$\sqrt{}$ −0.8/Ra3 3.2	必須去除材料，單邊上限界規格，傳輸波域取樣長度 0.8 mm (λs 預設值 0.0025 mm)，R 輪廓，表面粗糙度算術平均偏差 3.2 μm，評估長度為 3 倍取樣長度，限界規格未註明表示採用預設值 "16%- 規則"。
$\sqrt{}$ 0.8−25/Wz3 10	必須去除材料，單邊上限界規格，傳輸波域 λs = 0.8-25 mm，W 輪廓，波紋最大高度 10 μm，評估長度為 3 倍取樣長度，限界規格未註明表示採用預設值 "16%- 規則"。
$\sqrt{}$ W 1	必須去除材料，單邊上限界規格，傳輸波域 A = 0.5 mm (預設值)，B = 2.5 mm(預設值)，評估長度等於 16 mm(預設值)，波紋圖形參數 W，波紋圖形平均深度 1 mm，限界規格未註明表示採用預設值 "16%- 規則"。
$\sqrt{}$ 0.008−/Ptmax 25	必須去除材料，單邊上限界規格，傳輸波域 λs = 0.008mm，無長波濾波器，P 輪廓，輪廓總高度 25 μm，評估長度等於工件長度 (預設值)，限界規格註明 max 表示採用 "最大 - 規則"。
$\sqrt{}$ /10/R 10	不得去除材料，單邊上限界規格，傳輸波域 λs = 0.008mm (預設值)；A = 0.5mm(預設值)，評估長度等於 10 mm，粗糙度圖形參數，粗糙度圖形平均深度，"16%- 規則" (預設值)。
$\sqrt{}$ U Ramax 3.2 L Ra 0.8	不得去除材料，雙邊上下限界規格，兩限界傳輸波域均為預設值，R 輪廓；U 表示上限界：表面粗糙度算術平均偏差 3.2 μm，評估長度為 5 倍取樣長度 (預設值)，"最大 - 規則"。L 表示下限界：算術平均偏差 0.8 μm，評估長度為 5 倍取樣長度 (預設值)，"16%- 規則" (預設值)。
研磨 $\sqrt{}$ Ra 1.6 ⊥ −2.5/Rzmax 6.3	必須去除材料，表面粗糙度：兩個，單邊上限界 1. Ra = 1.6 μm；16%- 規則預設值、預設傳輸波域、5 倍預設評估長度。 2. Rzmax = 6.3 μm；最大 - 規則、傳輸波域 −2.5 mm、評估長度 (5 × 2.5 mm)。 3. 表面紋理方向與其所指加工面之邊緣垂直；加工方法為研磨。
銑削 $\sqrt{}$ 0.008−4/Ra 50 ⊂ 0.008−4/Ra 6.3	必須去除材料，表面粗糙度：雙邊限界； 1. 上限界 Ra = 50 μm；下限界 Ra = 6.3 μm； 2. 兩者 "16%- 規則"，預設值； 3. 兩者傳輸波域 0.008-4 mm； 4. 預設評估長度 (4 mm × 5 倍 = 20 mm)； 5. 表面紋理呈同心圓狀；加工方法為銑削。 備考：因為不會產生混淆，U 及 L 不用標註。

3-2 ▎工件量測

　　機件加工後,尺寸的精度是否合乎標準,必須藉量具來檢查,而量具的種類繁多,本節僅就機械工廠中較常見者,以直線量測、角度量測、量規與常見之特殊量具量測加以說明如后。

一、量測的分類

1. **量具量測 (Measuring tools)**:凡利用量具來量度,可以直接度量出尺寸大小。常見之量具有游標卡尺、分厘卡等。

2. **規具量測 (Gauge measurement)**:凡利用量規來比較度量者,無法直接讀出實際尺寸數值。常見之量規如柱塞規、環規、卡規等。

二、量具的分類

1. **直線量測**

   (1) 游標卡尺 (Slide caliper):由一本尺與游尺組成,利用游標微分原理,例如本尺 1 格 1 mm,游尺取本尺 19 格分成 20 等分,則其最小讀值為

   $1 - \dfrac{19}{20} = \dfrac{1}{20}$,其他各種刻度分法如表 3-5 所示。游標卡尺可用以量度內徑、外徑、長度、深度、階級尺寸及劃線工作,如圖 3-13 所示。

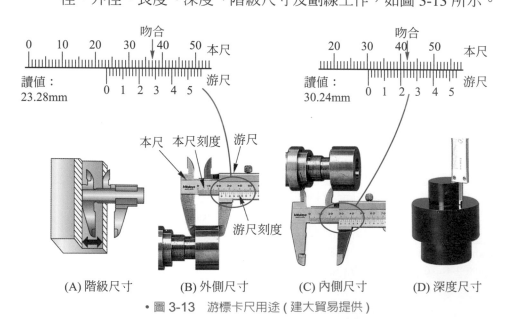

(A) 階級尺寸　　(B) 外側尺寸　　(C) 內側尺寸　　(D) 深度尺寸

• 圖 3-13　游標卡尺用途 (建大貿易提供)

◆ 表 3-5　公制游標卡尺微分原理

本尺刻度	取本尺格數	在游尺上等分之格數	精度
1 mm	49 格	50 等分	$\frac{1}{50}$
0.5 mm	24 格 (12 mm)	25 等分	(0.02 mm)
	49 格 (24.5 mm)		$\frac{1}{50}$
1mm	19 格	20 等分	$\frac{1}{20}$
	39 格		(0.05 mm)

　　除了游標卡尺外，另有如圖 3-14 所示精確度達 0.01 mm 之帶錶式卡尺與液晶顯示式卡尺，後者現今最小解析力可達 1 μm，並可搭配藍芽技術將測量值直接輸入電腦。

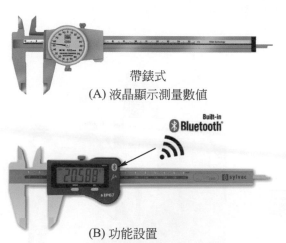

帶錶式
(A) 液晶顯示測量數值

(B) 功能設置

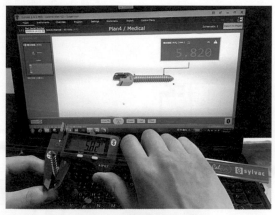

(C) 液晶顯示量測實例

• 圖 3-14　帶錶式卡尺與液晶顯示式卡尺 (來源：喬鉅企業 -SYLVAC 提供)

(2) 游標高度規 (Slide height gage)：係由一重座主尺與帶鎢鋼刀口之游尺所組成，主要用於加工後工件面上作精密劃線或測高度等用途，如圖 3-15 所示，使用前需將副尺 (游尺) 刀尖貼在平板上做歸零檢查。

(3) 齒輪游標卡尺 (Gear slide caliper)：係由垂尺與平尺組成，垂尺用於測量齒輪之弦齒頂 (Chordal tooth top)，平尺用於測量齒輪之弦齒厚 (Chordal tooth thickness)，如圖 3-16 所示。

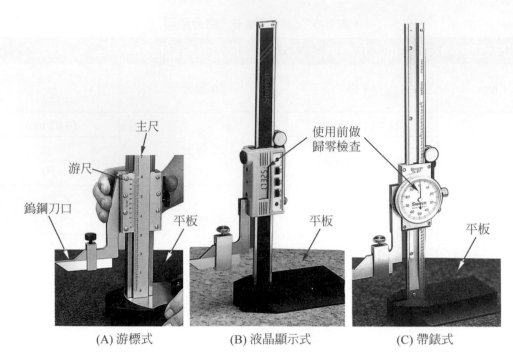

主尺

游尺

鎢鋼刀口

平板

(A) 游標式

使用前做
歸零檢查

平板

(B) 液晶顯示式

使用前做
歸零檢查

平板

(C) 帶錶式

• 圖 3-15　游標高度規 (喬鉅企業提供)

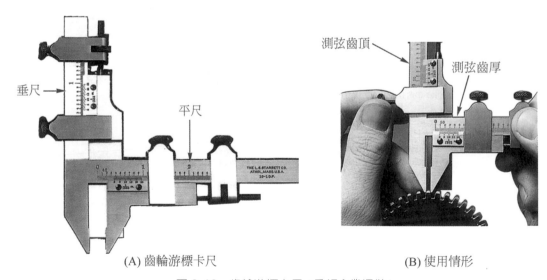

垂尺

平尺

THE L.S.STARRETT CO.
ATHOL.MASS.U.S.A.
18-10.P.

(A) 齒輪游標卡尺

測弦齒頂

測弦齒厚

(B) 使用情形

• 圖 3-16　齒輪游標卡尺 (喬鉅企業提供)

(4) 塊規 (Blocks gage)：為線性量測中精密度最高者，故使用時，應在 20℃
常溫下使用。塊規等級分為 AA、A、B、C 或 00、0、1、2 等四級，如
圖 3-17 及表 3-6 所示。

塊規使用時，為確保精度，以採用最少塊數及由大至小之組合為原
則。故塊規之組合通常以最右方數字為基數取最大之塊規，以期得到

最少塊數組合，如利用 112 塊組塊規，組成 73.555mm 尺寸時，參考圖 3-17(B) 所示，可依序選 1.005、1.05、21.5、50 共四塊。

個數	尺寸	尺寸階級
1 塊	1.0005	
9 塊	1.001 ～ 1.009	0.001
49 塊	1.01 ～ 1.49	0.01
49 塊	0.5 ～ 24.5	0.5
4 塊	25 ～ 100	25

(A) 塊規盒組 (112 片)　　　　　(B) 塊規尺寸及尺寸階級 (尺寸單位：mm)

• 圖 3-17　塊規 (基準科技提供)

◆ 表 3-6　塊規精度及用途

區分	等級	精度（25 mm 以下 ）	用途
參照用	AA(00)	±0.05 μm	學術用或光學測量
標準用	A(0)	±0.1 μm	檢驗 B、C 級塊規
檢驗用	B(1)	±0.2 μm	檢驗量規、量具
工作用	C(2)	±0.4 μm	現場工作之檢驗

(5) 分厘卡 (Micrometer)：由一螺距 0.5 mm 之單線螺桿主軸與圓周上分成 50 格之套筒組成，當外套筒旋轉一圈，螺桿主軸會前進／後退 0.5mm，如圖 3-18(A) 所示，係利用螺紋運動原理，其最小讀值可達 0.01mm；若加採微分原理，則分厘卡之最小讀值可達 0.001 mm，如圖 3-18(B) 所示。所示常見之分厘卡有：

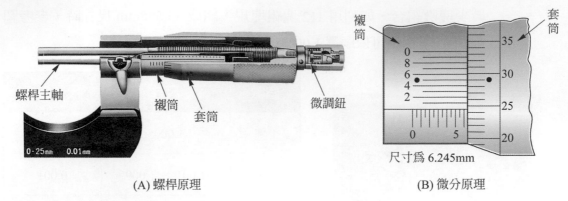

尺寸為 6.245mm

(A) 螺桿原理　　　　　　　　　　　　　(B) 微分原理

• 圖 3-18　分厘卡 (建大貿易提供)

① 內、外徑分厘卡 (Inside & outside micrometer)：規格是每 25 mm (日本三豐) 或 30 mm (美國 SYLVAC) 各有一支，其中，外徑分厘卡主要功用是測量外徑或外部尺寸，形狀除如圖 3-18 所示應用螺桿原理外，目前亦常見如圖 3-19 所示液晶顯示式，最大誤差可達 1 μm，並可應用藍芽技術傳輸至電腦。而如圖 3-20 所示為傳統卡儀型內徑分厘卡，主要功用是測量孔徑或寬度，最小規格可測尺寸為 5 mm。

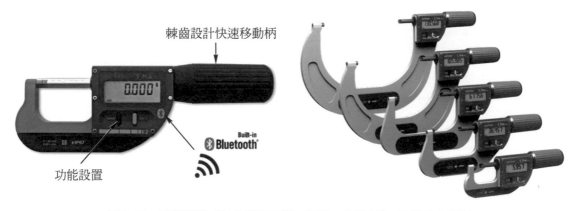

• 圖 3-19　液晶顯示式結合藍芽技術 (來源：喬鉅企業 -SYLVAC 提供)

生活小常識

藍牙 (Bluetooth)

一種泛用的短距離無線通訊協定，最早由易立信 (Ericsson) 於 1994 年發起，初期以無線方式用於手機和配件 (如耳機) 間所進行的低功耗、低成本無線通訊連線。

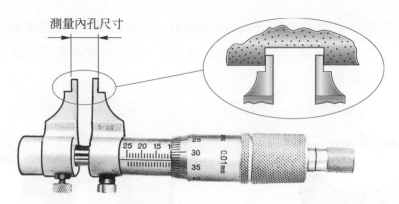

• 圖 3-20　卡儀型內徑分厘卡 (建大貿易提供)

② 螺紋分厘卡 (Screw micrometer)：用於測量螺紋節徑，如圖 3-21 所示，但在測量時，先決條件是須先有正確牙角。

• 圖 3-21　螺紋分厘卡 (智允貿易提供)

③ 三點式內徑分厘卡 (Tri-spindle inside micrometer)：具三支測軸，具有高精度、測量簡便且使用技術較少等優點之量具，測量尺寸範圍為 3mm ～ 300mm，如圖 3-22 所示。

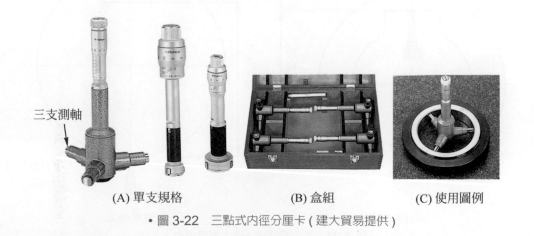

(A) 單支規格　　　　　(B) 盒組　　　　　(C) 使用圖例

• 圖 3-22　三點式內徑分厘卡 (建大貿易提供)

④ 扁頭分厘卡 (Non-rotating spindle micrometer)：特點是砧座與主軸前端之外形成葉片狀，如圖 3-23 所示，用於測量圓工件狹窄溝槽的直徑及鍵槽深度。

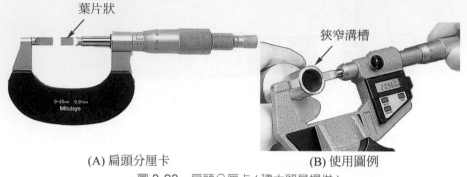

(A) 扁頭分厘卡　　　　　　　　(B) 使用圖例

• 圖 3-23　扁頭分厘卡 (建大貿易提供)

⑤ 尖頭分厘卡 (Screw thread comparator micrometer)：特點是砧座與測軸前端外型成尖形，如圖 3-24 所示，用於測量螺紋底徑、細溝槽、鍵槽深度及鑽頭鑽腹厚度及鑽頭鑽腹厚度及鍵槽轂厚、鍵座軸高。

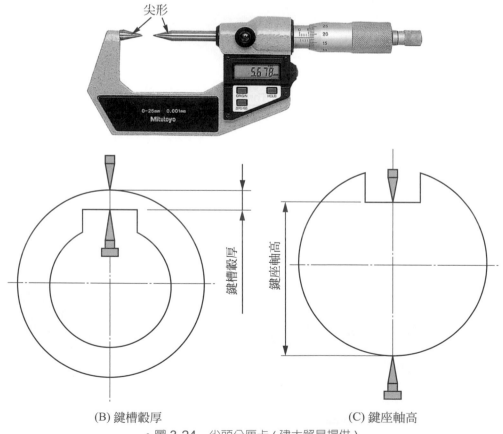

(B) 鍵槽轂厚　　　　　　　　(C) 鍵座軸高

• 圖 3-24　尖頭分厘卡 (建大貿易提供)

⑥ V 溝分厘卡 (V-Anvil micrometer)：利用三測面的接觸，用於測量奇數刀鉸刀、螺絲攻、端銑刀、齒輪及栓槽軸徑。如圖 3-25 所示。

(A) 五溝液晶顯示分厘卡　　　　　　　　　　(B) 三溝分厘卡

• 圖 3-25　V 溝分厘卡 (智允貿易提供)

❶ 三溝分厘卡：此分厘卡之 V 形砧座夾角為 60°，主軸之螺紋節距為 0.75 mm。

❷ 五溝分厘卡：此分厘卡之 V 形砧座夾角為 108°，主軸之螺紋節距為 0.559 mm。

⑦ 盤式外測分厘卡 (Disc type micrometer)：特點是砧座與測軸前端外型成盤形，如圖 3-26 所示，可測齒輪跨距齒厚及配合三線測量法測螺紋節徑。

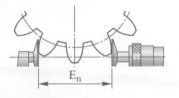

(A) 盤式分厘卡　　　　　　　　　　(B) 測量跨距齒厚

(C) 使用圖例

• 圖 3-26　盤式分厘卡 (建大貿易提供)

2. 角度量測

(1) 萬能角度儀 (Universal bevel vernier protractor)：係利用游標微分原理，將主尺 11 格 (或 23 格) 分成游尺 12 等分，其最小讀值為 $\frac{1}{12}$ 度 (即 5 分)，主要功用是可測量 180° 範圍內之工件角度，亦可結合游標高度規使用，如圖 3-27 所示。

游標高度規　　　　　　　　　　　　　　　　萬能角度儀

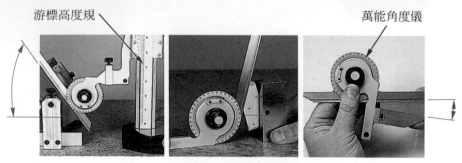

(A) 萬能角度儀及使用例

(B) 游標微分原理及判讀 (50°20')

• 圖 3-27　萬能游標角度儀 (喬鉅企業提供)

(2) 正弦桿 (Sine bar)：係藉塊規組合而置於平板上，利用三角函數之正弦原理，可精密地測出機件之角度或錐度。如圖 3-28 所示，正弦桿之規格係以兩滾子中心距離表示，有 100 mm、200 mm 及 300 mm 三種，常用於 45° 斜面以下之角度測量，計算公式為：

$$H = L \cdot \sin \theta \approx L \cdot T$$

式中：

H：塊規高度 (mm)

L：正弦桿長 (mm)

T：錐度

θ：角度 (度)

生活小常識

雷射測距儀 (可測量角度)
使用整合式 360° 傾斜感應器與自動轉向的背光式顯示器，可讓操作變得精確簡單，採用鋰電池技術在，充電可進行幾萬次的測量。

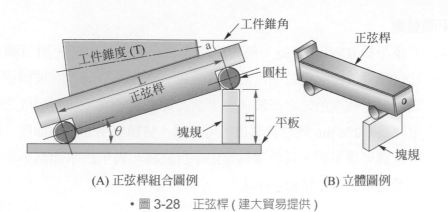

(A) 正弦桿組合圖例   (B) 立體圖例

• 圖 3-28 正弦桿 (建大貿易提供)

例題 3-4

利用長 100 mm 正弦桿，配合塊規、平板、量錶測量工件錐度，則檢驗時塊規應墊高多少？

解

$$H = L \cdot T = 100 \times \frac{1}{10} = 10 \text{ mm}$$

(3) 組合角尺 (Combination square)：係由直鋼尺、直角規、中心規與量角器等四件組成。直鋼尺與直角規組合，可作劃垂直線、平行線、45° 斜線、量高度、深度及水平儀校正用。直鋼尺與中心規組合可迅速求得圓柱中心；直鋼尺與量角器組合，可 180 度內之劃線及量測角度，亦可作深度、水平儀校正角度等工作，如圖 3-29 所示。

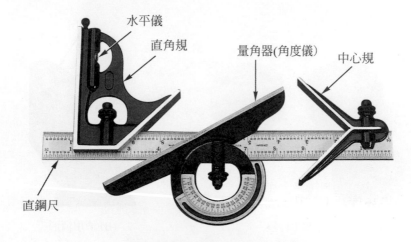

• 圖 3-29 組合角尺 (喬鉅企業提供)

3. 平面量測

(1) 光學平板 (Optical flat)：係利用氦光之光波干涉原理，用以測量微小尺寸之差異及表面之真平度的量具。為一極度光滑而平的玻璃或石英製成之圓板，藉單色光之光波，每半波長即產生一次干涉所形成之色帶，以半波長 0.294 μm 為計算單位，可計算、檢驗出平面之平面度。如圖 3-30 所示為光學平板，若色帶為等距平行直線，表示該平面為平坦；若色帶為彎曲，表示受驗面不平坦。

工件表面顯示等距平行線

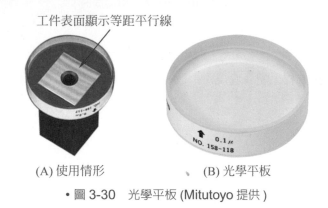

(A) 使用情形　　　　　(B) 光學平板

・圖 3-30　光學平板 (Mitutoyo 提供)

(2) 光學平行鏡 (Optical parallel set)：常以石英做成一盒 4 塊，厚度差為 $\dfrac{P}{4}$ (為分厘卡螺距) 之光學平行鏡，故厚度分別為 12.00、12.12、12.25 及 12.37，如圖 3-31 所示，夾於分厘卡砧座與測軸間時，每塊光學平行鏡厚度恰為分厘卡套筒轉 1/4 圈，常用於檢驗外徑分厘卡砧座與測軸是否磨損或平行。

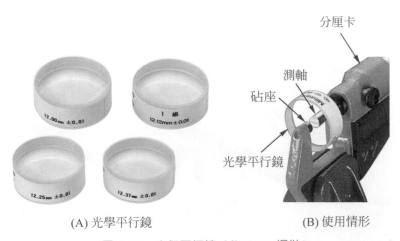

(A) 光學平行鏡　　　　　(B) 使用情形

・圖 3-31　光學平行鏡 (Mitutoyo 提供)

4. **量規量測 (Gauge measurement)**：量規係檢驗規具，大都用於品管圈及
   大量生產時檢驗場合，依用途不同分為：(1) 軸用量規；(2) 孔用量規。如圖
   3-32 所示。

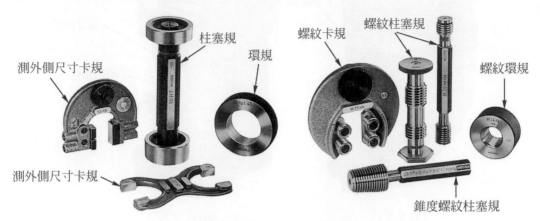

• 圖 3-32　量規 (喬鉅企業提供)

(1) 軸用量規：用以軸徑及外部尺寸之大量生產時檢驗，如環規、卡規。

   ① 環規 (Ring gage)：用以大量檢驗外徑，具有通過端 (GO) 與不通過端
     (NO GO)，在外形上通過端只在外圓周上壓花，不通過端壓花並有一
     凹環槽。環規在尺寸上通過端取機件軸之最大尺寸，不通過端取軸之
     最小尺寸。

   ② 卡規 (Snap gage)：用以大量檢驗外徑或外部尺寸者，具有通過和不通
     過端之鉗口形狀的量規。在外形上不通過端係用於塗紅色卡口與斜邊
     緣作標註；卡規在尺寸上通過端與不通過端之設計與環規相同。

(2) 孔用量規：用以孔徑大量生產時檢驗，如柱塞規。

   柱塞規 (Plug gage)：用於大量檢驗孔徑，有單端式及雙端式兩種，通過
   端設計成較長，尺寸是取機件孔徑之最小尺寸。不通過端設計成較短，
   尺寸是取機件孔徑之最大尺寸。

5. **投影比較儀 (Optical measuring projector)**：又稱為光學投影機，利用
   光學放大原理，將工件形狀放大而測出表面和外形正確性，為一種非接觸性
   測量方法。能有效精確測量齒輪外形及尺寸、螺紋牙角及尺寸，工件尺寸、
   垂直度及傾斜度等，但無法測出工件之深度、厚度、盲孔的孔深及螺紋的螺
   旋角，如圖 3-33 所示。

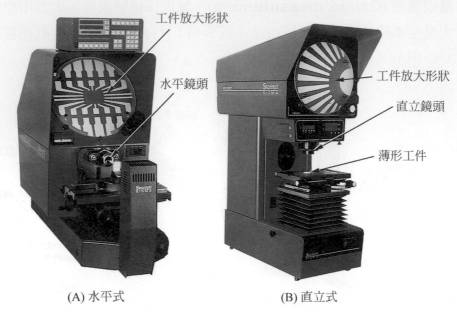

(A) 水平式　　　　　　　　　(B) 直立式

• 圖 3-33　投影比較儀 (喬鉅企業提供)

6. **三次元量床 (Coordinate measuring machine)**：可測 X、Y、Z 三軸向尺寸，又稱座標測量儀，英文簡稱 CM。利用不同形狀的測頭或測針可作多用途的立體形狀測量，如圖 3-34 所示。

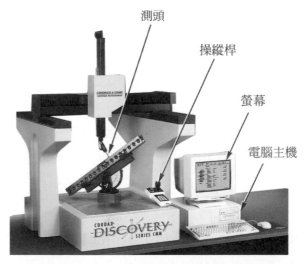

• 圖 3-34　三次元量床 (明江貿易提供)

7. **工具顯微鏡 (Toolmaker microscope)**：係利用目鏡與物鏡之放大倍率，將工件形狀放大而測出表面和外形正確性的儀器，用途與投影比較儀雷同，如圖 3-35 所示。

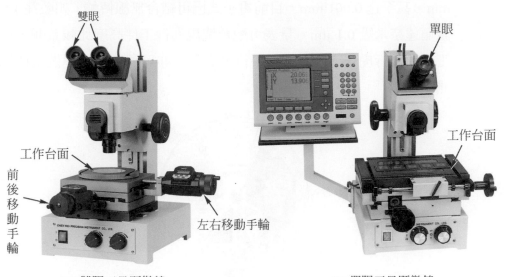

(A) 雙眼工具顯微鏡 　　　　　　　　(B) 單眼工具顯微鏡

• 圖 3-35　工具顯微鏡 (精實盟科技提供)

8. **螺紋三線規 (Screw thread measuring machine)**：利用三根直徑相同圓柱跨於牙角內，可量測螺紋的節徑，如圖 3-36 所示。

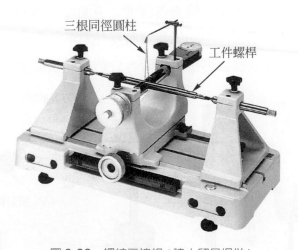

• 圖 3-36　螺紋三線規 (建大貿易提供)

9. 特殊量具量測

(1) 量錶 (Dial indicator)：又稱針盤指示器，係配置齒輪系使之利用放大作用，如圖 3-37 所示，使錶針能精密的指示其數值，其最小讀值可達 0.01 mm，甚至達 0.001 mm。目前電子式已可結合無線傳輸 (如藍芽)，最小讀值達奈米級 0.1 μm。量表可配合塊規進行工件高度比較量測，可配合工具機進行虎鉗之固定鉗口平行度調整，亦可配合正弦桿做工件錐度檢測。

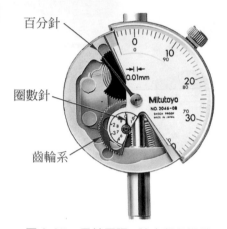

• 圖 3-37　量錶原理 (建大貿易提供)

　　量錶大致上分為兩類，如圖 3-38 所示：

① 伸縮式量錶：用於檢查真圓度、平面度、同心度、垂直度、錐度、偏心量及校準工件中心，測量時應注意測軸與工件表面需成垂直，否則測軸底端為圓弧形接觸點時，會造成餘弦誤差。

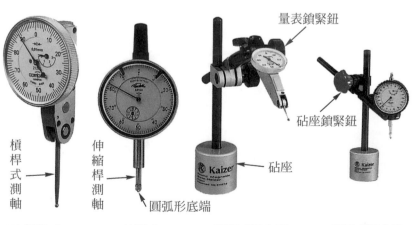

(A) 槓桿式　　　(B) 伸縮式　　　(C) 槓桿式組合座　　(D) 伸縮式組合座

• 圖 3-38　量錶 (智允貿易提供)

② 槓桿式量錶：用於測量狹窄內外部位、凹槽內壁、孔錐度、孔壁眞直度、同心度、平行度及工件高度、垂直度及孔徑測量。測桿可作240° 角調節，測量時應注意測軸與工件表面需成平行，否則會造成餘弦誤差。

(2) 厚薄規 (Thickness gage)：如圖 3-39(A) 所示，用於間隙之檢驗，如汽車火星塞之間隙檢查。

(3) 牙規 (Screw pitch gage)：又稱螺紋節距規，用於檢驗螺紋之螺距 (公制) 或每时牙數 (英制)，如圖 3-39(B) 所示。

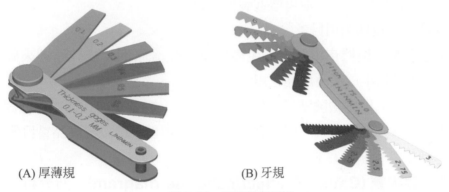

(A) 厚薄規　　　　　　　　　　　(B) 牙規

• 圖 3-39　厚薄規與牙規

生活小常識

量測無線與數位化設計

傳統單一功能型的量測儀器似乎已無法滿足時下的量測需求，目前使用量具作量測朝無線通訊領域與數位化設計趨勢，如圖 3-40 所示爲透過藍牙無線傳輸結合量具爲一體的技術，使測量數據直接輸出是目前發展方向之一，可方便數據記錄、長期保存和進行有效分析。

• 圖 3-40　藍芽連線示意圖 (來源：喬鉅企業 -SYLVAC 提供)

3-3 品質管制與實施

品質管制 (Quality control) 指工廠在生產產品的過程中，利用統計學之方法實施製程的管制，生產最好的產品，以滿足消費者的要求。

工廠實施品質管制，可達下列功效：

1. 減少不良品，間接增加產量及節省人工。
2. 減低檢驗費用，減少材料浪費。
3. 使產品標準化，增加產品可靠性及品質得以提高。
4. 防患不良品於未然，並可增進製程之改進。

故品質管制應包括兩項目：

1. **確立標準**：根據市場狀況、生產技術、經濟原則及統計原則來確定工程標準，及材料半成品及成品之規格。
2. **保持品質**：根據檢驗結果，檢討缺失因素，矯正工作程序中的錯誤，使成品品質維持一定之標準，同時發現新方法及製程，得以提高品質目標。

為了達到品質管制，實施方法有六大手法：

1. **特性要因圖 (Cause & effect/fishbone diagram)**：乃分析、整理原因與結果之關係，用於表達產品品質特性、以及影響品質變異的主要與次要因素，即用於表示品質問題與形成原因之關係圖。此法乃將原因與結果之關係明確整理成如魚骨狀之體系圖，又稱為魚骨圖，如圖 3-41 所示，著重於資料採取前思考方法之整理，為推展製程管理或改善活動上不可或缺之工具。

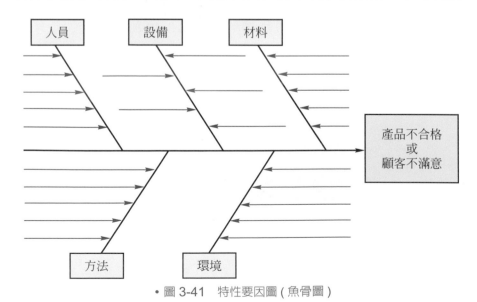

• 圖 3-41　特性要因圖 (魚骨圖)

2. **柏拉圖 (Plato diagram)**：為探求問題原因的方法，係將有關製品之不良數或缺點、數量、成本、安全等品質不佳之資料，依其內容或發生原因分類，再按出現次數之大小順序排列，同時表示累積圖之和繪製而成之線圖形，如圖 3-42 所示，利用此特性可找出頻率最高的 20% 問題最大因素，達到重點管理之目的，又稱為八二法則。

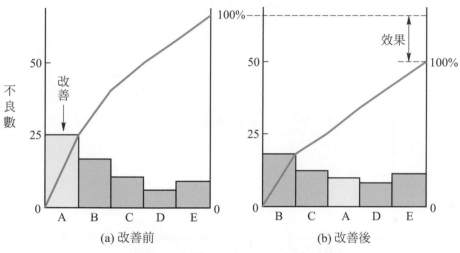

• 圖 3-42　改善前後柏拉圖之改善效果比較

3. **直方圖 (Histogram)**：可瞭解資料分布之情形，功能是用來表示測定值所在範圍內各區間所發生之頻率、分佈，並把握資料數值之分佈中心及分佈範圍。方法是將測定值之全距分為若干組，以各組為底邊並以各該組測定值發生之次數面積構成矩形條狀之圖形，如圖 3-43 所示。

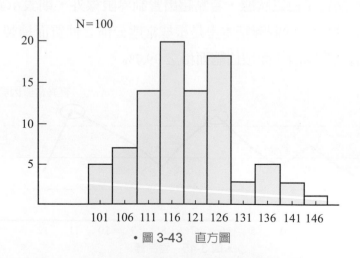

• 圖 3-43　直方圖

4. **散佈圖 (Scatter diagram)**：可瞭解一對資料之相對應關係，方法是取兩變數在水平及垂直軸上畫出其各測定值之圖，探討兩組成對數據之關係性及其強弱關聯，再正確判斷其影響相關性，如圖 3-44 所示。

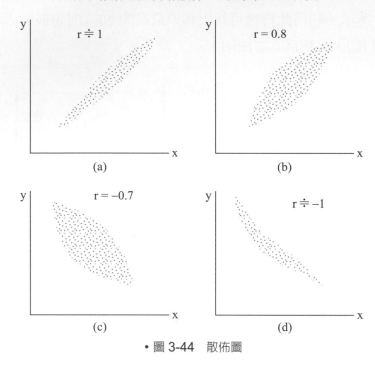

• 圖 3-44　散佈圖

5. **管制圖 (Contral chart)**：管制圖一般是由三條平行線所構成，即表示品質中心傾向之中心線 (Central Line, CL) 及表示品質容許變異之上下範圍的管制界線 (Uper Control Limit, UCL、Lower Control Limit LCL)。此法是利用結果之變異性，掌握管制狀況之推移；因此，若資料數據之打點在管制界限線內，表示品質呈穩定狀態，若點超出管制界限線外，則表示異常原因出現，如圖 3-45 所示。管制圖基本上是根據常態分佈之性質而繪製，其平均值 ±3 倍標率偏差範圍內之面積佔總面積之 99.7%。

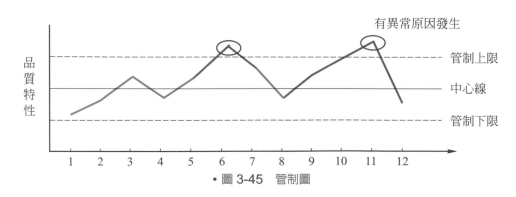

• 圖 3-45　管制圖

6. **查核表 (check list)**：可瞭解資料之分布情形，功能是作爲不良項目的查核及改善依據。方法是就兩個或兩個以上的項目，將其次數分類排列之表格，簡潔的將數據記載在所設計的表格之中，如表 3-7 所示。

◆ 表 3-7　查核表

種類	查核紀錄	小計
裂痕	正正正正一	21
表面粗糙度不佳	正正正正正正正正一	41
精確度不佳	正丁	7
表面傷痕	正正正正正正正丁	37
其他	正正下	13
合計		119

生活小常識

品質管理技術師證照（參考自中國工業工程學會網站）

品質管理技術師證照主要爲認證具有整體性及基本的品質管理概念之人才，例如改善活動、統計方法、品質標準、品質管制等，藉此提高國內相關技術人員之專業實務能力與素養。

考試內容包括：(1) 品質管理概論；(2) 全面品質管理；(3) 品質改善活動；(4) 統計方法與品質管理；(5) 統計製程管制與管制圖；(6) 計量值管制圖；(7) 計數值管制圖；(8) 製程能力分析與製程能力指標；(9) 驗收抽樣計畫；(10) 計量值抽樣計畫；(11) 品質標準與品質獎。

學後評量

3-1
1. 通用公差與專用公差有何不同？

2. CNS 之公差等級分為那三大類？各有何用途？

3. 何謂基孔制？基軸制？

4. 試舉四例品質管制的實施方法，並簡述其意義。

5. 通用公差與專用公差有何不同？

6. CNS 之公差等級分為那三大類？各有何用途？

7. 請說明孔的公差位置以何表示？並以零線圖示說明其基本尺度為何。

8. 一尺寸為 $32^{+0.04}_{-0.02}$，則其標稱尺度、基本尺度、最大尺度、最小尺度、上偏差、下偏差與公差各為何？

9. 請簡述配合分為哪三類？並請說明其最大與最小的尺度差之意義為何。

10. 孔之尺度 $\phi 30^{+0.100}_{0}$，軸之尺寸 $\phi 30^{0}_{-0.039}$，則兩者配合之最大與最小的尺度差之意義與尺度為何？

3-2
11. 塊規之等級如何分類？各精度及用途為何？

12. 何謂量具與規具？各舉常見兩例儀具。

13. 請圖示表面織構符號並簡述其位置與其意義為何。

14. 舉例說明軸用量規與孔用量規，各有何用途？

15. 常見之量表分為哪兩種？並請簡述其檢查用途與測量時之注意事項。

3-3
16. 試舉 6 種品質管制的實施手法，並簡述其意義。

第二篇

機械傳統加工

本篇大綱

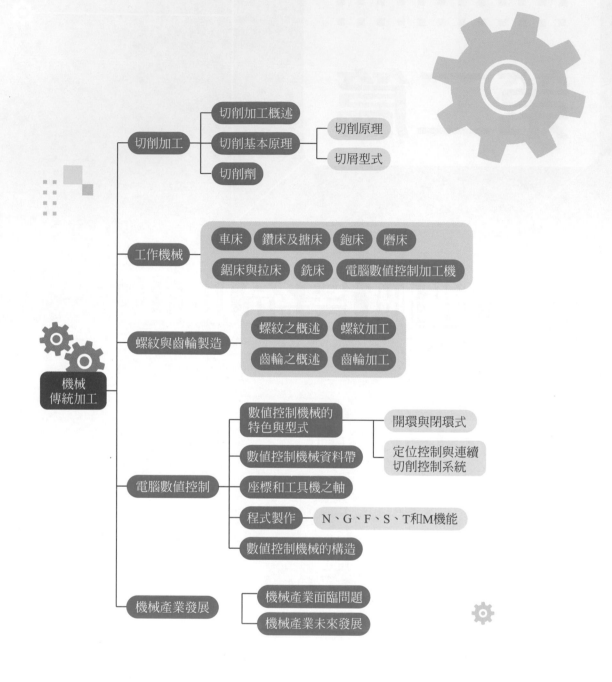

切削加工
- 切削加工概述
- 切削基本原理
  - 切削原理
  - 切屑型式
- 切削劑

工作機械
- 車床
- 鑽床及搪床
- 鉋床
- 磨床
- 鋸床與拉床
- 銑床
- 電腦數值控制加工機

螺紋與齒輪製造
- 螺紋之概述
- 螺紋加工
- 齒輪之概述
- 齒輪加工

電腦數值控制
- 數值控制機械的特色與型式
  - 開環與閉環式
  - 定位控制與連續切削控制系統
- 數值控制機械資料帶
- 座標和工具機之軸
- 程式製作
  - N、G、F、S、T和M機能
- 數值控制機械的構造

機械產業發展
- 機械產業面臨問題
- 機械產業未來發展

機械傳統加工

Chapter 4

切削加工

切削加工 (Cutting or machining) 係指使用刀具從胚料上去除不需要的部分，以獲得機件所需的形狀、尺寸和表面特性的一種製造產品的方法。因此，構成切削三要素為被加工成形的胚料 (Workpiece)、硬度比胚料高的刀具 (Tool) 和從胚料上分離而被捨棄的切屑 (Chip)。同時在切削過程中，大都會使用切削劑 (Coolant) 改善切削效果。

本 章 大 綱

4-1 切削加工概述

切削 (Cutting) 加工乃指切除工件多餘的部分而使之變成機件，在切削過程中，其多餘部分的產物稱為切屑，如圖 4-1 所示。切削加工時，必須考慮切削時之影響因素、何種工作母機、切削刀具的具備條件及刀具刃角、切削速度及進刀量等，分述如後。

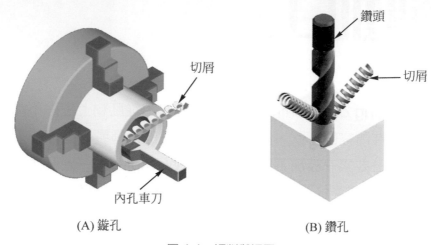

(A) 搪孔　　　　　　　　　　　　　(B) 鑽孔

• 圖 4-1　切削與切屑

一、影響切削因素

由於切削加工直接、間接會影響加工的品質、難易及成本，故在切削加工過程中，必須考慮其影響因素，包括：

1. **被削工件之材質**：包括工件的硬度和延展性。
2. **刀具的材質**：包括成份及熱處理。
3. **切削條件**：包括切削速度、切削深度及進刀量等。
4. **刀具刃角**：包括刀具各隙角、斜角及刀口形狀等。
5. **冷卻和潤滑**。

其中，影響切削加工及切削性最主要者為工件的材質；若工件的硬度太高，易使刀具磨耗；若工件的延展性太高，易使刀口產生積屑，兩者切削性皆不良。

二、切削用工作母機

機械加工中有關切削性加工機械，常見者有八大工作母機，即車床、鑽床、搪床、鉋床、鋸床、拉床、銑床和磨床。分類法常以

1. 依金屬切削刀具分，如圖 4-2 所示。

(1) 單刃刀具 (Single-edged-tools)：此類工作母機之刀具因刀刃一個，故其刀具之效率、耐磨性低且壽命短，如車床、搪床及鉋床等。

(2) 多刃刀具 (Multi-edge-cutter)：此類工作母機之刀具具多刃，故其刀具之效率，耐磨性及壽命佳，如鋸床、拉床、鑽床、銑床及磨床等。

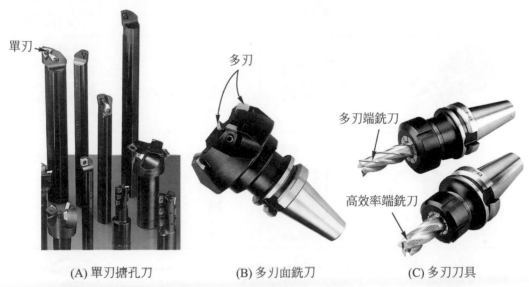

(A) 單刃搪孔刀　　　(B) 多刃面銑刀　　　(C) 多刃刀具

• 圖 4-2　切削刀具 (明祿工業提供)

2. 依刀具進行切削的方式分，如圖 4-3 所示。

(1) 刀具移動、工件旋轉者：如車床。

(2) 工件靜止、刀具旋轉者：如鑽床。

(3) 工件靜止、刀具作直線往復運動者：如鋸床、鉋床及拉床。

(4) 工件、刀具同時運動者：如磨床、搪床及銑床。

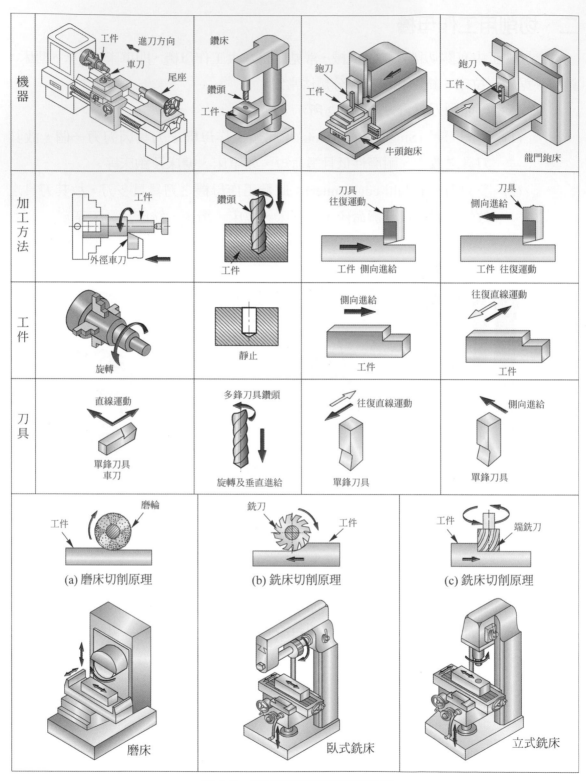

• 圖 4-3　刀具與工作機器的切削方式

三、切削刀具

1. **刀具具備條件**：良好的金屬切削刀具應具備下列條件：

    (1) 硬度 (Hardness) 要高。

    (2) 耐磨性 (Abrasion resistance) 要好。

    (3) 具紅熱硬度 (Red hardness)。

    (4) 富韌性 (Toughness)。

    (5) 導熱性 (Thermal conductivity) 要佳。

    (6) 再研磨 (Regrind) 容易。

    (7) 親和力差，以免生成屑疤 (Scarring)。

2. **刀具壽命 (Tool life)**：刀具壽命 (Tool life) 是指切削過程中，刀具在兩次重磨之間的切削時間長短而言，以分為單位表示。一般工作之刀具壽命以 60 分鐘為宜，但大量生產之自動機器則應能保持 480 分鐘。影響刀具壽命的因素很多，但依據泰勒氏 (Taylor's formula) 的刀具壽命公式可知，影響刀具壽命的最主要因素是切削速度。故降低切削速度，可降低切削熱，進而增加刀具壽命。

    泰勒公式：

    $$VT^n = C \quad (n \text{，} C \text{ 在使用時可由切削技術資料查得})$$

    其中：

    V：切削速度 (m/min)

    T：刀具壽命 (分)

    n：刀具因子 (經驗常數)

    C：常數

3. **刀具刃角 (Tool angles)**：刀具最基本的刃角是指斜角與隙角兩種，而影響刀具刃角最主要的因素為工件材質，一般工件愈硬，刀具刃角愈小，各刃角說明如下：如圖 4-4 所示。

刀具刃角
示意動畫

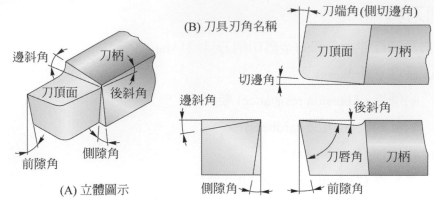

(A) 立體圖示

(B) 刀具刃角名稱

• 圖 4-4　單刃刀具各刃角名稱

(1) 斜角 (Rake angle)：又稱傾角，乃指刀頂面與機製面之法線的夾角，以車床車刀為例有後斜角、邊斜角，其主要用途皆是引導排屑功能；一般採用正斜角，斜角愈大，刀具愈銳利，排屑功能愈好，如圖 4-5 所示。但是陶瓷刀具採用負斜角 5 ～ 7 度，以提供足夠的強度以耐衝擊。

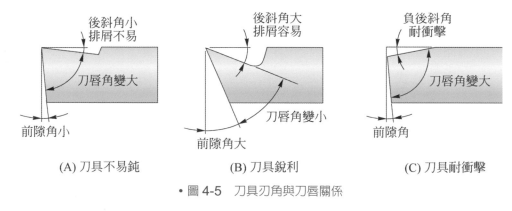

(A) 刀具不易鈍

(B) 刀具銳利

(C) 刀具耐衝擊

• 圖 4-5　刀具刃角與刀唇關係

(2) 隙角 (Clearance angle)：又稱讓角，乃指刀腹與機製面間之夾角，以車床車刀為例有前隙角、邊隙角，其主要用途皆是為防止刀具與工件間之摩擦，如圖 4-6 所示，故均採用正值。

(3) 刀端角 (End cutting edge angle)：又稱端刃角，屬於間隙角，可避免刀端與工件面摩擦。

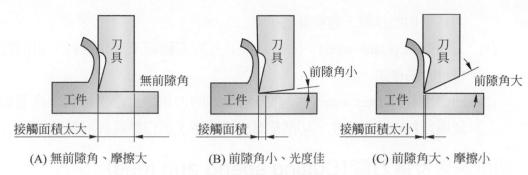

• 圖 4-6　前隙角與接觸面積關係

(4) 切邊角 (Side cutting edge angle)：又稱側刃角或側切邊 (第一切邊) 導角，為車刀切邊與縱軸夾角，屬切削角，切邊角大小與工件硬度成正比。具有下列功用：①控制切屑流向；②使切屑變薄，減少刃口單位面積之受力，如圖 4-7 所示；③增加刃口強度；④減少振動。

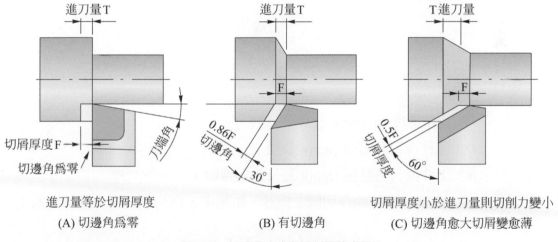

• 圖 4-7　切邊角大小與切削厚薄成反比

4. 刀具磨損；改善刀具磨損可提高刀具壽命，常見方法是添加切削劑降低切削溫度及減少進給量、進刀深度、切速等。刀具磨損型式有四，即：

(1) 磨耗：常起因於工件上的硬點造成。

(2) 黏著磨損：常起因於刀口熔著的積屑脫落時而撕落刀具表面。

(3) 擴散磨損：起因於切屑之剪力作用，致使刀具表面之原子，由一格子點移到另一格子點所造成。

(4) 氧化磨損：起因於切削之高溫，使刀具中碳化鎢氧化，而還原為鎢，導致刀具硬度降低。

刀具磨損的位置，通常發生在：

(1) 刀腹磨耗 (Flank wear)：位在刀尖下方的刀腹面上產生磨耗，切削脆性材料時易產生。

(2) 凹口磨耗 (Crater wear)：位在刀尖後方的刀頂面上產生磨耗，高速切削延展性材料時易產生，切削當溫度最高時，凹口磨耗最明顯。

四、切削速度及進刀量 (Cutting speed and feed)

1. **切削速度 (Cutting speed)**：切削速度乃指切削過程中，刀具對於工件之相對速度而言。切削速度為影響刀具壽命和生產速度的主要因素之一，其計算說明如下：

(1) 若以迴轉運動作切削之機器，如車床、鑽床、銑床及磨床，則切削速度之計算式為：

$$V = \frac{\pi DN}{1000}$$

其中：

V：切削速度 (m/min)(公尺 / 分)

D：工件或刀具直徑 (mm)(公厘)

N：工件或刀具轉速 (rpm)(每分鐘迴轉數)

(2) 若以直線往復運動作切削之機器，如鉋床，則切削速度之計算式為：

$$V = \frac{L \cdot N}{1000 \cdot t} = \frac{L \cdot N}{600}$$

其中：

V：切削速度 (m/min)(公尺 / 分)

L：衝程長度 (工作物長 +20mm)(單位：mm)

N：刀具每分鐘衝程次數 (spm)

t：切削行程所佔全程的時間比，鉋床一般為 3/5

(3) 決定切削速度的原則：

① 工件材質：切削硬材料時，採用低轉速、小切速。

② 刀具材料：碳化鎢刀具的硬度、耐熱性比高速鋼高，故可提高切速及
　 轉速。

③ 進刀量與切削深度：進刀量與切深愈大時，其切削阻力愈大，切削熱
　 愈高，故宜降低切速及轉速。

④ 切削劑：具冷卻作用，故可提高切速及轉速。

2. **進刀量 (Feed)**：工件每一次旋轉每一刀程或每一單位時間內，刀具對工件
　 移動的距離稱為進刀量或進給量。就各工作母機而言，說明如下：

(1) 車床的進刀量：乃指工件迴轉一圈，車刀移動的距離，以 mm/rev 表示
　　(公厘 / 轉)，如圖 4-8 所示。

(2) 鑽床的進刀量：乃指鑽頭迴轉一圈，鑽頭進入工件的距離，以 mm/rev
　　表示 (公厘 / 轉)。

(3) 銑床的進刀量：乃指銑刀迴轉每分鐘，工件 (或床台) 移動的距離，以
　　mm/min 表示 (公厘 / 分)。

(4) 牛頭鉋床的進刀量：乃指衝錘往復運動一次，工件移動的距離，
　　以 mm/s 表示 (公厘 / 次)。

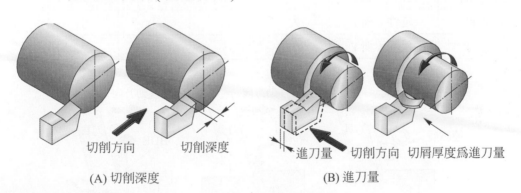

(A) 切削深度　　　　　　　　　　　(B) 進刀量

• 圖 4-8　車床的進刀量

生活小常識

車床進刀量

依進給方向不同分為縱進刀量和橫進刀量，縱進刀量是指沿車床床台導軌方向
的進給量，橫進刀量是指垂直於車床床台導軌方向的進給量。

4-2 切削基本原理

一、切削原理

　　由於金屬之晶粒受刀具切刃背之擠壓變形而產生滑動，並沿切刃背破裂而形成切屑。金屬之切削原理乃是晶粒受剪切作用，當切屑捲曲時，內側產生壓應力，外側為拉應力，若應力大到一定限度時切屑自然崩斷，故增加切屑應力是折斷切屑的方法。

二、切屑型式

　　切屑因其形狀之不同，可分為連續切屑、不連續切屑和黏附切刃之連續切屑三種，受工件材質、刀具刃角、切削速度、進刀深度、進刀量與切削劑所影響，如表 4-1 所示，分述如下，如圖 4-9 所示。

◆ 表 4-1　影響切屑型式之因素綜結表

切屑型式	工件材質	刀具斜角	切削速度	進刀深度	進刀量	切削劑
不連續切屑	脆性 (鑄鐵)	小	小	大	大	無
連續切屑	延性 (鋼)	大	大	小	小	有
黏附刀刃	延性 (鋼)	小	小	大	大	無

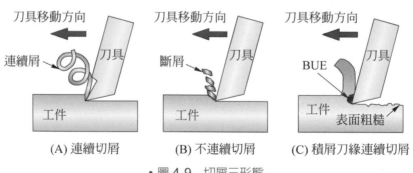

(A) 連續切屑　　　(B) 不連續切屑　　　(C) 積屑刀緣連續切屑

• 圖 4-9　切屑三形態

1. **連續切屑** (Continuous chip)：連續切屑乃指切屑為連續長條或捲成圓圈的切屑，如切削軟鋼等延展性高的金屬材料時最易產生；為最理想的切削情況，得到的表面粗糙度 (光度) 最好。形成連續切屑的因素，有下列數種：
   (1) 延展性高的工件材質。
   (2) 刀具斜角較大，則銳利且排屑容易。

(3) 切削速度較高。

(4) 進刀深度、進刀量要小、即切屑薄，如圖 4-10(A) 所示。

刀具頂面摩擦係數小，即刀頂面要用油石礪光，且切削中加切削劑。

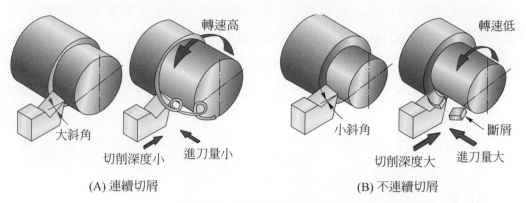

(A) 連續切屑　　　　　　　　　　　　　(B) 不連續切屑

• 圖 4-10　連續切屑與不連續切屑

在切削過程中為了避免連續不斷的長條切屑影響工作上的困擾，可在刀具之刃口上磨一溝槽或加裝斷屑器 (Chip breaker) 來處理。在刀具上裝置階梯式斷屑器時，階梯愈高或溝槽愈小，切削之捲曲半徑愈小，則斷屑效果愈好，但是切削力變大，使刀尖的受力變大，如圖 4-11 所示。

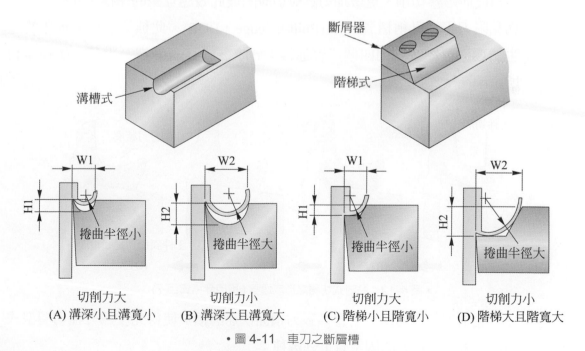

切削力大　　　　切削力小　　　　切削力大　　　　切削力小
(A) 溝深小且溝寬小　(B) 溝深大且溝寬大　(C) 階梯小且階寬小　(D) 階梯大且階寬大

• 圖 4-11　車刀之斷層槽

綜合上述，欲得良好光度 (表面粗度值小)，其工作條件理論為：切削速度快、進給量小、進刀深度小、刀鼻半徑大、切邊角大、刀端角小，且加切削劑。但進給量太小、進刀深度太小及刀鼻半徑太大時，反而容易引起顫動而影響表面光度，而切邊太大及刀端角太大時，會影響刀具壽命。

2. **不連續切屑 (Discontinuous chip)**：不連續切屑乃指小片而不連續的切屑，常發生於不正常情況下的切削或切削如鑄鐵、脆性金屬等材料。由於切屑不連續而易刮傷工件表面，故光度比連續切屑差。形成不連續切屑的因素有下列數種：

(1) 脆性高的工件材質。

(2) 刀具斜角較小。

(3) 切削速度較低。

(4) 進刀深度、進刀量較大，即切屑厚，如圖 4-10(B) 所示。

(5) 刀具頂面摩擦係數大且切削中未加切削劑。

3. **積屑刀口之連續切屑 (Continous chip with buit-up edge)**：乃指切削過程中，切屑與刀具間之摩擦生熱，導致切屑熔銲於刀面上而改變刀口的幾何角度而影響切削，更增加刀具與切屑間彼此效應互長的摩擦，此種刀刃稱為黏附刀刃，又稱積屑刀口 (Built-up edge，BUE)。此種切屑熔著現象的產生循環過程即按下列四個步驟進行：形成→成長→分裂→脫落。如圖 4-12 所示。

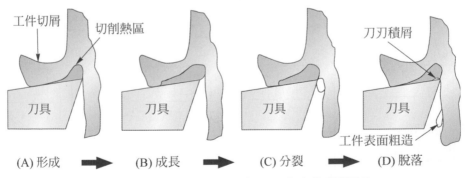

(A) 形成 ➡ (B) 成長 ➡ (C) 分裂 ➡ (D) 脫落

• 圖 4-12　黏附式切屑之形成過程 (取自參考書目 7)

黏附刀刃之連續切屑會導致刀頂面快速磨損，使得光度為三種切屑型式中最差者。其形成的因素有下列數種：

(1) 延展性高的工件材質。

(2) 刀具斜角較小，刀口鈍。

(3) 切削速度不當。

(4) 進刀量和進刀深度大。

(5) 刀具頂面摩擦係數大且切削中未加切削劑。

三、切削力 (cutting force)

1. 切削力的作用方向：以車床的車削為例，如圖 4-13 所示，刀具受力可分為三個方向：

(1) 切線分力 (F_T)：又稱主分力，約佔切削力的 67%。

(2) 軸向分力 (F_V)：又稱進刀分力，約佔切削力的 27%。

(3) 徑向分力 (F_H)：又稱背分力，約佔切削力的 6%；受力最小，故車床作車削時為減輕切削力，在粗切削時，儘量採用大進刀深度，小進刀量的方式。

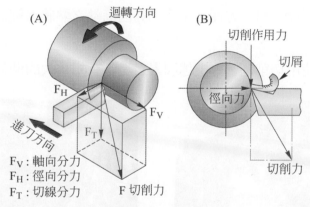

• 圖 4-13　切削力

2. 影響切削力的因素：作用在刀具上的切削力，如圖 4-14 所示，影響之因素有：

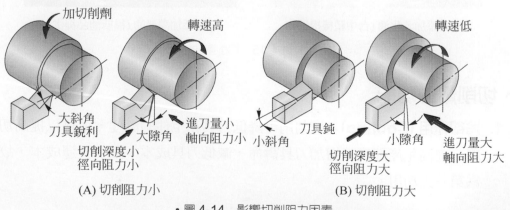

• 圖 4-14　影響切削阻力因素

(1) 進刀量及進刀深度愈大，切削阻力愈大，即切削力愈大。

(2) 斜角、間隙角愈大，表刀具愈銳利，切削力愈小。

(3) 切邊角愈大，切削力愈小。

(4) 刀鼻半徑愈大，進刀分力愈小，但卻容易引起振動。

(5) 切削劑可減低切削力。

(6) 切削速度愈大，可降低切削力，但影響並不顯著。

(7) 切削性佳之工件材質，其切削時的切削力較小，如切削脆性材料和 SAE 1112 易削鋼 (乃在鋼中加入鉛硫)。

4-3 切削劑

切削刀具在切削過程中，由於切屑被剪斷變形以及刀具和切屑間的摩擦產生高熱，這些高熱會提昇刀具、工作物和切屑之溫度。其結果會促使切削刀具因高溫而軟化，進而影響刀具壽命；另一方面，工作物亦因高熱之熱脹冷縮之故，造成尺寸誤差擴大。

所以，適當的使用切削劑，對上述因素之消除有相當大的助益，如圖 4-15 所示。

(A) 添加乳化油 (台中精機提供)　　　　　(B) 添加潤滑油 (福斯油品提供)

• 圖 4-15　切削劑

一、切削劑的功能

1. **冷卻作用 (Cooling)**：切削劑可降低刀具和工件的溫度，可藉以提高切削速度，提高生產速度，增加刀具壽命，減低刀具成本、減少營運成本，故被視為第一大功用。

2. **潤滑作用 (Lubrication)**：切削劑可減少切屑、刀具和工件間的摩擦，可防止刀具刃口產生積屑刃緣，改善工件表面品質，降低粗糙度值，增加工件表面光度；亦可減少工件和機器可能產生的腐蝕和銹蝕，減少動力成本，故被視為第二大功用。

3. **清潔作用 (Cleaning)**：可用來沖除切屑的功用。

二、切削劑須具備之性質

1. **揮發性宜低**：不易揮發，不起泡沫。

2. **著火點宜高**：不易起火燃燒。

3. **傳熱性宜高**：散熱快，具有良好的冷卻能力。

4. **無毒無臭**：不會妨礙人體的健康及安全。

5. **潤滑及防腐性宜高**：不會侵蝕機器、工件及刀具。

6. **穩定性高及黏度宜低**。

三、切削劑種類

切削過程中，正確的選用切削劑是非常必要的，不同的工件必須各自選用合適的切削劑才能發揮它的功用。因此，認識切削劑的種類及選用正確的切削劑是此節學習的範圍。切削劑大致上可分為三類：

1. **固體切削劑**：如鑄鐵中石墨，日常生活中亦常見汽車之伸縮天線需添加此類作為潤滑。

2. **氣體切削劑**：如壓縮空氣、CO_2 或水氣等。

3. **液體切削劑**：可分為兩類：

   (1) 水溶性切削劑：此類以冷卻為主，常見者有：

   ① 水溶液：乃水中加入 1 ～ 2% 之碳酸鈉、亞硝酸鈉或硼砂混合而成。

   ② 調水油：機械實習工廠大都採用以礦物油和乳化劑為主體與水混合，呈乳白色，又稱為乳化油或太古油，具有良好的冷卻作用。重切削時，乳化油以 10 倍的水稀釋，一般工作則用 40 ～ 50 倍水調和。

   (2) 非水溶性切削劑：此類以潤滑為主，常見者有：

   ① 切削油：主要成分是礦物油，在低溫、低負荷下具有良好的潤滑作用。在高溫高壓下，必須添加極壓添加劑 (如硫、磷、氯)，可增加其穩定性及抗壓性，以適於金屬之抽拉、衝製、滾齒、攻絲及拉削工作。

　　② 硫氯化油：具有優良的抗銲性、抗蝕性、減低震動。

　　③ 其他：如硫化油、礦物油、煤油基潤滑劑、溶解油、礦豬混合油等。

四、切削劑選用

一般磨削工作以乳化油或水溶液為主，常見之工件被加工時，常選用的切削劑如表 4-2 所示。

◆ 表 4-2　切削劑選用

工件材質	切削劑
鑄鐵	乾切劑 (可使用 CO_2 或壓縮空氣)
鋼	水溶性切削劑、硫化油或礦油
黃銅	乾切或礦豬混合油
鋁	煤油基潤滑劑、溶解油或蘇打水

五、切削劑噴注方式

一般工作母機之切削劑噴注方式，大致上有從刀尖給油、從端面給油與傳統的切削管路給油等三種方式。前兩者必須從主軸上的套筒縫隙吐出冷卻液或油霧，直接噴灑在刀具上，如圖 4-16 所示，排除切削屑附著在刀具的刃口上，提高刀具的壽命。

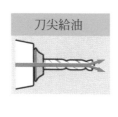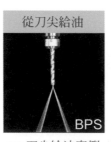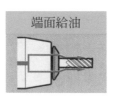

(A) 刀尖給油示意圖　　(B) 刀尖給油實例　　(C) 端面給油實例　　(D) 端面給油示意圖

• 圖 4-16　主軸上套筒給油方式 (呈榮機械提供)

生活小常識

切削劑選用注意事項

1. 車削脆性材料或用硬質合金車刀切削時，一般不加切削液。
2. 車削鎂合金時，不用切削液，以免燃燒起火，可用壓縮空氣冷卻。
3. 車削有色金屬或銅合金時，不宜用含硫切削液，以免腐蝕工件。

學後評量

4-1　1. 切削用工作母機，依刀具進行切削的方式分為哪四種？並舉例機器。

2. 良好的金屬切削刀具應具備哪些條件？

3. 請以單刃刀具為圖例，用三視圖說明各刃角名稱與用途。

4. 請以車床、鑽床與鉋床為例，說明其進刀量之意義與單位。

5. 請問刀具磨耗型式有哪四種？常發生在刀具哪位置上。

4-2　6. 形成連續切屑的因素有哪些？

7. 形成不連續切屑的因素有哪些？

8. 影響切削力的因素有哪些？

9. 形成積屑刀口之連續切屑的因素有哪些？

4-3　10. 請問切削劑需具備哪些性質？

11. 請問液體切削劑分為哪二大類？請各舉例油品。

Chapter 5

工作機械

在產品製造過程中，鑄造或塑性加工等方法成形之產品（半成品），為了獲得更精密的尺寸和正確的形狀，需進一步以工作機械加工，這些工作機械稱為工具機 (Machine tool)。

本章大綱

5-1 車床

車床的車削工作範圍廣泛,在金屬材料製造業中的應用非常普遍,被稱為工具機之母。大部分的車削工作方式是以夾具夾持工件作旋轉,而以單刃刀具完成所需的切削加工。

一、車床種類

車床為了適應各種加工需求,而有多種設計型式,一般常見者有下列幾種:

1. **檯式車床 (Bench lathe)**:又名桌上車床,如圖 5-1 所示,規格較小,係裝在工作台上之機器而得名,專為車削細小零件之小型車床。

車削原理
(來源:施忠良)

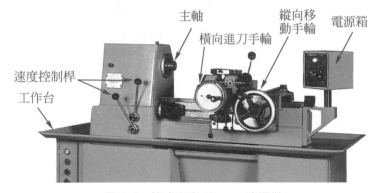

• 圖 5-1 檯式車床 (Sunny 廠提供)

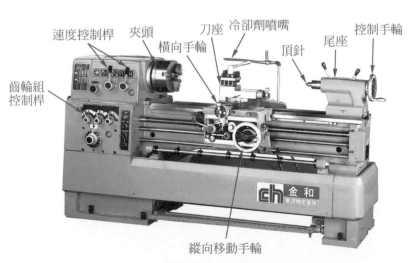

• 圖 5-2 機力車床 (金竑精密提供)

2. **機力車床 (Engine lathe)**：即一般所稱之普通車床，為目前使用最廣泛之
   車床，早期之機力車床傳動乃藉皮帶傳動之塔輪變速方式，現今大都已改
   用齒輪傳動式之高速車床，藉撥桿即可改變齒輪箱內之齒輪搭配，不但變速
   快，且速度傳動確實，無皮帶滑動之現象，如圖 5-2 所示。

3. **轉塔車床 (Turret lathe)**：又名六角車床，係以六角形旋轉刀塔取代普通車
   床之尾座而名。為一半自動車床，適宜中量及大量之精密生產工作；加工時
   可依加工程序依序裝置切削刀具於六角轉塔上，如圖 5-3 與圖 5-4 所示。

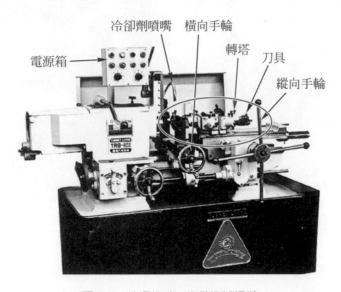

• 圖 5-3　六角車床 (宏發機械提供)

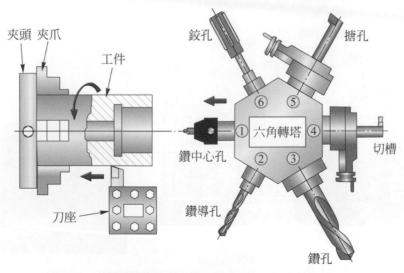

• 圖 5-4　六角轉塔可依加工程序裝置刀具 (取自參考書目 39)

4. **立式車床 (Vertical lathe)**：立式車床之主軸係垂直安裝，工件裝置在旋轉台上，故裝卸方便且穩固，特別適於加工大型不規則且笨重之工件而設計。如圖 5-5 所示為 CNC 立式車床。

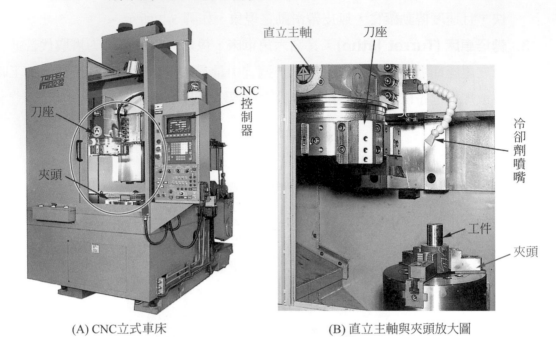

(A) CNC立式車床　　　　　　　　　(B) 直立主軸與夾頭放大圖

• 圖 5-5　CNC 立式車床 (東台精機提供)

5. **凹口車床 (Gap lathe)**：又名平面車床，係因靠近頭座部位的床軌被鑄造而形成一凹口而名，如圖 5-6 所示，主要目的是增大車床旋徑，可替換花盤夾持，適合長度短而直徑大的工件加工。

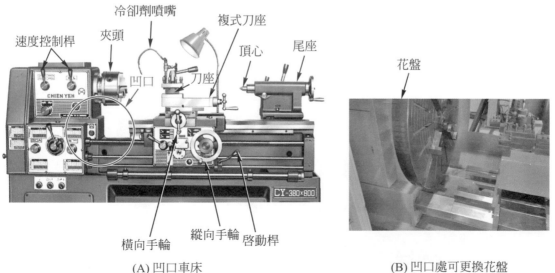

(A) 凹口車床　　　　　　　　　　　(B) 凹口處可更換花盤

• 圖 5-6　凹口車床 (建業鐵工廠提供)

6. **CNC 車床 (Computerized numerical control lathe)**：是電腦數值控制車床之簡稱，如圖 5-7 所示，係將各種加工資料，如加工順序、主軸轉速、進刀量、刀具選用及切削劑選擇等，以特定的編碼指令儲存於孔帶、磁帶或直接鍵入電腦，以控制機器作自動切削工件的工作。此種車床可更改程式以改變工作項目，亦可循環作同一形式的加工工作，程式亦可儲存，機器亦可全天候工作，加工適應性強，適於中量多樣化生產工作。

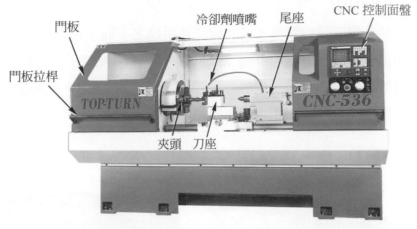

• 圖 5-7　CNC 車床 (立仲機械提供)

7. **車削中心機 (Machining center)**：與 CNC 車床之控制方式皆以程式控制切削工作，如圖 5-8 所示，為一部具有三個轉塔及兩個心軸的電腦數值控制車削中心。

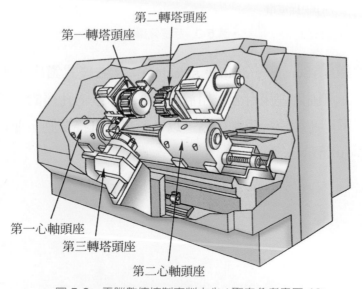

• 圖 5-8　電腦數值控制車削中心 (取自參考書目 46)

5-2 鑽床及搪床

　　鑽床是利用鑽頭在工件上進行鑽削工作，爲一種執行單一目標的簡單機器，乃機械工廠必備的鑽孔用工作母機。搪床是使用搪孔刀對工件上已存在的孔作擴孔的精加工，特別適用於大型工件及特殊形狀工件之加工。

一、鑽床 (Drilling)

鑽削原理
（來源：施忠良）

1. **鑽床種類**：鑽床種類繁多，依其構造及用途之不同，常見者爲：

   (1) 手提電鑽 (Portable drilling machine)：係以手握持手提電鑽上把手，可作攜帶式的鑽孔工作，用於普通鑽床不便鑽孔的工作，構造輕便簡單，用於鑽 13 mm 以下的孔徑。如圖 5-9 所示。

轉向切換鈕　　　鑽夾　鑽頭

啓動開關

電纜線

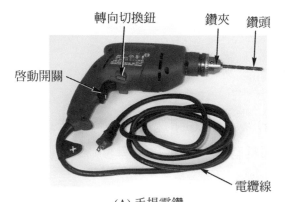
(A) 手提電鑽

(B) 操作實例

• 圖 5-9　手提電鑽

   (2) 靈敏鑽床 (Sensitive drilling machine)：又名檯式鑽床，工件可用虎鉗夾持，亦可固定在床台上，用於鑽 ϕ13 mm 以下孔徑的工件。此種鑽床構造簡單，速度快，鑽軸由馬達以 V 形皮帶直接帶動，並以手動進刀，如圖 5-10 所示。

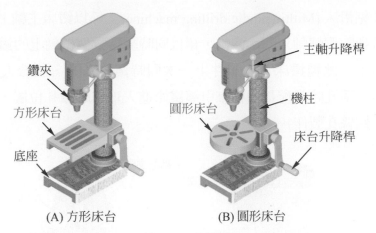

鑽夾

方形床台

底座

主軸升降桿

機柱

圓形床台

床台升降桿

(A) 方形床台　　　　　　　(B) 圓形床台

・圖 5-10　靈敏鑽床

(3) 直立鑽床 (Upright drilling machine)：又名標準鑽床，其構造與靈敏鑽床相似，唯其傳動機構大都為變速齒輪箱，變速較多，且可自動進刀操作，床台的升降亦有升降機構。

(4) 旋臂鑽床 (Radial drilling machine)：此種鑽床具有旋臂，如圖 5-11 所示，故其鑽孔之使用範圍廣泛，適用於大而重型的工件鑽孔或搪孔，其規格大小係以旋臂長度之大小來表示。

機柱

旋臂升降桿

底座

電源面板

馬達

旋臂

橫向手輪

主軸手輪

鑽頭

床台

・圖 5-11　旋臂鑽床 (東芳鐵工廠提供)

(5) 多軸鑽床 (Multi-spindle drilling machine)：係以鑽床主軸上的中心齒輪，帶動數個轉軸上的小齒輪，藉以同時驅動數個轉軸上的鑽頭，如圖 5-12 所示。此種鑽床可在工件上一次同時鑽許多孔，屬於大量生產用的機器，鑽孔時常配以鑽模來引導鑽頭進入正確的鑽孔位置，如汽車引擎體之螺絲孔製作。

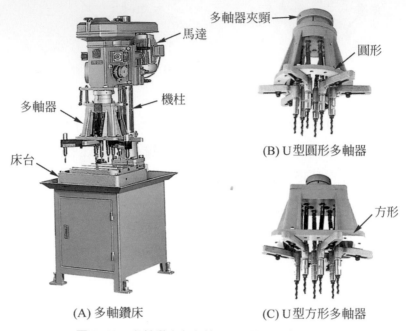

馬達

多軸器夾頸

圓形

多軸器

機柱

(B) U型圓形多軸器

床台

方形

(A) 多軸鑽床

(C) U型方形多軸器

• 圖 5-12　多軸鑽床與多軸器 (米其林精密廠提供)

(6) 排列鑽床 (Gang drilling machine)：係在同一床台上裝置兩台以上的鑽床之傳動機構，稱為排列鑽床。如圖 5-13 所示。此種鑽床的特點是一次可在工件上鑽多個不同直徑的孔，亦可依加工程序安排刀具於鑽床上，可作數種不同的工作，如鑽孔、鉸孔、攻絲等。

(7) 深孔鑽床 (Deep-hole drilling machine)：用於長主軸、槍管之鑽孔，此機器常採用臥式，且工件轉動而如圖 5-18 所示之槍管鑽頭不旋轉，高壓切削油經鑽頭之油孔輸送到刃口部，除具有冷卻、潤滑功用外，並使排屑容易，不易阻塞，如圖 5-14 所示。

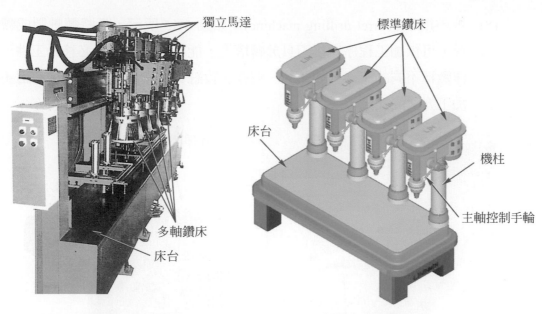

(A) 多軸式排列鑽床 (珈鋐提供)　　　　(B) 標準式排列鑽床

• 圖 5-13　排列鑽床

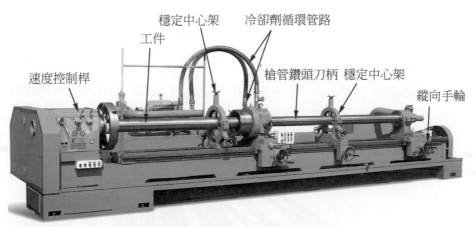

• 圖 5-14　深孔鑽床 (光明堂機械提供)

生活小常識

深孔加工

當孔深與孔徑比大於 10 倍時，則被定義爲深孔。要鑽此種深孔需要特殊的鑽孔設備與技術，稱之爲深孔鑽或深孔加工。而深孔鑽的最大鑽孔深度約爲孔徑的 100~150 倍。深孔鑽 (深孔加工) 依據鑽孔孔徑大小不同，適用不同的深孔加工機械與特製鑽刀 (如槍管鑽頭)。

(8) 轉塔鑽床 (Turret drilling machine)：如圖 5-15 所示，係將轉軸製成轉塔形，可依加工程序安排刀具於轉塔上，能依序加工而不必移動工件，而作數種不同的工作，如鑽孔、鉸孔、攻絲等，常用於鑽同一中心但不同加工方式的孔。

(A) 轉塔器裝置例　　　　　　　　　　(B) 轉塔器

• 圖 5-15　轉塔鑽床 (特品國際提供)

2. 鑽頭種類

(1) 麻花鑽頭 (Twist drill)：亦稱扭轉鑽頭，如圖 5-16 所示。為應用最廣泛的一種鑽頭，常見者有雙槽，亦有三、四槽者，若為多槽，常稱為心型鑽頭，用於擴孔之用。

• 圖 5-16　麻花鑽頭 (DIJET 提供)

(2) 油孔鑽頭 (Oil drill)：鑽身有兩道小孔，鑽削時工件迴轉，鑽頭靜止，可在鑽孔時藉壓力將切削劑貫注入深孔徑之中，以降低切削熱，用於鑽削深孔。如圖 5-17 所示。

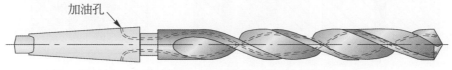

加油孔

• 圖 5-17 油孔鑽頭

(3) 槍管鑽頭 (Gun drill)：又名深孔鑽頭 (Deep-hole drills)，採用高轉速、小進給方式操作，早期用於槍管及砲管之鑽孔，此種鑽頭有空心和實心兩種，如圖 5-18 所示為槍管鑽頭，結合柄桿後即可形成一長桿刀具，用於深孔鑽削，如圖 5-14 所示深孔鑽床所用就是槍管鑽頭。前者為鑽頭之中心有一空心圓孔，又名留心槍管鑽頭，鑽削時因工件中心保有一圓桿，可確實而穩固地導引鑽頭前進，用於鑽削通孔。而後者實心又名中心切割槍管鑽頭，用於鑽削深盲孔。

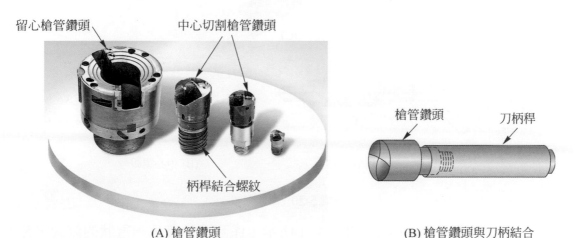

留心槍管鑽頭　　中心切割槍管鑽頭

柄桿結合螺紋

槍管鑽頭　　刀柄桿

(A) 槍管鑽頭　　　　　　　　　　(B) 槍管鑽頭與刀柄結合

• 圖 5-18 槍管鑽頭 (光明堂機械提供)

(4) 梯級鑽頭 (Step drill)：又稱為分段、階級或階段鑽頭，乃在鑽頭端製成兩個不同直徑之鑽頭，使用同一鑽槽，如圖 5-19 所示。鑽削時小直徑部分具有導孔作用，可增加鑽削之穩定性，並減少鑽大孔徑時，需先換小徑鑽頭及工件定位之時間。

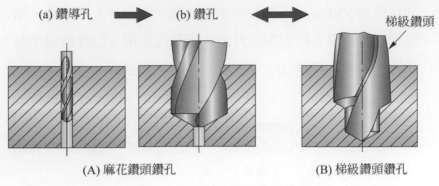

• 圖 5-19　麻花鑽頭鑽孔與梯級鑽頭鑽孔

(5) 中心鑽頭 (Center drill)：係由一小麻花鑽頭與 60° 錐孔鉸刀組成，規格以小麻花鑽頭之直徑表示，如圖 5-20 所示。中心鑽頭大小的選用乃依工件直徑大小來決定，常用於車床工作之頂心孔鑽削或鑽大孔前亦常以此先鑽定位錐孔，以求鑽孔位置的精確。

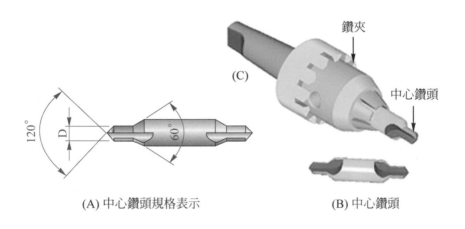

• 圖 5-20　中心鑽頭

(6) 孔鋸 (Hole saw)：如圖 5-21 所示，係圓周外緣為一冠狀的鋸齒形鑽孔刀，又稱為鋸條式鑽孔刀，孔鋸中間鑽頭較外鋸齒長，具心軸作用以導引鋸齒形刀正確鑽削，有各種直徑規格，主要用於薄金屬板上大、小孔之鑽削。常見之材質有高碳工具鋼 (HCS)、高速鋼 (HSS) 及複合碳化鎢刀塊。

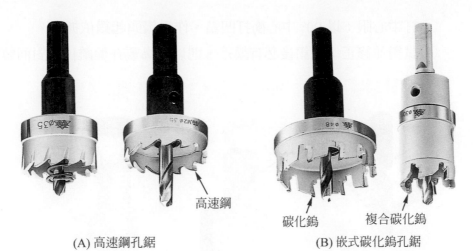

(A) 高速鋼孔鋸 　　　　　(B) 嵌式碳化鎢孔鋸

高速鋼

碳化鎢　　複合碳化鎢

• 圖 5-21　孔鋸 (久允工業提供)

(7) 翼形刀 (Fly cutter)：又名飛刀，如圖 5-22(A) 所示，翼形刀之位置可調整，以切削不同的直徑。用於薄金屬板上極大孔之鑽切工作。

(8) 鏟形鑽頭 (Spade drill)：為一鋼製柄桿，鏟頭端以高速鋼或碳化鎢製成，如圖 5-22(B) 所示。用於厚工件上極大孔鑽削工作，可達 $\phi400$ mm 鑽削直徑。

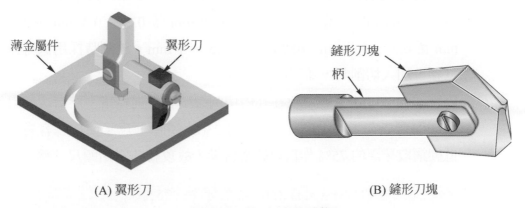

薄金屬件　　　翼形刀

鏟形刀塊

柄

(A) 翼形刀 　　　　　(B) 鏟形刀塊

• 圖 5-22　翼形刀與鏟形鑽頭

3. **鑽床之主要工作**：鑽床之主要工作有：(1) 鑽孔；(2) 鉸孔；(3) 攻絲；(4) 搪孔；(5) 鑽圓柱坑；(6) 鑽魚眼孔；(7) 鑽錐坑。

(1) 鑽孔 (Drilling)：如圖 5-23(A) 所示，一般鑽孔的工作程序是：

　① 先求中心：用劃線或高度規求中心。

　② 打刺衝：以 30° 刺衝打凹點，以作為圓規規腳之依據。

　③ 劃檢驗圓：用於幫助試鑽時之修正依據。

④ 打中心眼：以 90° 中心衝打凹點，作為鑽頭起鑽依據。

⑤ 試鑽並修正：試鑽後必有誤差，則以圓鼻鑿在偏離位置對面鑿削修正之。

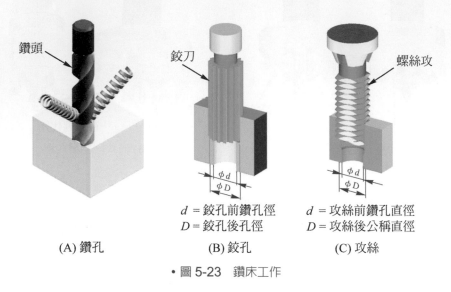

鑽頭　　　　　　　　鉸刀　　　　　　　　螺絲攻

d = 鉸孔前鑽孔徑　　　　d = 攻絲前鑽孔直徑
D = 鉸孔後孔徑　　　　　D = 攻絲後公稱直徑

(A) 鑽孔　　　　　　　(B) 鉸孔　　　　　　(C) 攻絲

• 圖 5-23　鑽床工作

(2) 鉸孔 (Reaming)：將機械用鉸刀裝置在鑽床上，可製得更光滑精確的圓孔，但鉸孔前需先鑽孔，如圖 5-23(B) 所示，並保留鉸削裕留量，一般直徑 $\phi 5$ mm 以下留 $\phi 0.1$ mm，6 ～ 20 mm 留 0.2 ～ 0.3 mm，$\phi 21$ ～ 50 mm 留 0.3 ～ 0.4 mm，$\phi 50$ 以上留 0.5 ～ 1 mm。鉸削時採用低轉速、大進給，加入切削劑，並不得反轉。

(3) 攻絲 (Tapping)：用螺絲攻在孔內切削螺紋者，但鑽床上應有攻絲附件。攻絲前要先在工件上鑽孔，如圖 5-23(C) 所示，為了使攻絲容易，一般低碳鋼取牙深的 75% 作為攻絲裕留量，故攻絲前之鑽頭尺寸為：

$$\text{攻絲鑽頭尺寸 (TDS)} = \text{外徑 } (D) - 2 \text{ 倍牙深} \times 75\%$$
$$= \text{外徑 } (D) - 2 \times 0.65 \times \text{螺距 } (P) \times 75\%$$
$$\approx \text{外徑 } (D) - \text{螺距 } (P)$$

(4) 搪孔：鑽床上亦可裝上單刀刃或雙刀刃之刀具修正圓孔或擴孔的操作。

(5) 鑽圓柱坑 (Drilling cylindrical pits)：使用柱坑刀具裝置在鑽床上，在工件孔頂端切成直角孔或擴孔者，如圖 5-24(A) 所示，鑽圓柱坑的目的在使螺栓頭或螺帽埋入機件表面。

(6) 鑽魚眼孔 (Drilling fisheye)：在孔頂端凸出的四周平面部分切平使該平面與孔中心垂直，稱為魚眼孔，魚眼之直徑約大於螺栓頭或螺帽對角長度 6 mm，如圖 5-24(B) 所示，鑽魚眼孔刀具亦可使用鑽圓柱坑之刀具，目的在做螺栓頭或螺帽之底座，換言之，在使螺栓的軸心能確實與孔中心重疊吻合。

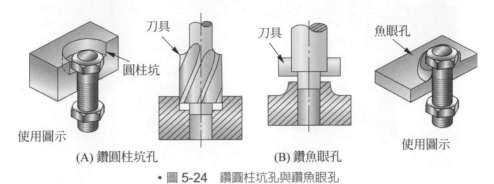

(A) 鑽圓柱坑孔　　　　　　　(B) 鑽魚眼孔

• 圖 5-24　鑽圓柱坑孔與鑽魚眼孔

(7) 鑽錐坑 (Drill taper pit)：在孔頂端擴成錐形坑者，目的在使螺栓頭埋入機件表面，其錐坑之埋頭角度為 90°，埋頭深度與機件表面齊平或稍低。一般使用倒角刀為之，如圖 5-25 所示。

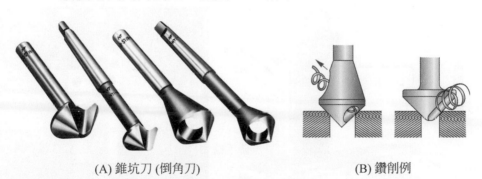

(A) 錐坑刀 (倒角刀)　　　　　　　(B) 鑽削例

• 圖 5-25　鑽錐坑 (達六貿易提供)

二、搪床 (Boring machine)

1. 搪床種類：加工孔徑的機器包括鑽床、車床、立式銑床或內圓磨床等，而搪床係專為搪孔而設計，其加工精度及工作效率遠高於鑽床。

搪床主要種類可分為：

(1) 臥式搪床 (Horizontal boring machine)：係搪孔刀軸成水平，床台在床軌上可縱向、橫向移動及轉動以作角度搪孔，常使用光學尺增加精度的控制，如圖 5-26 所示。

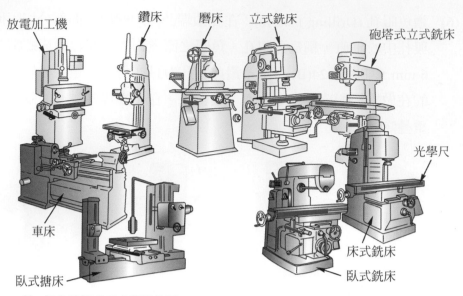

註：紅色線條表示光學尺位置

• 圖 5-26 光學尺用於工作母機之實例 (取自參考書目 29)

(2) 立式搪床 (Vertical boring mill)：係刀具裝在滑座主軸孔內，可作垂直進給，工件裝在水平的床台上，作水平進給，如圖 5-27 所示。

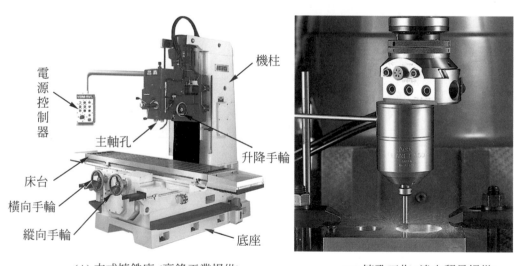

(A) 立式搪銑床 (高鋒工業提供)   (B) 搪孔工作 (達六貿易提供)

• 圖 5-27 搪床與搪孔

(3) 工模搪床 (Jig boring machine)：此種搪床用於精密夾具、鑽模 、模具之鑽孔或定位搪孔，精度可達 2 μm (1 μm = 10^{-6}m = 0.001 mm) ，屬於高精密加工工作母機。

2. **搪床工作**：用旋轉刀具在已有的孔徑擴大至正確尺寸的加工法稱為搪孔，使用的刀具叫搪孔刀，如圖 5-28 所示。

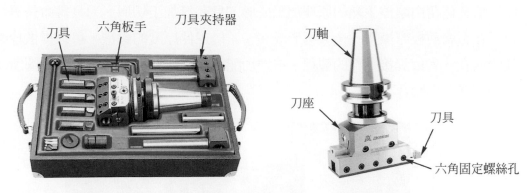

刀具　六角板手　刀具夾持器

刀軸　刀座　刀具　六角固定螺絲孔

• 圖 5-28　搪孔工作 (菱鵬貿易提供)

在小孔徑搪孔時，刀尖應略高於工件中心，以增加刀具之前隙角，或將搪孔刀之前隙角加大，一般為 10 ～ 20°，如圖 5-29 所示。

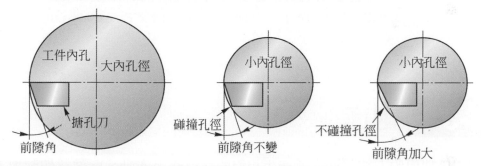

工件內孔　大內孔徑　搪孔刀　前隙角

小內孔徑　碰撞孔徑　前隙角不變

小內孔徑　不碰撞孔徑　前隙角加大

• 圖 5-29　搪孔刀之前隙角與內孔徑大小成反比

3. 一般各種加工法之表面粗糙度與公差範圍（參自 Manufacturing Engineering and Technology 7th，Serope Kalpakjian and Steven R. Schmid, Pearson. com 表 11.27 與 11.28）：

(1) 各種加工法所得到表面粗糙度範圍： 鑽削為 Ra6.3 - Ra1.6、 鉸削為 Ra3.2 - Ra0.8、 銑削為 Ra6.3 - Ra0.8、 車削璇孔、搪削為 Ra6.3 - Ra0.4 。

(2) 在同一工件尺度下，各種加工法所得到公差範圍：鑽孔→立式銑床銑孔→車床璇孔、搪孔→鉸孔、拉孔→車床精璇孔、精搪孔、內圓磨床磨削→搪磨。

生活小常識

摩擦鑽孔加工 (卓漢明，國科會成果報告 NSC95-2622-E-252-003-CC3)

摩擦鑽孔係藉由摩擦生熱的原理加工成形，具有無加工切屑、刀具壽命長等特色。在金屬薄板摩擦鑽孔後，可形成 3 ～ 4 倍工件厚度的軸襯，可以提供攻螺紋的內孔，省掉銲接螺帽的製程，或增加配合面之接觸長度等優點。如圖所示與摩擦鑽孔之影片。

摩擦鑽孔
影片

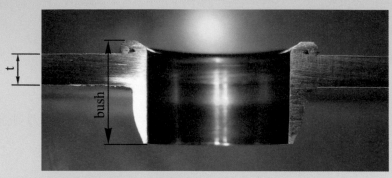

摩擦鑽作鑽孔加工後孔之剖面視圖 (孔壁近似鏡面 Rmax 0.96 μm)

5-3 鉋床

鉋床係利用鉋刀與工件之間產生相對的往復直線運動，所進行切削加工的工具機，其切削工作範圍目前逐漸被銑床所取代。

一、鉋床種類

鉋床 (Shaper) 種類很多，但常見者有：

1. **臥式牛頭鉋床 (Horizontal type shaper)**：衝錘係在水平位置作往復直線運動，如圖 5-30(A) 所示，其規格大小是以所能鉋切的最大行程 (最大衝程長度) 來表示。

2. **立式牛頭鉋床 (Vertical type shaper)**：又稱插床 (Slotting machine)，衝錘運動方向係垂直於床台，床台除可前後、左右進給外，亦可旋轉進給，如圖 5-30(B) 所示，其規格大小是以最大衝程長度床台直徑來表示。常用於鉋削內、外正齒輪及其鍵槽等。

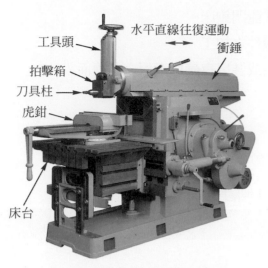

(A) 臥式牛頭鉋床 (宏明精機提供)

(B) 立式牛頭鉋床 (昇緯機械提供)

• 圖 5-30　牛頭鉋床

3. **萬能式牛頭鉋床 (Universal type shaper)**：床台可在水平方向旋轉一角度者，用於鉋削斜面。

4. **龍門鉋床 (Planer)**：此種鉋床用於鉋削大型工件，規格以 "床台寬度床台至橫軌高度床台長度" 來表示。常見之龍門鉋床有：

(1) 雙柱式龍門鉋床：又名標準式龍門鉋床，如圖 5-31 所示。

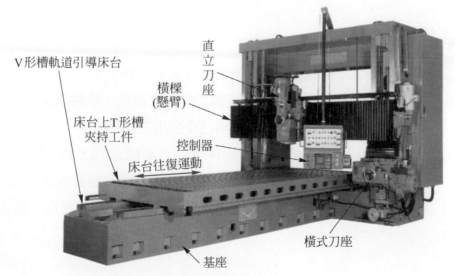

• 圖 5-31　雙柱式龍門鉋床 (宏明精機提供)

(2) 單柱式龍門鉋床：又名敞邊式龍門鉋床。

(3) 落坑式龍門鉋床：用於特大機件之加工。

(4) 邊式龍門鉋床：專為鉋切輪船或裝甲車輛厚鋼板之各邊而設計。

二、牛頭鉋床與龍門鉋床之比較

牛頭鉋床與龍門鉋床之差異如表 5-1 所示。

◆ 表 5-1　牛頭鉋床與龍門鉋床比較

	牛頭鉋床	龍門鉋床
被切削工件之體積及平面大小	小工件	大工件
運動形式	刀具作往復切削運動	工件 (床台) 作往復切削運動
進刀情況	床台進給，即工件向鉋刀進給	刀具進給，即鉋刀向工件進給
傳動方法	以曲柄式為主	以液壓式為主
切削速度	呈不等速之簡諧運動，中間速度最快	近似等速
穩定性及精度	穩定性、精度較差	穩定性、精度較高

三、鉋床構造

1. **鉋床傳動機構**：常見的鉋床傳動機構有三，分述如下：

(1) 齒輪式 (Gear drive)：係利用齒輪正反轉之運動，驅動衝錘下方之齒條作往復直線之運動方式，此種機構已少見用在鉋床上。

(2) 液壓式 (Hydraulic drive)：傳動係依據巴斯噶原理，藉液壓泵來產生動力，推動活塞驅動衝錘作往復直線之運動方式，如圖 5-32 所示。此式之特點是切削過程之壓力、速度保持不變及平穩，且噪音小，變速容易。

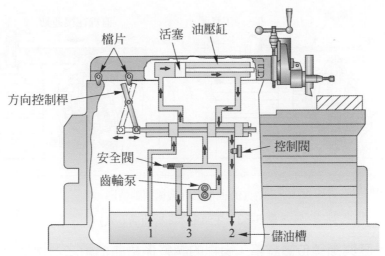

• 圖 5-32　液壓機構 (取自參考書目 20)

(3) 曲柄式 (Crank drive)：此種廣泛作為牛頭鉋床的運動機構，乃利用曲柄搖桿機構，如圖 5-33 所示，係由曲柄之迴轉運動，透過曲柄銷帶動搖桿使成搖擺運動，再由連桿驅動結合在衝錘內之滑塊做往復直線運動。由於切削時曲柄所繞行之角度較回復角度為大，故切削時所需時間較長，約占整個行程時間的 3/5。換言之，回復時間由於較短，故回復速度較切削速度快，可增加鉋削效率，故稱為 "速歸機構"。一般鉋削回程與切削行程之時間比為 2：3，即其速度比為 3：2。此種機構的衝錘運動近似簡諧運動，行程兩端速度為零，中點的速度最大，不同於液壓式機構的等速運動。

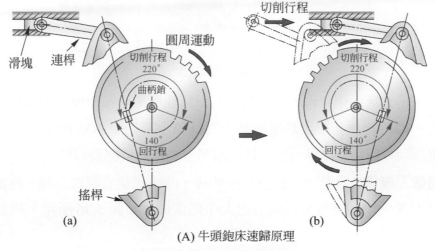

(A) 牛頭鉋床速歸原理

曲柄機構
示意動畫

• 圖 5-33　牛頭鉋床曲柄機構

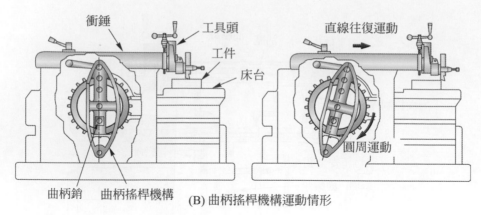

(B) 曲柄搖桿機構運動情形

• 圖 5-33　牛頭鉋床曲柄機構 (續)

2. **衝程長度與衝錘位置調整**：衝程的調整係藉曲柄銷之迴轉半徑之大小而定，迴轉半徑愈大，則衝程愈長。一般牛頭鉋床衝程長度比工作物長 20 mm，在鉋削前端約預留 15 mm，使確實足夠自動進刀時間；而鉋削後約有 5 mm 留隙，以使鉋屑確實去除，如圖 5-34 所示。而龍門鉋床之衝程長度比工作物長 50 ～ 75 mm，一般操作鉋床時，都先調整衝程長度，再決定衝錘位置。

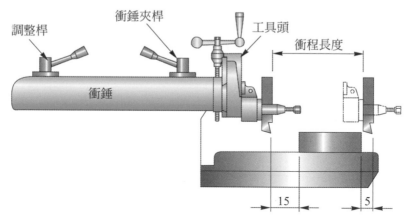

• 圖 5-34　衝程長度

3. **衝錘**：為鉋床切削機構，由工具頭、刀具柱與拍擊箱組成。刀具柱裝在拍擊箱上，拍擊箱係利用鉸鏈原理裝在工具頭上，如圖 5-35 所示。主要功用是在鉋削回程時用以提昇刀具，以免刮傷已加工面或碰裂刀具。

4. **自動進刀機構**：自動進刀機構有曲柄式、凸輪式及液壓式三種。曲柄式之自動進刀量大小的調整是以偏心之大小為依據，如圖 5-36 所示，理想的自動進刀作用時機應在回歸行程之終點。

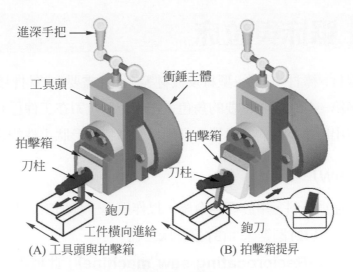

進深手把

工具頭

衝錘主體

拍擊箱

拍擊箱

刀柱

刀柱

鉋刀

鉋刀

工件橫向進給

(A) 工具頭與拍擊箱

(B) 拍擊箱提昇

• 圖 5-35　衝錘

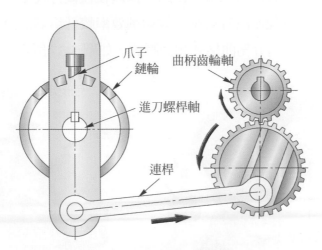

爪子

鏈輪

曲柄齒輪軸

進刀螺桿軸

連桿

• 圖 5-36　自動進刀機構

5-4 鋸床與拉床

　　大部分的線材、棒材、管材、型材及板材等，往往需要先將材料鋸切成所需長度，因此，鋸床扮演第一道加工很重要的角色。拉床是以拉刀在工件已有的孔內壁、表面或外表面上，拉出所需形狀的工具機，常用於製造特殊形狀工件的專用機。

一、鋸床 (Saw)

　　鋸床主要用途為下料，用於切斷金屬，以作為進一步加工之準備。工廠中常見者有：(1) 往復式鋸床；(2) 圓鋸床；(3) 帶鋸床三種。

1. 往復式鋸床 (Reciprocating saw machine)：此種鋸床構造簡單，操作方便、保養容易且費用低廉等優點。但因在往復行程中，僅切削行程具有鋸削作用，回復行程並沒有切削，故切削效率較低為其缺點。往復式鋸床依動力傳達方式之不同分為曲柄式和液壓式，如圖 5-37 所示。

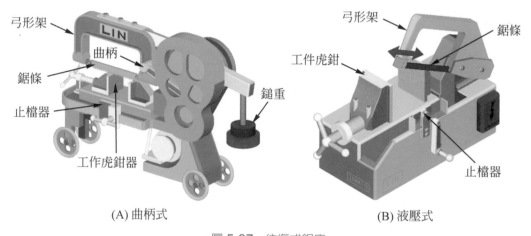

(A) 曲柄式　　　　　　　　　　　　　(B) 液壓式

・圖 5-37　往復式鋸床

　　往復式鋸床所使用之鋸條與手弓鋸之鋸條相似，僅長度、寬度、厚度較大。長度自 300 ～ 600 mm 共九種，常見齒數有 3、4、6、8、9、10、12、14 齒等八種。軟材料工件鋸削宜選用齒數少者 (粗齒)，反之，硬材料用細齒。鋸條之規格係依鋸條長度 × 寬度 × 厚度 – 每吋齒數 (鋸齒數) 依序列出，如 3561 × 19 × 1.3 – 14T。鋸齒排列採用左右扭歪，目的乃在增加鋸槽寬度，防止鋸條被工件夾住，有易削作用。

2. 圓鋸床 (Circular saw machine)：係使用大直徑圓形刀具從事鋸切者，依刀具之不同，分為三種：

(1) 圓金屬鋸片鋸床 (Circular metal saw blade)：又稱圓鋸機，係使用含有鋸齒之大直徑圓形鋸片，從事低速旋轉之鋸切者。圓盤上鋸齒之相鄰兩齒高低不一，高齒之用途為粗切，厚度之兩側倒角。低齒用於完成工作及整光，不倒角，兩齒高低相差約 0.25 ～ 0.5 mm，如圖 5-38 所示。

(2) 摩擦圓盤鋸床 (Friction disk sawing)：係以 5500 ～ 8000 m／分之高速旋轉摩擦圓盤，藉摩擦生熱並藉抗高溫刃口去除軟化之材料而達到分割目的之法。摩擦圓盤之兩側微向內凹，周緣有 2 ～ 3 mm 深的 V 型刻痕，特別適宜各種型鋼、工具鋼及不鏽鋼之鋸切；但不適宜高溫時易於熔黏於摩擦圓盤面上之非鐵金屬及鑄鐵鋸切。

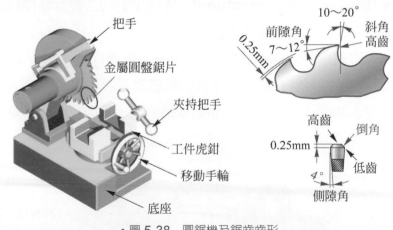

• 圖 5-38　圓鋸機及鋸齒齒形

(3) 磨料圓盤鋸床 (Abrasive disk sawing)：係以大直徑而厚度薄之砂輪作為刀具，利用高速迴轉之砂輪產生磨削作用以切割工件之法，如圖 5-39 所示。此法可得精確及光滑的切斷面，而且鋸切迅速，工件材質不受限等優點，適宜於非鐵金屬及白鑄鐵之鋸切。

　　此種鋸床依砂輪結合劑特性分成乾切與濕切兩種：

① 乾切式：採用樹脂結合劑之砂輪，在 5000 m／分之高速下操作，鋸切時不添加切削劑。

② 濕切式：採用橡膠結合劑之砂輪，在 2500 m／分之高速下操作，鋸切時添加切削劑，以降低切削溫度。

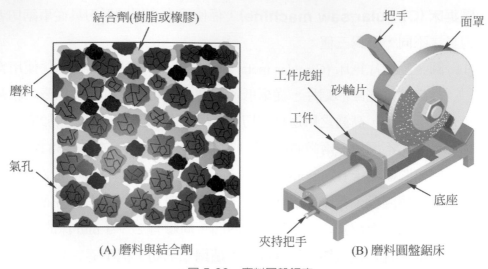

結合劑(樹脂或橡膠)

磨料

氣孔

(A) 磨料與結合劑

把手

面罩

工件虎鉗

砂輪片

工件

底座

夾持把手

(B) 磨料圓盤鋸床

・圖 5-39　磨料圓盤鋸床

3. **帶鋸床 (Bandsawing machine)**：係使用環狀之帶鋸條作為鋸削刀具，對工件進行切削之工作。常見者有二：

(1) 臥式帶鋸床 (Horizontal band sawing)：係鋸條呈水平安置，大都採用液壓控制進給，具有鋸帶導正及鋸料感測裝置，主要用於切斷材料為主，如圖 5-40 所示。最大的優點是連續鋸切，生產效率比弓鋸機高。

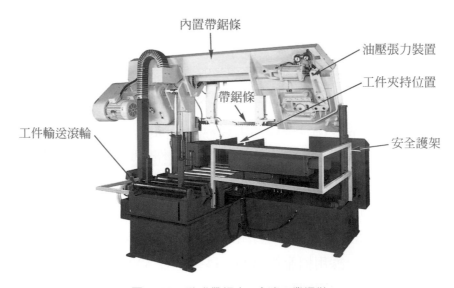

內置帶鋸條

油壓張力裝置

工件夾持位置

帶鋸條

工件輸送滾輪

安全護架

・圖 5-40　臥式帶鋸床 (合濟工業提供)

(2)　立式帶鋸機 (Vertical band saw machine)：爲唯一可鋸切內、外不規則曲線之鋸床，爲模具工廠常見之機器，如圖 5-41(A) 所示。常用於鋸切內、外曲線、輪廓、角度、鋸割、銼削及砂光等工作，範圍相當廣泛。

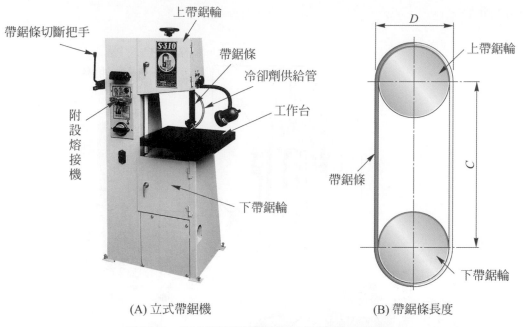

(A) 立式帶鋸機　　　　　　　　　　　　(B) 帶鋸條長度

• 圖 5-41　立式帶鋸機與帶鋸條長度 (聖偉機械提供)

　　所使用之帶鋸條通常 30 公尺製成一盒，裝置帶鋸條時需先截取適當長度再銲接之。截取長度爲兩倍輪距與導輪圓周長之和，如圖 5-41(B) 所示，並爲了使有張力，再減去 25mm，計算式爲：

$$L = 2C + \pi D - 25.4$$

其中，C：兩輪中心距；D：導輪直徑

當截取之帶鋸條掛在兩導輪之間後，可利用機器上之熔接機進行對頭方式的電阻銲接，由於銲接後產生之加工硬化，宜施以製程退火予以袪除，最後利用砂輪修整毛邊，即順序爲：

剪斷→電阻對頭熔接→製程退火→修整

二、拉床 (Broach machine)

　　拉床係利用長條形之由小至大連續切齒的拉刀，對工件之孔、槽或外部形狀作逐次的拉削加工，常用於拉削鍵槽、栓槽軸孔、或齒形、六角形孔等大量生產工作，如圖 5-42 所示。

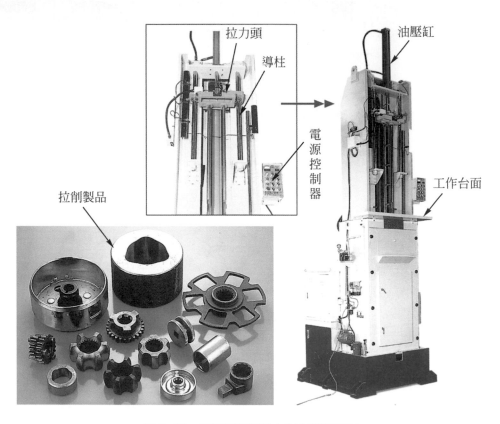

• 圖 5-42　拉床及其製品 (倉陞機械提供)

生活小常識

拉床歷史 (取自百度百科)

1898 年，美國的 J.N. 拉普安特製造了第一台機械傳動臥式內拉床；20 世紀 30 年代，在德國製成雙油缸立式內拉床；在美國製造出加工氣缸體的大平面側拉床，50 年代初出現了連續拉床。

1. 拉床種類：常見之拉床依拉力移動方式有：

(1) 臥式拉力拉床 (Horizontal tension broaching machine)：拉刀呈水平置放，如圖 5-43(A) 所示，一般為工件固定，拉刀移動，常用於內螺旋槽之拉製，如槍管或大砲內之螺旋線製造。

(2) 直立式拉床 (Vertical broaching machine)：拉刀呈直立置放，如圖 5-43(B) 所示，裝配工件方便，適於外型加工。

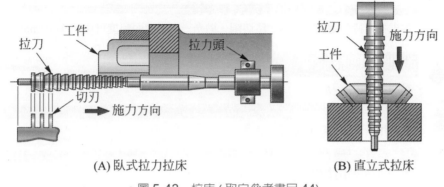

(A) 臥式拉力拉床　　　　　　　　(B) 直立式拉床

• 圖 5-43　拉床 (取自參考書目 44)

(3) 連續式拉床 (Continuous broaching machine)：係以鏈條驅動作連續不斷的移動，使工件通過固定的拉刀，產生拉削作用之法，如圖 5-44 所示，故此種拉床加工效率高，唯僅適於表面拉削工作。

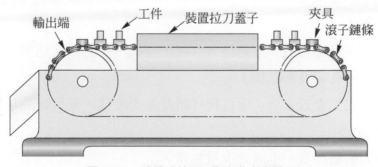

• 圖 5-44　連續式拉刀 (取自參考書目 44)

2. **拉刀**：拉刀之刀刃前段各齒較小，稱為低齒，切削量較大，主要作用為切削。最後數齒較大，稱為完成齒，切削量較小，用於精光工件，如圖 5-45 所示，通常每刃之切削量約 0.02 mm。

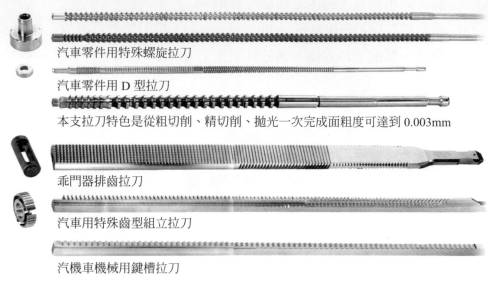

汽車零件用特殊螺旋拉刀

汽車零件用 D 型拉刀

本支拉刀特色是從粗切削、精切削、拋光一次完成面粗度可達到 0.003mm

乖門器排齒拉刀

汽車用特殊齒型組立拉刀

汽機車機械用鍵槽拉刀

・圖 5-45　拉刀 (璨鑫工業提供)

　　拉刀依驅動方式分為拉力式及推力式，大多數的內孔加工為拉力式，外形較長，一次可切除之材料較多。而推力式外形較短但較粗，以免推力切削時造成彎曲。

3. **拉床加工之優缺點**

　　優點：

(1) 粗切、精切可由一支刀具一次加工完成，不必分次切削。

(2) 適於內孔或外形之加工。

(3) 拉削之生產效率高，而且尺寸精度及光度佳，有良好的互換性。

　　缺點：

(1) 拉刀價格昂貴，不適於少量生產。

(2) 加工面不能有阻礙，工件及拉刀必須有良好的夾持。

(3) 拉削之每刃之切削量約 0.02 mm，其工作量小。

5-5 銑床

銑床 (Milling machine) 係利用旋轉的多鋒刀具銑刀來銑削工件的機器，因有分度頭配合應用，使銑床成為工作範圍很廣泛的一種工作母機。

一、銑床的構造、規格與種類

1. **銑床的構造與規格**：一台標準銑床乃由基座、床柱、床台、床鞍與懸臂架 (或主軸頭) 組成，主軸孔採美國標準錐度，錐度值為 7/24。

   銑床的規格主要是以號數來表示床台的縱向 (左右方向) 最大移動距離，床台縱向移動距離愈大，號數愈大。

2. **銑床的種類**：銑床種類繁多，常見的銑床有：

   (1) 臥式銑床 (Plain milling machine)：刀軸係水平裝於床柱內的主軸上，如圖 5-46(A) 所示，懸臂架上的支持架支持著刀軸，銑刀套裝在刀軸上，床台可左右移動，床鞍可前後及上下移動。主要工作是以心軸銑刀銑削平面、溝槽、銑切內圓弧、齒輪、鏈輪及騎銑、排銑等。

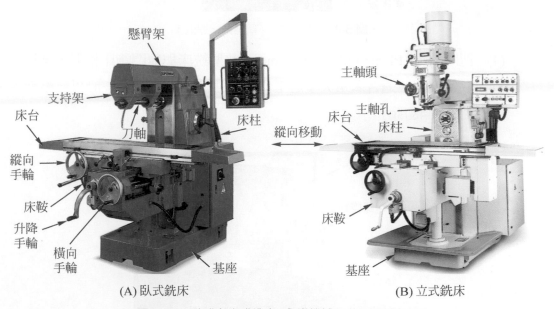

(A) 臥式銑床　　　　　(B) 立式銑床

• 圖 5-46　臥式與立式銑床 (永進機械 & 龍昌機械公司)

(2) 立式銑床 (Vertical milling machine)：主軸頭係垂直裝置於床柱上，如圖 5-46(B) 所示，銑刀直接裝置在主軸孔內。大多數立式銑床之主軸頭可旋轉角度作工件倒角銑削，床台移動與臥式銑床同，主要工作是作面銑大平面及以有柄銑刀作端銑、銑溝槽、鍵座、T 型槽、鑽孔及搪孔等工作。

(3) 萬能銑床 (Universal milling machine)：此種銑床與臥式銑床唯一不同的是床台可在床鞍之旋轉座上水平方向左右旋轉內，如圖 5-47 所示。除可作臥式銑床工作外，還可銑削有角度之平面、螺旋槽、鑽頭、螺旋齒輪及圓柱凸輪等。

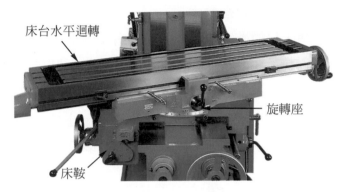

床台水平迴轉

旋轉座

床鞍

• 圖 5-47　萬能銑床 (龍昌機械提供)

(4) 龍門銑床 (Planer milling machine)：此型銑床與龍門鉋床相似，唯以銑刀取代鉋刀，適合笨重大型之工作，其往復行程之動力一般以液壓為主，如圖 5-48 所示。

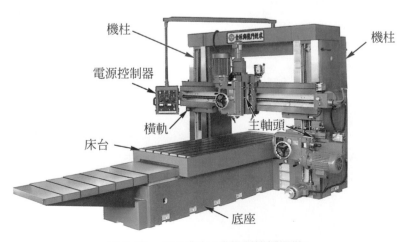

機柱

機柱

電源控制器

橫軌

主軸頭

床台

底座

• 圖 5-48　龍門銑床 (金垣興機械提供)

(5) 靠模銑床 (Duplicating milling machine)：又名仿削銑床，係將欲銑削之工件樣品或模板裝置於工件後面之模板托架上，利用觸針沿模板之輪廓形狀之移動，而導引銑刀作相同的動作以切削工件，如圖 5-49 所示，故此式銑床常用於不規則形狀的工件複製。

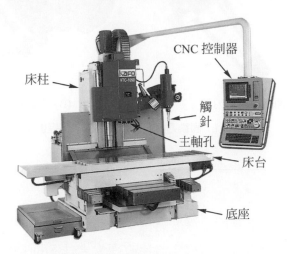

• 圖 5-49　電腦靠模銑床 (高鋒工業提供)

二、銑刀

銑刀之材質常用者以高速鋼、碳化鎢為主，近年來常見銑刀上蒸鍍一層金黃色氮化鈦銑刀，常見之銑刀種類有：

1. **面銑刀 (Face milling cutter)**：外徑一般在 100mm 以上，用於立式銑床上銑削大平面，粗銑削加工一次深度可達 3 ～ 5 mm，銑削效率高，加工速度快。面銑刀圓周上的刀齒，主要作銑削工作，刀端平面上的刀齒是作精光修整工作。現今的面銑刀大都採用銑刀與刀軸分開之套殼面銑刀，如圖 5-50 及圖 5-51 所示。

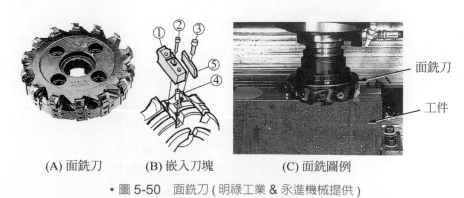

(A) 面銑刀　　　(B) 嵌入刀塊　　　(C) 面銑圖例

• 圖 5-50　面銑刀 (明祿工業 & 永進機械提供)

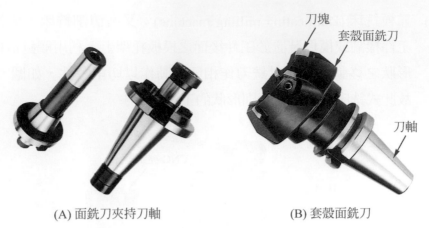

(A) 面銑刀夾持刀軸   (B) 套殼面銑刀

• 圖 5-51　面銑刀與刀軸 (米其林精密提供)

生活小常識

銑刀尺寸選擇

銑刀的直徑應根據銑削寬度、深度選擇，一般銑削深度與寬度越大，銑刀直徑也應越大。粗銑時選擇銑刀直徑小者比直徑大者佳，而精銑時銑刀直徑要選大些，儘量包容工件整個加工寬度，減小相鄰兩次進給之間的接刀痕跡。對大型零件進行面銑加工時，使用直徑較小銑刀，其生產效率較佳。

---

2. **心軸銑刀**：中心有一圓孔，專用於裝置在臥式銑床的刀軸上，如圖 5-52 所示，臥式銑床之刀軸有一端為錐體刀柄，當它與主軸錐孔結合時，同時需以拉桿鎖固，常見有：

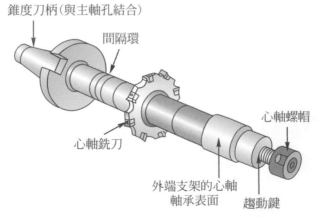

• 圖 5-52　心軸銑刀固定在臥式銑床的心軸上

(1) 平銑刀 (Plain milling cutter)：為臥式銑床上加工平面時最常用的刀具，其圓周面上有刀刃，側面則無刀刃。刀刃有直齒刃與螺旋刃兩種，一般齒寬在 20 mm 以下者製成直齒刃；齒寬大於 20 mm 者製成螺旋刃，用於粗重銑削時較不易震動，如圖 5-53 所示。裝置螺旋銑刀時，應注意讓工件的軸向推力指向機柱邊，以增加承受力，減少銑削產生震動。選用銑刀時，一般粗齒刃 (齒數少者) 適於軟材料、大斷面積銑削、粗重切削之工作，細齒刃選用原則則相反。

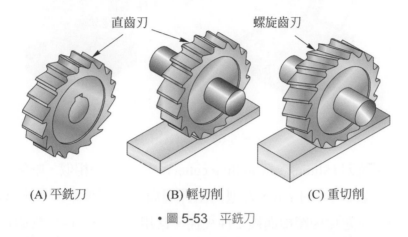

直齒刃　　　　　　螺旋齒刃

(A) 平銑刀　　　　(B) 輕切削　　　　(C) 重切削

• 圖 5-53　平銑刀

(2) 側銑刀 (Side milling cutter)：外型與平銑刀近似，圓周與側面皆有刀刃，如圖 5-54 所示，可同時銑削平面與側面，常用於銑削溝槽及騎銑工作。刀刃有直齒刃、螺旋刃與交錯刃。交錯刃側銑刀銑切時，因軸向推力可互相抵消而減少振動，故適於粗重銑削，而且銑削效率高於螺旋刃。

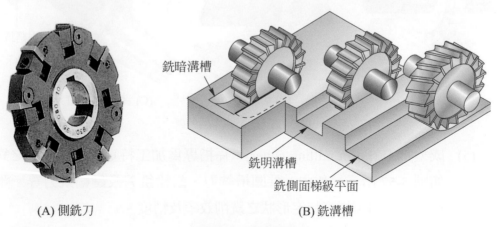

銑暗溝槽

(A) 側銑刀　　　　　　　　　(B) 銑溝槽

銑明溝槽

銑側面梯級平面

• 圖 5-54　側銑刀銑削

(3) 角度銑刀 (Angle milling cutter)：為成型銑刀的一種，有單側及雙側角銑刀，如圖 5-55 所示，主要用於銑削角度槽，常用於棘齒輪、V 形槽、銑刀及銑刀槽之銑削。由於角銑刀之刀尖較脆弱，銑削時應採用上銑法 (逆銑法)，同時採低轉速、小進給方式，以減輕刀尖負荷。

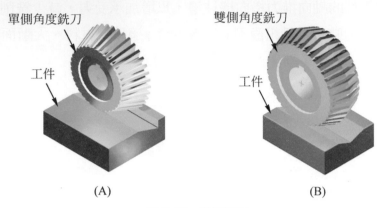

• 圖 5-55　角度銑刀

(4) 鋸割銑刀 (Slitting saw milling cutter)：與側銑刀相似，唯鋸割銑刀厚度較薄，如圖 5-56 所示，外型乃由外周向中心厚度漸減，形成鋸割時之間隙，以避免因摩擦而被工件夾住。常用於切斷工件或銑切狹窄深溝槽，故又名開縫銑刀。

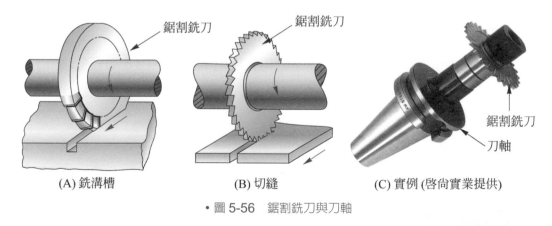

• 圖 5-56　鋸割銑刀與刀軸

(5) 成型銑刀 (Form milling cutter)：係指專為加工特定外型而設計之銑刀，如圖 5-57 所示，如內、外圓槽銑刀、齒輪銑刀及鏈輪銑刀等。雖然價格昂貴，但可提高特定形狀之銑削效率及精度。

(A) 內圓銑刀

(B) 外圓銑刀

工件
齒輪銑刀
(C) 齒輪銑刀

• 圖 5-57 成型銑刀

3. **有柄銑刀**：銑刀本身有一直柄或錐柄，直柄以套筒夾頭夾持，錐柄可直接套入立式銑床之主軸孔內，常見者有：

(1) 端銑刀 (End milling cutter)：端銑刀係刀桿之圓周面及側面均有刀刃，為立式銑床最常使用的刀具，可銑削平面、側面、溝槽及鍵座等，如圖 5-58 所示，端銑刀銑削內溝槽時，應選用上銑法，以免插刀。端銑刀有直徑較小之直柄、直徑較大之錐柄及切刃部與刀柄分開，而以刀軸裝置使用之套殼式端銑刀，如圖 5-59 所示。

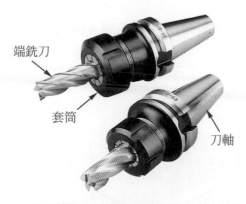
端銑刀
套筒
刀軸
(A) 直柄端銑刀與套筒夾頭(米其林精密提供)

(B) 端銑銑削圖例(新虎將機械提供)

• 圖 5-58 端銑刀

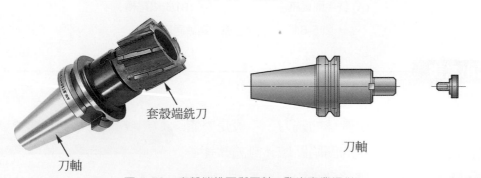
套殼端銑刀
刀軸
刀軸

• 圖 5-59 套殼端銑刀與刀軸 (啓尚實業提供)

(2)　T槽銑刀 (T-slot milling cutter)：此種銑刀之刀刃在圓周面及兩側端面，用於銑削 T 型槽。銑削 T 槽時，要先以端銑刀銑削明槽 (T 型槽頸部)，再以 T 槽銑刀銑削 T 形槽下部槽寬部位，如圖 5-60 所示。

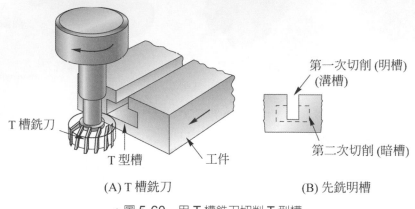

(A) T 槽銑刀　　　　　　　　　(B) 先銑明槽

• 圖 5-60　用 T 槽銑刀切削 T 型槽

(3)　半圓鍵座銑刀 (Woodruff keyseat cutter)：其外型與 T 槽銑刀相似，唯此種銑刀之兩側端面均無刀刃，以免銑削半月鍵座時，槽寬變大，如圖 5-61(A) 所示。

(4)　鳩尾座銑刀：為角度銑刀一種，主要用於銑削鳩尾 4 座及鳩尾槽，如圖 5-61(B) 所示。

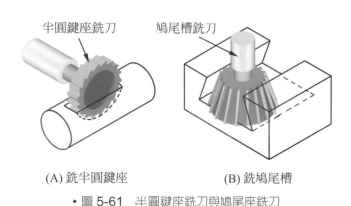

(A) 銑半圓鍵座　　　　　　　　(B) 銑鳩尾槽

• 圖 5-61　半圓鍵座銑刀與鳩尾座銑刀

生活小常識

球銑刀

球刀就是刀部就是半圓球的銑刀，一般是整體式結構，可加工狹小的凹陷區域。無論轉速多高，球刀的中心點總是靜止的。

三、銑削法

銑削工作必須考慮銑削方向、銑削速度及進給量，分述如后。

1. **銑削方向**：銑削工作之銑削方向可分為兩種，如圖 5-62 所示。

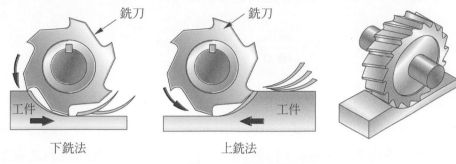

• 圖 5-62　銑削方向

(1)　上銑法 (Conventional milling)：又稱逆銑法，乃銑刀之迴轉方向與工件
進給方向互為相反，常用於粗銑削鑄鐵、角度銑刀銑削 (角銑)、端銑
刀銑削 (端銑) 及銑削內溝槽。

(2)　下銑法 (Climb milling)：又稱順銑法，乃銑刀之迴轉方向與工件進給方
向互為相同，常用於精銑削或薄工件之銑削。

上銑法與下銑法之差異比較如附表 5-2 所示。

◆ 表 5-2　銑削法比較

項目 ＼ 方向	上銑法	下銑法
切屑形成	由薄至厚	由厚至薄
切削力形成	由小至大	由大至小
刀具壽命	刀刃易磨損，壽命短	刀刃易崩裂，壽命長
刀軸震動	易生震動	無震紋
馬力大小	費力	可節省馬力 20%
螺桿間隙	無間隙，毋需防隙裝置	產生螺桿間隙，故需防隙裝置
切削形態	適合粗銑削	適合精銑削
切削狀況	加工面粗糙	加工面光滑
排屑及切削劑狀況	排屑不易但切削劑易加入	排屑容易但切削劑不易加入
工件夾持	夾持不易	容易夾持，適薄工件

2. **銑削速度**：銑床的銑削速度係指銑刀最外圓周上任意點的切線速度，以公尺／分表示。一般銑削速度與工件硬度成反比，而銑削速度與銑刀之刀具硬度成正比；銑削之切削深度愈大，切削速度宜愈小。關係式如下所示，銑削速度主要由銑刀直徑與每分鐘迴轉速度而定，即：

$$V = \frac{\pi DN}{1000} \quad (\text{詳見 4-1 節})$$

3. **銑削深度與進給量**：

(1) 銑削深度即進刀深度，指切刃深入工件的厚度。一般平銑刀、面銑刀在粗銑時約 3 ～ 5 mm，精銑時約 0.3 ～ 0.5 mm，而端銑刀之銑削深度以不超過端銑刀半徑為原則。

(2) 銑床之進給量係指床台 (工件) 對銑刀的每分鐘移動距離，以 mm/min 表示。進給量之計算式為：

$$f_m = f_r \times N = f_t \times T \times N$$

其中：

f_m：每分鐘進給量 (mm/min，公厘 / 分)

f_r：銑刀每一轉之進給量 (mm/rev，公厘 / 轉)

N：銑刀每分鐘迴轉數 (rpm，轉 / 分)

f_t：銑刀每一刃齒之進給量 (mm/t，公厘 / 刃齒)

T：銑刀之刀刃數 (刃齒)

例題 5-2

外徑 ϕ200 mm 之碳化鎢銑刀，以切速 157 m/min 銑削低碳鋼，若每齒進刀 0.1 mm，刀刃數為 10，求每分鐘之進給量？

解

$$N = \frac{1000 \cdot V}{\pi D} = \frac{1000 \times 157}{\pi \times 200} = 250 \text{ rpm}$$

$$f_m = f_t \times T \times N = 0.1 \times 10 \times 250 = 250 \text{ (mm/min)}$$

4. **銑削要領**：粗銑削銲切面或鑄件黑皮面時，選用銑削深度大、進給量大及低轉速為原則；而精銑削－光度佳之表面，選用小銑削深度、小進給量及較高轉速為原則。

四、分度頭與分度法

分度頭係可將圓周作若干等分的工具，其主要構造為蝸桿與蝸輪，如圖 5-63 所示，其傳動程序為搖桿→蝸桿→蝸輪→主軸→工件。傳動時乃利用單線蝸桿與 40 齒之蝸輪互相作嚙合，當蝸桿轉一圈時，蝸輪轉 1/40 圈。即分度頭之蝸桿與蝸輪的迴轉速比為 40：1。

蝸輪係結合主軸，裝置夾頭即可夾持工件。而蝸桿上裝置分度板，如圖 5-64 所示，其孔圈數如表 5-3 所示為辛辛那堤及白朗式兩種分度板之孔圈數。利用分度板上不同的孔圈數，可作更多的分度工作。

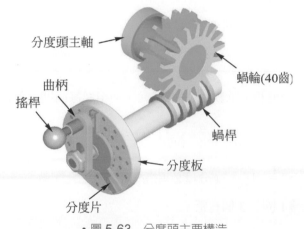

• 圖 5-63　分度頭主要構造

• 圖 5-64　白朗氏螺旋萬能分度頭 (米其林精密提供)

◆ 表 5-3　分度盤孔圈數目

白朗氏型（Brown & shape）	第 1 板：15、16、17、18、19、20
	第 2 板：21、23、27、29、31、33
	第 3 板：37、39、41、43、47、49
辛辛那堤型（Cincinnati）	正面：24、25、28、30、34、37、38、39、41、42、43 背面：46、47、49、51、53、54、57、58、59、62、66

使用分度頭作分度時，最常使用且應用最廣者為簡式分度法，其計算式為：

1. 等分分度

$$n = \frac{40}{N}$$

式中：

n：搖桿曲柄迴轉數

N：擬分度的等分數，如齒輪之齒數

例題　5-3

以白朗氏第 1 板之分度板，欲銑削 35 齒齒輪，則相鄰每齒間之銑削時，曲柄應轉之圈數為若干？

解

$n = \dfrac{40}{N} = \dfrac{40}{35} = 1\dfrac{5}{35} = 1\dfrac{1}{5} = 1\dfrac{3}{15}$　（分母必須搭配分度板上孔圈數）

表示在 15 孔圈上轉 1 圈又 3 個孔距。

2. 角度分度

$$n = \frac{N^\circ}{9^\circ} = \frac{N'}{540'} = \frac{N''}{32400''}$$

式中：

N°：擬分度的角度

例題　5-4

使用分度頭銑削圓周上夾角為 $18°27'$ 之兩槽，當銑削完成一槽後，曲柄應迴轉之圈數為若干方能恰好銑削另一槽？

解

$$n = \frac{N°}{9°} = \frac{18°27'}{9°} = 2\frac{27'}{540'} = 2\frac{1}{20}$$

(分母必須搭配分度板上孔圈數)

表示使用 B&S 第 1 板，在 20 孔圈上轉 2 圈又 1 個孔距。

生活小常識

分度盤類型

分度盤主要有本文所述通用分度頭之外，目前尚有：

1. 光學型：主軸上裝有精密的玻璃刻度盤或圓光柵，通過光學或光電系統進行細分、放大，再由目鏡、光屏或數顯裝置讀出角度值。分度精度可達 ±1 秒，用於精密加工和角度計量。

2. 數控型：採 AC 或 DC 伺服器馬達驅動，複節距蝸桿、蝸輪機構傳動，使用油壓環抱式鎖緊裝置與紮實剛性密封結構。廣泛適用於銑床、鑽床及加工中心。配合工作母機四軸操作介面，可作同動四軸加工。

5-6 ⋮ 磨床

　　磨床係利用高速迴轉之極多鋒刀刃砂輪，對低速運動之工件的外圓、內圓或平面作精密磨削的加工工具機。磨床的特性是加工效率高，且加工後之工件尺寸精度高、光度佳，並可切削淬硬材料。

一、砂輪 (Grinding wheel)

　　砂輪是磨削工件的刀具，乃由磨料 (Abrasive)、黏結劑 (Bond) 及氣孔 (Pore) 三要素組成，如圖 5-65 所示。選擇砂輪時必須考慮下列五因子：

平面磨床
磨削示範
(來源：施忠良)

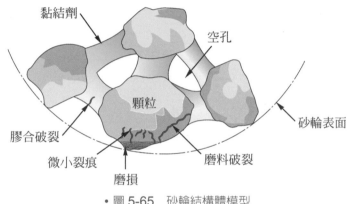

• 圖 5-65　砂輪結構體模型

1. **磨料 (Abrasive)**：磨料的種類分天然磨料與人造磨料，說明如下：

    (1) 天然磨料 (Natural abrasive)：如鑽石、金剛砂、柘榴石、剛玉及石英等，以鑽石砂輪最適於碳化物刀具之精磨，其記號以 D 表天然磨料。

    (2) 人造磨料 (Manufactured abrasive)：以氧化鋁 (Al_2O_3) 和碳化矽 (SiC) 為主要成份，前者約占砂輪磨料的 75%；其餘尚有氧化鋯 (ZrO_2) 及碳化硼 (B_4C)。常見的人造磨料如圖 5-66 所示，敘述如下：

    ① A 磨料：氧化鋁成褐色者，用以磨削抗拉強度 30 kg/mm^2 以上材料，如鋼料。

    ② WA 磨料：成白色，為最高純度的氧化鋁，適於磨削抗拉強度 50 kg/mm^2 以上材料，如高速鋼、超鑄合金。

    ③ C 磨料：成黑色的碳化矽，用於磨削抗拉強度小於 30 kg/mm^2 以下的材料，如鑄鐵、黃銅、鋁。

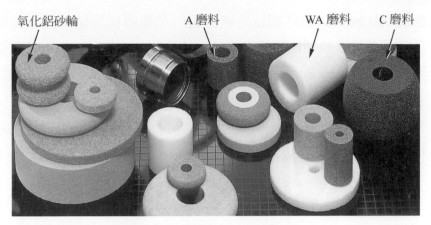

• 圖 5-66　人造砂輪 (翔連企業提供)

④ GC 磨料：爲綠色碳化矽，用於粗磨削碳化物刀具、玻璃等。

⑤ CBN 磨料：爲氮化硼，硬度僅次於鑽石，用於超硬鋼材之細磨削及螺紋磨削，記號爲 B。

2. **粒度 (Grain size)**：磨粒的大小叫粒度，以 25.4 mm 長度內的篩網目的數目表示。如 30 號粒度表示在 25.4 mm 長度內有 30 個網目。故號數愈小表示磨料的顆粒愈大；反之，號數愈大表示粒度愈小，如圖 5-67 所示。一般粗級號數爲 6 至 24，中級爲 30 至 60，細級爲 70 至 240，粉級爲 280 號以上，並常在標籤上附有 "F" 字樣。

選擇粒度時，必須考慮的原則有：

(1) 粗粒用於軟材工件、大面積加工、粗重磨削及光度不講究時之磨削。

(2) 細粒用於硬材工件、小面積加工、精磨削及光度高要求時之磨削。

(3) 中粒度用於工具之磨削及鑲配。

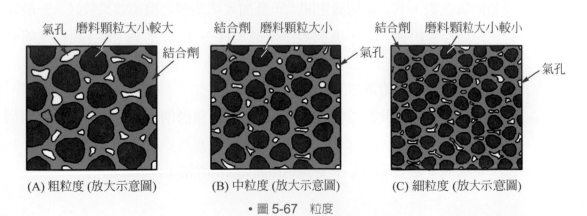

(A) 粗粒度 (放大示意圖)　　(B) 中粒度 (放大示意圖)　　(C) 細粒度 (放大示意圖)

• 圖 5-67　粒度

3. **結合度 (Grade)**：黏結磨粒的結合能力之強弱稱為結合度，又稱為等級；結合度弱者表砂輪顆粒容易脫落且消耗快，稱為軟砂輪。結合度強者表砂輪顆粒不易脫落且不易消耗，稱為硬砂輪。而一個好的砂輪則必須是磨粒鈍化時，能自行從結合劑脫落讓新磨粒出現。

　　砂輪的結合度強弱等級以英文字母分為五級，字母愈前面表示愈軟。即特軟級為 A～G，軟級為 H～K，中級為 L～O，硬級為 P～S，特硬級為 T～Z。

　　選擇砂輪時，考慮結合度的原則是：

(1) 軟砂輪：用於硬材工件、工作面積大、工件進給速度小、一次磨削量小之精磨或砂輪迴轉速度高時選用軟結合。

(2) 硬砂輪：用於軟材工件、工作面積小、工件進給速度大、一次磨削量大之粗磨或砂輪迴轉速度低時選用硬結合。

　　說明如下：

(1) 工作面積接觸大或砂輪迴轉速高時，因溫度升高快，磨料顆粒易燒焦，故選用軟結合之軟砂輪。

(2) 磨削硬材工件時，顆粒易鈍，故選用軟結合之軟砂輪，使顆粒容易脫落換新。

(3) 精磨及工件進給速度小時，因砂輪承受之壓力小，故選用軟結合之軟砂輪。

4. **組織 (Structure)**：磨料顆粒結合的鬆密情形稱為組織，組織的鬆密影響砂輪本身的氣孔數，因而影響容納切屑及切削劑的空間。換言之，鬆組織有較多的氣孔數，其容納切屑空間大，且加入切削劑之冷卻效果較好。一般以 1～5 號表密組織，6～10 號表中組織，11～15 號表疏 (鬆) 組織，如圖 5-68 所示。

　　一般砂輪組織的選擇原則是：

(1) 鬆組織：適於軟材工件、大面積加工、粗重磨削及加工時需考慮加切削劑時之磨削。

(2) 密組織：適於硬材工件、小面積加工或精磨削工作時之磨削。

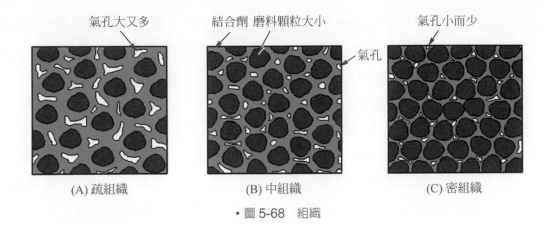

(A) 疏組織　　　　　　　(B) 中組織　　　　　　　(C) 密組織

‧圖 5-68　組織

5. **製法 (Manufacturing method)**：製法係指砂輪中黏結磨料的結合劑種類，常見者如圖 5-69 所示，有：

(A) 黏土結合金剛石砂輪(宏拓超硬材公司)　　　(B) 樹脂結合金剛石砂輪(宏拓超硬材公司)

(C) 砂輪橡膠結合劑　　　(D) 金屬結合砂輪　　　(E) 金剛石砂輪
(瀋陽大強砂輪公司)　　　(東莞尚洋五金公司)　　　(互動百科)

‧圖 5-69　常見不同結合劑製法的砂輪

(1) 黏土結合法 (Vitrified bond)：英文簡稱 V 法，係以黏土作為黏結磨料的結合劑；此種砂輪不受水、油、酸等冷卻劑的影響，且使用範圍廣泛，約佔磨削工作的 75 ～ 90%。

(2) 樹脂結合法 (Resinoid bond)：英文簡稱 B 法，係以合成樹脂作為結合劑；此種砂輪強韌且硬，常用於粗磨削、切斷磨削和手提磨削鋼料。

(3) 橡膠結合法 (Rubber bond)：英文簡稱 R 法，係以橡膠和硬化劑 (硫) 作為結合劑；此種砂輪強韌性佳，可製 0.5 mm 的極薄砂輪，惟在高速磨削下要加切削劑，一般主要用於無心磨床的調整輪及切斷等。

(4) 金屬結合法 (Metal bond)：英文簡稱 M 法，係以金屬 (如銅、黃銅、鐵、鎳等) 作為結合劑，主要用於金剛石砂輪、電化砂輪等結合。

(5) 水玻璃結合法 (Silicate bond)：英文簡稱 S 法，係以水玻璃 (又名矽酸鈉) 作為結合劑；此種砂輪結合度差、消耗快、硬度差，但具有自行潤滑作用。

(6) 蟲膠漆結合法 (Shellac bond)：英文簡稱 E 法，此種砂輪強韌富彈性，極適合精磨削之高光度工作，但不適於粗磨。

6. 砂輪規格：選用砂輪時，砂輪上的記號依序所表示的意義說明如下：

$$\underset{①}{GC} - \underset{②}{30} - \underset{③}{L} - \underset{④}{8} - \underset{⑤}{V} - \underset{⑥}{1A} - \underset{⑦}{\underline{200 \times 25 \times 32 \text{ mm}}}$$

記號 ①：表示磨料，GC 表綠色碳化矽磨料。

記號 ②：表示粒度，30 表中級號數。

記號 ③：表示結合度，L 表中等級結合。

記號 ④：表示組織，8 表中組織。

記號 ⑤：表示製法，V 表黏土結合法。

記號 ⑥：前者 1 表砂輪外形代號，後者 A 表砂輪邊緣形狀代號。

記號 ⑦：表示尺寸，分別表外徑 × 厚度 × 孔徑。

二、砂輪檢查

砂輪必須作下列檢查：

1. **音響檢查 (Sound check)**：在離砂輪中心線左或右 45°，離外圓周 25 ～ 50 mm 處，以小木槌輕敲砂輪，如圖 5-70(A) 所示，以其聲音清脆與否判定砂輪內部是否有裂痕，為首要檢查項目。

2. **平衡檢查 (Balance check)**：利用平衡架上檢驗，如圖 5-70(B) 所示，並配合小鐵塊之重量調節其平衡。其目的在檢查砂輪組織是否均勻，以確保砂輪運轉時震動減低。

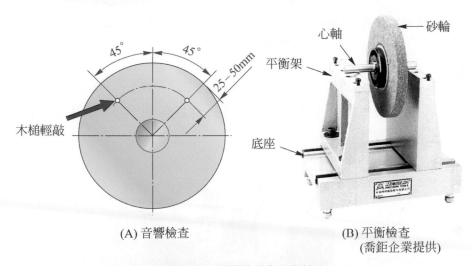

(A) 音響檢查

(B) 平衡檢查
(喬鉅企業提供)

• 圖 5-70　音響檢查與平衡檢查

三、磨床種類

磨床依據加工的不同性質常分為：(1) 平面磨床；(2) 圓柱磨床；(3) 內圓磨床；(4) 無心磨床；(5) 工具磨床。一般磨床作加工時，切削劑以冷卻為主，沖除鐵屑為輔，故以調水油最佳。

1. **平面磨床 (Surface grinder)**：主要用於磨削平面工作，床台可作縱、橫兩方向之運動，亦可作上下移動，並於床台側面設置有兩控制擋片以控制床台往復運動之距離，床台面上常配置磁性夾頭，用以吸住薄形鐵製工件，如圖5-71 所示。

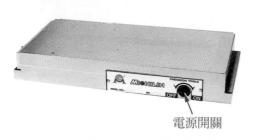
電源開關

(A) 矩形磁性夾頭(威力磁實業提供)

(B) 盤形磁性夾頭(建德工業提供)

· 圖 5-71　磁性夾頭

　　平面磨床依主軸及床台運動方式之不同，分為下列四種：

(1) 臥式往復床台 (水平轉軸)：適長條狀工件與鋼材平面之精光，如圖5-72(A) 所示。

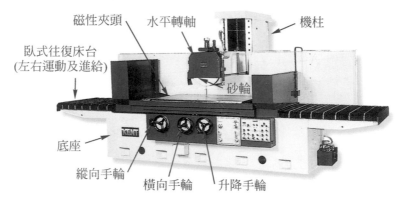

磁性夾頭　　水平轉軸　　　　機柱

臥式往復床台
(左右運動及進給)

砂輪

底座

縱向手輪　　橫向手輪　　升降手輪

(A) 臥式往復床台(水平轉軸)(建德工業提供)

· 圖 5-72　水平與垂直轉軸之臥式往復床台平面磨床

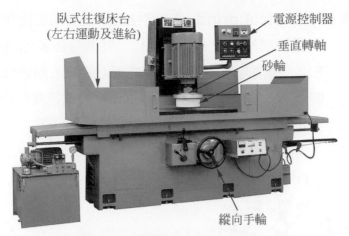

臥式往復床台
(左右運動及進給)

電源控制器

垂直轉軸

砂輪

縱向手輪

(B) 臥式往復床台(垂直轉軸)(躍達鐵工廠工業提供)

• 圖 5-72　水平與垂直轉軸之臥式往復床台平面磨床 (續)

(2) 立式迴轉台 (水平轉軸)：適小件產品磨削。

(3) 臥式往復床台 (垂直轉軸)：如圖 5-78(B) 所示，適於齒輪面、墊圈、氣缸蓋面板之磨削。

(4) 立式迴轉台 (垂直轉軸)：此法可磨削較大工作物面。

平面磨床作磨削工作時，應使砂輪邊在離工件邊緣約 3mm 處開始接觸。一般粗磨削量約 0.1 ～ 0.4 mm，每次橫向進給約砂輪面寬的 1/2 ～ 2/3。一般精磨削量約 0.02 ～ 0.05 mm，每次橫向進給約砂輪面寬的 1/3 ～ 1/4。通常床台面上配置有磁性夾頭以吸住薄形工件，如圖 5-73 所示；若是斜面工件，則用角度虎鉗夾持或正弦桿固定之。

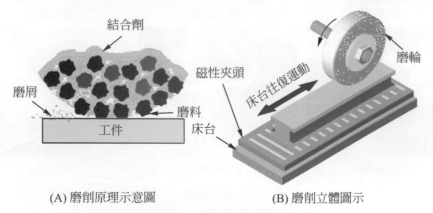

結合劑

磨屑

磨料

工件

磁性夾頭

磨輪

床台往復運動

床台

(A) 磨削原理示意圖

(B) 磨削立體圖示

• 圖 5-73　平面磨削

2. **圓柱磨床 (Cylindrical grinder)**：圓柱磨床主要用於磨削外圓柱，故亦稱外圓磨床。尚可磨削外錐度、階級圓桿、外圓端面及凸或凹之半圓，如圖5-74(A)(C) 所示。磨削時係將工件夾持在兩心之間，而砂輪以約 1800 m/min的高速度迴轉磨削，工件以約 18 ～ 30 m/min 的低速度與砂輪作相同方向的旋轉，如圖 5-74(B) 所示。

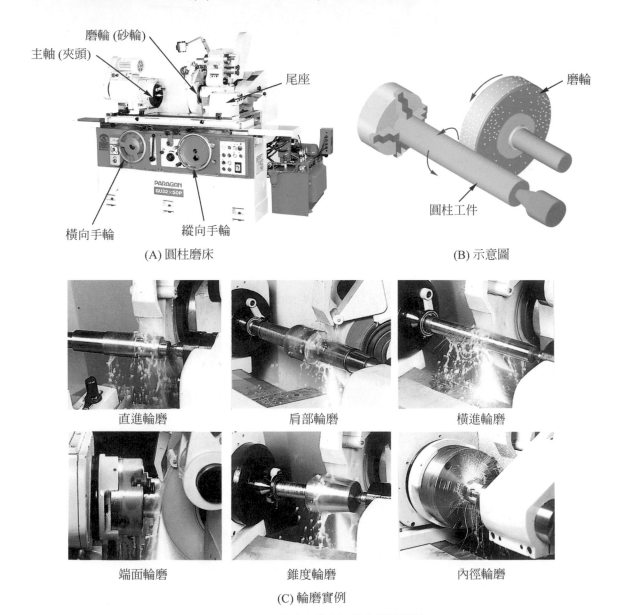

(A) 圓柱磨床

(B) 示意圖

直進輪磨　　　　　　肩部輪磨　　　　　　橫進輪磨

端面輪磨　　　　　　錐度輪磨　　　　　　內徑輪磨

(C) 輪磨實例

• 圖 5-74　圓柱磨床與磨削 (榮光機械提供)

圓柱磨床作磨削時，一般 75 mm 以下之直徑圓柱，應留有 0.25 ～ 0.5 mm 之粗磨裕量，每次之磨削深度約 0.05 ～ 0.1mm，橫向進給約砂輪面寬的 1/2 ～ 3/4。一般精磨削量約 0.005 ～ 0.01 mm，橫向進給約砂輪面寬的 1/2 ～ 1/3。

3. **內圓磨床 (Internal grinder)**：如圖 5-75(A) 所示為內圓磨床，主要用以磨削內圓孔，使內徑之光度與精度更佳。磨削工作包括錐孔、直孔、蝸輪孔或盲孔等。一般內圓磨床之工件係夾持於夾頭、面盤或中心架等，使用砂輪之直徑為磨削孔徑的 2/3，並做高速旋轉，磨削時砂輪與工件係相反方向迴轉，如圖 5-75(B)，而且在行程的兩端，砂輪不得露出圓孔外超過 6 mm，以免壓力不均，形成喇叭孔。若是磨削不規則工件，則可用行星式運動磨削法，此法係工件固定不動，砂輪依內孔直徑作星式旋轉的磨削。

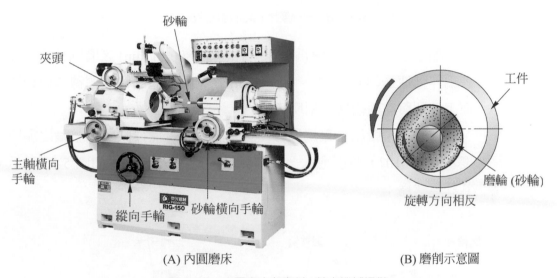

(A) 內圓磨床　　　　　　　　　　　　(B) 磨削示意圖

・圖 5-75　內圓磨床與磨削 (榮光機械提供)

4. **無心磨床 (Centerless grinder)**

(1) 無心外圓磨床：此種磨床與圓柱磨床相似，如圖 5-76(A) 所示，但無心外圓磨床不必藉兩頂心或夾頭之夾持工作，乃藉支持架、砂輪和調整輪所構成，其中調整輪具有支頂工件、控制工件旋轉及控制工件進給等三大功用，但不具切削作用。

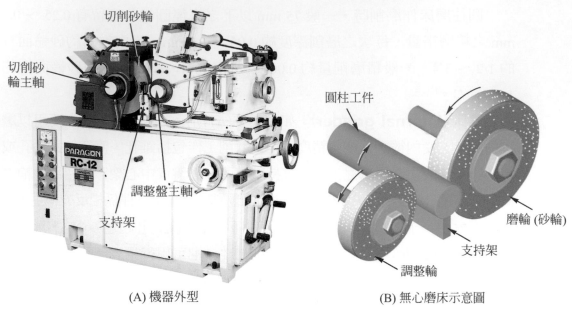

切削砂輪

切削砂輪主軸

調整盤主軸

支持架

PARAGON
RC-12

圓柱工件

磨輪 (砂輪)

支持架

調整輪

(A) 機器外型　　　　　　　　　　(B) 無心磨床示意圖

• 圖 5-76　無心磨床 (榮光機械提供)

　　如圖 5-76(B) 中大輪為高速迴轉 (約 1800 m/min) 之磨削砂輪，較小者為作低速迴轉 (約 15 ～ 60 m/min) 之調整輪，兩輪之迴轉方向相同，而工件則與此兩輪轉向相反。

　　一般調整輪結合劑為橡膠，有摩擦特性。操作時，調整輪之調節角度為 0° ～ 10°，角度愈大，工件軸向進給速度愈大，如圖 5-77 所示，其計算式為：

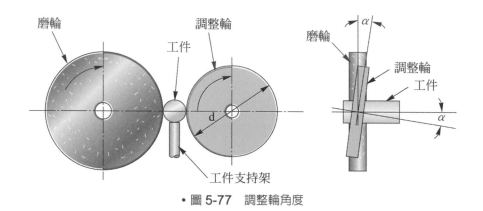

磨輪

調整輪

工件

d

工件支持架

磨輪

調整輪

工件

α

α

• 圖 5-77　調整輪角度

$$F = \pi DN \cdot \sin \alpha$$

其中：

F：工件每分鐘進刀量 mm/min（公厘／分）

D：調整輪直徑 mm（公厘）

N：調整輪之轉速 (rpm) 或每分鐘迴轉數（轉／分）

α：調整輪之傾斜角度（度）

例題 5-5

設無心外圓磨床之磨輪外徑為 200 mm，轉速為 2000 rpm，而調整輪外徑為 100 mm，轉速為 50 rpm，若調整輪之軸傾斜 5°，則工件每分鐘自動進給量為多少？（設 sin5° = 0.087）

解

$F = \pi DN \cdot \sin \alpha = \pi \times 100 \times 50 \times \sin 5°$

$= 3.14 \times 100 \times 50 \times 0.087$

$= 1365.9$ mm/min

　　無心外圓磨床之進給方式有三種，如圖 5-78 所示：

① 直進法：又稱通過進給法，工件由兩砂輪間軸向通過，適於圓柱磨削。

② 內進法：又稱挺進法，工件無軸向進給，切削砂輪向工件進給，欲磨面長度較砂輪面窄，適於帶頭圓桿，圓球及成形工件磨削。

③ 端進法：工件由側邊送入兩砂輪間，適於錐度桿件之磨削。

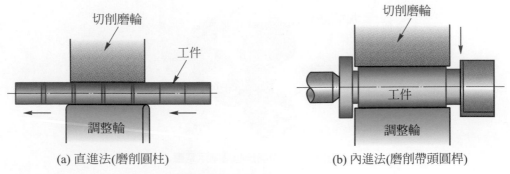

(a) 直進法(磨削圓柱)　　　　　　　　(b) 內進法(磨削帶頭圓桿)

· 圖 5-78　無心磨削之進給方式

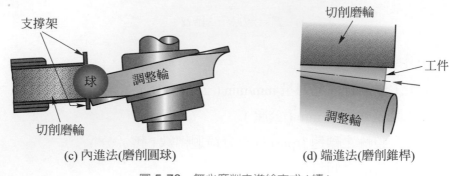

(c) 內進法(磨削圓球)　　　　(d) 端進法(磨削錐桿)

• 圖 5-78　無心磨削之進給方式 (續)

　　無心外圓磨床之優點：

① 操作者之技術不需太高。

② 不需夾頭、心軸或其他夾持器具。

③ 細長圓形工件磨削時，因支托穩固，故不致發生顫動或撓曲現象。

④ 操作迅速，且工件所需尺寸易於控制，適宜大量生產。

　　無心外圓磨床之缺點：

① 有平面或凹槽之圓柱，無法施工。

② 對於空心之工件，因無夾持可校正中心，故無法確保內、外圓同心。

③ 工件有數種直徑之階級桿，不易磨削，故只最適宜單一直徑之圓柱磨削。

(2)　無心內圓磨床：主要用於磨削內圓，工件夾持於加壓滾輪、支持滾輪與調整輪中，如圖 5-79 所示，其優、缺點與無心外圓磨床相同。

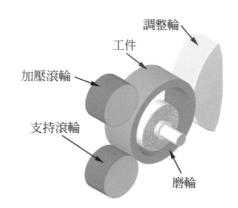

• 圖 5-79　內圓無心磨削示意圖

5. 工具磨床 (Tool grinder)：工具磨床主要可用於磨削車刀、銑刀、鑽頭等各式刀具，如圖 5-80 所示。平銑刀之間隙角磨削，如圖 5-81 所示。

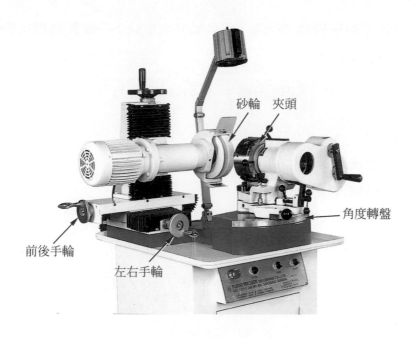

砂輪　夾頭

角度轉盤

前後手輪

左右手輪

• 圖 5-80　工具磨床及配件 (北平精密提供)

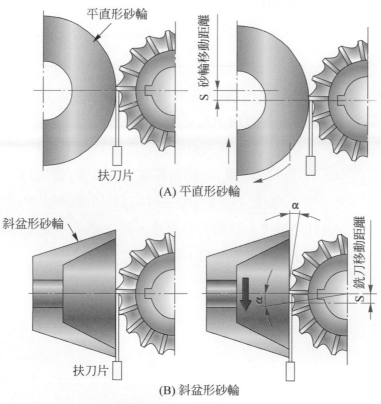

平直形砂輪

S 砂輪移動距離

扶刀片

(A) 平直形砂輪

斜盆形砂輪

α

銑刀移動距離

S

α

扶刀片

(B) 斜盆形砂輪

• 圖 5-81　平銑刀間隙角磨削

(1) 選用平直形砂輪磨削時,將砂輪升高或降下一定距離即可磨成間隙角,計算公式為:

$$昇降距離\ S = 0.0087 \times \alpha \times D$$

式中:

α:平銑刀間隙角 (度)

D:砂輪外徑 (mm)

(2) 選用斜盆形砂輪磨削時,將銑刀刀尖自水平位置轉上或轉下一定距離,即可磨成間隙角,計算公式為:

$$昇降距離\ S = 0.0087 \times \alpha \times D$$

式中:

α:平銑刀間隙角 (度)

D:銑刀外徑 (mm)。

生活小常識

在工具磨床上若加裝影像檢測設備與可快速拆裝的影像檢測機構,透過 Borland C++ Builder 開發軟體與 HALCON 影像處理函式庫撰寫的人機介面,可進行影像幾何形狀分析,並讀取機械座標值輔助刀具量測,便能量測刀具(平銑刀、圓鼻刀、球刀、鉸刀、鑽頭)之軸向基本幾何參數(螺旋角、軸向離隙角、刀具直徑、圓弧半徑)。故此刀具檢測系統在刀具研磨過程中,能有效地量測刀具的幾何外形並即時補償刀具的研磨尺寸,藉以提高刀具的研磨精度、降低生產成本與提升刀具研磨精度及品質。

5-7　電腦數值控制加工機

　　前述章節中所述及車床、鑽床、搪床、鉋床、銑床及磨床等皆已電腦數值化，即在電腦鍵盤上，按鍵將程式記憶於記憶部或直接作插入、替換或刪除等功能，透過程式之命令方式對工件作精確的加工，這類機器稱為 CNC 工作機械。常見者有 CNC車床、CNC 立式插床、CNC 立式銑床、CNC 龍門銑床、CNC 外圓、內圓及無心磨床，另外亦有 CNC 放電加工機及綜合切削機，如圖 5-82(A)(B) 所示。

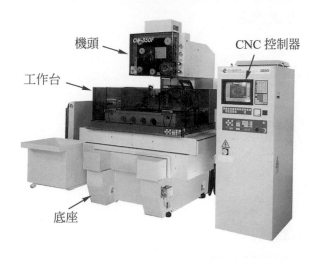

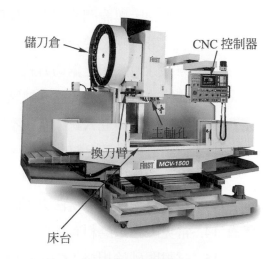

(A) CNC放電加工機(慶鴻機電提供)　　　　　(B) CNC立式綜合切削機(龍昌機械提供)

・圖 5-82　CNC 工作機械

生活小常識

1. 車銑複合機與五軸加工機：車銑複合機簡單說就是傳統「車床 + 銑床」，而配合複合化加工時代的來臨，車銑複合加工機及其五軸加工機是近幾年來機械商業化的重要研發方向，此種綜合加工機可以對三維曲面進行五軸同時加工，幾乎能一次夾持即可完成所有加工工作。

2. 五軸定義：以中心機而言，三軸為右手定則 X、Y、Z 分別代表三個直線移動軸，五軸加工機則包含此三個直線移動軸和 2 個旋轉移動軸 (A、B 軸或 B、C 軸或 A、C 軸)。可輕易完成車削、銑削、鑽孔、攻牙、滾齒、研磨、斜面加工、複雜曲面加工等多工序加工，實現一次裝夾即可由素材加工至完成產品的高效率加工機。其中繞著 X 直線移動軸旋轉的旋轉軸向稱為 A軸，繞著 Y 軸旋轉的軸向稱為 B 軸，繞著 Z 軸旋轉的軸向稱為 C 軸。

學後評量

一、問答題

5-1　1.　請問轉塔車床、立式車床與凹口車床各有何不同的設計特色與用途？

5-2　2.　請問排列鑽床、多軸鑽床、轉塔鑽床各有何不同的設計特色與用途？

　　　3.　請問油孔鑽頭、槍管鑽頭各有何不同的設計特色與用途？

　　　4.　請問孔鋸、翼形刀、鏟形鑽頭各有何不同的設計特色與用途？

5-3　5.　試述曲柄搖桿機構。

　　　6.　牛頭鉋床與龍門鉋床之差異為何？試述之。

5-4　7.　立式帶鋸條之接合順序為何？

　　　8.　磨料圓盤鋸床之鋸切方式可分為那兩種？

　　　9.　請簡述拉床有何優點、缺點。

5-5　10.　臥式銑床與立式銑床有何不同？用途有何差異？

　　　11.　何謂心軸銑刀？試舉 5 例。

　　　12.　何謂有柄銑刀？試舉 4 例。

　　　13.　詳述上銑法與下銑法之不同？

5-6　14.　常見之人造磨料有那些？各其用途為何？

　　　15.　試說明砂輪規格：C30-M7-V2A-150 × 25 × 32 mm

　　　16.　無心外圓磨床有何優、缺點？

　　　17.　砂輪常見之製法有哪 6 種？各英文簡稱與主要用途為何？

5-7　18.　常見之 CNC 工作機械有那些？試舉五例。

螺紋與齒輪製造

螺紋 (Screw) 具有鎖固連接、調節量測、傳動等功用。齒輪 (Gear) 用於軸與軸間之動力傳遞或旋轉運動機械間傳遞。因此,兩者皆是工業上不可或缺的零件。

本章大綱

6-1 螺紋之概述

一、螺紋原理

螺紋係在圓柱、圓錐體或圓孔表面上作螺旋形均勻截面的隆起緣。乃利用斜面原理製成，一螺旋線的展開為一直角三角形，三角形長邊為圓柱的圓周長，短邊為導程，如圖 6-1 所示。

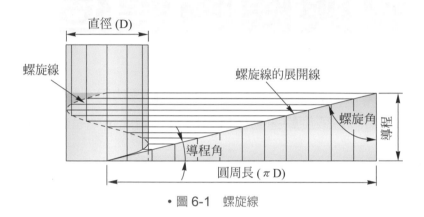

• 圖 6-1　螺旋線

二、螺紋功用

螺紋的主要功用如圖 6-2 所示，有：

1. **連接或固定機件**：此種螺紋需具高強度，如 V 型螺紋、T 型螺栓等。
2. **調節機件位置**：此種螺紋需具高精度，如分厘卡量具之螺紋。

(A) T型螺栓
(石家莊惠爾機電公司)

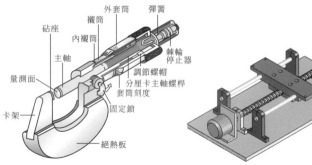

(B) 分厘卡螺栓
(林宸生逢甲大學自動控制系)

(C) 螺紋傳達動力
(數字化企業網)

• 圖 6-2　螺紋功用

3. 傳達動力或運動：此種螺紋需具高效率，如車床梯形導螺桿、千斤頂鋸齒型螺桿之單向傳動。

4. 螺紋切削刀具：此種螺紋切削刀具需具高硬度及耐磨，如螺絲攻、螺絲鎪、螺紋砂輪等。

三、螺紋名稱

如圖 6-3 所示。

1. 節徑 (Pitch diameter)：為一假想圓，在螺紋斷面牙槽寬等於節距之半或相當於牙厚處。

2. 節距 (Pitch)：螺紋上任意一點至相鄰牙之同位點沿軸線之距離，亦稱螺距。若為單線螺紋，則相當於英制螺紋之每吋牙數之倒數，即 $P = 1/N$，其中 N 表示每吋牙數。

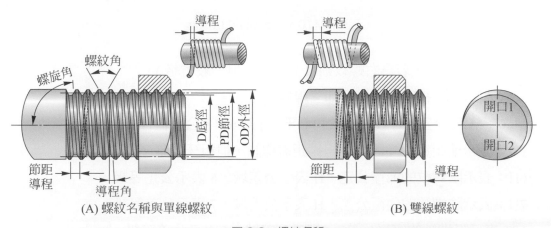

・圖 6-3　螺紋名稱

3. 導程 (Lead)：螺紋上任意一點繞行一圈，沿軸線移動之距離。在單線螺紋中等於節距，雙線螺紋為節距兩倍。即導程 $(L) = P \times$ 螺旋線數，其中 P 表示節距。

4. 螺旋線 (Helix)：一點在圓柱體或圓錐體表面上，移動之軌跡，其沿軸向之移動距離與其對軸線之角位移成定比者稱為螺旋線。如圖 6-1 所示。單線螺紋之螺旋線僅有一條，雙線螺紋的螺旋線有兩條，從螺桿端面視之，雙線螺紋的螺旋線缺口有二個，相隔 180°，如圖 6-3(B)；三線螺紋的螺旋線端面有三個缺口，相隔 120°；四線螺紋從端面看則相隔 90°，有四個缺口。

5. **螺紋角 (Thread angle)**：螺紋兩邊之夾角，一般用投影比較儀測量牙角較精準。公制螺紋之螺紋角為 30°，符號為 M。公制梯形螺紋之螺紋角為，符號為 T_r，英制愛克姆 (Acm) 螺紋之螺紋角為 29°。

6. **螺旋角 (Helix angle, β)**：節徑上螺旋線與軸線所構成之夾角。即 $\tan\beta = \dfrac{\pi D}{L}$，其中 D：節徑，L：導程。

7. **導程角 (Lead angle, θ)**：節徑上螺紋之螺旋線與軸之垂直線所夾之角。即 $\tan\theta = \dfrac{L}{\pi D}$。

四、螺紋標註 (Symbols for threads)

螺紋的標註必須依循一定的標準，依據 CNS 標準舉例說明如下：

L3N-M10 × 1.5-6H7H/6f6g

L：表示左螺紋，若為右螺紋則以 R 表示 (但一般省略)。

3N：表示螺旋線數為 3 條，即三線螺紋之意。

M10：M 表示公制螺紋、螺紋角 (牙角) 為 60°，公稱直徑為 10mm。

1.5：表示節距為 1.5mm。細線螺距需標註，但粗牙省略。

6H：表示陰螺紋的節徑公差，H 表示公差域，6 表示公差等級。

7H：表示陰螺紋的內徑公差，H 表示公差域，7 表示公差等級。

6f：表示陽螺紋的節徑公差，f 表示公差域，6 表示公差等級。

6g：表示陽螺紋的外徑公差，g 表示公差域，6 表示公差等級。

生活小常識

螺紋 (screw thread)

依主體形狀分為圓柱螺紋和圓錐螺紋，依其在主體所處位置分為外螺紋、內螺紋，依線數分單線螺紋和多線螺紋，依旋入方向分左旋螺紋和右旋螺紋兩種，依其截面牙型常見有三角形、矩形、梯形、鋸齒形、半圓弧形等螺紋。

6-2 螺紋加工

螺紋製造依內、外螺紋、精度、產量及不同特性等因素影響而有不同的製造方法，如表 6-1 所示以利比較選擇。

◆ 表 6-1　不同螺紋製造方法比較

螺紋製造方法	外螺紋	內螺紋	精度	產量	備註
車床車削	∨	∨	中	小量	
銑床銑削	∨	∨	高	中量	大直徑、大節距螺紋
螺紋機製造	∨		中	大量	
滾軋	∨		中	大量	
輪磨	∨	∨	最高	小量	適宜淬火鋼等硬材料
壓鑄	∨		中	大量	適宜低熔點非鐵金屬
螺紋拉刀製造		∨	高	中量	
螺絲攻切製		∨	低	小量	手工
螺絲鏌鉸製	∨		低	小量	手工

生活小常識

國際上享有「台灣螺絲王國」美名

台灣螺絲、螺帽以出口為導向，外銷比率約占 8 成以上，2018 年全年產值 1,400 億元。是全球第二大螺絲出口國，在美國及歐盟之市場市占率數一數二。主要都來自高雄大崗山，由路竹、湖內到台南仁德和歸仁，約有七百多家的螺絲工廠，是全球最大、密度最高的螺絲生產聚落，主宰全球六分之一的市場。目前產品朝高值化開發，如航太、汽車及醫療 (如人工牙根) 領域。

一、銑床銑削 (Milling machine)

銑床銑製螺紋是銑刀在一定位置旋轉，而工件亦作迴轉並作進刀，即工件迴轉時同時前進一導程 (進刀量)。適大節距之內、外螺紋的精密中量製造。

此法用於大尺寸又需精確的內、外螺紋加工，採用標準或滾齒棒式的螺紋銑刀銑製，如圖 6-4(A) 所示，而銑削短的內螺紋的大量生產時，須採用行星式銑床，銑刀作行星式運轉，如圖 6-4(B) 所示。

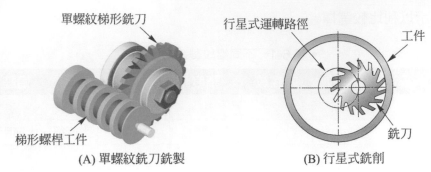

(A) 單螺紋銑刀銑製　　　　(B) 行星式銑削

• 圖 6-4　銑床銑削螺紋示意圖

二、螺紋機製造 (Threading machine)

專門製造螺紋的工廠，通常採用專用的螺紋機以便內、外螺紋的大量生產。常見的生產方式敘述如後。

1. **自動攻牙機 (Automatic collapsible tap)**：此型機器具有操作方便，替換容易及附設安全保護裝置，提昇工作安全，並爲了馬達能避免高溫，內裝獨立降溫風扇，可作連續操作。適於內螺紋之自動攻牙。現今攻牙機大都已合併鑽孔與攻牙的自動化專用機，如圖 6-5 所示爲鑽孔攻牙機之加工製品例。

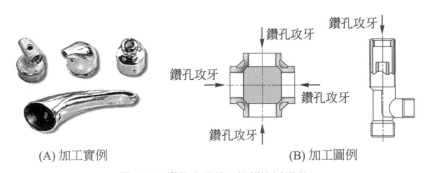

(A) 加工實例　　　　　　　　(B) 加工圖例

• 圖 6-5　鑽孔攻牙機 (鈺麒機械提供)

2. **全自動螺紋機 (Automatic threading machine)**：此種機械採用一貫作業化，線材經打頭機製成螺紋釘頭後，可經整頭機、割溝機，或直接送料至輾牙機、木螺釘車牙機製成各式螺紋。其製程如圖 6-6 所示，線材經打頭後，進行整頭或割溝，而後滾牙完成。

線材

↓

打頭

↓

整頭或割溝

↓

滾牙

↓

完成

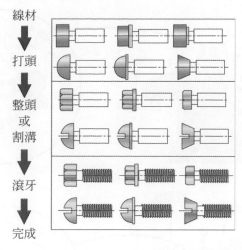

・圖 6-6　全自動滾牙過程

三、滾軋 (Rolling)

　　將具可塑性的圓桿胚料放置在旋轉的圓滾鎮或往復運動的平鈑鎮之間，以適當之壓力冷擠而成螺紋之法，稱為螺紋滾軋。

　　螺紋滾軋的方法有圓滾模式與平滾模式兩種，適合外螺紋的大量生產，分述如下：

1. **圓滾模式 (Roller die)**：如圖 6-7 所示，此法係藉圓滾模的螺紋，逼使材料產生塑性流動，當螺紋軋進胚料造成齒根，並將擠出的部分形成齒頂。因此可使材料比一般車床車製的螺紋節省 16 ～ 20%。故螺紋滾軋所需之胚料直徑約等於螺紋之節徑。如圖 6-8 所示為螺紋滾軋機，(A) 為雙圓滾模式，(B) 為三圓滾模式。

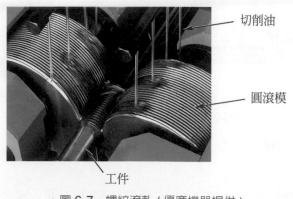

切削油

圓滾模

工件

・圖 6-7　螺紋滾軋 (優廉機器提供)

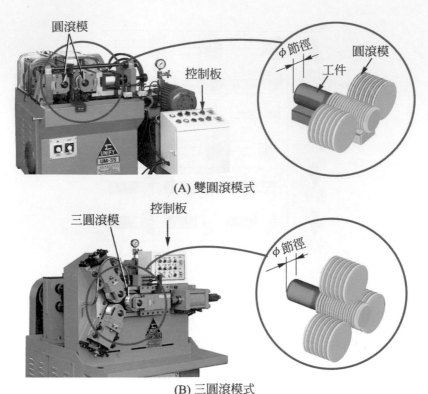

(A) 雙圓滾模式

(B) 三圓滾模式

•圖 6-8 　螺紋滾軋機 (優廉機器提供)

2. **平滾模式 (Flat die)**：如圖 6-9 所示，此法係將胚料置於具有螺紋之淬火硬鋼平滾模間，其中一者為固定模，另一者為可加壓之活動模，藉活動模之滾動即可在往復一次中完成滾製一支螺桿。

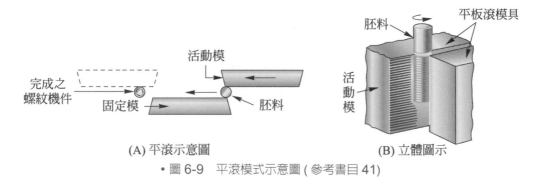

(A) 平滾示意圖 　　　　　　　　　(B) 立體圖示

•圖 6-9 　平滾模式示意圖 (參考書目 41)

螺紋滾軋具有下列優、缺點：

1. **優點**

   (1) 螺紋光滑精確，如圖 6-10 所示，且製造迅速，適於大量生產。

   (2) 節省材料，且因無切屑，可避免受傷、清潔及汙染問題。

   (3) 可增進螺紋的抗拉、抗剪及抗疲勞強度。

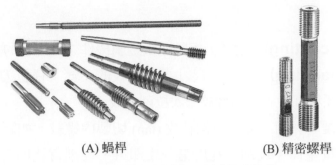

(A) 蝸桿　　　　　　　　(B) 精密螺桿

• 圖 6-10　螺紋滾軋製品 (優廉機器提供)

2. 缺點

(1) 因材料不需切除，故胚料之尺寸準確性不易控制。

(2) 硬度超過 HRC37 之硬材胚，不易使用滾軋法製造。

(3) 滾模具費用高，不適合少量生產。

(4) 只適合外螺紋之滾軋。

四、輪磨 (Grinding)

　　當製造之螺紋需要高精度及光度時，可用砂輪予以輪磨，此法特別適宜經淬火硬化處理過之螺紋，再次輪磨精光。

　　輪磨螺紋所用之機械有中心式螺紋磨床及無心式螺紋磨床兩種。輪磨時所使用的砂輪有單牙式及多牙式兩種，如圖 6-11 所示，圖 (A) 所示為製成正確牙角的單牙式砂輪，將砂輪靠向工件旋轉，同時用由螺紋的節距所決定的速率，橫過螺紋的長度，可通過一次或多次即可完成。圖 (B) 所示為多牙式砂輪，用於輪磨較短之螺桿，其長度超過螺桿長，輪磨時，使桿胚料慢速迴轉一周，同時使砂輪移動一節距，即磨製完成。

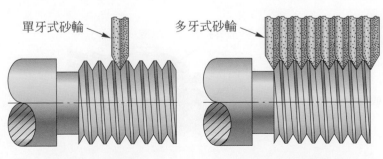

單牙式砂輪　　　　　　多牙式砂輪

(A) 單牙式砂輪輪磨　　　(B) 多牙式砂輪輪磨　　　(C) 螺紋磨床
　　　　　　　　　　　　　　　　　　　　　　(廣州雷研精密傳動設備公司)

• 圖 6-11　輪磨螺紋

五、其他

1. **壓鑄 (Die casting)**：適於低熔點非鐵金屬機件之外螺紋的大量生產。

2. **拉製 (Broaching)**：適於大尺寸之內螺紋的生產，係拉刀直進，通過旋轉之內螺紋胚料孔中，將內螺紋一次拉削完成。

3. **螺絲攻切製**：利用三支一組螺絲攻 (tap) 切製內螺紋。如圖 6-12(A)(B)(C) 所示，適少量生產。攻削通孔用第一攻即可，攻削盲孔則需依序使用三支攻削。讓完全牙的深度接近鑽孔深度。

4. **螺絲模鉸製**：利用螺絲模 (Die) 鉸製外螺紋，如圖 6-12(A)(C)(D) 所示，適少量生產，內、外螺紋配合要精密時，應先攻絲再鉸絲。

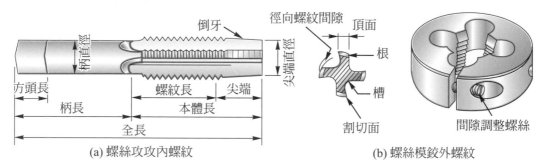

(a) 螺絲攻攻內螺紋　　　　　　　　(b) 螺絲模鉸外螺紋

(A) 重要部位示意圖

(a) 螺絲攻(廣大刀具公司)

(b) 螺絲攻(forum.twcarpc.com1)

(B) 螺絲攻與攻內螺紋

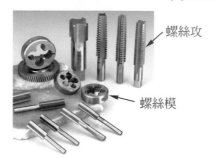

(C) 螺絲攻與螺絲模(國銳精密刀具公司)

(D) 螺絲模(forum.twcarpc.com)

• 圖 6-12　螺絲攻與螺絲模

生活小常識

牙釘和骨釘

台灣在人工植牙及骨科臨床手術常藉由迷你牙釘或骨釘 (Cannulated bone screws) 做爲修護矯正時的錨定，在世界精密醫療器材產業中已有傲人成績。如圖 6-13 所示爲置放在 CNC 走心車床動力刀座內之旋風銑刀與其生產之牙釘、骨釘。

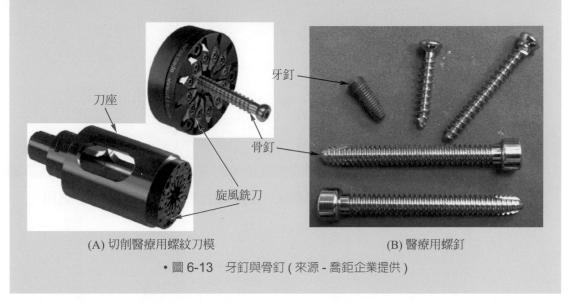

(A) 切削醫療用螺紋刀模　　　　(B) 醫療用螺釘

• 圖 6-13　牙釘與骨釘 (來源 - 喬鉅企業提供)

6-3 齒輪之概述

　　機構零件中，齒輪具有傳遞運動和功率的能力，運動確實且速比一定，是機構不可或缺的重要機件，依齒所在部位可分爲內齒輪與外齒輪兩種，如圖 6-14 所示。

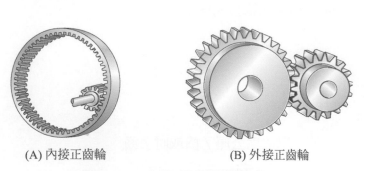

(A) 內接正齒輪　　　　　　　(B) 外接正齒輪

• 圖 6-14　正齒輪 (取自參考書目 4)

　　齒輪尺寸的表示法常以模數、徑節與周節表示其大小，每一對相囓合齒輪，前三者皆需相同，分述如下：

1. **模數 (Module)**：節圓直徑上每齒所佔的尺寸，稱為模數，為公制齒輪表示大小的方法，標準齒之模數之大小等於齒冠高，其值愈大，表示輪齒之齒數少而齒形愈大，計算公式為：

$$M = \frac{D}{T}$$

   其中：

   M：表示模數公厘／齒

   D：表示節圓直徑，單位為公厘

   T：表示齒輪之齒數，單位為齒

2. **徑節 (Diametral pitch)**：節圓直徑上每吋長之齒數，稱為徑節，為英制齒輪表示大小的方法。徑節之值愈大，表示輪齒形狀愈小，計算公式為：

$$P_d = \frac{T}{D}$$

   其中：

   P_d：表示徑節，單位為齒／吋

   T：表示齒輪之齒數，單位為齒

   D：表示節圓直徑，單位為吋

3. **周節 (Circular pitch)**：在節圓上，自一齒的一點至相鄰齒之同位點間之弧線距離，稱為周節。可用於公制或英制上，是一個具體的長度，其值恆等於齒厚與齒間之和，計算公式為：

$$P_c = \frac{\pi \cdot D}{T}$$

   其中：

   P_c：表示周節，單位為公厘／齒或吋／齒

   π：表示圓周率，為 3.14

T：表示齒輪之齒數，單位爲齒

至於模數、徑節與周節之關係，如表 6-2 所示。

◆ 表 6-2　模數、徑節與周節關係

模數與徑節	模數與周節	周節與徑節
$M \cdot P_d = 25.4$	$P_c = \pi \cdot M$	$P_c \cdot P_d = \pi$

4. 外徑與中心距：

(1) 外徑：加工齒輪之輪齒前，需先準備材料胚，意即需先得知齒輪外徑之尺寸大小，計算公式爲：

$$O.D = D \cdot (T + 2)$$

式中　O.D：齒輪外徑 (mm)

(2) 中心距離：一對正齒輪相互嚙合運轉時，中心距的計算公式爲：

① 外接正齒輪嚙合中心距 $C = M \cdot (T_1 + T_2)/2$

② 內接正齒輪嚙合中心距 $C = M \cdot (T_1 - T_2)/2$

例題　6-1

一標準正齒輪模數爲 3，齒數 50 齒，則節徑、齒冠高、周節、徑節與外徑各爲多少？

解

節徑 $D = MT = 3 \times 50 = 150$ (mm)

齒冠高 = 模數 $M = 3$

周節 $P_c = \pi M = 3\pi$

外徑 O.D $= M \cdot (T + 2) = 3(50 + 2) = 156$ (mm)

生活小常識

齒輪的歷史

史料記載中國早在西元前 400 年至 200 年間已開始使用齒輪，張衡的候風地動儀和古印度的棉核剔除機構都含有齒輪。早期沒有齒型和齒距的規格要求，齒形也僅爲方柱狀，僅能做勾拉的動力傳達。

6-4 　齒輪加工

　　齒輪之製造方法，如圖 6-15 所示之滾齒機演生法，一般視加工之精度，生產數量及適用之範圍而選擇不同的加工方法，常見者如表 6-3 所示，分述如後。

　　切削劑噴嘴
　　滾齒刀
　　刀軸機頭
　　滾齒工件
　　夾具

• 圖 6-15　齒輪加工 (福斯油品提供)

◆ 表 6-3　齒輪製造方法

模製法	1. 鑄造法 (有砂模鑄造、壓鑄、離心鑄造、殼模鑄造、精密及包模鑄造)。 2. 衝製法。 3. 粉末冶金法。 4. 滾壓法。
機製法	1. 成型演生刀加工法 (有銑床銑製、拉床拉製、鉋床鉋製)。 2. 刀具演生成型法 (有齒輪鉋床、滾齒機)。
精製法	1. 擠製法 (適合低熔點非鐵金屬之小齒輪)。 2. 塑膠模製法 (適合塑膠小齒輪)。 3. 研磨或砂輪磨削法。 4. 刮刨及擦光法。

一、模製法

(一) 鑄造法 (Casting)

　　齒輪係因用於低速之迴轉運動、材料特殊不便加工或齒輪尺寸特別大時，常採用鑄造法，有下列幾種：

1. **砂模鑄造 (Sand casting)**：主要用於製品較不精確或尺寸較大之齒輪，製得後通常需另作整光，如建築用之混凝土拌合機之齒輪。

2. **壓鑄 (Die casting)**：主要用於較小而精密之齒輪製造，只限於低熔點非鐵金屬，如銅、鎂、鋁、鋅等金屬。

3. **殼模法 (Shell mold casting)**：此法所得之精密度較砂模為佳，可達到 0.05 ～ 0.075mm 公差。

4. **精密及包模鑄造法 (Precision and investment casting)**：主要用於較複雜又不便取模之齒輪製造，製品精密，但只限於小齒輪。

（二）衝製法 (Stamping)

衝製法可製得中等精度之齒輪，如圖 6-16(A) 所示，僅限於較薄之板片狀齒輪，如鐘錶、儀錶及各類玩具之金屬製齒輪。

（三）粉末冶金法 (Powder metallurgy)

粉末冶金法是將金屬粉末放在模具中加壓成形，並進行熔點下方之燒結製得而成；此法只適於小齒輪，且其強度低，如圖 6-16(B) 所示。

 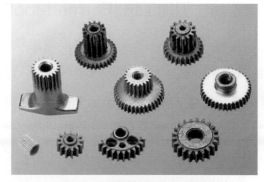

(A) 板片狀齒輪(唐藝五金製品加工場)　　　(B) 粉末冶金齒輪(冶聖工業公司)

• 圖 6-16　衝製法與粉末冶金法製品

生活小常識

粉末冶金法、鑄鍛／機械加工製造齒輪之工序比較

1. 用粉末冶金法製造齒輪時，需要工序：即成形—燒結—熱處理—回火—浸油。

2. 用鑄鍛與機械加工齒輪時，需經車外圓—車內圓—兩端面—粗銑凹槽—拉鍵槽—滾齒—去毛刺—熱處理—回火等十道工序。

(四) 滾壓法 (Rolling)

滾壓法是把胚料置於兩滾動之滾模中進行擠製，以塑性變形方式完成加工之法，如圖 6-17 所示。此法適用於模數較小之小齒輪。

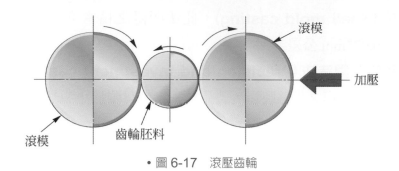

滾模

加壓

滾模

齒輪胚料

• 圖 6-17 滾壓齒輪

二、機械加工法 (Machining)

以機械加工的方法，常因大量或少量生產之條件需要不同，或齒形與切削刀具之不同，可選擇下列不同的製造方法：

(一) 成型演生刀加工法 (Formed-tooth process)

此法是使用與齒輪之齒形曲線相同形狀之切削工具來切製輪齒。此法所製得輪齒較難維持精密及齒形，且切削效率較低，常見者有：

1. **銑床銑切 (Milling machines)**：臥式銑床採用齒輪齒間被切除部分的形狀所製成之成型銑刀銑削，銑削時必須搭配分度頭附件，逐齒銑切，如圖 6-18 所示。一般不同徑節之銑刀，每組均有 8 片，形狀略有不同，每片可銑削齒數範圍如表 6-4 所示。

◆ 表 6-4 標準漸開線銑齒刀之適用齒數

銑刀號數	No.1	No.2	No.3	No.4	No.5	No.6	No.7	No.8
適用齒數	135 —齒條	55 — 134	35 — 54	26 — 34	21 — 25	17 — 20	14 — 16	12 — 13

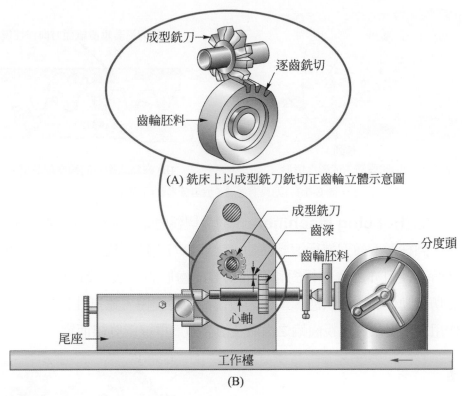

(A) 銑床上以成型銑刀銑切正齒輪立體示意圖

(B)

• 圖 6-18　銑製 (取自參考書目 11)

2. **拉床拉製**：以拉床拉製齒輪，可快速成形，適於大量生產，但拉刀之價格昂貴。拉製時乃以適合輪齒形狀之拉刀，固定件後進行拉削，拉刀每齒均作少量之切削，直至最後拉至正確之尺寸，小型內齒輪可由一次拉削完成。

(二) 刀具演生法 (Cutter generating process)

此法是用齒輪形刀具切製漸開線齒輪，係根據相同徑節 (或模數) 的齒輪可以互相嚙合，而採用齒輪形刀具在另一齒輪胚件上作往復及旋轉運動，即可切削出所要求之齒形的方法。

1. **齒輪鉋床**：如圖 6-19(A) 所示為齒輪鉋刀切製齒輪輪胚之情形，圖 6-19(B) 為長齒條式鉋刀 (Reciprocating cutter) 偏一角度後，作往復式運動，而輪胚亦作嚙合式旋轉，即可切製漸開線齒形之齒輪胚情形，一般配合以齒輪鉋床切製。

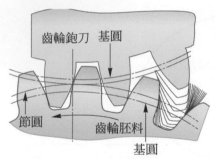

(A) 小齒輪鉋刀的輪齒演生成形之情形

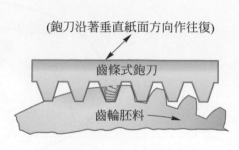

(B) 齒條式鉋刀的輪齒創製情形

• 圖 6-19　刀具演生法 (取自參考書目 36)

2. **滾齒機 (Hobbing machine)**：滾齒機切製齒輪，係採用如圖 6-15 和圖 6-20 所示圓柱形滾齒刀進行滾製齒輪，當滾齒刀旋轉螺旋刀口沿齒輪軸線方向行進時，胚料亦將會作相對轉動而切製成齒形的方法，如圖 6-21 所示。此法之切製動作像嚙合狀態，滾齒刀與齒輪同時旋轉，並無往復運動及分度頭之作用，兩者之速比視齒輪之齒數及滾齒刀為單線或雙線而定。

(A) 滾齒機滾製汽車齒輪(廖紹華：重慶機床集團)　　　(B) 滾齒刀與齒輪(達六貿易提供)

• 圖 6-20　齒滾刀與滾製齒輪

(1) 切削正齒輪時，由於滾齒刀為螺旋形，其軸方向必須偏置等於其導程角，齒形才能與輪軸平行。

(2) 切削螺旋齒輪時，滾齒刀必須繞齒輪面，並作螺旋角之移動，方可配合製成齒輪之螺旋角。

(3) 切削蝸輪之輪齒時，滾齒刀之軸線需與齒輪胚軸線成直角，刀具向齒輪中心進給，一直至要求的深度為止。

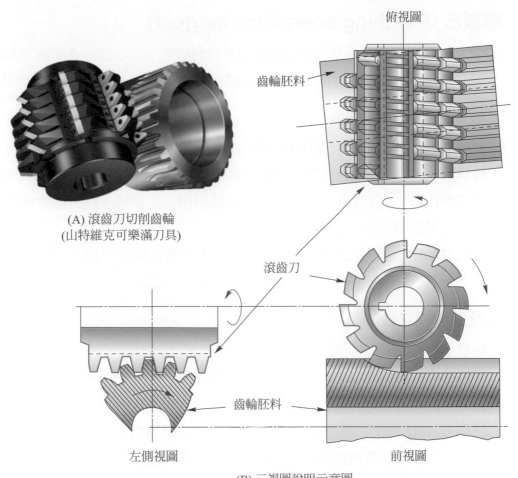

(A) 滾齒刀切削齒輪
(山特維克可樂滿刀具)

俯視圖

齒輪胚料

滾齒刀

左側視圖

前視圖

齒輪胚料

(B) 三視圖說明示意圖

• 圖 6-21　利用滾齒刀切削齒輪的三個視圖 (取自參考書目 38)

　　如圖 6-22 所示為滾齒機傳動機構之示意圖，切製時齒輪胚之節圓速度與滾齒刀之導程速度相同，從相接觸切削始，直至切削到齒輪之全齒寬為止。並需注意下列事項：

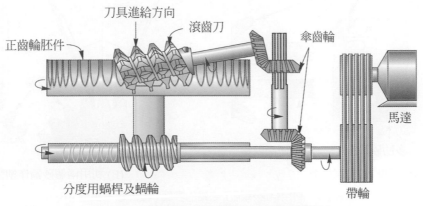

刀具進給方向

滾齒刀

傘齒輪

正齒輪胚件

馬達

分度用蝸桿及蝸輪

帶輪

• 圖 6-22　滾齒機之傳動機構 (取自參考書目 11)

三、精製法 (Finishing operations for gear)

　　齒輪之精製加工目的主要是在修正齒輪之正確的齒形、同心度、齒間隔及其各部位的尺寸精度，以減少齒輪之磨損，轉動時之雜音，並增加其光度等。常見之方法有：

(一) 未經熱處理之齒輪

1. **刮刨 (Shaving)**：此法可採用齒條式刀具或旋轉式刀具作為主動旋轉輪，同時具有全齒面寬之軸向往復運動，刀具軸與齒輪軸間有 3 ～ 15 度之角度以利切削作用，加工至正確深度為止。此法可用於正齒輪、螺旋齒輪或內、外齒輪之精密加工。

2. **擦光 (Buffing)**：此法是一種冷作加工法，是將齒輪與三個硬化之齒輪在壓力下，進行互相接觸之滾動，直至得到精確齒形之法。

(二) 經熱處理後之齒輪

1. **輪磨 (Grinding)**：此法是使用磨床，以砂輪作為刀具，將砂輪表面製成齒形輪廓，直接將齒輪之輪齒整修成正確的齒面，製品光度、精度佳，可由一面或兩面輪磨，如圖 6-23 所示，但是費時是其缺點。

2. **研磨 (Lapping)**：又稱研光或磨光，此法是在研磨機上，利用一個或多個具有正確齒形之石墨鑄鐵作為研磨刀具，依旋轉式刮刨之形式帶動齒輪胚料，並加入磨料與煤油或輕級潤滑油之混合劑，進行相對運動的方法，加工後之齒輪具有耐磨耗，適於齒輪經表面熱處理後，提升齒輪齒廓精度與光度及雜音小的優點。

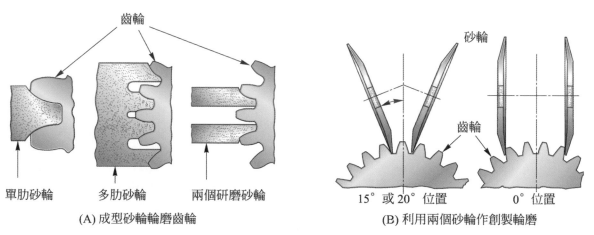

(A) 成型砂輪輪磨齒輪　　　　(B) 利用兩個砂輪作創製輪磨

• 圖 6-23　利用輪磨精加工齒輪的表面 (取自參考書目 46)

3. **搪齒 (Gear honing)**：以齒輪狀的磨輪作搪齒刀，與工件齒輪嚙合轉動，齒面嚙合點之間產生相對滑動，可用於修整經熱處理變形、硬面輪齒，改善齒輪的幾何精度、光度 (表面粗糙度)、及消除加工刀痕等特色。

生活小常識

齒輪滲碳熱處理後精磨齒

齒輪滲碳處理後會產生變形，精磨就為了提高，提高齒輪的表面粗糙度與加工精度、減少摩擦，亦可提高疲勞性能與齒輪使用壽命。

學後評量

6-1 1. 螺紋的主要功用為何？

2. 螺紋滾軋有何優、缺點？

3. 說明下列螺紋規格代表何種意義：M20×2.5 － 7H/6h7g。

6-2 4. 製造外螺紋的方法有哪些？試舉 7 例。

5. 製造內螺紋的方法有哪些？試舉 7 例。

6. 何謂節距與導程？兩者有何關係？

6-3 7. 請簡述模數、徑節與周節之關係為何？

6-4 8. 常用鑄造法鑄造齒輪有哪 4 種方法？各有何特色。

9. 經過熱處理後的齒輪可採用哪 2 種方法精製？各有何特色。

10. 請表列齒輪製造方法。

Chapter 7

電腦數值控制

機械製造科技隨電腦科技的發展，已有相當程度的結合與應用，不僅提昇製造的效益，也擴展製造技術的突破與發展，促使電腦科技成為機械製造科技不容忽視的一環。

本章大綱

7-1　數值控制機械的特色與型式
7-2　數值控制機械資料帶
7-3　座標和工具機之軸
7-4　程式製作
7-5　數值控制機械的構造
7-6　車銑複合與五軸機械加工

7-1 數值控制機械的特色與型式

二十一世紀的電腦科技蓬勃發展，機械工具機結合電腦已是潮流所趨，故對於數值控制機械的特色、型式、資料帶、座標軸、程式製作與主要構造，分述如下：

一、數值控制機械的特色

數值控制機械是一種利用可使工具機運動的程式數值資料，以精確的自動控制運動的工具機。現今常用之電腦數值控制更藉電腦程式驅動工具機，數值控制工具機具有下列特點：

1. 優點

(1) 因加工步驟及條件皆由程式控制，故不需依賴熟練的技術工人，並可減少人為的操作錯誤，提高生產效率。

(2) 切削工具因切削速度及進刀之理想化而增加刀具壽命，可減少刀具費用，同時因工件裝卸與刀具交換自動化，而可節省夾具及治具的費用與減少物件之裝卸搬運時間。

(3) 因精確度良好，可減少檢驗費用，且增強品質管制。

(4) 因數值控制系統之功能可適合各種不同類型加工，故對各類工件之加工適應性大，且工程管理容易。

(5) 由於加工之機件品質安定、可靠性高，程式可儲存並重複使用，故可全天候加工，適合中小量而形狀複雜且多變化之生產，如圖 7-1 所示。

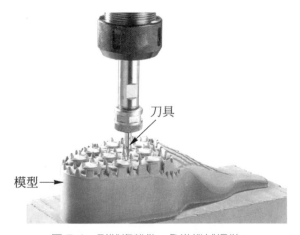

刀具

模型

• 圖 7-1　形狀複雜件 (永進機械提供)

2. 缺點

(1) 購置成本及維護費用高。

(2) 需機械修護專業人員及程式專業人員。

(3) 需了解加工程序及操作特性。

3. 數值控制機械之特色

(1) 主軸轉速：採用無段變速。

(2) 防撞裝置：當超過行程或衝擊過大時，伺服機構會自行停止運作。

(3) 原動力：採用伺服馬達。

(4) 傳動力：採用滾珠導螺桿或線性滑軌。

(5) 刀具之交換

① CNC 綜合切削中心機：具備有刀具庫與自動刀具交換裝置 (Automatical tool changer，ATC) 之銑床稱之，可加工圓柱形工件。另五軸綜合切削中心機可以利用端銑刀銑削 3D 曲線。

② CNC 車床：具備有轉塔式換刀機構。

二、數值控制機械之型式

數值控制機械的速度、精度、安全性、可靠性及成本等完全取決於伺服機構。數值控制對軸的伺服系統分為開環式系統與閉環式系統兩種，兩者最大差異在於閉環系統多加了具有回饋功能的轉換器，如圖 7-2(A)(B) 所示。

1. 開環式 (Open loop control)：又稱開口式，由步進馬達旋轉後帶動滾珠螺桿驅動工作台，因此機械位置的精度取決於滾珠螺桿的精度，在控制系統方面要選用有背隙補償 (Backlash compensation) 及螺距誤差補償 (Pitch error compensation) 功能的控制器，故精度較低。

2. 閉環式 (Close loop control)：又稱閉口式，採用伺服馬達，因增加了轉換器，可將產生之誤差信號作「回饋」，以使機械更能精確的移動至所要的距離或位置，故精度高。

數值控制依刀具路徑之不同，可將控制系統分為：

1. 定位控制系統 (The point-to-point，PTP)：又稱點對點控制系統，應用於鑽床、衝壓床、點銲機、彎管機、工模搪床等數值控制機械，使用之用途最廣泛。

2. **連續切削控制系統 (Continuous path programming，CPP)**：又稱輪廓切削控制系統，應用於車床、銑床、磨床、綜合切削中心機、線切割放電加工機及火焰切割機等數值控制機械。

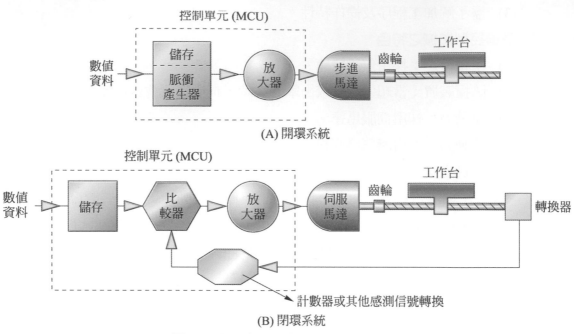

(A) 開環系統

(B) 閉環系統

• 圖 7-2　開環與閉環系統 (取自參考書目 25)

7-2 ⋮ 數值控制機械資料帶

　　數值控制機械之程式資料之輸入可經由孔帶、磁帶及人工資料輸入硬碟。而人工資料輸入硬碟為目前最常被用來作數值控制命令信號的儲存裝置，適用於 CNC 控制器，可作程式之更改、插入及刪除工作。而磁帶乃寬 12.7 mm，可作 7 孔道，可儲存較孔帶更多資料，但易受汙垢、灰塵及磁場所害，故一般以孔帶為主，敘述如下：

　　孔帶之製成材料有紙、聚脂膠膜及箔等。一般以油性且不易透光顏色為宜，標準孔帶是 25.4 mm 寬，共供 8 孔道作為沖孔用，如圖 7-3 所示。其中沖孔所表示之意義為：第 1 孔道表示 2^0，第 2 孔道表示 2^1，第 3 孔道表示 2^2，第 4 孔道表示 2^3，第 6 孔道表示零。在 EIA 碼孔帶中，以第 5 孔道作為同位檢查孔，以檢查所有孔道為奇數之用，而第 8 孔道表示單節結束。

　　由於人工資料輸入硬碟可以免除閱讀器輸入之程序，目前程式資料之儲存可在電腦之磁碟 (Magnetic disk) 外，亦可藉其他命令儲存裝置，如光碟機 (CD 或 DVD)、抽

取式硬碟、可讀寫之磁碟機 MO、隨身碟等，對於大量資料的備份、存取與攜帶皆具有其方便性，為當前所普遍使用。

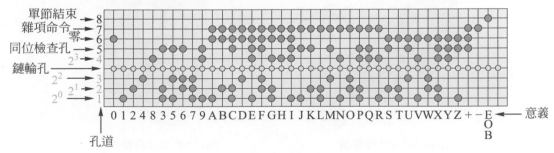

• 圖 7-3　孔帶

7-3 : 座標和工具機之軸

座標乃用以表示刀具移動之方向和距離，以絕對值或增量值方式表達。而工具機之各軸乃採用笛卡兒座標右手定則，如圖 7-4，其中拇指表示 X 軸，食指表示 Y 軸，中指表示 Z 軸，並規定主軸或主軸平行之軸線設定為 Z 軸。常見之 CNC 機械之座標軸為：

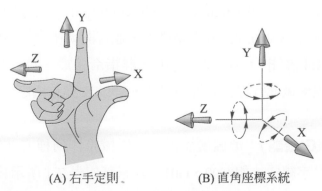

(A) 右手定則　　　(B) 直角座標系統

• 圖 7-4　右手直角座標系統

1. **車床 (CNC lathe)**：如圖 7-5(A) 所示，以 X 軸表示車刀作橫向 (或稱徑向) 進給，以 Z 軸表示車刀作縱向 (或稱軸向) 進給。

2. **銑床 (CNC milling)**：綜合切削中心機：如圖 7-5(B) 所示，以 X 軸表示床台縱向 (左右方向) 移動距離；以 Y 軸表示床台另一方向之移動距離；以 Z 軸表示主軸方向。另外，目前已發展有可旋轉的第四軸，故分別以 A、B、C 表 X、Y、Z 三方向的第四軸旋轉方向。

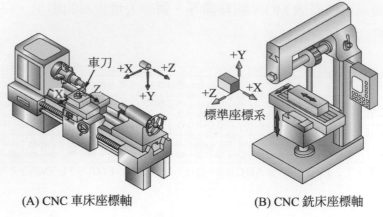

(A) CNC 車床座標軸　　　(B) CNC 銑床座標軸

• 圖 7-5　座標軸

7-4 ：程式製作

操作 CNC 機械時，必須把刀具的移動路徑和相關加工條件之指令傳輸給數值控制，這群指令稱為程式。如：

N0010 G01 G97 X30.0 Z20.0 F0.1 S1000 T0302 M08；

此單節表示：以進刀量 0.1 mm/rev、主軸 1000 rpm 作直線切削，採用 3 號刀具並作 2 號補償，移動至 X30.0, Z20.0 之座標點，並打開切削劑。說明如下：

1. **順序機能 (N 機能)**：NC 程式是由一群指令組成，每一單節由若干指令組成，為數控機械執行程式的最小單位，常以 N 為首編序，俾利操作人員查詢程式。

2. **準備機能 (G 機能)**：準備機能係指示機械將作何種方式的移動，以位址 G 附加兩位數字組成，如 G00、G01，其意義如表 7-1 所示為 CNC 車床常用之 G 機能。

◆ 表 7-1　常用車床之準備機能指令

G00：快速定位移動	G20：英制系統輸入
G01：直線切削 (切削外徑、錐度)	G21：公制系統輸入
G02：圓弧切削 (順時針)	G27：機械原點復歸核對
G03：圓弧切削 (逆時針)	G28：自動機械原點復歸
G04：暫停指令	G29：自動從參考點復歸

◆ 表 7-1　常用車床之準備機能指令 (續)

G32：螺紋切削	G40：刀鼻半徑補正取消
G50：座標系設定 / 最高轉速限制	G41：左向刀具補償
G70：精車削加工循環	G42：右向刀具補償
G71：橫向粗切削複循環	G90：外徑自動循環切削
G72：縱向粗切削複循環	G92：螺紋自動循環切削
G76：螺紋複循環切削	G94：端面自動循環切削

3. **進給機能 (F 機能)**：切削工件時，於工作程式中所指定刀具之移動速度稱為進給，亦可稱為進刀量；進刀量可分為每轉進刀量 (mm/rev) 與每分鐘進刀量 (mm/min)。說明如下：

   (1) 每轉進刀量 (mm/rev)：CNC 車床在車削過程中，因工件直徑之不同，但都為了達到一定的切削速度 (公尺 / 分)，一般以每轉進刀量為進給方法，此指令以配合 G99 使用。如 G99 G01 X30.0 F0.1；意即車刀以 0.1 mm/rev 之進刀量車削。

   (2) 每分鐘進刀量 (mm/min)：若為了工作需要，在主軸停止狀態下，仍須移動刀座時，則必須以 mm/min 方式，方能移動刀座。此指令須配合 G98 使用之。如 G98 G00 X30.0 Z45.0 F0.1；意即車刀以 0.1 mm/min 之進刀量快速定位移動至坐標位置。

4. **主軸機能 (S 機能)**：在無段變速的 CNC 機械中，主軸轉速機能以位址 S 和四位數字來控制。但切削速度與每分鐘迴轉速不同，說明如下：

   (1) 切削速度 (m/min，公尺 / 分)：S 必須配合 G96，以表示周速一定，如 G96 S150 M03；意即主軸以切削速度設定在 150 m/min 作轉動，用於車削外徑、錐度及端面等場合。

   (2) 每分鐘迴轉速 (RPM)：S 必須配合 G97，以表示每分鐘迴轉速一定，如 G97 S1000 M03；意即主軸以 1000 rpm 並正轉，用於車削螺紋、鑽孔等情形。

5. **刀具機能 (T 機能)**：CNC 機械之刀具在儲刀倉或轉塔式刀塔中，必須以此機能來選擇刀具。此機能由位址 T 加四位數值組成，前兩位數值表示刀具號碼，後兩位數值表示刀具補償號碼。由 00 ～ 32，其中 00 表示呼叫補正 00 組補正值。

6. **輔助機能 (M 機能)**：在 CNC 機械中，控制機械元件的一些單純開／關等動作的機能稱之為輔助機能，以 M 位址後加兩位數值組成。常用之輔助機能如表 7-2 所示。

◆ 表 7-2 常用車床輔助機能

字語	功能	字語	功能
M00	程式停止	M10	油壓夾頭閉 (YAM 為 M68)
M01	選擇性程式停止	M11	油壓頭開 (YAM 為 M69)
M02	程式結束	M12	尾座心軸伸出 (YAM 為 M60)
M03	主軸正轉	M13	尾座心軸收回 (YAM 為 M61)
M04	主軸反轉	M30	程式結束 (記憶回原)
M05	主軸停止	M40	主軸空檔
M06	刀具交換指令	M41	主軸低速檔
M07	切削劑開 (霧狀)(OPTION)	M42	主軸高速檔
M08	切削劑開	M98	主程式呼叫副程式
M09	切削劑關	M99	副程式結束並回復至主程式

7-5 數值控制機械的構造

數值控制機械由伺服驅動系統、量測系統、數值控制系統與本體結構及附件等四大部分組成，說明如下：

1. **伺服驅動系統 (Servo drive system)**：在自動化數控機械中以伺服馬達 (Servo motor) 作為原動力驅動裝置，且為了增加定位的精度，適於高速運轉及提高壽命，傳動機件常以滾珠螺桿 (Ball screw) 代替一般傳統機械採用之梯形導螺桿，以消除螺桿與螺帽間之間隙。廣泛用於 CNC 工具機、精密量測儀器及機器人上。如圖 7-6 所示為滾珠螺桿，係由螺桿、螺帽、回流管與鋼珠所組成；但是諸如綜合切削中心機、重型數值控制機械或量測儀器，為了使床台能精密位移，亦常配合線性滑軌，如圖 7-7 所示。

2. **量測系統 (Measurement system)**：為了能精確控制刀具及床台的移動及定位，在 CNC 工具機閉環式系統中裝有測量回饋裝置來修正誤差及做刀具

補償之用。故 CNC 工具機裝置中能將位置檢測資料轉換成電氣訊號的元件稱為轉換器 (Transducer)，一般有兩種，一者為速度轉換器，用以測定主軸轉速及床台、刀具的移動速度；另一者為位置轉換器，用以測定移動距離。

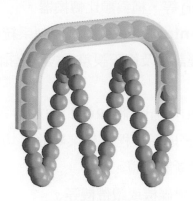 

(A) 鋼珠與回流環繞原理　　　　　　　(B) 鋼珠與套蓋環繞原理

(C) 螺帽與回流管之再循環外觀　　(D) 內部螺帽與回流套之再循環情形

・圖 7-6　滾珠螺桿 (上銀科技 / 大銀微系統提供)

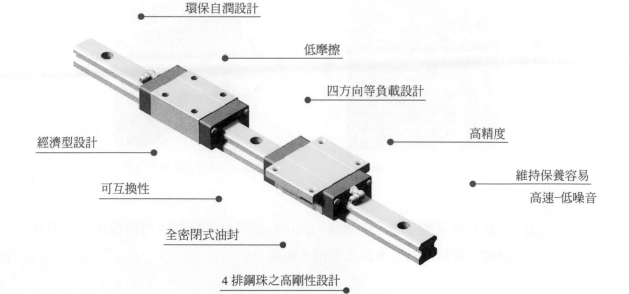

環保自潤設計

低摩擦

四方向等負載設計

經濟型設計

高精度

可互換性

維持保養容易

高速–低噪音

全密閉式油封

4 排鋼珠之高剛性設計

・圖 7-7　線性滑軌 (台灣滾珠工業提供)

轉換器因電氣信號不同分為兩種，一種是數位信號 (Digital)，另一種是類比信號 (Analog)。系統中編碼器 (Pulse coder)、脈衝產生器、換向器 (Commutator) 稱為數位轉換器；而電位計 (Potentiometer)、同步器 (Synchronizer)、電壓分解器 (Resolver) 等，稱為類比轉換器。

3. **數值控制系統設備 (Numerical control system)**：控制系統係對數值控制程式作解讀分析，以做為加工路徑計算及修正誤差，經輸出指令到驅動系統，設備包括：

(1) 硬體設備：如中央處理單元 (CPU)、記憶體 (ROM、RAM) 等。

(2) 軟體作業系統：包括鍵盤、螢幕顯示、程式檔案編修、切削路徑、控制、可程式控制及機械常數、診斷等軟體。

(3) 週邊輔助設備：包括個人電腦、磁碟機或讀帶機等。

4. **本體結構及附件 (Structure and accessories)**：主要包括主軸頭、床座、機柱、床台、傳動機構，附件如刀塔、儲刀倉、自動刀具交換裝置、機械手等。

(1) 轉塔式刀塔與立體刀塔：CNC 車床之刀具，常以轉塔式刀塔或立體刀塔作為刀具之交換元件，如圖 7-8(A)(B) 所示。

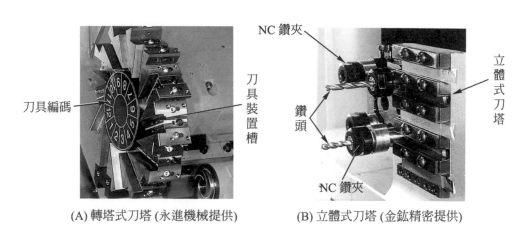

(A) 轉塔式刀塔 (永進機械提供)　　　　(B) 立體式刀塔 (金鈜精密提供)

・圖 7-8　刀塔

(2) 自動刀具交換裝置：是機器切削中心機具有的特色，可將欲加工之刀具由儲刀倉藉換刀臂換裝入主軸，如圖 7-9。

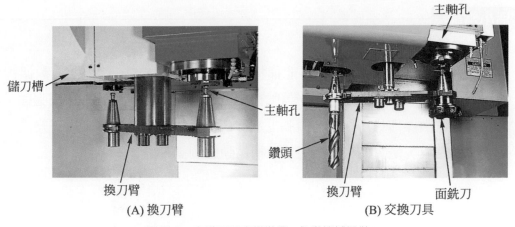

(A) 換刀臂　　　　　　　　　　　(B) 交換刀具

• 圖 7-9　自動刀具交換裝置 (永進機械提供)

(3)　儲刀倉：儲刀倉係提供刀具儲存的機構，其型式有圓型、鏈型及斗笠型，如圖 7-10 所示，常見使用於綜合切削中心機。

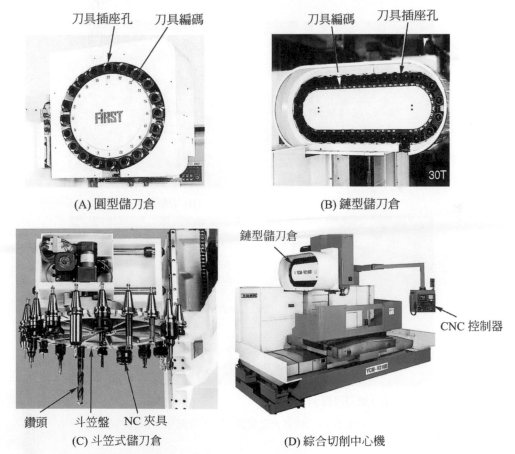

(A) 圓型儲刀倉　　　　　　　　　(B) 鏈型儲刀倉

(C) 斗笠式儲刀倉　　　　　　　　(D) 綜合切削中心機

• 圖 7-10　儲刀倉 (漢廷公司提供)

影像測量儀

本身硬件 (CCD、光柵尺) 將所能捕捉到的圖像通過 USB 或 RS232 數據線傳輸到電腦的數據採集卡中,將光信號轉化為電信號,再透過軟體在電腦顯示器上成像,藉由操作員用鼠標在電腦上進行快速的測量。這基本工序在幾萬分之一秒即可完成,是實時檢測設備,可稱為動態測量設備。

(4) 機械手:是一種可程式的多功能操作臂 (Manipulator),經由事先設計好的可變程式的運動,做為搬運材料、零件及工具的特殊裝置。如圖 7-11 所示。

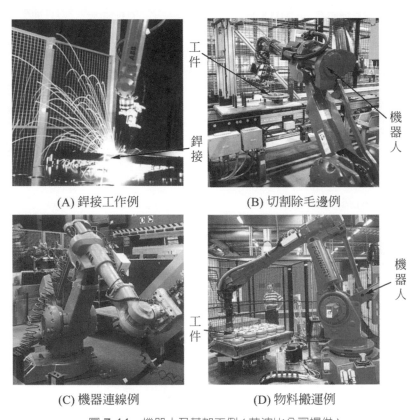

(A) 銲接工作例　　　　　　　　(B) 切割除毛邊例

(C) 機器連線例　　　　　　　　(D) 物料搬運例

• 圖 7-11　機器人及其加工例 (艾波比公司提供)

生活小常識

機械手與機器人

機械手是自動化設備之一種機器，主要進行製造、搬運、測量等重複性工作，如使用在車床、CNC 工具機上。MarketsandMarkets 報告顯示，用於工控和工廠自動化的工業機器人全球市場規模年複合成長率約 8%。未來人工智慧興起，結合電腦強大運算能力與機械手臂多軸控制的智動化設備、各種感測與通訊技術進步下，人機互動時代即將帶領全球新一波成長，包括醫療、家居、交通、金融等。機器人概念股因應而生，台灣股票上市公司如上銀、鴻海、台達電、研華、廣明、凌華、樺漢…等。

7-6　車銑複合與五軸機械加工

車銑複合 (Turn-milling) 機簡單說就是傳統「車床 + 銑床」，而配合複合化加工時代的來臨，車銑複合加工機及其五軸加工機 (five-axis machining) 是近幾年來機械商業化的重要研發方向，此種綜合加工機可以對三維曲面進行五軸同時加工，一次夾持後幾乎能完成所有加工工作。

一、五軸定義

以中心機而言，三軸採右手定則，X、Y、Z 分別代表三個直線移動軸，五軸加工機則包含此三個直線移動軸和 2 個旋轉移動軸 (A、B 軸或 B、C 軸或 A、C 軸)。可輕易完成車削、銑削、鑽孔、攻牙、滾齒、研磨、斜面加工、複雜曲面加工等多工序加工，實現一次裝夾即可由素材加工至完成產品的高效率加工機。其中繞著 X 直線移動軸旋轉的旋轉軸向稱為 A 軸，繞著 Y 軸旋轉的軸向稱為 B 軸，繞著 Z 軸旋轉的軸向稱為 C 軸，如圖 7-12 所示。

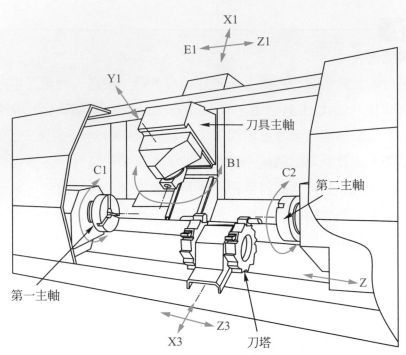

• 圖 7-12　第四旋轉軸與車銑複合機例 (來源：數控機床市場網 SKJCSC)

二、優缺點

五軸加工機相對於三軸加工機在加工上具有之優勢為：

1. Done in one 觀念：一次工件夾持定位，可做複合化加工完成工件是最主要優勢，即工件一次上料，最終成件，如圖 7-13 所示。
2. 因一次工件夾持定位，故減少工件重覆裝夾時間與因拆裝所造成誤差，提高加工精度。
3. 縮短刀具長度，提高加工表面精度及品質。
4. 多樣少量化及複雜零件高精度的加工訴求。
5. 對立體曲面加工之表面與精度佳。
6. 允許加工倒勾區域，故減少成型刀的使用，減少後製作流程 (如 EDM 及拋光)。
7. 加工深穴模具時，允許夾持短刀具加工陡峭側壁或凸島，降低斷刀風險。

但缺點是：

1. 機器設備昂貴。
2. 人員須選用、培訓及加工經驗傳承，故技術門檻高。
3. 須選用適合的加工軟體。

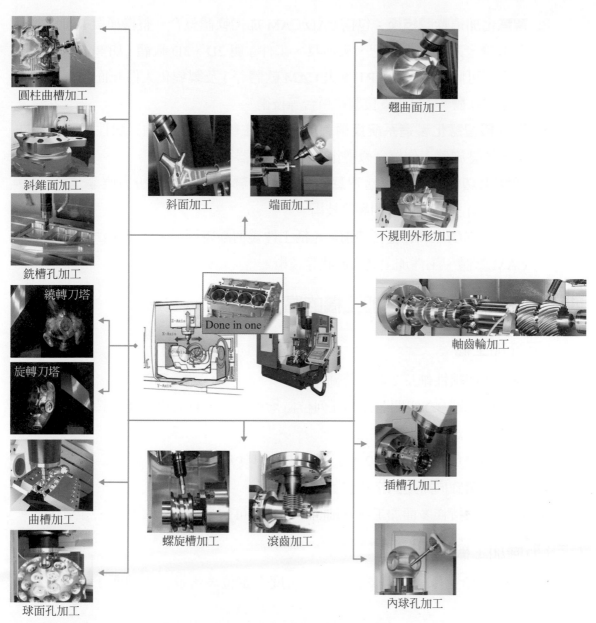

圓柱曲槽加工

斜錐面加工

銑槽孔加工

繞轉刀塔

旋轉刀塔

曲槽加工

球面孔加工

斜面加工　　端面加工

Done in one

螺旋槽加工　　滾齒加工

翹曲面加工

不規則外形加工

軸齒輪加工

插槽孔加工

內球孔加工

• 圖 7-13　Done in one 觀念 (來源：MAZAK 企業)

三、具備技術條件

　　為達到上述優勢，必須具備條件包括如下技術：

1. **五軸 CNC 控制器技術**：可支援五軸同動的工法、刀具路徑運算、加工模擬、後處理器程式輸出與可同時支援車削、銑削、鑽孔、傾斜面加工、曲面加工等技術。

2. **智慧化加值軟體技術**：包括 CAD/CAM 加工軟體整合、整機模擬 (如針對機台單體、刀具座、刀把、夾治具、工件) 與 2D、3D 軟體 (如 Solid Edge 轉檔後，可將圖檔 IMPORT 進去 CAM 軟體等) 及製程化人機介面技術、機台智慧化軟體、e 售服支援服務平台等技術。

3. **工具機智慧化製造系統技術**：包括高速主軸與智慧主軸、線性馬達進給主軸、智慧旋轉工作檯、微型化旋轉件感測器等技術。

4. **智慧化功能模組**：包括智慧熱防護、智慧動平衡、高扭力直驅馬達 (DD-MOTOR) 與關鍵組件開發等技術。

5. **刀具 /CNC/CMM 整合技術**：包括工件幾何誤差補償、各種工法的車銑複合 CAM 軟體、工件加工幾何形狀等技術。

四、五軸加工機與五面加工機的區別

(一) 五軸加工機

1. 擁有 3 個線性軸及 2 個旋轉軸。
2. 平面輪廓或 3D 空間曲面的任何位置均可加工，且刀具均能保持與工件表面垂直或特定角度。
3. 線性軸決定刀具位置，2 個旋轉軸決定刀具方向。
4. 五軸可精確同時達到指定位置及方向。
5. 可一次夾持作多面加工或五軸同動加工，可適合加工深穴模具、引擎基體。

(二) 五面加工機

1. 利用旋轉工作台或刀具頭作特定角度之定位後再進行 2 軸或 3 軸之加工順序。
2. 不具有五軸同時到達定位與方向之功能。

五、機台的基本結構

目前五軸加工機台的配置，如圖 7-14 所示有三種基本結構，即主軸頭擺動型、工作檯旋轉型與混合型。

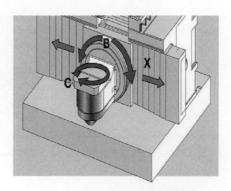

(A) 主軸頭擺動型兩個旋轉軸

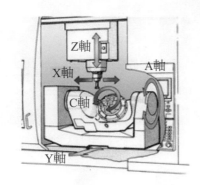

(B) 工作檯旋轉型兩個旋轉軸

(C) 混合型主軸頭與工作檯旋轉

• 圖 7-14　五軸加工機台的基本結構配置 (來源：東台精機公司、ko-sakukikai 大鳥機工 & Uenotexinc)

六、用途

車銑複合與五軸機械加工的用途廣泛，如圖 7-15 所示包括下列應用產業：

1. **汽車工業**：如全尺寸車身模型製作、車身鈑金沖壓模具模面加工、車燈模反射紋路模面加工與輪胎模具製作等。

2. **模具工業**：如鞋模、塑膠模具、3C 零組件等可用於細微清角取代放電加工。

3. **工具機工業**：如導螺桿、滾齒凸輪加工、引擎基體加工等。

4. **快速原型之產品開發**：如騎士終極裝備、飛機機身模型等。

5. **醫療器材業**：如齒模、人工關節等。

6. **能源工業**：如壓縮機葉片、發電機組渦輪扇葉、高效率風扇等。

7. **造船工業**：高效率船舶推進器獎葉。

8. **航太工業**：如機身結構框架、單片機翼表面、其它特殊零件加工等。

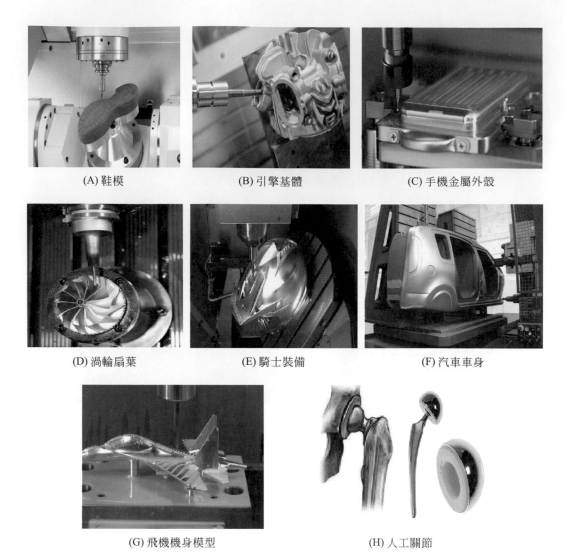

(A) 鞋模　　　　　　　　(B) 引擎基體　　　　　　　(C) 手機金屬外殼

(D) 渦輪扇葉　　　　　　(E) 騎士裝備　　　　　　　(F) 汽車車身

(G) 飛機機身模型　　　　　　　　　(H) 人工關節

• 圖 7-15　車銑複合與五軸機械加工的用途 (來源：群基機電設備公司、MotoBuy 情報、歌穀穀、Goo 車訊網、騰訊視頻、道斯凡斯多夫公司、麗馳科技公司 & 麥克機器實業)

生活小常識

五軸控制器

2018 年臺灣的工具機產業產值排行世界第五，其中最能展現新代科技強大技術實力便是 CNC 五軸加工機的核心：五軸控制器。五軸控制器用以控制五軸同動的軌跡以及運動的補償。根據 ISO 規範及數學模型的推導，誤差高達 43 種，如何量測和補償各種類型的誤差，是五軸控制器最大挑戰之一。臺灣本來就是電腦科技王國，所生產的高階工具機與其控制器在精度及功能上，早已 Fanuc、Siemens、Mitsubishi 並駕齊驅。

學後評量

7-1　1.　數值控制機械具有哪些優點？

　　　2.　數值控制機械具有哪些缺點？

　　　3.　開環式與閉環式控制系統之數值控制機械差異何在？各有何特色？

　　　4.　定位控制系統與連續切削控制系統之數值控制機械差異何在？各有何用途？

7-2　5.　敘述孔帶之八個孔道所分別代表的意義為何？

7-3　6.　請以數值控制車床與數值控制銑床為例，分別說明其座標與軸之關係。

7-4　7.　CNC 機械中，語址 T、M、S、G 及 F 所代表的意義為何？

7-5　8.　數值控制之轉換器元件因電氣不同分為哪二類？各有哪些零件？

7-6　9.　請敘述五軸機械的定義。

機械產業發展

8-1 機械產業面臨問題

　　台灣自 1940 年生產簡單配件開始，台灣工具機產業伴隨台灣經濟發展，經歷了六十多年的歲月，在硬體與軟體的提升下，已展現出傲視全球的產業實力，如圖 8-1 所示。但是台灣機械產業仍然面臨下列問題，引用李昆忠 (2012，中國生產力中心) 看法說明如下：

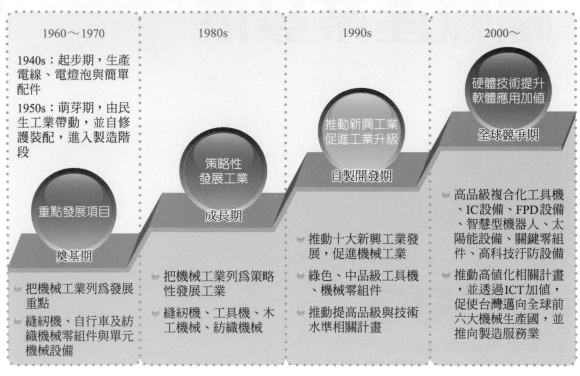

| 1960～1970 | 1980s | 1990s | 2000～ |

1940s：起步期，生產電線、電燈泡與簡單配件

1950s：萌芽期，由民生工業帶動，並自修護裝配，進入製造階段

策略性發展工業

推動新興工業促進工業升級

硬體技術提升軟體應用加值

重點發展項目

成長期

自製開發期

全球競爭期

奠基期

- 把機械工業列為發展重點
- 縫紉機、自行車及紡織機械零組件與單元機械設備

- 把機械工業列為策略性發展工業
- 縫紉機、工具機、木工機械、紡織機械

- 推動十大新興工業發展，促進機械工業
- 綠色、中品級工具機、機械零組件
- 推動提高品級與技術水準相關計畫

- 高品級複合化工具機、IC 設備、FPD 設備、智慧型機器人、太陽能設備、關鍵零組件、高科技汙防設備
- 推動高值化相關計畫，並透過 ICT 加值，促使台灣邁向全球前六大機械生產國，並推向製造服務業

• 圖 8-1　台灣工具機產業發展史 (資料來源：工業局與杜慧文、劉信宏、楊恩琳、翁政義 (科學發展，2011 年 457 期))

一、鋼材價格相關

　　在台灣機械業者所採用的鋼鐵或鑄鐵等原材料，主要是由中鋼公司供應，及自大陸以外的其他國家進口，鋼材成本約占機械產品 15% 以上成本。因此，鋼鐵價格巨幅波動確實影響台灣機械工業業界的佈局。

二、自由貿易協定

　　台灣工具機業目前在全球競爭力持續上升下，亞洲地區的加速整合，及其他地區經濟體的連結。如韓美及韓國與歐盟之 FTA 免關稅，影響台灣工具機廠商在歐美市場之出口，亦對亞洲區域內產業分工版塊將進行重整，也帶動國際機械產業供應鏈產生質與量的變化。

三、中國大陸十二五規劃

　　在中國大陸的十二五規劃的機械工業，如圖 8-2 所示。主要發展高技術產品，轉向科技、體制機制管理和人員素質的創新。並持續加強「綠色優先」，以高效率、低污染、資源能回收並可重複利用，期以工具機產值平穩發展，強調資訊化、自動化、網路化及綠色製造之發展，提升中國企業自主研發能力進入高階產品。這些政策與做法，對我國的工具機產業必須慎重因應。

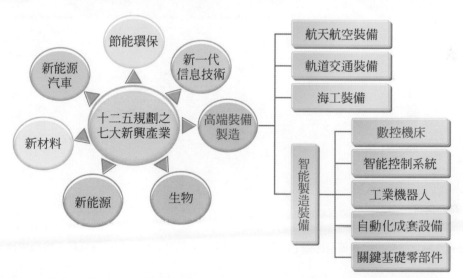

・圖 8-2　中國大陸十二五工程 (趙子嚴，2014 沖鍛產業之現狀與發展趨勢，金豐機器集團)

四、主要技術缺口

　　我國工具機產業目前主要技術缺口及不足之處，為：

1. 材料技術：包括基礎材料配方與製程技術（如鑄造、熱處理）以及功能性材料 (如需要剛性、減振性、加工性等特性材料) 技術之掌握問題。
2. 量測技術：除幾何精度之量測與檢測外，功能性（如剛性、振動、性能衰減等）之量測甚為缺乏。

3. 組配技術：包括配合性能需求之組裝修配、劑配技術以及滑軌之鏟花與潤滑技術等人才，面臨短缺。

4. 高階控製系統：包括控制器、高階驅動馬達及其驅動器、智慧判斷技術 (性能感測技術及判斷決策軟體技術) 等，有待進一步突破。

五、工具機競爭激烈

　　台灣的工具機產業在激烈競爭中，成型工具機生產排名為世界第七，佔有一席之地。台灣與中國大陸的工具機價值鏈各有優劣，競爭優勢比較如圖 8-3 所示，可明顯看出兩岸之間的差別，中國在原料及零組件成本及產品價格較占優勢，臺灣在市場資訊蒐集、銷售管道、生產管理及交貨期上占有優勢。

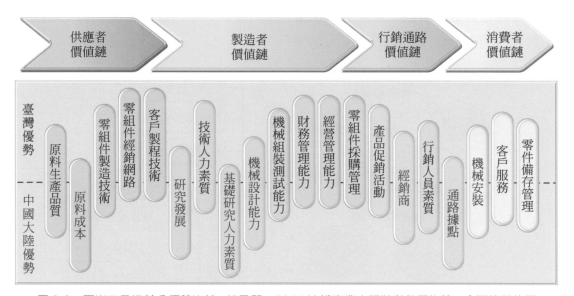

• 圖 8-3　兩岸工具機競爭優勢比較 (趙子嚴，2014 沖鍛產業之現狀與發展趨勢，金豐機器集團)

　　因此，台灣機械產業在面對全球對先進製造科技不斷擴展應用的激烈競爭下，必須朝向精密機械、先進製造技術，方能成為全球先進精密機械製造的重鎮與重要戰略性地位，成就機械產業達兆元的願景。故機械產品的趨勢已經朝下列因素發展：

1. 高技術整合：機械產業應以研發創新技術、積極深化核心能力並結合 IT(Information Technology，資訊科技) 技術，用差異化提高競爭力。

2. 生命周期短：邁入知識經濟的時代，配合產業脈動與日新月異的高科技發展，機械產品推陳出新，相對的生命周期短，必須不斷的研發創新才能在這個產業立足。

3. 重視節能與環保：在全球石油日漸枯竭的能源問題上，加以地球暖化促使人類重視環境保護，故對消費產品的設計與製造，在節能與環保兩個議題成為企業盡到的社會責任。

4. 重視產品售後服務：售後服務是生產企業、經銷商把產品銷售給消費者後，為消費者提供的一系列服務，包括產品介紹、送貨、安裝、調試、維修、技術培訓、上門服務等。售後服務是產品生產單位對消費者負責的一項重要措施，現代也是增強產品競爭能力的一種行銷策略。

5. 複雜系統整合：利用原有強勢點、市場規模點、技術突破點、競爭空白點，整合技術、品牌、營銷策略，以知識創價做轉型升級，如圖 8-4 所示。

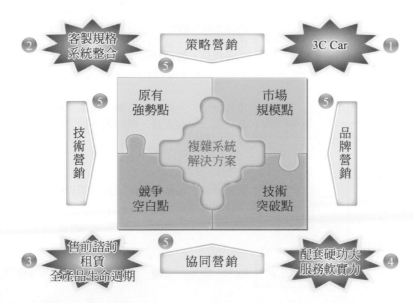

• 圖 8-4　複雜系統整合 (趙子嚴，2014 沖鍛產業之現狀與發展趨勢，金豐機器集團)

8-2 機械產業未來發展

　　台灣產業分級可分為初級產業(農、林、漁、牧、礦)、二級產業(鋼鐵、機械、電子產品、傢俱、建材等製造業)、三級產業(餐飲、金融、百貨公司、醫院等服務業)。

一、機械工業定義

　　國內通稱之機械工業 (Engineering Industry)，廣義的機械工業包括一般機械、電氣機械、運輸工具、精密機械、金屬製品等五大類。狹義的定義係各產業直接於生產之機械設備，範圍包括：工具機、產業機械、通用機械、動力機械及機械零組件等。(來源 - 財團法人國家政策研究基金會，謝明瑞)

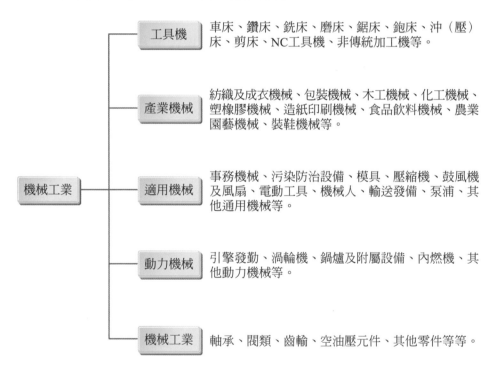

機械工業	工具機	車床、鑽床、銑床、磨床、鋸床、鉋床、沖（壓）床、剪床、NC工具機、非傳統加工機等。
	產業機械	紡織及成衣機械、包裝機械、木工機械、化工機械、塑橡膠機械、造紙印刷機械、食品飲料機械、農業園藝機械、裝鞋機械等。
	適用機械	事務機械、污染防治設備、模具、壓縮機、鼓風機及風扇、電動工具、機械人、輸送發備、泵浦、其他通用機械等。
	動力機械	引擎發勤、渦輪機、鍋爐及附屬設備、內燃機、其他動力機械等。
	機械工業	軸承、閥類、齒輪、空油壓元件、其他零件等等。

二、台灣機械產業未來發展

　　2017 年起的台灣機械業產值突破兆元大關，為精密機械轉型智慧機械與智慧製造立下榮景，台灣工具機出口佔世界第 4，塑橡膠機出口占世界第 6，紡織機出口占世界第 6，製鞋設備出口占世界第 2。但未來仍會朝下列幾大方向發展。(智慧智造產業白皮書發表會特刊，機械新刊，2018-0901 產業掃描)

（一）加強自動化的應用

機械自零件到產品，歷經多種機械設備之生產與百種以上製造程序，故從上游原材料至各零件加工與組裝，包括設計、系統規劃、製造與品管，如何更加強自動化的應用，使品質水準提升是未來發展趨勢。

（二）融合多元化跨科技

由於科技技術的突破與創新，機械產業融合多元化科技，跨材料、光電、電子、航太、化學、物理等專業科技趨勢是未來的課題。

（三）發展與整合智能製造

目前工業 4.0 興起，如火如荼發展的大數據、互聯網、工業物聯網、人工智慧、機器人等，如何使機械產業邁入智能生產與建立智能工廠，朝向智能製造境界是未來發展趨勢。因此須整合產、官、學、研、訓的人才，打造成智慧之島，在智慧機械產業推動上未來朝二大方向：

1. 在地化：提高中小企業跨越門檻能力、打造智慧機械標竿
2. 國際化：強化與歐美日技術合作、推動新南向市場產業合作

（四）強化人才培育

機械工業技術應用涵蓋多種領域，為一種高度倚賴專業人才的產業。故需各種高專業性人才培育與經驗傳承，各大學院系所如何結合產業需求，課程設計與教學如何讓學生未來得以能學以致用、發揮所長是一課題。

（五）整合、強化科研與產業創新

半世紀以來台灣以中小企業為主，機械業目前約 13,300 家，就業人口約 23 萬人，但面對日新月異的科技，這些中小企業發展與生存，面臨轉型須投入龐大研發經費的壓力。故未來需政府、學術單位協助企業研發、強化產業創新，在自動化、精密化、產品品質要求下開發關鍵零組件與高端的機器設備發展是必需的。

（六）建立核心實力

台灣機械工業發展由零組件裝配、機器維修，甚至加工工具機、塑橡膠機械、紡針織機械、木工機械及油壓元件等等零組件，在全球市場上占有一席之地。然而，台

灣的經濟發展、產業結構需由勞力密集型態轉為技術、資本密集型態，展望未來在製造業整體追求精密化、自動化、系統化、智能化下建立核心實力的方向是不可避免。

（七）持續推動網際網路

二十一世紀是網路與電子商務興起時代，5G 時代已經來臨，企業必然要採取的因應與對策，機械廠商要積極參與 B2B 與 B2C 快速溝通與即時交易。商品廣告與宣傳走向傳統廣告、電子光碟、網路網頁三種同時進行。電子商務使企業如由下單、送貨、驗收等經由網際網路制度化，是 JUST-IN-TIME 營運方式將成為未來主流，這已是政府各部門、各產業工會、協會、企業等通力合作增進企業競爭力，使機械商品行銷進入全球化。

（八）強化台灣產業強項

目前台灣產業的強項有機械設備、機器人元件、控制器、伺服馬達、智慧主軸、3C、電子資訊、金屬運具、水五金、手工具、食品、紡織等等，這些競爭優勢來自包括較高人力素質、健全的生產中衛體系供應鏈、優質產業策略聯盟、政府政策與企業相互合作等。未來產、官、學等持續推動與強化是必然發展方向。

參考資料

1. 王健全，未來工作世界之人力發展趨勢與因應，台灣勞工季刊 - 冬季號 _ 樂說頭條。
2. 謝明瑞，台灣機械業的發展，財團法人國家政策研究基金會。
3. 楊志清，智慧機械產業政策推動方案進度報告，行政院經濟部 107-0201。

學後評量

8-1　1. 請簡述說明台灣工具機的發展史。

2. 請簡述說明台灣機械產業面臨哪些問題。

3. 請簡述說明台灣與大陸兩岸之間在工具機上有何優劣勢差別？

8-2　4. 機械工定義為何？請簡述廣義與狹義的範圍。

5. 請簡述臺灣機械產業未來發展朝哪幾個方向發展。

筆記頁 Note

第三篇

非傳統加工

本篇大綱

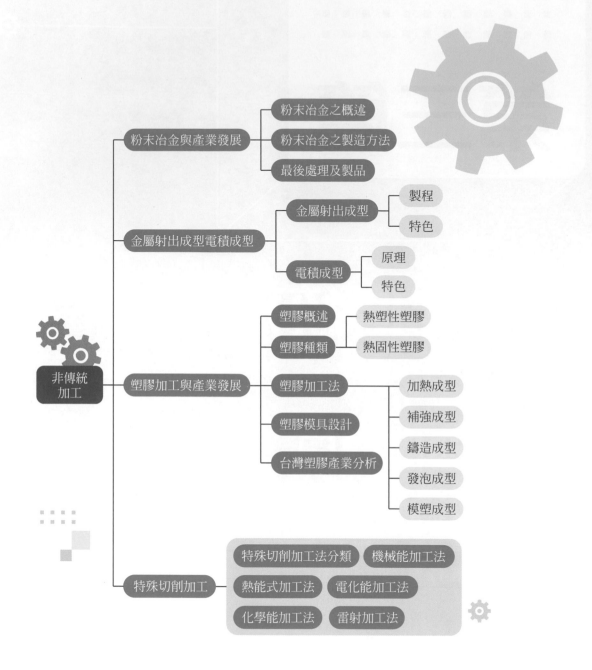

Chapter 9

粉末冶金與產業發展

隨著科技的進步及發展，機械產品的製造方法與過程也隨之研發出新的方法與製程，例如細微尺寸、複雜外型、高強度及高硬度材料、極薄或極長工件、產品有特別限制的性質及非金屬材料的加工等。這些超越傳統加工方式的方法，被稱為非傳統加工方法，本篇僅敘述粉末冶金、金屬射出成型、電積成型、塑膠加工及特殊切削加工等。本章在敘述粉末冶金，從製造流程、粉末特性及製粉方法、混粉、壓結成型法、燒結製品，再談其產業發展方向。

本章大綱

9-1 粉末冶金之概述

一、製造流程 (Manufacturing process)

使用金屬或非金屬粉末作為原料，置於模具模穴內壓縮成型，再經燒結、校正尺寸及形狀，最後完成製品的方法，稱為粉末冶金 (Powder metallurgy)，其製造流程和流程示意圖，分別如圖 9-1 與圖 9-2 所示。

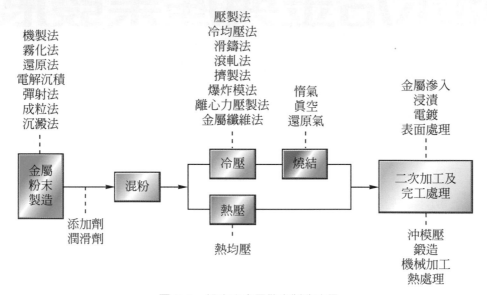

• 圖 9-1 粉末冶金零件之製造流程

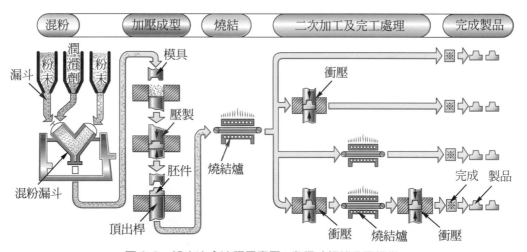

• 圖 9-2 粉末冶金流程示意圖 (韋程 / 虹銘公司提供)

粉末冶金在今日工業上佔有一席之地，因其具有下列優點 (Advantages)：

1. 可混合熔點不同之數種金屬製成產品。
2. 可得精度高、純度高、表面光平之產品。
3. 可製多孔性之產品，且孔隙可以控制。
4. 無廢料，屬無屑加工，故較節省材料且不需高度操作技術。
5. 適合大量之小件產品製造。

然而粉末冶金仍具有下列缺點 (Disadvantages)：

1. 金屬粉末價格較高，且不易儲存。
2. 設備費高。不適宜少量生產。
3. 因金屬粉末之流動性不良，及脫模性不易，故無法製造複雜形狀之產品。
4. 燒結溫度範圍較窄，故溫度難控制。
5. 無法生產完全密實的產品，且製造尺寸及形狀受限制。
6. 許多金屬粉末具燃燒的危險性，如鋁、鎂、鋯、鈦等活潑金屬粉末，易生火災或有爆炸的危險。

二、金屬粉末之特性 (Characteristics of metal powder)

金屬粉末之特性對其製品之品質具有決定性之影響，故在操作前宜先對粉末的物性與化性有所認識，其主要特性有：

1. 形狀 (Shape)：粉末之形狀隨加工方法而定，常見者有球形、多角形、樹枝狀等，其中結合最優良者為多角形之不規則形狀，如圖 9-3 所示。

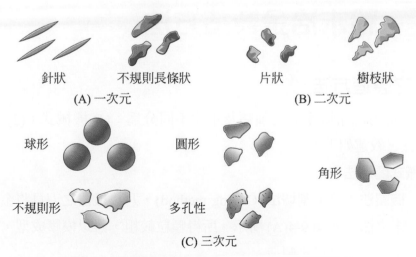

針狀　不規則長條狀　片狀　樹枝狀
(A) 一次元　　　　(B) 二次元

球形　圓形　角形
不規則形　多孔性
(C) 三次元

• 圖 9-3　粉末顆粒形狀及其產製方法 (取自參考書目 47)

2. **粒度 (Particle size)**：粒度表示粉末顆粒之粗細程度，可用標準篩或顯微度量法測得，篩號由 100 ～ 325 mesh 等五種，一般金屬粉末採 200 篩號。

3. **顆粒大小 (粗細) 分佈 (Distribution of size)**：表示合於各種標準篩號尺寸之顆粒，含量的百分比數分佈情形稱之。對粉末壓製時之流動性、外觀、比重、多孔性、成品的強度，均有影響。顆粒大小選用，以分佈愈均勻愈佳。

4. **流動性 (Flow-aditlity)**：表示一定量之金屬粉末，通過一定尺寸及形狀之孔口所需的時間。所需時間愈短表示流動性愈好，則易於成型及充實模內各部位。

5. **化學純度 (Chemical properties of purity)**：為金屬粉末之化學成份表示方式，係指規格上化學組成之成分比例中，氧化物及雜質所允許之存在量。

6. **壓縮性 (Compressibility)**：係表示金屬粉末在一定壓力之下，壓縮前原有體積和壓縮後體積之比稱為壓縮性，比值愈大，則壓縮性愈高。其比值影響粉末製品之強度，受顆粒大小的分配、形狀及金屬種類的影響；模壓後未燒結的強度，通常與壓縮性有很密切關係。

7. **外觀密度**：粉末未經壓縮時體積內的公克數 (g/cm^3) 稱之，一般模壓裝粉之量，係以粉末之體積論，壓縮的準則是以一定壓縮行程為準。

8. **燒結性 (Sintering)**：係為加熱使顆料結合之加工法，燒結性之優劣是以燒結溫度範圍廣窄而定；燒結性差者，其燒結溫度範圍較窄，操作不易。

9-2 ：粉末冶金製造方法

一、粉末之製造方法

粉末之製造方法常因金屬之種類及用途不同分為：(1) 機械式；(2) 化學式；(3) 電化式等三種，敘述如下：

1. **機械式處理法**

   (1) 機製法：又稱割切法 (Cutting method)，乃以機器之刀具將金屬切削成粉末之法，如圖 9-4(A) 所示。所得顆粒較粗，難以模壓成型，只適鎂粉、鋁粉等軟材料之製造。

(2) 機械粉碎法 (Mechanical comminution)：以軋碎機、滾磨機或搗碎機等將金屬材料壓碎或搗碎成粉末之法，如圖 9-4(B) 所示；粉末之形狀為不規則或片狀，粒度可依需要而定，用於銻、錳、鎂、鉻等脆性金屬，亦可作調和油漆顏料之用。

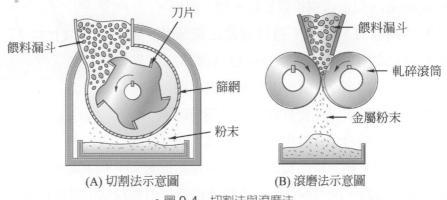

(A) 切割法示意圖　　　(B) 滾磨法示意圖

• 圖 9-4　切割法與滾磨法

(3) 霧化法 (Atomization)：利用油噴槍原理，使用高壓空氣在液體噴嘴之前作急速的膨脹，吸收液體而霧化分散之法，如圖 9-5 所示。為機械式金屬粉末製造的主要方法，製品以鋁、錫、鋅、鉛等低熔點金屬為主。此法製粉成本低、粉末細，粉末氧化少。

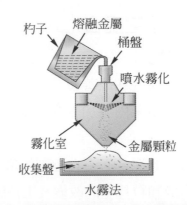

• 圖 9-5　金屬粉末的霧化法 (取自參考書目 45)

(4) 彈射法 (Shotting)：將金屬熔化，經過篩孔，噴於水中冷卻之法，而由於表面張力關係顆粒為圓形，粉粒較粗。用作煉鋼或冶金時成分配合、加添或接種等用途。

(5) 成粒法：係將金屬熔化，俟其欲凝固時，予以迅速攪拌，而成細小之圓形顆粒之法，應用於燃燒彈或發熱熔接之配料等。

2. 化學式處理法

(1) 還原法 (Reduction method)：乃用粉狀的金屬氧化物為原料，在金屬熔點及金屬氧化物熔點以下的溫度，與還原性氣體 (氫) 接觸而被還原成金屬粉末之法。粉末大都為多孔性之海綿狀及圓球或多角形，用於鎢、鐵、鈷、鉬、鎳等高熔點金屬粉末之製造，此法粉末純度高。

(2) 化學取代法：乃將存有陽極性之金屬投入具有陰極性之鹽溶液中，則於陰極可析出沈澱出鐵粉之法，又稱沈澱法。常用於銅、鎳、鐵之粉末製造。

3. **電化式處理法**：又稱電解沈積法 (Electrolytic deposition)，以低碳鋼板置於電解槽之陽極，以不銹鋼板置於陰極，通以適當之電流強度，則於陰極可得鐵粉，經沖洗打碎即得到粉末之法，如圖 9-6 所示。此種粉末之硬度很高，需經退火處理使其軟化。製銅粉時銅材作陽極，鉛合金作陰極。適用於鐵、銅、

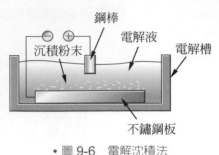

• 圖 9-6　電解沈積法

鎳、鋅、銀、錫等粉末製造。此法與電鍍原理同，但其電流密度較大，電解液的溫度較高，所得樹枝狀粉末組織鬆散，但製粉法中純度最高。

二、粉末之混合

又稱混粉，分兩種：一為不同成分之粉末相混合，一為不同粒度之粉末相混合。混合主要目的在改善製品的特性，為了減少加壓成型，粉末與模壁之摩擦及助於脫模，可在粉末內填加少許之硬脂酸鋰、硬脂酸鋅以作為潤滑劑，加石墨粉以補充碳量。

粉末的混合必須在控制的環境下操作，以避免污染或劣化。劣化係因過度的混合，造成顆粒外型的改變及工件硬化，會使後續的壓結成型工作變成困難。如圖 9-7 所示為一些可用的混合設備型式，並已逐漸結合微處理器控制，以改善並維持一定之混合品質。

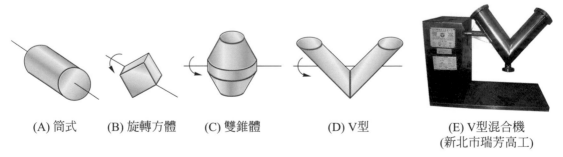

(A) 筒式　　(B) 旋轉方體　　(C) 雙錐體　　(D) V型　　(E) V型混合機
(新北市瑞芳高工)

• 圖 9-7　常見金屬粉末混合或調製設備之幾何示意圖 (取自參考書目 37)

三、壓結成型法

將金屬粉末置於模具內壓成一定形狀，或以其他方法製成一定形狀的加工法稱為壓結成型。常用的成型法有下列幾種：

1. 壓製法 (Pressing)：如圖 9-8 所示為壓製法示意圖，壓製時需注意：

(1) 依所需產品之形狀設計模子，將定量混合好後之粉末置於鋼模穴中，以液壓或機械方式由上、下兩衝頭向中間移動而壓製產品之形狀的方法。此法一般於壓床上工作，若欲製中空之產品，可設計心型，由心型便可壓製中空之零件。

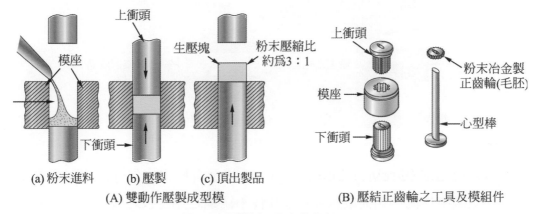

• 圖 9-8　壓製法 (取自參考書目 47)

(2) 粉末之壓縮比：如銅粉與鐵粉為 2.5：1。一般金屬粉末模具中裝料之深度，約為成品高度的三倍。經初步壓結之粉末稱為壓實毛胚件 (Green compact)。

(3) 衝頭施力大小，受粉末性質與工作性質所影響；材料硬脆、密度要求高時，其所需的壓力較大。

2. 離心力壓製法 (Centrifugal compacting)：將金屬粉末置於模穴內，以高速旋轉，由離心力所產生之壓力，以使粉末成型之法。僅限於比重較大之金屬粉末之成型，如碳化鎢等，可得密度均勻之產品。一般由離心力所產生之壓力，其實用範圍約為 28 kg/cm^2(2.8MPa 或 400psi)，由於離心力只產生於徑向或輻射線方向，故只適合於形狀簡單之單一截面產品，如套筒、圓柱、刀尖塊等。

3. 滑鑄法 (Slip casting)：滑鑄法是先將金屬粉末作成糊漿狀之混合物，然

後澆入石膏模中；由於石膏模具多孔性，液體為其吸收，表面部分先凝結為半乾的黏結塊，最後成型之法。此法優點是可製較大的多孔性機件，及施工簡單，尺寸、形狀不受限制；其最大缺點是製品密實性差，用於比重較大的鎢、鉬等金屬粉末之成型方法。

4. **擠製法 (Extrusion)**：將金屬粉末加入適當之結合劑 (如糖漿、樹膠或熔於酒精中之硝化纖等) 然後於非氧化性之環境中加熱或燒結，再送入擠壓機擠製之法，如圖 9-9 所示。此法適合於製造斷面均一的長條形產品，如燈泡用鎢絲、特種硬質或高溫電弧熔接用熔接條，原子能燃料棒及高溫材料。

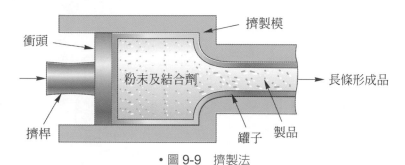

• 圖 9-9　擠製法

5. **重力燒結法 (Gravity sintering)**：係將金屬粉末均勻分佈在陶瓷盤子上，在氨氣中加溫燒結而成，適宜多孔性不銹鋼之過濾板之製造，如機油、汽油等濾清器心子，此法優點在於多孔性的大小可以控制。

6. **滾軋法 (Rolling)**：將金屬粉末自漏斗中漏至兩滾子中間滾壓，可使粉末結合成一片狀製品之法，如圖 9-10 所示。可得到均一的機械性質，並可控制多孔性。適合於製造不同材料合成之金屬皮片，即雙金屬板，可供電氣溫度控制之用。適用於銅、黃銅、青銅、蒙納合金及不銹鋼等。此法可連續操作，適用於大量生產。

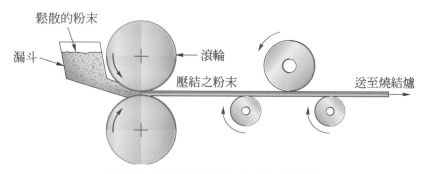

• 圖 9-10　粉末滾軋圖例 (取自參考書目 37)

7. **等壓模法 (Isostatic pressing)**：又稱均壓模造，係利用氣體或液體媒介質，以得到高度均一密度之產品，用於鋁、鎂、鈹、鎢、鐵、不銹鋼之粉末製造。此法優點是具有製品密度均勻，各方向強度一致。此法缺點是操作煩雜，生產速率低，表面較不平滑且精度比模壓法差。

　　常見等壓模法有熱均壓 (HIP) 與冷均壓 (CIP) 兩種，熱均壓法如圖 9-11 所示，通常使用高熔點板金屬容器，加壓介質為惰性氣體，能壓結百分之百密度產品，常用於碳化鎢刀具最後之緻密化步驟，亦可用於封閉內部孔隙，改善航太工業之鈦合金製品之性質。冷均壓法係將金屬粉末置於以橡膠、氨基鉀酸酯、聚氯乙烯等模組件內，而該模組件置於一壓力室中施以靜壓 (通常為水)，此法設備費用較熱均壓法低。

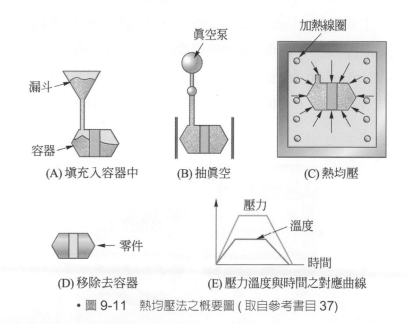

• 圖 9-11　熱均壓法之概要圖 (取自參考書目 37)

8. **爆炸模壓製法 (Explosive compacting)**：係以炸藥爆炸之能量，產生快而大之壓力，推動衝柱擠壓金屬粉末成型而得到高密度之製品的方法。此法優點是製件密度高，燒結時間減少，因而收縮變形亦少，及模具構造簡單、設備費低。但缺點是製品的形狀不宜太複雜。

9. **金屬纖維法 (Fiber metal process)**：係以極細的金屬線，切成所需之長度，此金屬線與糊狀之液體混合，澆入多孔的模中，液體流出成纖維網，再予以加壓之法。此法最適宜過濾器、振動阻尼器，火焰阻擋及蓄電池極板之製作。

四、燒結 (Sintering)

將加壓成型後之金屬粉末，加熱至適當溫度，而使顆粒互相熔結，以增加產品的密度及強度，此種操作稱為燒結。

其目的是使粉末熔結而形成新的結晶顆粒，為粉末強化、硬化之重要步驟。

1. **燒結溫度 (Sintering temperature)**：純金屬之燒結溫度在熔點以下，使粉末與粉末間產生固體擴散作用。多成份的合金粉末，其燒結溫度在主要金屬之熔點下方 (即在高、低熔點金屬熔點之間)，使低熔點金屬熔解而形成液相燒結，如碳化鎢粉末加鈷粉，燒結時乃在使鈷產生液相而能黏結碳化鎢。常見金屬之燒結溫度如下：

    鐵為 1100℃，銅為 870℃，不銹鋼為 1200℃，碳化鎢及鈷粉為製造碳化物工具之主要成分，燒結溫度為 1500℃，上述燒結時間約為 20 ～ 40 分鐘。一般燒結溫度取在主要純金屬熔點溫度的 2/3 ～ 4/5 倍。

2. **燒結爐 (Sintering furnace)**：可採用一般熱處理爐，如圖 9-12 所示，若為防止氧化膜形成，可使用還原氣體 (如氫氣、分解氨) 或惰性氣體 (如氮氣)。

• 圖 9-12　高溫燒結爐 (新北市瑞芳高工)

3. **燒結方式分為兩種**

    (1) 熱壓法 (Hot pressing)：係成型和燒結同時進行之法，可得高強度、硬度、精確度及密度，但模具費用高且壽命短，加熱溫度難控制，目前只有部分碳化鎢製品採用之。

    (2) 火花燒結法 (Spark sintering)：乃是利用電極間通電時所產生的電火花來加熱，此法所需時間短，僅 12 ～ 15 秒。可用於高溫度燒結材料，且可得極密實之製品，適合於碳化物工具材料之製造。

9-3 最後處理及製品

1. 成品最後處理之方式：一般分下列六種，如表 9-1 所示。

◆ 表 9-1　粉末冶金製品最後處理項目及特徵

項目	操作方式	適宜材料及特徵
(1) 滲油處理 　　(Oil impregnation)	將燒結後之多孔性軸承，浸入潤滑油中，使油利用毛細管作用，吸存於軸承之孔隙內。	自潤性軸承 (鐵、青銅經成型燒結而成) 其孔隙量可達 25～35%。
(2) 金屬滲入 　　(Metal infiltration)	將低熔點金屬熔化後，利用毛細管原理，滲入燒結後之製品中。	可增加成品之機械性質 (如密度、強度、硬度、衝擊強度、延展性)。
(3) 尺寸整形及壓印	將燒結後之製品，重新再放入模中壓擠和複壓，可增加製品精度與光度謂之定寸。若使形狀、輪廓更明確或增加花紋，稱為壓印。	可提高產品表面之硬度及光度，並使尺寸更精確。壓印可增加製品密度。
(4) 熱處理	所有的製品均可用普通熱處理方式處理。但為了避免孔隙中滲入雜質，不宜使用鹽浴槽及液體滲碳處理。	可增加成品之機械性質。
(5) 電鍍、表面處理	高密度之製品可直接電鍍；密度較低者，先施以珠擊法或擦光以封閉面層之孔隙，以免電解液滲入造成腐蝕。	增加成品美觀、防蝕及防銹能力。
(6) 機械加工	以碳化鎢刀具，視產品之需要切削螺紋、過切角、溝槽、側孔等，如圖 9-13 所示。	複雜之形狀，無法用粉末冶金方式製成，可作最後切削。

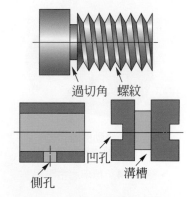

過切角　螺紋

凹孔

側孔　溝槽

• 圖 9-13　粉末冶金製品無法加工處

2. **粉末冶金製品**：常見粉末冶金之製品，如圖 9-14 所示，說明如下：

(1) 金屬過濾器：粉末冶金所製之過濾器較陶瓷過濾器：①強度高；②抗震性好；③孔隙率高。

(2) 燒結碳化物：將碳化鎢、碳化鈦、碳化鉭與鈷粉混合，經加壓成型，並燒結至高於鈷熔點以上之溫度，即可得到碳化物，是為切削及模具之工具材料。

(A) 空氣過濾器
(河南天龍機械公司)

(B) 粉末冶金碳化物刀具
(北京市粉末冶金研究所公司)

(C) 銅基自潤軸承
(聯順工業公司)

(D) 粉末冶金齒輪
(承化實業公司)

(E) 粉末冶金馬達電刷
(深圳市合誠潤滑材料公司)

(F) 馬達
(東莞市昊冉機電公司)

(G) 磁石
(湖南奇田磁性材料廠)

(H) 發動機離合器
(山東威達機械公司)

(I) 汽車離合器片
(重慶愛思帝大金離合器製造)

• 圖 9-14　粉末冶金製品

(3) 自潤軸承：將銅、錫滲入石墨作潤滑劑，經加壓燒結後，再行滲油處理，此種軸承具有自動潤滑效果。

(4) 齒輪及泵轉子：係將鐵粉及石墨粉混合而成，加入石墨的目的在增加含碳量，燒結後再行滲油處理，可使傳動較為安靜。

(5) 馬達電刷：乃用銅粉與適量石墨粉混合製造，亦可加入錫或鉛以增加耐磨性。

(6) 永久性磁石：常用者為鐵、鋁、鎳及鈷粉組成，粉末冶金法極適合小型永久性磁鐵的製造。

(7) 電氣接觸件、發動機離合器片、汽車離合器片、刹車鼓、滾珠軸承保持器及電極熔接銲條等，皆可用粉末冶金法來製造。

9-4 粉末冶金產業的發展方向

　　台灣粉末冶金產業的知名企業有臺灣保來得、慶騰精密、承化實業、旭宏金屬、青治、阡鴻、三林、虹銘、鐵研、寶鎰、亞光應用材料等公司。已建構強大的研發能量、生產系統與完整檢測及分析、設備等產業鏈，如圖 9-15 所示。未來朝下列幾項方向發展：

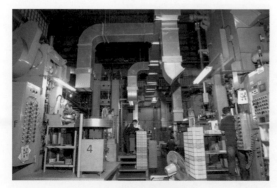

(A) 粉末冶金生產線　　　　　　　　　(B) 粉末冶金製品檢測

• 圖 9-15　粉末冶金生產與檢驗 (Spotlight 中小企業知識期刊)

一、整合生產體系

　　以粉末冶金中游零件製造加工廠商為主體，以專精汽機車、電動工具、機械傳動零件製造廠為基石，引入製造系統整合自動化公司、高功能性粉末成型設備商、可全程控制與監測和記錄燒結設備商、以及模具廠商共同發展具產品履歷追蹤及製程參數追蹤的粉末冶金生產管理系統。

二、製程智慧化

　　粉末冶金屬於勞力密集的傳統產業，未來工作在推動製造系統智慧化，故經濟部中小企業處推動「106 年度跨域創新生態系發展計畫」，粉末冶金產業組成「粉末冶金創生加值生態體系」，打造粉末冶金系統智慧化工廠，創立粉末冶金產業的大數據資料庫及異業雲端合作平台，以自動化生產線的方式提高產值，擴展應用市場，以因應全球智慧行動裝置、能源產業商機。粉末冶金系統自動化工廠

三、開發主導性及高附加價值產品

　　近年新材料開發五大方向與成果：(1) 重鎢合金、活性金屬、Inconel。(2) 鐵 - 鎳合金、軟磁材料、低膨脹係數金屬、軟磁複合材料、鋁合金、鉻合金。(3) 高密度材料與製程。(4) 3D 積層製造 (AM)。(5) 固態氧化物燃料電池連接板等，創新藍海領域。

四、建立測試中心與驗證機構

　　除先進製程製造高密度、高品質產品外，未來建立測試中心與驗證機構，如圖 9-16 所示，方能協助廠商拓展外銷市場。

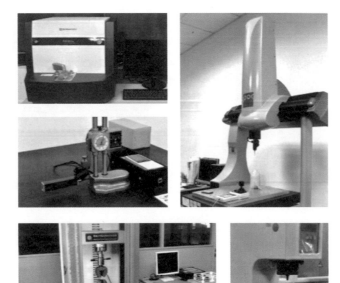

・圖 9-16　多種測試檢驗設備 (均牧實業公司提供)

五、結合產官學研，深耕基礎

　　重新盤點粉末冶金產業的資源與體系，透過產官學研合作，大學負責培育人才，於材料系、自動化等相關科系設置粉末冶金學程，使粉末冶金產業體質更為茁壯。

六、擴展應用領域

　　粉末冶金產業除了汽車產業外，未來能擴展到航太、國防、能源、智慧行動裝等其他產業應用領域。

參考資料

　　經濟部，導入科技力提升企業競爭新動能，中小企業知識期刊 Spotlight 特刊，2018，March。

　　台灣產業結構優化 – 三業四化 (製造業服務化、服務業科技化及 國際化、傳統產業特色化) 行動計畫，行政院 101 年 10 月 2 日院臺經字第 1010056284 號函核定。

　　張秉鳳，台灣保來得躋身世界粉末冶金大廠，工商時報，2018/04/09。

生活小常識

粉末冶金模具耗損

(鄭朝旭，中州科大) 粉末冶金模具耗損現象歸納為模崩，模裂，模斷，炸模，磨耗等五種，要降低磨具耗損率可從兩方面著手：

1. 精進管理改善：加強技術人員之教育訓練與管理、提升其素質並強化防愚措施，可改善人為因素造成的沖頭折斷與炸模問題。

2. 模料變更改善：降低現行模料硬度值 2-3 度，可減少因心棒硬脆所造成的心棒斷裂問題。針對易裂模具組件，在成本考量下增列高速鋼材質，可用以降低衝頭裂的發生率。

學後評量

9-1 1. 粉末冶金具有哪些優點與缺點？

2. 請以圖簡述粉末冶金加工流程。

9-2 3. 請舉例製作金屬粉末有哪幾種方法？其粉末有何特色？

4. 請舉例金屬粉末壓結成型有哪幾種方法？各有何特色？

5. 請指出碳化鎢、鐵、銅、不銹鋼的燒結溫度為何？

9-3 6. 滲油處理操作方式為何？適宜材料與特徵為何？

7. 常見粉末冶金的製品，請舉 7 例。

9-4 8. 粉末冶金產業末來朝哪幾個方向發展？

Chapter 10

金屬射出成型與電積成型

隨著科技的進步及發展，機械產品的製造方法與過程也隨之研發出新的方法與製程，例如細微尺寸、複雜外型、高強度及高硬度材料、極薄或極長工件、產品有特別限制的性質及非金屬材料的加工等。這些超越傳統加工方式的方法，被稱為非傳統加工方法，本篇僅敘述粉末冶金、金屬射出成型、電積成型、塑膠加工及特殊切削加工等，必要時，請再參閱相關專業書籍或論述學習。本章分金屬射出成型和電積成型兩節，前者特以表格比較其他製程之特性，後者敘述其原理和特色藉以讓學習者了解此方法和電鍍製品有何不同。

本章大綱

10-1 金屬射出成型

金屬射出成型 (Metal injection molding，MIM) 乃用於傳統加工不容易達成的小型、複雜外型的精密金屬零件製造，適合大量生產，其製程如圖 10-1 所示。

1. **篩料 (Material selection)**：使用的各種金屬粉末粒徑約在 5 ～ 15 μm 之間，並選用適當的高分子或蠟基材料作為結合劑，以提供微細粉末在成型過程中的流動性和毛壓胚件的成型性。

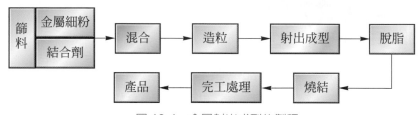

• 圖 10-1　金屬射出成型的製程

2. **混合 (Blending)**：將選用的微細金屬粉末和結合劑，依一定的體積和重量比例混合的製程。

3. **造粒 (Pelletizing)**：將混合後的粉末，製作成如一般塑膠射出成型加工常用的粒狀原料，以方便搬運及貯存。

4. **射出成型 (Injection molding)**：將造粒後的粒狀原料加熱，使結合劑亦成熔融狀態，利用射出成型機射入模具之模穴中，冷卻後即得製品外型的毛壓胚。

5. **脫脂 (Debinding)**：藉加熱方式或溶劑將毛壓胚內的結合劑除去的步驟稱為脫脂，以使毛壓胚只剩餘製品的材料成份。

6. **燒結 (Sintering)**：燒結係將已脫脂的毛壓胚在低於材料熔點的控制爐中加熱，使顆粒間產生黏結，以增加毛壓胚製品的強度。

金屬射出成型的特色如表 10-1 所示，歸納如下：

1. 製品的相對密度高達 95% 以上，近似鑄造製品，具有良好的機械性質。

2. 製品具有高精密度、光度及可電鍍性，故所需的完工處理少。

3. 製品成型循環快，容易自動化及無人化生產，適合大量生產。

4. 使用其他加工法不易或無法製造的複雜形狀製品，此法可容易地利用一次加工製程即可完成生產；但是，目前製品的重量受限於 50 公克以下的限制。

5. 廣泛應用於以碳鋼、不銹鋼、工具鋼或銅合金、鈦合金等材料，製品如電腦用散熱片、硬碟機零件、工具機零件、或醫療器材零件 (如手術刀、齒型矯正器)、鐘錶零件等。臺灣知名廠商有新日興、聯科精密五金、金永興科技、臺灣保來得、光國電子、振僑精密、多元精密…等公司。

◆ 表 10-1　金屬射出成形 (新日興公司)

MIM 與其他製程比較

特性	金屬射出成型	傳統粉末冶金	壓鑄成型 (鋅、鋁)	精密鑄造	機械加工
形狀複雜度	高	低	高	中	高
最小肉厚	0.5 mm	1 mm	0.8 mm	2 mm	0.5 mm
表面粗糙度	1 μmRa 細	粗	中	5 μmRa 中	細
機械強度	高	中	低	中	高
材料選擇度	多	中	少	中	多
密度	95 ～ 99%	< 95%	100%	100%	100%
精密度	中	高	中	中	高
可電鍍性	優	低	中	優	優
量產性	高	高	高	中	低
成本	中	低	中	中	高

10-2　電積成型

電積成型 (Electroforming) 又名電鑄，利用電鍍的方法，在電解液中用純金屬桿作陽極，導電的模型作陰極，通電後利用電解作用，純金屬自陽極積聚於模型而成型，再自模型取出製品之法，此法所得鍍層厚度較電鍍法為厚，如圖 10-2 所示。導電之母模型對表面施行離模處理後即可步入電鑄工程；若母模型為不導電體，則需先行施以導體化處理。有時為了易於脫模，須在模型表面塗敷石墨預作離模處理。電積成型之鍍層厚度較電鍍層厚，且原理雖相同，但其兩者之目的不同。電積成型法之特色為：

1. 製品高純度、尺寸精確、表面光平，粗糙度可達 0.2 μm。
2. 可製極薄及分層的金屬機件，唯限於 9.5 mm 厚度以下之較薄產品，如鋼筆套、無縫管、箔、板、網等薄殼件。

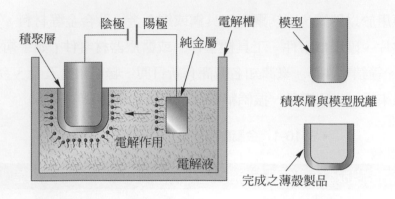

(A) 電積成型示意圖　　　　　(B) 積聚層與模型脫離得製品

• 圖 10-2　電積成型法

3. 可製內、外複雜的形狀，唯外部尺寸、內外部尖角不易控制，如文氏管。

4. 此法之生產速度低，費用高。

5. 任何可電鍍之金屬皆可電積成型，但以鐵、銅、鎳、銀四者具最佳之導電性、複製性、抗蝕性及強度。

生活小常識

電鍍與電積成型差異

1. 電鍍之沉積層較薄 (μm) 且須與基材緊密結合，其鍍層成為工件的一部分；而電積成型層較厚 (μm ～ cm) 且與母模完全脫離成一個獨立的製品。

2. 電鍍用的模具材料大多為導體，而電積成型用母模的選用則多樣化，導體、非導體和光阻製作者皆可。

3. 電鍍與電積成型的鍍液成分及操作條件不同。

學後評量

10-1　1.　請簡述金屬射出成型的製程為何。

2.　請簡述金屬射出成型的特色為何。

10-2　3.　何謂電積成型？

4.　電積成型有何優、缺點？

塑膠加工及產業發展

隨著科技的進步及發展，機械產品的製造方法與過程也隨之研發出新的方法與製程，例如細微尺寸、複雜外型、高強度及高硬度材料、極薄或極長工件、產品有特別限制的性質及非金屬材料的加工等。這些超越傳統加工方式的方法，被稱為非傳統加工方法，本篇僅敘述粉末冶金、金屬射出成型、電積成型、塑膠加工及特殊切削加工等。本章在敘述塑膠的特點、種類、加工法，最後談台灣塑膠產業發展。

本章大綱

11-1　塑膠概述
11-2　塑膠種類
11-3　塑膠加工法
11-4　塑膠模具設計
11-5　台灣塑膠產業分析

11-1 塑膠概述

　　塑膠 (Plastic) 是一種有機高分子聚合物為主要成分的材料，通常以顆粒或粉末形態運送至加工廠，在成型加工前才予以熔解，由於容易加工，又可製成各種不同外型的製品，在民生消費及工程用產品已被廣泛地應用，且扮演者不可或缺的角色。常見者為從媒炭中抽取苯，或從石油、天然氣中製成乙烯者，稱為單元體；亦或用化學方法將單元體聚合起來，而形成一長鏈分子者，稱為聚合物，如聚苯乙烯。

一、塑膠特點 (Characteristic of plastic)

1. 優點 (Advantages)

　　(1) 質量輕、比重小，且容易加工成型。

　　(2) 產品之尺寸精確、表面光平且生產迅速，適合大量生產。

　　(3) 抗蝕、耐鹼、耐酸、耐油且不生鏽。

　　(4) 絕緣性佳，且吸收振動，隔音、隔熱效果佳。

　　(5) 產品可製成透明、半透明或美麗色彩，如圖 11-1 所示。

黑白製品　　　　　　彩色製品　　　　　　透明製品　　　　　　半透明製品

• 圖 11-1　塑膠製品 (台中精機提供)

2. 缺點 (Disadvantages)

　　(1) 強度、硬度、延展性及耐磨性低。

　　(2) 不耐熱且尺寸安定性差。

　　(3) 不易承受大負荷，且低溫性脆，高溫易軟化變形，而且燃燒有毒氣產生。

二、台灣石化產業 (Petrochemical industry in Taiwan)

台灣雖然不是一個產油國，但是石化產業卻從上游、中游至下游，構成一綿密的石化王國，如圖 11-2 所示。

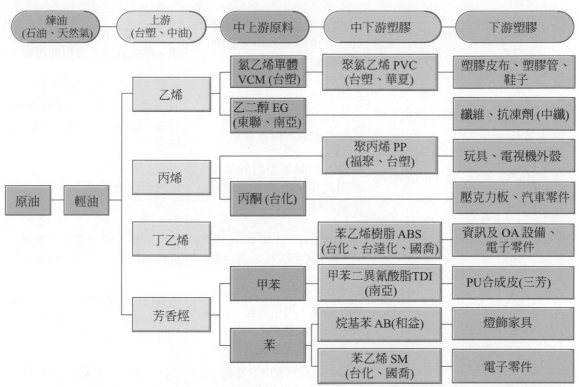

註：( ) 代表公司簡稱，以上市、上櫃公司為例。

• 圖 11-2　台灣石化產業關聯圖 (取自張惠清，非凡新聞 e 周刊 No.10, P65)

三、國內食品容器之材質編號及分類

國內環保議題頗受重視，資源回收工作如火如荼推展，尤其食品容器之材質亦有作規範，塑膠回收有七種不同的標誌，常見之編號及分類，如表 11-1 所示。

◆ 表 11-1　國內食品容器之材質規範

符號	名稱	特性	常見產品
♳ PET	PET 聚乙烯對苯二甲酸酯	耐熱 60～85℃ 透明、毒性低。	冷飲容器及礦泉水之寶特瓶、清潔劑瓶、洗髮精瓶等。
♴ HDPE	HDPE 高密度聚乙烯	耐酸、酸鹼、耐熱溫度為 90～110℃，多半不透明、手感似蠟，低毒性。	厚塑膠袋、清潔劑瓶、牛奶瓶、沐浴乳瓶、食用油瓶等。
♵ PVC	PVC 聚氯乙烯	60℃ 以上可能出現致癌物，在太陽底下長時間曝曬呈鐵紅色，不適合微波食品。	水管、雨衣、部分的塑膠盒、瓶外標籤、書包、建材等非食品方面，雞蛋盒，PVC 保鮮膜。
♶ LDPE	LDPE 低密度聚乙烯	耐酸、耐鹼，但耐熱溫度只到攝氏 90 度，多半呈透明、柔軟特性。	較薄塑膠袋。
♷ PP	PP 聚丙烯	可耐熱 100～140℃，熔點達 167℃，硬度較高，毒性低。	微波容器、果汁瓶、豆漿瓶、紅色塑膠碗、瓶蓋、把手。
♸ PS	PS 聚苯乙烯	耐熱 70～95℃，具致癌物，吸水性低，可用射模、壓模、擠壓、熱成型加工。	泡麵的保麗龍碗 (發泡成形)、養樂多瓶 (非發泡)。
♹ OTHER	其他類	(1) 如 PC(聚碳酸酯) (2) PLA(聚乳酸)：質輕、透明，無毒、耐熱 50℃。 (3) PPSU(聚亞苯基碸)：耐熱 180～197℃，不含雙酚 A，不易生化學毒素。	(1) 眼鏡框、可壓摺牙膏罐、壓克力牙刷柄。 (2) 冰品杯等。 (3) 嬰兒奶瓶、嬰兒水壺。

註：依國家規定，容器下方應有材質編號及符號。

11-2　塑膠種類

塑膠依其性質的不同可分為兩大類：

一、熱塑性塑膠 (Thermoplastic)

此種塑膠是當加熱時軟化，冷卻後即變硬，再遇熱復軟化，又可重新受塑成型者。

其分子呈鏈狀結構，產生聚合作用，但不產生交聯 (Crosslink) 作用，如：

1. **聚甲醛 (Polyoxymethylene，POM)**：即聚縮醛酯，又稱賽鋼或奪鋼，耐磨與耐熱性高，電氣性、剛性及耐疲勞性高，摩擦係數及吸水率低。

2. **聚碳酸酯 (Polycarbonate，PC)**：指氟碳塑膠 (Fluoro carbons) 是目前最主要的 CD、DVD 光碟基板用樹脂，是一種綜合性能優良的非晶型熱塑性樹脂。此種能耐 120 ～ 130℃ 高溫、電氣絕緣性及強度高，適於工業用安全帽、不沾鍋的覆層等製品。

3. **聚乙烯 (Polyethylene，PE)**：具最佳耐彎曲疲勞特性，可防水，不受化學藥劑之影響，為比重最低之塑膠之一，可製成各種顏色，用於包裝材料、塑膠容器等用途，如 PE 塑膠袋、PE 保鮮膜。

4. **聚丙烯 (Polypropylene，PP)**：電氣絕緣性及化學抵抗性佳，並可耐 100 ～ 140℃ 高溫，製品有玩具、電視機外殼與電氣絕緣件、行李箱等。

5. **聚苯乙烯 (Polystyrene，PS)**：此種材料尺寸安定，吸水性低及絕緣能力強，為最佳之電氣絕緣體，是保麗龍製品之原料，常見製品有丟棄式餐盤、冰淇淋盒、泡麵碗、可消散模型等。

6. **聚氯乙烯 (Polyvinyl chloride，PVC)**：生產成本低，用途廣泛為其特色，具耐磨損、耐化學侵蝕、強度高及易著色，主要用於 PVC 塑膠管件製品、電線及電纜之絕緣包覆層。

7. **GR-S**：為一種合成橡膠，乃丁二乙烯與苯乙烯之聚合物，產量最大，特別適宜於輪胎之製造。

8. **尼龍 (Nylon)**：即指聚醯胺塑膠 (Polyamide，PA)，具優良韌性及延展性，其伸長率可達 300%，為紡織品原料之一，尼龍絲可作襪子、降落傘繩子等。

9. **壓克力 (Acrylic)**：具有良好的透光率，可製擋風鏡、燈罩、招牌廣告等。

二、熱硬性塑膠 (Thermoset)

此種塑膠是加熱達某一溫度後呈永久硬化，縱使溫度再增高亦不會再軟化者，又稱熱固性塑膠。其分子發生架橋反應，呈網狀結構，如：

1. **酚醛樹脂 (Phenolic resin)**：英文簡稱 PF，俗稱電木，係以酚與甲醛 (Formaldehyde) 化學作用而成的高硬度、高強度材料，能耐高熱並能防水，可製成塗層材料及結合料，亦可應用在鑄造之矽砂結合料。

2. **呋喃樹脂 (Furane resin)**：用於鑄造砂心之膠合劑，石膏之加硬劑。

3. **尿素甲醛 (Ureaformal dehyde)**：具極硬之表面與非傳導性強度，可製成各種顏色產品，包括斷電器零件、電器用具外殼等。

4. **聚酯樹脂 (Polyester plastic)**：最普遍的一種聚酯樹脂即是纖維玻璃 (Fiberglass)，用來作玻璃纖維之補強材料，具極高之抗壓、抗拉強度及表面硬度佳，且不易褪色。

5. **環氧樹脂 (Epoxy resin)**：強度及絕緣性佳，抗壓、抗拉、耐蝕、耐衝擊佳，用於油漆添加劑及粘結劑，亦為一般積體電路 IC 外型之成型主要材料，或作為黏結陶瓷刀片與鋼質刀把之黏結劑用途。

6. **矽氧樹脂 (Silicone resin)**：一種黏結劑，常用於鋁門窗或門框安裝時，縫隙之填充修補，可防雨水滲透。

7. **胺基樹脂 (Amino resin)**：適宜製餐具、接合劑。

11-3 塑膠加工法

塑膠製品之加工，可分成：(1) 加熱成型；(2) 補強成型；(3) 鑄造成型；(4) 發泡成型；(5) 模塑成型，分述如下：

1. **加熱成型 (Thermoforming)**：將塑膠板或塑膠模加熱軟化，再利用機械力或真空力或空氣壓力促使軟化之塑膠材料貼緊模具，使形成與模具相同形狀後，予以冷卻而得製品之法，如圖 11-3 所示。此法為模具成本最低的一種成型方法，製品有小型遊艇船身。

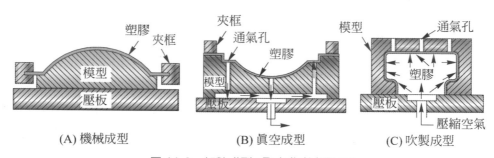

• 圖 11-3　加熱成型 (取自參考書目 39)

2. **補強成型 (Reinforcing)**：係在塑膠原料中添加補強材料，以真空袋、壓力袋或手工塗佈之法增加塑膠強度的一種加工成型法。如圖 11-4 所示。常用之補強材料有玻璃纖維、石棉、棉砂等，用於熱硬性塑膠之成型，所得成品

稱為強化塑膠，俗稱塑鋼 (Fiber reinforced plastics，FRP)，可製浪形板、平板座椅、洗衣槽、收納櫃、遊艇或強化安全玻璃等。

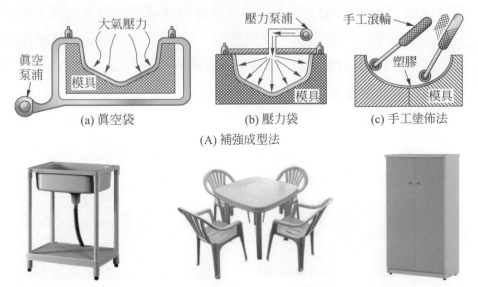

(a) 真空袋　　　　　(b) 壓力袋　　　　　(c) 手工塗佈法

(A) 補強成型法

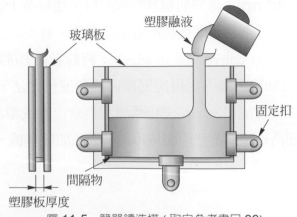

(a) 洗衣槽（GOhappy快樂購物網）　(b) 塑鋼休閒桌椅(yahoo購物網)　(c) 塑鋼櫃子(yahoo購物網)

(B) 補強成型製品

• 圖 11-4　補強成型 (取自參考書目 39)

3. **鑄造成型 (Castforcing)**：係將塑膠液化後，注入鑄模內，再冷卻而成型之法。此法之塑膠製品之數量不多，但塑件表面極光滑，常用下列幾種成型法：

(1) 簡單鑄造法 (Simple casting)：以兩塊光滑玻璃板為模子，如圖 11-5 所示，可得片狀板及簡單形狀塑膠製品，如壓克力板。此法生產速度快、光學性能佳。

• 圖 11-5　簡單鑄造模 (取自參考書目 39)

(2) 浸沾鑄造 (Dip casting)、瀝鑄法 (Slush casting)、迴轉鑄造 (Rotational casting)：此三種方法皆適於塑製中空製品。

4. **發泡成型 (Foaming)**：係指發泡性塑膠經過適當的發泡處理，可以製成多孔性的發泡塑膠，如泡棉、保麗龍等，具有隔熱、隔音、絕緣及防震等功效，廣用於包裝材料、建築材料及各種襯墊、隔熱板上。此法有聚苯乙烯模塑法與聚氨基酸澆鑄法，如圖 11-6 所示。

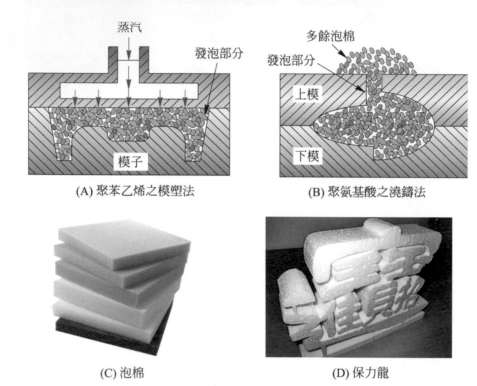

(A) 聚苯乙烯之模塑法　　　(B) 聚氨基酸之澆鑄法

(C) 泡棉　　　(D) 保力龍

• 圖 11-6　發泡成型 (取自參考書目 39 與育澤工業公司 & 飛瑞翔實業公司)

5. **模塑成型 (Molding)**：係將粉粒狀塑膠原料，加熱至 150° ～ 180℃後放入模具模內，經高壓成型冷卻硬化後所得製品之法。有：

(1) 壓縮模成型 (Compression molding)：將粉粒狀塑膠預熱軟化後，送入 150℃～ 200℃之模內，再經壓縮而成型硬化之法，如圖 11-7 所示。為最簡單之模塑成型法，是熱硬性塑膠最常用的成型法，常用於製造面積較大、凹凸較深的電器開關或用品，製品如收音機、電視機之外殼。

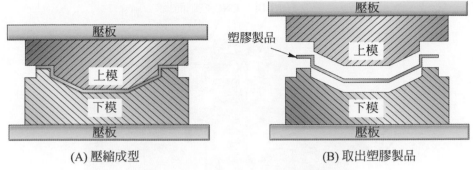

(A) 壓縮成型　　　　　　　　　　　(B) 取出塑膠製品

• 圖 11-7　壓縮模成型 (取自參考書目 39)

(2) 傳遞模成型 (Transfer molding)：係用熱硬性塑膠粉末，置於加壓室或主模上方之模穴內，當材料受熱而塑性化時，加壓力使液狀塑膠射入模穴內後，進行化學變化而變硬之法，如圖 11-8 所示，適用於形狀複雜且厚度變化大之零件及中間有金屬插件之製品，如螺絲起子。

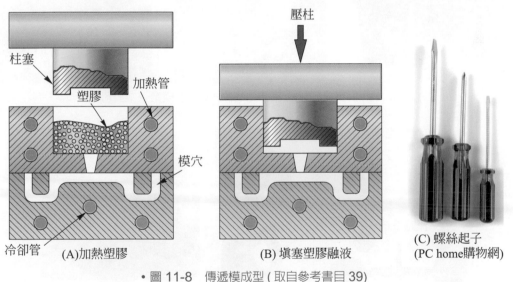

(A)加熱塑膠　　　　　　　　　(B) 填塞塑膠融液　　　　(C) 螺絲起子
(PC home購物網)

• 圖 11-8　傳遞模成型 (取自參考書目 39)

(3) 射出成型 (Injection molding)：係粒狀塑膠受熱成液體後，藉壓力注入模具內，而凝固成型之法，如圖 11-9(A) 所示為射出成型機。此法為熱塑性塑膠最常採用之法，可高速操作及大量生產，製品如圖 11-9(B、C) 所示，有塑膠垃圾桶、洗臉盆、塑膠杯、玩具零件、塑膠手機蓋等民生製品。目前已經應用於工業與光學製品，如 3C 產品、手機蓋、相機零組件、塑製光學鏡頭等。

射出口　CNC 控制面板　漏斗　加熱套

(A) 射出成型機(台中精機提供)

(B) 射出成形製品(東邦化成株式會社&權業企業公司)

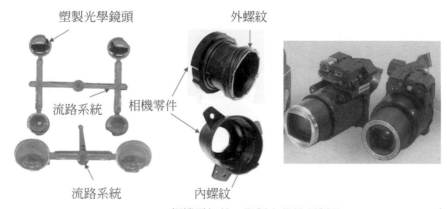

塑製光學鏡頭　外螺紋

流路系統　相機零件

流路系統　內螺紋

(C) 相機零組件、塑製光學鏡頭製品

• 圖 11-9　射出成型機 (來源：台中精機提供、東邦化株式會社 & 權業企業公司)

(4) 擠製成型 (Extruding)：係將熱塑性塑膠置入迴轉螺旋之加熱筒內加熱，如圖 11-10 所示，再經壓力促使塑膠液體自模內擠出，成為板狀、棒狀、管狀或薄膜狀之斷面均一連續製品，產品如 PVC 塑膠管、遮陽浪板等。

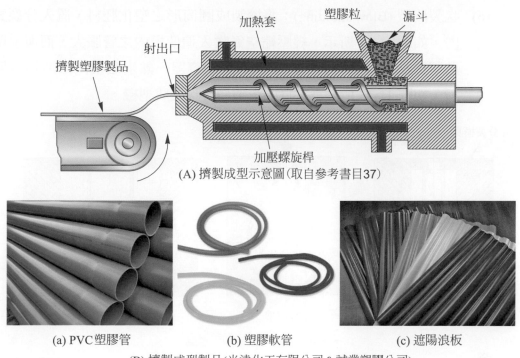

(A) 擠製成型示意圖(取自參考書目37)

(a) PVC塑膠管　　　(b) 塑膠軟管　　　(c) 遮陽浪板

(B) 擠製成型製品(光達化工有限公司＆誠業塑膠公司)

• 圖 11-10　擠製成型法

(5)　滾壓成型 (Calendering)：係將塑膠粉粒加熱塑化後，置入一系列熱滾輪
　　　間作滾延，如圖 11-11(A)(B) 所示，再經冷卻滾輪冷卻硬化後而得成捲
　　　之製品。適於塑膠板、膠膜、膠帶、塑膠布、雨衣等製品。

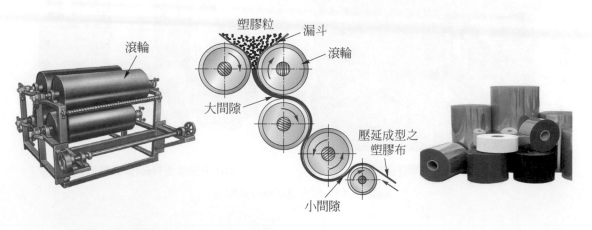

(A) 滾壓成型加熱機　　(B) 滾壓成型示意圖 (參考書目39)　(C) 滾壓製品 (巨佳包裝機材公司)
　　 (三立工業提供)

• 圖 11-11　滾壓成型

(6) 吹製成型 (Blow molding)：將擠製成圓筒形之塑化胚料，置入分裂式模內，如圖 11-12 所示，經壓縮空氣吹入迫使模內之管脹大，而與模壁相貼緊之法。製品有寶特瓶子、清潔劑容器、熱水瓶及汽車加熱器導管等，如圖 11-13 所示爲常見中空製品與吹模成型機。

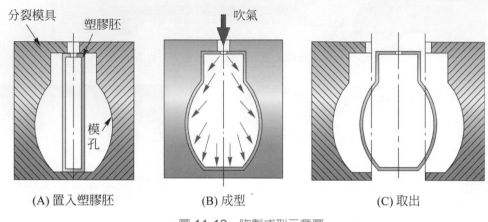

(A) 置入塑膠胚　　　　(B) 成型　　　　(C) 取出

• 圖 11-12　吹製成型示意圖

(A) 吹模成型機(摩登機械提供)　　　(B) 中空成型製品(騰進機械提供)

• 圖 11-13　吹模成型機及其製品

(7) 疊層成型 (Laminating)：此法係利用紙張、纖維、石棉或木材等板料，經過樹脂浸漬或塗佈後，再經加熱或加壓以製成所需之形狀，製品如汽車擋風膠合安全玻璃或建築裝潢材料。

(8) 吹管擠製法 (Blow tubular extrusion)：又稱吹膜成型法，係將加熱軟化的塑膠胚料，送入直立的圓筒模內擠製成薄管，經吹入壓縮空氣後，使胚料膨脹且繼續上升，並用空氣冷卻，再經上方兩滾子壓平並捲繞成圓筒之法，是製造薄軟片或管袋式包裝用塑膠袋之方法。

(9) 旋轉成型模法 (Rotational molding)：此法是用來製造空心形塑膠製品，乃利用加熱及使用離心力加壓方式成型，所用原料為熱塑性塑膠，製品如洋娃娃、浮球或海上浮球等，如圖 11-14 所示。

(A) 塑膠洋娃娃
(上海億甲工藝品公司)

(B) 浮球
(羱鎂企業公司)

(C) 海上浮球
(翊達國際公司)

• 圖 11-14　旋轉成型產品

11-4 塑膠模具設計

一、塑膠模具概述

（一）意義

塑膠模具主要是指裝在塑膠注塑機上生產塑膠製胚和成品時使用的模具，如圖11-15所示生產手機殼模具實例。

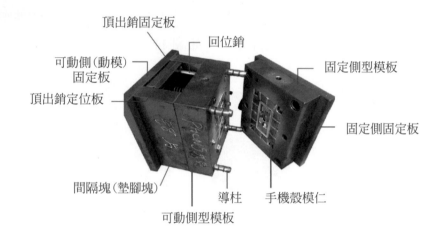

頂出銷固定板
回位銷
可動側(動模)固定板
固定側型模板
頂出銷定位板
固定側固定板
手機殼模仁
間隔塊(墊腳塊)
導柱
可動側型模板

• 圖 11-15　二板式頂出銷頂出方式模具實例 (冠軒塑膠電子公司翁金柱協助)

（二）特點與材料

1. **特點**：塑膠模具加工基本特點如下：

    (1) 加工精度要求高：一副模具之模塊間的組合均須高加工精度，往往達 μm 級。

    (2) 表面形狀複雜產品：如汽車配件、飛機配件、玩具、家用電器等產品，皆由多種曲面組合而成複雜產品。

    (3) 批量小：模具的生產往往只生產一副，不是大量成批生產。

    (4) 重複性投產：使用超過模具壽命時，須生產新模具，具有重複性。

    (5) 製模程序多：模具加工常用到銑、搪、鑽、鉸和放電加工等多種加工方法。

    (6) 模具材料機械性質優：塑膠模具用鋼具優良機械性質，為增加模具壽命常須做熱處理；為增加模具表面粗度，須做表面處理，如圖 11-15 所示。

2. 模具材料

常用的塑膠模具用鋼有下列幾種：

(1) 一般構造用壓延鋼材 (SS)；(2) 機械構造用碳素鋼 (SC)；(3) 碳素工具鋼 (SK)；(4) 合金工具鋼 (SKS，SKD)；(5) 鎳鉻鉬鋼 (SNCM)；(6) 不銹鋼 (SUS)；(7) 鎳鉻鋼 (SNC)；(8) 軸承用高碳鉻鋼 (SUJ)；(9) 鉻鉬鋼 (SCM)；(10) 鋁鉻鉬鋼 (SACM)；(11) 鉻鋼 (Crl2)；(12) 鉻鎢錳鋼 (CrWMn)。

二、塑膠模具設計

(一) 模具組主要元件

射出成形廣泛用於熱可塑性塑膠的成形，是把粒狀的材料在加熱缸中加熱成液態，再由噴嘴向模具中注射，待成形品冷卻固化後再開模將成形品頂出。本節以射出成型機為例，其須具備兩個主要元件，如圖 11-16 所示，即：

1. 射出單元 (Injection unit)：融化塑膠並提供壓力將融膠射入模穴。

2. 鎖模單元 (Clamping unit)：執行「閉模」和「開模」的動作，即須能夠執行關閉模具、抵抗模壓、緊閉模具，打開模具和頂出成品。

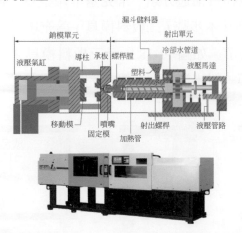

• 圖 11-16　射出成形機具備兩主要元件 (吳政憲模穴)

(二) 塑膠模具分類

塑膠模具根據澆注系統型式的不同，可將模具分類為細水口模具、熱流道模具、大水口模具等三類：

1. **細水口模具**：流道及澆口不在分模線上，一般直接在產品上，所以要設計多一組水口分模線，設計較為複雜，加工較困難，一般要視產品要求而選用細水口系統。

2. **熱流道模具**：又稱熱澆道模具，此系統又稱為無水口系統，此類模具結構與細水口模具大體相同，其最大區別是流道處於一個或多個有恆溫的熱流道板及熱噴嘴裏，無冷料脫模，流道及澆口直接在產品上，不需要脫模。此法優點是無二次料循環使用，塑料不致劣化，亦無廢料產生、可節省材料，又可縮短射出時間及處理費用，適用於原材料較貴、製品要求較高的情況。此法缺點是須注意襯套與分歧流道板之螺紋須塗抗高溫油脂，以防熱脹絞死；分歧流道板內之流道須保持平滑順暢無死角，銜接配合之襯套須高度水平一致且緊密不洩料；為防止過多熱傳遞至機台，可考慮在間隔塊 (墊腳塊) 處加冷卻水路等注意事項。

3. **大水口模具**：流道及澆口在分模線上，與產品在開模時一起脫模，設計最簡單，容易加工，成本較低。

(三) 量產塑膠產品步驟

一般塑膠模具亦可依模具構造分類，常見基本類型為二板料模具和三板料模具。射出成形在量產塑膠產品基本步驟 (二板料模具) 為充填模具模穴，待冷卻後脫模而出成成產品，如圖 11-17 所示。如圖 11-18 所示三板料模具生產手機保護背殼為例，成形週期為開模清理→鎖模→射出澆注→保壓→完成開模→頂出→冷卻取出。

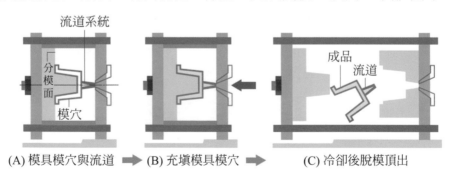

(A) 模具模穴與流道 ➡ (B) 充填模具模穴 ➡ (C) 冷卻後脫模頂出

• 圖 11-17　量產塑膠產品之加工步驟示意圖

1 開模清理　2 放置半塑胚品　3 鎖模　4 注射塑膠溶液　5 保壓

6 完成注射　7 射座退出開模　8 取出流道系統塑料　9 頂出成形品

10 冷卻取出成形品　11 取出溢料並清理模穴　12 流道系統廢塑料　成品　半成品

• 圖 11-18　三板料模具射出成形步驟實例 (冠軒塑膠電子公司翁金柱協助)

（四）塑膠模具設計考慮項目

在量產塑膠產品所須塑膠模具之設計，常因不同加工方法 (選用之加工機械) 而異；基本上模具必須考慮拔模斜度、分模面、流道系統、模穴、成形收縮率、成形品尺度精度，及模溫控制系統、頂出系統、控制系統等要素，說明如下。

1. 拔模斜度

為使冷卻之成形品能自模具中容易脫模取出，模具必須有拔模斜度。一般如茶杯之箱形容器成品，在母模部分的拔模斜度至少在 1°以上，且內側比外側大。在底部的補強肋的拔模斜度約 0.5°，在壁部的縱肋拔模斜度約 0.25°。

2. 分模面 (Parting plane)

為使成形品能自模具中取出，模具必須分模成固定側 (模) 及可動側 (動模) 兩部份，此分界面稱之為分模面。由於塑料在射出壓力 (injection pressure) 的作用下，迫使模穴空間 (Molding space) 中的空氣從分模面溢出殘留線痕 (Line mark)，此線痕稱為分模線 ((Parting line，PL)，如圖 11-19 所示。分模線未必是直線，具有分模及排氣作用，分模線選擇要領包括：開模時不會形成死角位置，位於模具容易加工之位置、成品後加工容易之處或不影響尺寸精度或影響成品外觀之處。

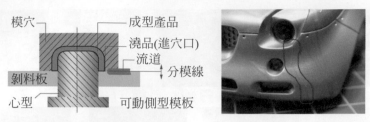

(A) 分模線示意圖　　　(B) 分模線實例(Vehi-Cross 模型世界)

• 圖 11-19　分模線

3. 流道系統

又稱澆注系統，是注射機射出單元的噴嘴將熱融膠壓入澆道後，經由流道和澆口進入各模穴 (成形空間) 中成形，如圖 11-20 所示。設計時之注意事項，說明如下：

• 圖 11-20　流道系統構成部份

(1) 滯料部：

射出成形機的噴嘴前端在射出後，仍有少量融膠殘留 (滯料)，在下次射出成形時，可能會引起流道或澆口阻塞，或造成產品外觀不良。故在設計模具模穴時須有滯料部，用來收集已固化的滯料，通常設在澆道與流道末端兩處，如圖 11-21 所示，一般流道滯料部的長度約為流道直徑之 1 ～ 1.5 倍。

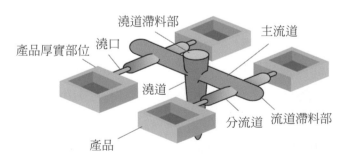

• 圖 11-21　滯料部及流道系統部位名稱 (張永彥，全華)

(2) 流道：

流道爲成形材料從澆道到模穴的主通路，流道儘可能寬大，粗短，依材料的流動性 (Fluidization)、成形品重量、及投影面積 (Project area) 來決定形狀及大小。一般採圓形流道，因其體積最大而接觸面積最小，有助融膠的流動性和減少其溫度傳至模具中等優點。但是模具必須兩面切削加工，因而較費時是其缺點。

流道的斷面尺寸過大時，會造成材料浪費、冷卻時間增長、射出加工成形週期隨之增長，不利成本。然而流道斷面尺寸過小時，會造成材料流動阻力大，易使充填不足 (Short shot)。

(3) 澆口

又稱進穴口，位於流道與模穴的小通道，接合處作狹小通路，意即澆口斷面積須小於流道斷面積。澆口應儘可能設置在成形件的最大厚度處，原因是此處的冷卻凝固較慢，可持續保壓較長時間並做爲補充該厚實處因冷卻收縮之融膠，以避免成形品表面的收縮下陷。另外澆口應注意設於可避免或最小化縫合線產生的位置，以免降低機械強度。

澆口太大時，固化 (Gate seal) 時間較長，致使成形效率較差；且其澆口周邊之殘留應力導致成形品變形 (Deformation)、破裂 (Cracking)，澆口之去除加工困難等。但澆口太小時，易填充不足，造成形成品發生收縮下陷 (Sink mark)、燒焦、熔接線 (Welding line) 等外觀缺陷，亦使成形品強度降低、澆口周圍產生殘留應力引起彎曲變形等。

4. 模穴

模穴 (成形空間) 位在模仁內，模仁鑲在模座裡。模穴代表成品的負形狀，可分配融膠，提供成品的最後形狀，其表面應光潔，最好粗糙度值低於 $0.8\,\mu m$。設計模穴時必須考慮排氣孔設置，而且排氣孔、槽必須足夠，方能在一邊射注塑料時，一邊及時排出空氣和融體中的氣體，使模穴內之融膠液滿模，如圖 11-22 所示。若未排出空氣，會造成空氣因熱燃燒，或未燃燒空氣而造成成形品有氣泡 (Bubble)。排氣孔通常設置在澆口相對側，或融膠最後填滿位置處。

模座

手機殼模穴

多條排氣孔槽

模仁

圖 11-22 排氣孔 (冠軒塑膠電子公司翁金柱協助)

生活小常識

模仁 (Die core)
模仁是模具的核心部份，放置在模座 (模架) 內，爲形成產品造型主要形狀的部分，也就是讓產品成形的模具核心零件。

5. **成形收縮率**

成形收縮率 (Shrinkage) 爲成形品在冷卻至常溫時的尺度與模具尺度之差，以百分比表示，受成形條件、成形品形狀、塑膠種類等因素影響，說明如下：。

(1) 成形條件與收縮率關係

① A. 射出有效壓、射出速度、射出時間與收縮率成反比。

② B. 保壓時間：模具內保壓時間加長，收縮率變小。

③ C. 澆口處大小：澆口處斷面積加大，會造成收縮率變小。

④ D. 融膠材料溫度：融膠材料溫度加高，收縮率變小。但是澆口的固化時間過快時，因溫差大，則熱收縮反而變大。

⑤ E. 模具溫度：模具溫度愈高時，成形收縮率愈大。

(2) 成形品形狀與收縮率關係

① A. 流路長度：離澆口 (進穴口) 愈遠，壓力損失愈大，則收縮愈大。澆口大小與收縮率成反比，且澆道尺度愈大，壓力損失愈小，則收縮愈小。

② B. 邊緣部位：成形品須高壓或尖銳部位，固化時間快，收縮少。

③ C. 肉厚 (Thickness)：收縮率與成形品肉厚成正比，即收縮會隨著肉厚增大而增多。另外，成形品肉厚增大時，收縮下陷 (Sink mark)、氣泡 (Bubble) 等隨之而發生。

(3) 塑膠種類與成型收縮率關係

① A. 一般聚乙烯 (PE)、聚丙烯 (PP) 之流動性佳與成形容易，成形收縮率較大。聚乙烯之成形收縮率約 2.5%，聚丙烯之成形收縮率約 1.6%，聚苯乙烯之成形收縮率約 0.4%。

② B. 聚碳酸酯 (PC) 為兼具耐熱性、耐衝擊性及透明性材料，且成形溫度與剛性高，尺度精度容易，其成形收縮率較小，約 0.6%。

6. 成形品尺度精度 (Dimension accuracy)

成形品尺度精度主要受模具製作誤差、成形材料與成形條件等因素影響，有關成形品發生尺度誤差 (Dimension deviation) 的原因有：

(1) 與模具關聯：

① A. 模具加工精度與模具設計之構造不佳影響。

② B. 模具發生磨耗 (Abrasion)、變形 (Deformation)。

(2) 與成形材料關聯：

① A. 受成形材料種類及其標準收縮率不同之影響。

② B. 受成形材料本身品質與添加如著色劑、可塑劑、填充劑等副資材 (Subsidiary materials) 之影響。

(3) 與成形條件關聯：

① A. 加熱缸溫度上升、模具溫度上升，因熱脹冷縮大，造成收縮變大之影響。

② B. 射出壓力增大、保壓時間加長、射出量增加、成形品冷卻時間增長等造成收縮變小之影響。

(4) 與周圍環境關聯：周圍溫度與殘留應力 (Residual stress) 所致之形狀與尺度之影響，此種變化稱為經時變化 (Age variable)。一般塑膠零件尺度精度檢驗環境設定在 24±1℃，相對濕度 65～75%，至少 2 小時之靜置。

7. 模溫控制系統：

一般熱塑性塑膠加工是塑膠從 200℃～300℃之間冷卻至 50℃～110℃之間作頂出成形品。故模溫控制系統的主要任務是冷卻融膠，幫助融膠固化以便頂出。另外，模溫控制系統須有均勻的冷卻，使模穴具備均勻的模壁溫度，故首先要減少冷卻液進入和流出模具的溫差，其次要減少模壁到冷卻通道距離的差異。

對熱塑性塑膠而言，要縮短冷卻時間，可降低融膠溫度、降低模具溫度、和提高頂出溫度。但是降低融膠溫度會導致射出壓力增加，同時降低縫合線的品質；若降低模具溫度會降低成品的表面品質，若頂出溫度過高時，則頂出會導致成品變形。

8. 頂出系統

模穴充填並冷卻固化後，模具以分模面爲界面開啓，藉成形機之頂出桿使模具的頂出機構作動，將成形品頂出。成形品頂出的主要目的是使因成形收縮而附著於心型 (Core)、深肋 (Rib)、凸轂 (Boss) 等的成形品脫離模具，因而頂出位置必須選擇在脫模阻力大的地方，但同一形狀之成形品也因要求的外觀 (Outward appearance)、精度 (Accuracy)、成形性 (Moldability) 而選用不同的頂出方法。頂出方法最常使用的是頂出銷 (Ejector)、剝料板 (Stripper plate)、頂出套筒 (Ejector sleeve)、空氣或油壓 (Air or oil pressure) 等，如圖 11-23 所示。

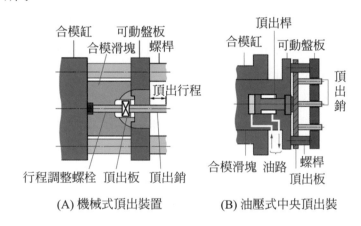

• 圖 11-23　頂出機構部位名稱

9. 控制系統

射出成形機在整個製程中必須監控者包括：

(1)　塑化單元和模具的溫度。

(2)　塑化單元、螺桿和模具的位置。

(3)　射出時螺桿的速度、合模時模具的速度。

(4)　保壓時的壓力、鎖模力 (液壓鎖模系統)。

　　現代的射出機採用熱電偶、位移感測器和壓力感測器來量測溫度、位置、速度和壓力，得到的訊號經轉換並記錄在電腦內。根據輸入的數值，控制程式引導出特定的一些動作，例如塑化單元溫度太低時，加熱帶就會開始加熱。

（四）模具設計應注意問題

　　模具設計過程中應注意的問題如下：

1. **縫合線 (Weld line)**：又稱結合線、熔合線或融接痕等，是指兩個融膠的流動波接觸後所形成的流痕。縫合線形成的原因如圖 11-24 所示，包括：(1) 兩個或兩個以上的入澆口；(2) 有不同的厚度變化；(3) 模穴裡有障礙物 (如插針)；(4) 複雜形狀。在射出成型技術中，複雜形狀和多樣性的產品常會出現而造成缺陷，影響品質和強度。

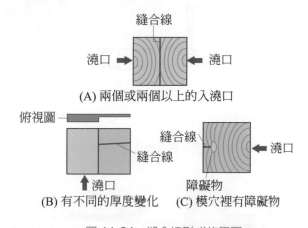

• 圖 11-24　縫合線形成的原因

　　因此，縫合線的解決方法如圖 11-25 所示，有：1. 改變入澆口位置和數目；2. 使縫合線在較不重要之處；3. 接合部設置排氣孔；4. 改變製程參數。

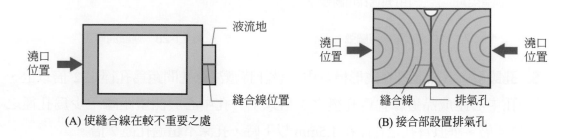

• 圖 11-25　解決縫合線的方法

2. **壁厚（肉厚）**：如圖 11-26 所示壁厚 (肉厚) 應儘量均勻一致，壁厚變化宜在 20% 範圍內。太厚易引起收縮孔，太薄則易造成破裂。除聚對苯二甲酸類塑料 (Polyethylene terephthalate，簡稱 PET 或 PETP) 外，壁厚不要太薄，一般不得小於 1mm，聚苯乙烯 (PS) 一般壁厚在 1.4-4 mm 之間。

3. **角偶**：角偶須防止有尖角，應儘量採用圓弧，可防止應力集中、變形與破裂，進而改善強度，如圖 11-27 所示過渡部分應逐步圓滑。當角偶之圓弧半徑大於 0.8 倍壁厚時，應力集中為零。

4. **變形**：框架成品若開口周邊須平整，為克服翹曲問題，則如圖 11-28 所示做逆翹曲修正。

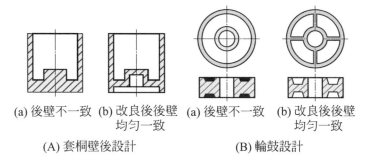

(a) 後壁不一致　(b) 改良後後壁均勻一致　(a) 後壁不一致　(b) 改良後後壁均勻一致

(A) 套桐壁後設計　　　　(B) 輪鼓設計

• 圖 11-26　壁厚應儘量均勻一致

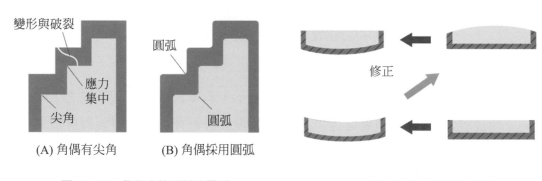

(A) 角偶有尖角　　(B) 角偶採用圓弧

• 圖 11-27　角偶應儘量採用圓弧

• 圖 11-28　逆翹曲修正

5. **孔設計**：孔常設計在成形模具中，設計時應注意孔間距為孔徑之 2 倍以上、孔中心距成品邊緣宜為孔徑之 3 倍以上、孔中心與側壁距離至少為孔徑之 3/4 倍、垂直盲孔之孔徑在 1.5mm 以下時，孔深不超過孔徑 2 倍。

三、塑製品不良與原因

射出成形製品主要成形不良原因大致有五大因素，即：(1) 成形材料本身的性質而異；(2) 成形條件設定不當；(3) 模具設計或加工不良；(4) 成形品設計不良；(5) 機器之成形能力不足，統整如表 11-2 所示。

◆ 表 11-2　射出成形主要之成形不良及其原因 (顏智偉；張永彥，全華圖書)

不良狀態種類與原因	成形機關係	金屬模具關係	材料關係
充填不良 正常 (寶力威塑膠公司)	1. 材料溫度 (加熱缸溫度) 太低 2. 射出壓力太低 3. 材料供給不足 4. 噴嘴孔徑過小 5. 圓筒、噴嘴阻塞 6. 射出缸中溫度過低 7. 射出速度太低 (形成過遲)	1. 澆口、橫流道太小 2. 澆口位置不適當 3. 通氣口位置不適當或無，氣體未能排出 4. 模具溫度太低 5. 冷渣阻塞在橫流道或澆口 6. 成形品之肉厚不均或有特薄之處	1. 流動性差 2. 潤滑劑不良
凹陷 縮水 (捷佳塑膠科技公司)	1. 射出壓力太低 2. 射出速度太慢 3. 材料溫度 (加熱缸溫度) 太高 4. 保壓時間太短 5. 材料供給不足 6. 成形機能量不足 7. 噴嘴太細 8. 成形循環週期過快	1. 模具溫度高且溫度不均勻 2. 成形品肉厚不均 3. 澆口、流道太小 4. 冷卻時間短 5. 頂出不適當	1. 材料過軟 2. 收縮率過大
毛邊過剩 (恒景源科技公司)	1. 鎖模力不足 2. 射出壓力太高與射出速度太快 3. 材料供給過剩 4. 材料溫度 (加熱缸溫度) 太高 5. 加壓時間 (保壓，關模) 過長	1. 分模面的缺陷或異物 2. 對機械能力而言，投影面積大 3. 模具溫度太高 4. 分模面未能緊密密合 5. 模具設計不良，邊緣部份材料容易流出	流動性太好

◆ 表 11-2　射出成形主要之成形不良及其原因 (顏智偉；張永彥，全華圖書)(續)

不良狀態種類與原因	成形機關係	金屬模具關係	材料關係
銀色條痕氣泡 (華鴻螺杆公司)	1. 射出速度太快 2. 射出壓力不足 3. 射出容量太小 4. 保壓時間太短 5. 材料溫度 (加熱缸溫度) 太高 6. 射出中形成斷續	1. 排氣孔不適當 2. 澆口、橫流道太小 3. 成形品肉厚不均一 4. 成形品在模具中冷卻時間過長 5. 模具構造不良	1. 有吸濕性與乾燥不夠 2. 含有揮發性大物質 3. 流動性不佳
破裂 (工作熊網)	1. 射出壓力太高 2. 保壓時間太長 3. 加熱缸溫度太低 4. 射出速度太快或太慢	1. 成形品肉厚不均 2. 模具溫度過低 3. 澆口太小或形式不妥 4. 脫模斜度不足 5. 頂出方式不當 6. 金屬埋入件關係 7. 模穴光度不足與內部稜銳角太多 8. 滯料部未設置或不足	1. 流動性差 2. 收縮率大 3. 材料剛性不足
翹曲、變形 (壹讀網機械 CAX360)	1. 射出壓力太高或太低 2. 保壓時間太長 3. 退火不夠 4. 射出速度太快或太慢 5. 加熱缸溫度太高或太低 6. 噴嘴太小	1. 頂出機構不良 2. 模具溫度太高或太低 3. 澆口太小及位置不妥 4. 冷卻不均與冷卻時間不足 5. 成形品肉厚不均勻 6. 脫模斜度不足 7. 滯料部無設置或不足	1. 流動性差 2. 收縮率大 3. 材料剛性不足

11-5 台灣塑膠產業分析

　　台灣塑膠產業年產值逐年增加，但是企業家數與塑膠製品產值逐年降低。生產塑膠製品在現在與未來都必須面對如表 11-3 所示國際綠色法規與規範。

◆ 表 11-3　國際綠色法規與規範 (林志清，塑膠產業發展趨勢，財團法人塑膠工業技術發展中心)

地區	法令 / 政策名稱	內容說明	實施日期
歐盟	End of Life Vehicles (ELV)	為防止廢棄汽車污染環境，禁止汽車零組件內含汞 (Hg)、鉛 (Pb)、六價鉻 (Cr)、鎘 (Cd)	2003.7.1
	Waste Electronical and Electronic Equipment (WEEE)	強制訂定廢棄設備回收比例，並將其材料加以回收再利用 (製造商、品牌商、代理商負責)	2006.7.1
	Restriction of Hazardous Substance (RoHS)	禁止電機電子產品內含汞 (Hg)、鉛 (Pb)、六價鉻 (Cr)、鎘 (Cd)、多溴聯苯 (PBB、PBDE)	2006.7.1
日本	CFC 回收破法	針對 CFC 特定產品 (業務用冷凍及車用空調機) 具回收義務	2001 制定
	汽車回收法	每年 500 萬回收車輪之環境影響降至最低，以汽車製造者為回收中心進行回收義務分擔，並將其中有用金屬、零組件等回收利用	2002 制定 2005 施行
中國	家用電器回收管理條例	因應 WEEE 制定之法案	2005 2007 生效
	電子信息產品污染防治管理辦法	因應 RoHS 制定之法案	2003.02.28 公布 2007.03.01 生效

　　因此，提高塑膠產品的附加價值，以高精密性的加工設備，高效能的生產速度，高品質的模具與高功能性的原料，與重視行銷策略，和優秀的人才與研發，才能面對競爭力。如圖 11-29 所示為目前台灣有關塑膠產業的 SWOT 之分析。故台灣塑膠產業未來的發展趨勢必須朝如圖 11-30 所示技術、市場、設備、環境等四大方向。

Strength (優勢)	Weakness (劣勢)
● 製程技術發展成熟 ● 廠商與國際市場高度接軌 ● 廠商快速回應客戶需求 ● 周邊產業完整，技術支援度高	● 關鍵原料議價能力差 ● 人才明顯流向新興熱門產業，本產業後進人才吸收不易 ● 缺乏跨領域的認證平台及研發能量 ● 大部分廠商屬中小企業，普遍缺乏研發能力 ● 國外大廠以專利佈局保護市場，突破不易 ● 針對國內的需求，則必須仰賴進口，各國平均進口單價均高於我國平均出口單價
Opportunity (機會)	Threat (威脅)
● 大陸市場的需求 ● 綠色採購的商機 ● 在3C、醫療產業等高科技領域之應用 ● 近年泛用塑膠在工程領域中的需求量日益增加	● 原油價格的上漲 ● 關鍵原料不足 ● 景氣低落環境中，廠商僅能以產業外移因應 ● 大陸廠商的低價競爭 ● 環保的技術貿易障礙

• 圖 11-30 塑膠產業的 SWOT 分析 (林志清，塑膠產業發展趨勢，財團法人塑膠工業技術發展中心)

生活小常識

台灣塑膠產業

塑膠製品產業是石油化學工業的一支，對國家經濟發展助益顯著。然台灣資源缺乏，石油皆仰賴進口，自五十年代開始發展石化產業，以逆向整合方式完成一貫性作業生產體系，即由下游產業開始逐步建立中、下游工業體系。塑膠加工業正是該體系中之下游產業，其特性為所須資本較小、技術層面不高且勞力密集。而此六、七十年代經濟發展中扮演重要的角色。

• 圖 11-30　塑膠產業未來發展趨勢 (林志清，塑膠產業發展趨勢，財團法人塑膠工業技術發展中心)

　　針對台灣的優勢與機會，在產品與技術發展趨勢上，如圖 11-31 所示，可朝三大方向應用，如泛用塑膠材料、泛用工程塑膠材料、高性能工程塑膠材料，可用於多種產業用途。

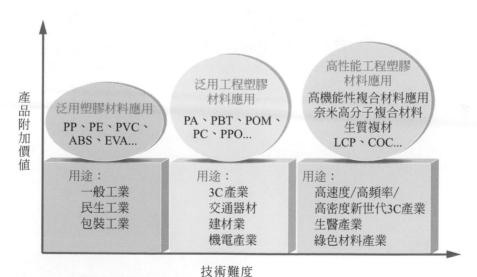

• 圖 11-31　技術發展趨勢 (林志清，塑膠產業發展趨勢，財團法人塑膠工業技術發展中心)

生活小常識

食品容器規範與檢測

一、符合總則性規範

1. 塑膠製食品容器及包裝不得回收使用。

2. 食品器具、容器或包裝不得有不良變色、異臭、異味、污染、發霉、含有異物或纖維剝落。

3. 專供 3 歲以下嬰幼兒使用之食品器具及容器，不得添加 DEHP、DNOP、DBP 及 BBP 等 4 種塑化劑。

4. 嬰幼兒奶瓶不得使用含雙酚 A (Bisphenol A) 之塑膠材質。

二、符合試驗標準

1. 材質試驗：是測試食品容器具包裝的材質種類，及特定風險物質含量。

2. 溶出試驗：在特定的條件下利用不同的溶媒，測試可能造成的溶出殘渣 (包括蒸發殘渣與高錳酸鉀消耗量)、重金屬或塑化劑情況，確保該容器符合標示的耐受範圍。「蒸發殘渣」是反映食品包裝袋在使用過程中遇醋、酒、油等液體時析出的殘渣含量，在塑膠材料的試驗中，檢測蒸發殘渣確認溶出的無機物，是主要的檢測項目。另一個「高錳酸鉀消耗量」主要是用來檢測有機物質溶出量，這些溶出的有機物質可能會遷移至食品上。

學後評量

11-1 1. 塑膠與鐵金屬比較，前者具有何種優、缺點？

2. 台灣依國家標準之食品容器材質分七種規範，請圖示說明符號、名稱與常見產品。

11-2 3. 舉 6 種熱塑性塑膠，並說明其主要用途。

4. 舉 6 種熱固性塑膠，並說明其主要用途。

5. 何謂熱塑性塑膠？何謂熱硬性塑膠？

11-3 6. 塑膠加工分為那五大類？

7. 補強成形、鑄造成形與發泡成形的主要用途為何？

8. 塑加加工中常見之模塑成形方法有哪些方法？主要針對哪些塑膠產品製造？

11-4 9. 塑膠模具組主要元件須具備哪兩個單元？

10. 塑膠模具中何謂模仁？

11. 塑膠模具中，縫合線形成的原因為何？

11-5 12. 台灣有關塑膠產業面對哪些優勢、劣勢、機會和威脅？

13. 台灣在塑膠產品和技術發展趨勢上，可朝哪三大方向應用？

筆記頁 Note

Chapter 12

特殊切削加工

隨著科技的進步及發展，機械產品的製造方法與過程也隨之研發出新的方法與製程，例如細微尺寸、複雜外型、高強度及高硬度材料、極薄或極長工件、產品有特別限制的性質及非金屬材料的加工等。這些超越傳統加工方式的方法，被稱為非傳統加工方法，本篇僅敘述粉末冶金、金屬射出成型、電積成型、塑膠加工及特殊切削加工等。本章就特殊切削加工作分類，並分別就機械式、熱電式、電化式、化學式作舉列說明。

本章大綱

12-1 特殊切削加工法分類

特殊切削加工法有四種加工方法，各主要原理及用途如表 12-1 所示，分類說明如下：

1. **機械式法**：超音波加工、磨料噴射加工及水噴射加工。
2. **熱電式法**：電子束加工、雷射加工及放電加工。
3. **電化式法**：電化加工、電化研磨加工。
4. **化學式法**：化學切胚加工、化學雕刻加工及化學銑切加工。

◆ 表 12-1　特殊加工原理與用途對照表

種類		原理	用途
機械式	超音波加工	高速振動機械能	硬脆材料，如碳化物、玻璃、寶石之鑽孔、攻絲
	磨料噴射加工	高速撞擊 (動能)	硬脆材料之加工或清潔、磨光
	水噴射加工	高速水流機械能	木材、塑膠、纖維、陶瓷、大理石之加工
熱電式	電子束加工	動能轉為熱能	適宜任何材料、藍寶石加工
	雷射束加工	光能轉為熱能	用於非金屬、硬質材料如鑽石、碳化鎢之微細孔加工
	放電加工	電火花產生熱能	具導電之硬材料皆可加工，也碳化鎢
電化式	電化加工	電解作用	具導電金屬之鑽孔、外形輪廓加工
	電化研磨	90% 電解作用	具導電金屬之磨光
化學式	化學切胚	腐蝕作用	薄板片製品，如鐘錶用小齒輪
	化學雕刻	腐蝕作用	厚板材製品，如不鏽鋼雕花門、名牌製作
	化學銑切	腐蝕作用	鋁及鋁合金之局部切除加工

生活小常識

超音波加工進行鑄鐵材料的孔加工比較（王士榮，南亞學報第 29 期）

鐵材料 (FC30) 分別採用超音波加工 (Ultrasonic cutting) 鑽石磨棒、傳統切削鑽頭 (Common cutting) 及線切割 (Wire cutting) 表面輪廓加工等三種方法加工孔壁後，結果超音波加工較傳統切削相差了 6.5 倍 Rmax 粗糙度以上，Rmax 兩者之間大約相差 27.56μm。另在 Ra 粗糙度方面則減少了 10.2 倍大約 3.9μm，顯示以超音波加工的孔壁表面粗糙度最佳。

12-2 機械能加工法

1. **超音波加工 (Ultrasonic machining，USM)：** 超音波加工的原理是利用高速震動，乃在液體中混合碳化硼磨料，在工具頭與工件間，以高速震動促使磨料撞擊工件表面，以達到磨除部分材料之加工法，如圖 12-1 所示為其原理示意圖，如圖 12-2 所示為超音波加工機實體。工具之震動頻率達 20000 ～ 30000 次 / 秒，適用於硬脆材料之加工，如碳化物、玻璃及寶石之鑽孔、攻絲加工。

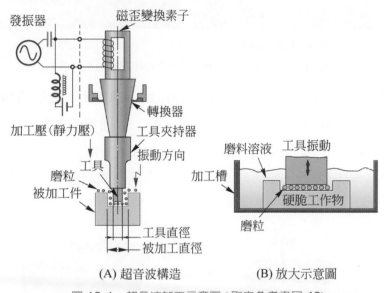

(A) 超音波構造　　(B) 放大示意圖

• 圖 12-1　超音波加工示意圖 (取自參考書目 42)

生活小常識

微細加工硬脆材料

詹易築 (2002) 將超音波共振頻率保持在 20 kHz、進給率保持在 0.5 mm/min 至 0.1 mm/min。在玻璃、玻璃陶瓷、熔石英和矽等不同的脆性材料上加工出直徑小於 100 μm 且表面粗度 Ra 小於 150 奈米 (nm) 的幾何微結構。加工參數如磨粒種類、磨粒粒徑和進給率，發現利用由粗而細加工的多道次加工法，可得較佳表面並兼顧其加工效率。

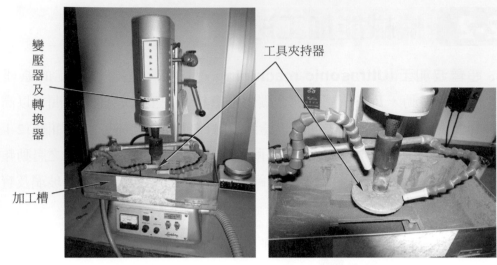

變壓器及轉換器

工具夾持器

加工槽

(A) 超音波加工機　　　　　　　　(B) 加工槽放大圖

• 圖 12-2　超音波加工機 (南開技術學院機械系提供)

2. **磨料噴射加工 (Abrasive jet machining，AJM)**：此法係利用壓縮空氣控制磨料，以 160 ～ 330 m/sec 之高速撞擊工件而達到磨削目的加工法。如圖 12-3 所示，一般切削為目的之磨料皆使用氧化鋁或碳化矽；若用於清潔、磨光時，則以白雲石、重碳酸鈉為磨料，用於硬脆材料加工，並不適宜軟質材料。

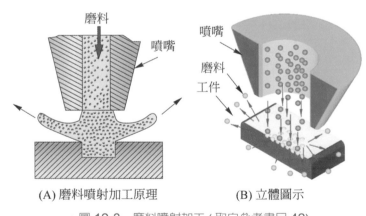

磨料

噴嘴

噴嘴

磨料
工件

(A) 磨料噴射加工原理　　　　　　(B) 立體圖示

• 圖 12-3　磨料噴射加工 (取自參考書目 42)

3. **水噴射加工 (Water-jet machining，WJM)**：此法是藉高達 650 ～ 10400 m/secs 的速度及直徑約 0.25 mm 的高速水束作為切削工具之法，又稱水刀，如圖 12-4 所示為其加工過程示意圖，用於切斷木材、塑膠、纖維以及瓷器之加工。若水柱中加入磨料，可切割銅、鋁等金屬。

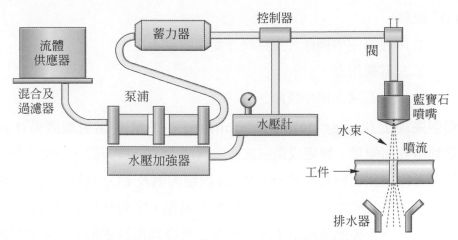

• 圖 12-4　水切割加工過程示意圖 (取自參考書目 37)

12-3 熱能式加工法

1. **電子束加工 (Electron beam machining，EBM)：** 乃是藉高速電子撞擊到工件上變成熱能，由於熱能的高度集中，將工件受熱部分之材料揮發，以達到切削的目的，如圖 12-5 所示，實施時大多在真空中為之。其特點如下：

   (1) 優點

   ① 在真空中進行加工，不易受污染。

   ② 適宜任何材料及藍寶石加工。

   ③ 製品之精密度甚高，可作極細孔之加工，可製出 0.05 mm 之小孔。

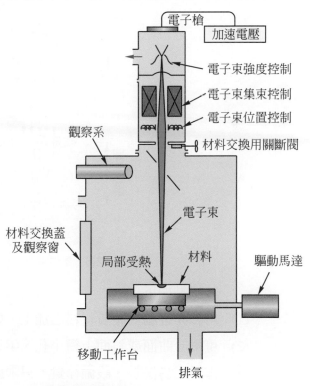

• 圖 12-5　EBM 加工原理 (取自參考書目 46)

(2) 缺點

① 因在眞空中操作，工件尺寸受到限制。

② 設備費用高。

③ 須具高度之操作技術。

2. **雷射束加工 (Laser beam machining，LBM)**：雷射或激光 (Laser) 主要爲利用外加能量，轉變成電磁波並將其放大的一種裝置。一般工業界中最常使用者如釔鋁石榴石晶體 (Nd-YAG) 固體雷射及 CO_2 氣體雷射。雷射加工大體可分爲雷射熱加工和光化學反應加工兩類，雷射熱加工是指利用一束極強之單色光束，經過透鏡聚焦後在焦點上激發高能量密度並投射到材料表面產生的熱效應，使一部分材料因光的熱能將工件融化、汽化而除去的加工過程，如圖 11-48 所示。光化學反應加工是指雷射光束照射到物體，借助高密度雷射高能光子引發或控制光化學反應的加工過程。包括光化學沉積、立體光刻、雷射蝕刻等。

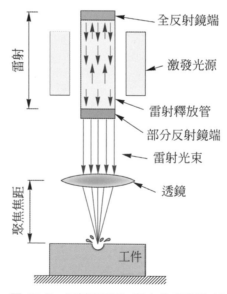

• 圖 12-6　雷射束加工 (取自參考書目 42)

其特點如下：

(1) 用於非金屬、硬質材料之加工，如鑽石、碳化鎢上鑽極細之孔。

(2) 可用於曲面或斜面上鑽小孔、半導體加工及三次元形狀加工。

(3) 雷射光易傷眼，設備昂貴，只限於小件加工。

(4) 雷射加工熱影響範圍小，用於雕刻、切割、浮雕、焊接、打標、劃片、毛化及三維成型，如圖 12-7 和圖 12-8 所示。

雕刻效果

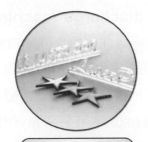

切割效果

印章雕刻效果

3D 浮雕效果

影像雕刻

綜合範例

• 圖 12-7　雷射切割雕刻機加工例 (正詠資訊提供)

(A) 劃片電路

(B) 三圍成型

(C) 防偽標記

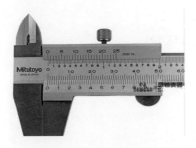

(D) 打標字與線條

(E) 雷射毛化

• 圖 12-8　雷射加工用途多樣化 (中國電子元器件網、photophoto 網、998hw 網、三豐儀器、東瑞機械公司)

3. **放電加工 (Electrical discharge machining，EDM)**：係將工件浸於介質液中 (介質液須具有絕緣性，如煤油、EDM Oil)，利用一定形狀之電極產生放電火花將金屬表面蝕刻，在極短時間內有大量極小金屬顆粒熔化，同時被絕緣之液體在壓力下沖洗而去，達到金屬切削目的。如圖 12-9(A)(B) 所示原理。另外，以細銅線 (0.01 ~ 0.25 mm) 作為電極，在銅線與工件間產生放電，以 CNC 控制程式作二次元輪廓形狀加工者為 CNC-WEDM，稱為線切割放電加工機 (WEDM)，如圖 12-9(C) 所示為其原理示意圖，以脫離子水作為加工液，如圖 12-10 所示為 CNC-WEDM 及其加工製品實例。

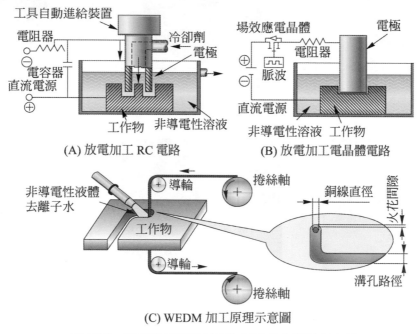

(A) 放電加工 RC 電路   (B) 放電加工電晶體電路

(C) WEDM 加工原理示意圖

• 圖 12-9 放電加工原理示意圖 (取自參自書目 41&42)

生活小常識

複合放電加工技術研發及大面積放電加工

(林炎成、陳順隆 & 卓漢明，國科會成果報告)

以超音波與磁力輔助複合放電加工法對 SKD 61 模具鋼進行放電加工實驗，結果此法對極間狀態的穩定發揮明顯的效益，顯著提升放電加工特性，可大幅提升材料去除率及降低表面粗糙度，對大面積放電加工具應用的潛力。

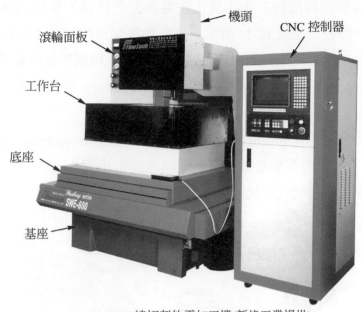

滾輪面板
機頭
工作台
底座
基座
CNC 控制器

(A) CNC 線切割放電加工機(新烽工業提供)

(B) CNC-WEDM加工製品實例(健陞機電提供)

• 圖 12-10 CNC 線切割放電加工機及其加工例 (健陞機電提供)

生活小常識

微細加工硬脆材料

由於線切割放電加工所要設定的參數多且複雜,故開發廠商所設計的不同放電
迴路或機型時,都須耗費相當多的人力、物力與時間找出不同線電極直徑與不
同材料適合之參數組合。

　　另以管狀電極對工件作鑽孔放電加工之機器，兼具 EDM 及 WEDM 之功能於一體者，如圖 12-11 所示爲細孔放電加工機 (EDM drilling)，加工液可採油或水，對加工鋁材不會產生氧化層，加工鎢鋼無軟化層及倒角現象，品質良好且精密度高，電極尺寸可小至 ϕ0.03 mm，適合噴嘴之微細孔徑之高精度加工。

　　近年來，更進而發展超微細放電加工機 (Wire electrodischarge grinding，WEDG)，用銅線電極放電成型，電極直徑可小至 5 μm，可作導電性材料、半導體加工及 3 次元形狀加工。

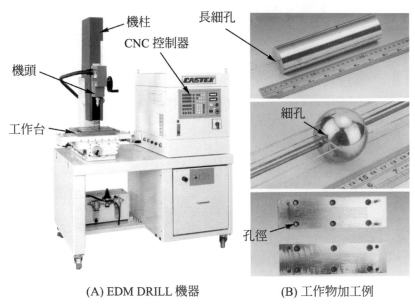

(A) EDM DRILL 機器　　　　　　(B) 工作物加工例

• 圖 12-11　細孔放電加工機 (嘉昇機電提供)

放電加工的特點有：

(1) 係在工件 (正極) 與工具電極 (負極) 兩者間通以電流產生火花而將工作物加工成型者。

(2) 工作物與電極間有一小間隙 (0.2 ～ 0.5 mm)，亦即工具電極爲非接觸性的切削加工，常用電極材料爲銅、黃銅。

(3) 加工速度慢，加工面不很光滑且工具電極會消耗。

(4) 以工具電極的外型作成工件物之內表面，故不需另外製作模具。

(5) 放電加工之工件表面粗糙度值與放電的電流成正比，即電流愈大，放電能量愈大，加工速度變大，但加工面之表面愈粗糙 (表面粗糙值愈大)。故小電流 (高頻率) 之金屬蝕除和蝕坑少，可得表面光度較佳。

同時，放電加工具有下列優點：

(1) 具導電之硬材料皆可加工。如淬火鋼、碳化鎢。

(2) 可加工外型複雜或不規則工件。

(3) 可加工狹長溝槽或孔。

(4) 孔徑之尺寸及精度一次加工完成，精度達 0.2 ～ 0.25 μm。

(5) 工件不受力、不產生殘留應力，太脆或太薄的工件不會斷裂，工件硬度太高或韌性太大、太脆者之金屬件皆適合採用此法加工。

生活小常識

微放電加工方法製作微細槽

(卓漢明、顏炳華、黃豐元，Journal of Materials Processing Technology, 91(1999)
161-166. (SCI/EI)

利用自行設計之精密迴轉式圓盤電極機構，可以快速完成微細槽孔放電加工，並克服電極消耗問題，提高加工精度及加工效率。如圖製作出各種微細槽，以及具有十個槽之類似微散熱片的微細槽加工。

連續微續槽之加工 (Width of slit = 42 μm. Workpiece size = 0.4 × 0.4 × 1.2 mm)

微放電加工之微細散熱片(與螞蟻對比)

12-4 : 電化能加工法

此法爲電解作用，工具與工件不接觸，加工過程熱量少，不影響金相組織，而且不產生毛邊，表面品質佳，說明如后。

1. **電化加工 (Electro chemical machining，ECM)**：如圖 12-12(A) 所示，原理同電鍍法，唯工件爲陽極而工具爲陰極，又稱爲反電鍍法。此法之特點如下：

   (1) 工具：必需爲導體，大都爲銅。(工具與工件不接觸)

   (2) 電解液：大都使用氯化鈉溶液。

   (3) 任何金屬經電化加工後，均不致產生殘留應力，常用於一般傳統加工法所無法製出之複雜形狀之製品，除用於加工凹下之模穴外，尚可用於鑽孔、外型輪廓之加工等。

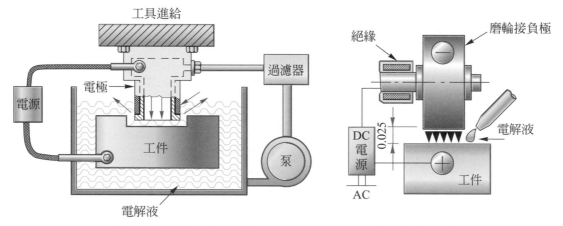

(A) 電化加工原理(取自參考書目42)   (B) 電化研磨加工(取自參考書目39)

• 圖 12-12 電化加工與電化研磨加工

2. **電化研磨 (Electro chemical grinding，ECG)**：此法工作原理與 ECM 相同，用金屬膠合之氧化鋁磨料或鑽石粉粒之磨輪，以代替電極 (陰極)，而以具導電之工件爲陽極，如圖 12-12(B) 所示。其特點如下：

   (1) 電解液爲噴射式之磷酸鈉、硝酸鈉、亞硝酸鈉水溶液。

   (2) 電化研磨不產生熱量、無毛邊、表面精光度可達 0.2 ～ 0.3 μm。

   (3) 90% 工作係藉電解作用完成，爲電解與磨削同時使用加工法。

12-5 化學能加工法

化學式特殊切削加工法乃利用金屬工件置於化學溶劑之腐蝕作用，以達到切除多餘部分之目的的加工法，此法亦被用在印刷電路板和製造微機電系統的零組件。常見者有：

1. **化學切胚 (Chemical blanking，CHB)**：此法一如用衝床衝製金屬板片製品為目的之法而得名，如圖 12-13 所示，用於形狀複雜、製模困難且價昂，或板材太薄、性質太軟、太脆而不易衝製時，皆可採用此法，如鐘錶用小齒輪或印刷電路板之無毛邊蝕刻。其特點是加工後製品不會留有毛邊，極薄之金屬板片亦不會扭曲變形，且設備及操作費用低。然而缺點是操作者需具備專業技術及製作底圖的環境及設備，且化學溶劑本身具有腐蝕性。腐蝕液一般用氯化鐵，鋁則加苛性鈉，玻璃用氟化氫。

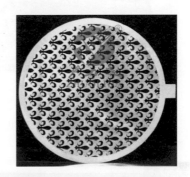

• 圖 12-13　化學切胚製品

生活小常識

化學切胚原理

化學切胚是照相複製和化學腐蝕相結合的技術，在工件表面加工出精密複雜的凹凸圖形，或形狀複雜的薄片零件的化學加工法。其加工原理是先在薄片形工件兩表面塗上一層感光膠，再將兩片具有所需加工圖形的照相底片，對應地覆置在工件兩表面的感光膠上進行曝光和顯影，感光膠受光照射後變成耐腐蝕性物質，在工件表面形成相應的加工圖形；然後將工件浸入 (或噴射) 化學腐蝕液中，由於耐腐蝕塗層能保護其下面的金屬不受腐蝕溶解，從而可獲得所需要的加工圖形或形狀。

2. **化學雕刻 (Chemical engraving，CHE)**：此法是用化學腐蝕方法以代替手工或縮放雕刻機 (Pantograph) 的雕刻工作而得名，常用於不鏽鋼雕花門、名牌之製作，如圖 12-14 所示，但雕刻之文字或圖案等僅在金屬之一面，花紋可凹下或凸出，且其費用低廉，及幾乎可應用於任何金屬上。

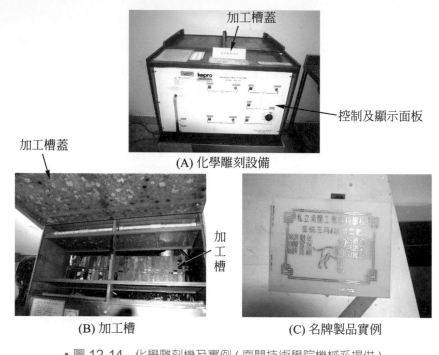

(A) 化學雕刻設備

(B) 加工槽

(C) 名牌製品實例

• 圖 12-14　化學雕刻機及實例 (南開技術學院機械系提供)

生活小常識

化學加工歷史沿革 (參考自百度百科)

14 世紀末已利用化學腐蝕方法，來蝕刻武士的鎧甲和刀、劍等兵器表面的花紋和標記。19 世紀 20 年代，法國的涅普斯利用精製瀝青的感光性能，發明了日光膠板蝕刻法。不久又出現了照相製版法，促進了印刷工業和光化學加工的發展。

到了 20 世紀， 第二次世界大戰期間，人們開始用光化學加工方法製造印刷電路。50 年代初美國採用化學銑削方法來減輕飛機構件的重量。50 年代末，光化學加工開始廣泛用於精密、複雜薄片零件的製造。60 年代，光刻已大量用於半導體器件和積體電路的生產。

3. **化學銑切 (Chemical milling，CHM)**：此法表示可代替銑床之局部銑切加工之意而得名，主要以鋁及其合金為主要加工對象，用於減輕工件的重量及複雜的模型製造，是一種選擇性的金屬切除法。特點是此加工法既不會產生內應力，又不使金屬結晶產生變化而影響機械性質，其腐蝕深度可做斜度，操作者不需高度技術即可得高精度及光度之工件。此法加工步驟如圖 12-15 所示，加工設備及製品實例如圖 12-16 所示。

• 圖 12-15　化學銑切加工流程 (取自參考書目 5)

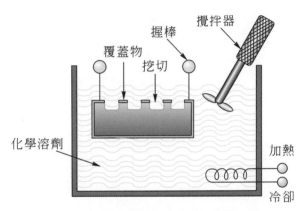

• 圖 12-16　化學銑切 (取自參考書目 38)

生活小常識

化學銑削原理與製程

化學銑削是把工件表面不需要加工部分用耐腐蝕塗層保護 (保護膠一般用氯丁橡膠或丁基橡膠等)，而後將工件浸入化學腐蝕溶液中，使未保護的工件加工表面與化學溶液產生反應，而不斷地被溶解去除。工件材料溶解的速度一般為 0.02 ～ 0.03 毫米 / 分。此法優點是工藝和設備簡單、操作方便和投資少，缺點是加工精度不高，一般為 ±0.05 ～ ±0.15 毫米。

化學銑削的製造過程包括：工件表面預處理、塗保護膠、固化、刻型、腐蝕、清洗和去保護層等程序。

學後評量

12-1　1. 非傳統加工法共分哪四種加工法？並請舉例。

12-2　2. 機械式非傳統加工法有哪些方法？並請簡述其原理與用途。

12-3　3. 電子束加工之優、缺點為何？

　　　4. 放電加工有何優點及缺點？

　　　5. 熱電式非傳統加工法有哪些方法？並請簡述其原理與用途。

12-4　6. 電化式非傳統加工法有哪些方法？並請簡述其原理與用途。

12-5　7. 化學式非傳統加工法有哪些方法？並請簡述其原理與用途。

第四篇

表面處理加工

本篇大綱

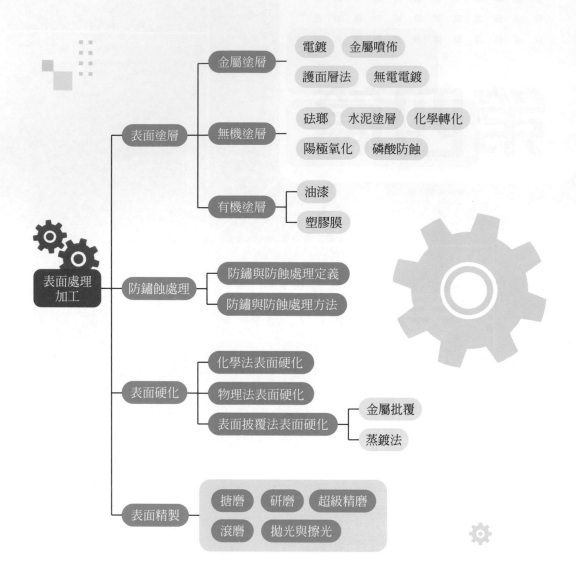

表面塗層

隨著科技的進步，材料的應用被嚴苛地要求精度與光度外，工件表面在惡劣環境下，需具有耐高溫、耐磨耗、防鏽、抗鹼、抗強酸等不同要求，並期能具有產品的功能性及壽命，這些功能可透過本篇的表面處理加工所敘述擇一或擇多方法加以應用。因此，本篇所說明內容早已成為機械、航太、民生等產業相關製品的製程中，不可缺少的一個重要加工環節，經過表面處理過的產品，不但增進工件表面的光滑與美觀，亦可提高材料的機械性質與經濟價值。

本章大綱

13-1 金屬塗層

表面處理 (Surface treatment) 在工業界，常用來增加機件的物理、化學或機械性質，以便改善其硬度、光度、耐腐蝕及其壽命。可分成表面精製、表面形成與表面塗層三大類，如圖 13-1 所示。而常見之表面塗層有金屬塗層、無機塗層與有機塗層三種，說明如下：

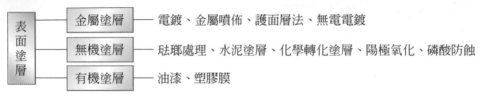

• 圖 13-1　表面塗層之分類

金屬塗層 (Metal coating) 乃利用某種物質以化學方法或電解法，使金屬表面塗上一層保護層，達成機件性質及品質改善之法，稱為金屬塗層 (Metal coating)。

常見之金屬塗層法分述如後。

一、電鍍 (Electroplating)

(一) 原理和目的

電鍍屬性為表面加工方法，類屬防護性鍍層，是一種電化學的氧化還原過程。電鍍的基本過程是將待鍍工件 (基體材) 浸在金屬鹽的電解液中作為陰極，把欲鍍之純金屬作為陽極，通以直流電，則純金屬離子由陽極游離至陰極，而逐漸在待鍍工件上形成一薄鍍層，如圖 13-2 所示。電鍍的目的是能增強金屬抗氧化 (如鏽蝕)、抗腐蝕性，提高耐磨性、導電性、反光性、光滑性及增進美觀等作用。

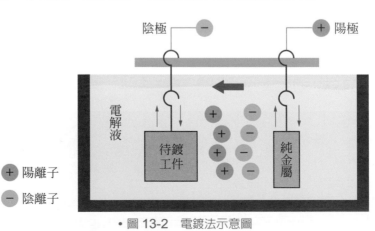

• 圖 13-2　電鍍法示意圖

1. **電解液選用**：有酸性的、鹼性的和加有鉻合劑的酸性及中性溶液，電鍍時須選用含鍍層金屬陽離子的溶液做電鍍液。

2. **純金屬選用**：欲鍍之純金屬陽極大多數為與鍍層相對應的可溶性陽極，如鍍鋅為鋅陽極，鍍銀為銀陽極。但少數因電鍍時陽極溶解困難而使用不溶性陽極，如酸性鍍金使用的是鉑或鈦陽極，鍍鉻陽極使用純鉛、鉛 - 錫合金、鉛 - 銻合金等不溶性陽極。

（二）電鍍方式

電鍍分為掛鍍、滾鍍、連續鍍和刷鍍等方式，主要與待鍍工件的尺寸和批量有關。掛鍍適用於一般尺寸的製品，如汽車的保險桿，自行車的車把等。滾鍍適用於小件、緊固件、墊圈、插銷等。連續鍍適用於成批生產的線材和型材，而刷鍍適用於局部鍍或修復。

（三）電鍍的基體材料

電鍍的基體材料分金屬電鍍與非金屬電鍍兩種，分述如下。

1. **金屬電鍍**

    (1) 用途分類：說明如下。

    ① 防護性電鍍：主要是作為耐大氣及環境的防腐蝕鍍層，通常使用鍍鋅、鍍鎳、鍍鎘、鍍銠、鍍錫等鍍層。在銀首飾都有鍍銠，以防止銀氧化變黑。

    ② 裝飾性電鍍：主要是以裝飾為目的，多半裝飾性電鍍是由多層電鍍層組合出來的電鍍。這類電鍍以五金材質作為首飾，鍍層比如黃金、18k 金、彩色金屬等。

    ③ 防護與裝飾電鍍：鍍層如 Cu-Ni-Cr、Ni-Fe-Cr 複合鍍層等，既有裝飾性，又有防護性。

    ④ 修復性鍍層：如電鍍 Ni、Cr、Fe 層進行修復造價高的一些磨損件或表面粗度加工件。

    ⑤ 功能性鍍層：如 Ag、Au 等導電鍍層，以改善導電接觸阻抗，增進信號傳輸。Ni-Fe、Fe-Co、Ni-Co 等為導磁鍍層；Cr、Pt-Ru 等為高溫抗氧化鍍層；Ag、Cr 等為反光鍍層；黑鉻、黑鎳等為防反光鍍層；

硬鉻、Ni・SiC 等為耐磨鍍層；Pb、Cu、Sn、Ag 等為銲接性鍍層，防滲碳則鍍 Cu 等。

(2) 常見金屬電鍍：說明如下。

① 鍍鎳 (Nickel)：打底用或做外觀，增進抗蝕能力及耐磨能力，但由於鎳有磁性，許多電子產品中已經不再使用鎳打底，以免影響到電性能。

② 鍍銅 (Copper)：打底用，增進電鍍層附著能力及抗蝕能力，如圖 13-3(A) 所示。鍍銅易在空氣中與二氧化碳或氯化物作用，表面生成一層碳酸銅或氯化銅膜層，受到硫化物的作用會生成棕色或黑色硫化銅，若做為裝飾性的鍍銅層需在表面塗覆有機覆蓋層。

③ 鍍鉻 (Chrome)：在機件上鍍鉻，可以增加耐磨性、耐蝕性，且因具有亮麗光澤，而增加其附加價值，如圖 13-3(B) 所示霧燈外殼鍍鉻。

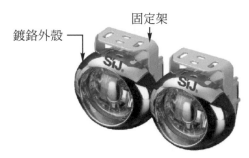

(A) 不鏽鋼門鍍銅   (B) 鍍鉻霧燈外殼

• 圖 13-3　鍍銅與鍍鉻 (一比多網 & 新傑燈光科技公司)

④ 鍍錫 (Tin)：錫鍍層有下列特點和用途：①化學穩定性高；②錫導電性與銲接性佳；③馬口鐵乃鍍錫，用於如圖 13-4(A) 所示，食品容器、罐頭之表面處理。

(A) 馬口鐵皮容器製品   (B) 鍍鋅鐵皮製品

• 圖 13-4　鍍錫與鍍鋅 (業士金屬製品 & 陳海金屬製品公司 & 機電之家網)

⑤ 鍍鋅 (Galvanizing)：鋅鍍層經鈍化處理、染色或塗覆護光劑後，能顯著提高其防護性和裝飾性。常見有如圖 13-4(B) 所示，鍍鋅鐵皮，俗稱白鐵皮，乃是低碳鋼板上鍍鋅，可增加其耐蝕性。

2. 非金屬電鍍 (Non-metal plating)

非金屬材料如塑膠、陶瓷、玻璃、石膏、木材等，進行電鍍前應進行表面處理，使鍍件具有良好的表面狀態和導電性。

(1) 非金屬電鍍

非金屬電鍍乃對非金屬材料進行表面處理，其流程包括：

① 機械粗化：一般採用噴砂處理，以增加鍍層與基體的接觸面積，提高結合強度。

② 化學除油與粗化：化學粗化進一步提高機械粗化的效果。

③ 敏化和活化：敏化使非金屬表面吸附一層易氧化的物質，如氯化亞錫 ($SnCl_2$，二氯化錫，Stannous chloride)，以便在活化處理時把起催化作用的金屬如鈀還原成膠粒狀態。

④ 催化金屬作用：在催化金屬作用下進行化學鍍銅或化學鍍鎳，然後再進行常規電鍍。

(2) 非導體電鍍 (Nonconductors plating)

非導體金屬化除了電鍍 (Electroplating) 方法外，還有如真空金屬化法 (Vacuum metalizing)、陰極濺射法 (Cathode sputtering) 及金屬噴射法 (Metal spraying)。非導體電鍍法須先將非導體表面形成導電化，其過程是將物件用機械或化學方法粗化 (Roughening) 得到內鎖表面 (Interlocking surface)，然後披覆上導電鍍層。披覆導電鍍層方法有：

① 青銅處理 (Bronzing)：將金屬細粉末，通常是銅粉混合黏結劑 (Binder)，塗在物件上，然後用氰化銀溶液浸鍍。

② 石墨化 (Graphiting)：石墨粉塗在臘 (Wax)、橡膠 (Rubber) 及一些聚合物 (Polymers) 上，再用硫酸銅溶液電鍍。

③ 金屬漆 (Metallic paints)：將銀粉與溶劑 (Flux) 塗覆在物件上加以燒結 (Fire) 得到導電性表面，或用硫酸銅溶液電鍍。

④ 金屬化 (Metalizing)：用化學方法形成金屬覆層 (Metallic coating)，通常是銀鍍層。將硝酸銀溶液及還原劑溶液，如福馬林 (Formaldehyde) 或聯胺 (Hydrazine) 分別同時噴射在物件上得到銀的表面。

(3) 塑料電鍍 (Plasticplating)

　　工業用產品常見塑料電鍍，如 ABS(丙烯 - 丁二烯 - 苯乙烯共聚物)、PP(聚丙烯)、聚碳酸酯、尼龍、酚醛樹酯、玻璃纖維 (補強塑膠)、PS(聚苯乙烯) 等，其中以 ABS 塑膠電鍍應用最廣、電鍍效果最好，其次是聚丙烯。今日已有大量塑膠電鍍產品應用在電子、汽車、家庭用品等工業上，如圖 13-5 所示。

(A) 手機殼金屬紋路　　　　　　　　(B) 汽車前通氣柵欄標牌與內飾

・圖 13-5　塑膠電鍍產品 (英國阿多尼斯公司)

　　電鍍塑膠材料的選擇，須綜合考慮材料的加工性能、機械性能、材料成本、電鍍成本、電鍍的難易程度以及尺寸精度等因素。塑料電鍍流程為：

① 清潔 (Cleaning)：去除塑膠成型過程中留下的汙物及指紋，可用鹼劑洗淨再用酸浸中和及水洗乾淨。

② 溶劑處理 (Solvent treatment)：使塑膠表面能濕潤 (Wetting) 以便與下一步驟的調節劑 (Conditioner) 作用。

③ 調節處理 (Conditioning)：將塑膠表面粗化成內鎖的凹洞，以使鍍層密實不易剝離，也稱為化學粗化。

④ 敏感化 (Sensitization)：將還原劑吸附於塑膠表面使具有還原性，常用還原劑有氯化亞錫或其它錫化合物。

⑤ 成核 (nucleation)：將具有催化性物質如金，吸附於敏感化 (還原性) 的表面，經還原作用結核成具有催化性的金屬種子 (Seed)，然後可作常規的金屬電鍍。

3. 塑料電鍍優缺點

與金屬製件相比，電鍍塑膠製品的優缺點如表 13-1 所示。

◆ 表 13-1　電鍍塑膠製品的優缺點

優點	缺點
1. 製品比重小、易於加工成型。 2. 耐蝕性、耐藥性佳。 3. 電絕緣性優良。 4. 價格低廉、可大量生產。 5. 有金屬質感且能減輕製品重量	1. 耐候性差、易受光線照射而脆化。 2. 耐熱性、耐磨性差。 3. 機械強度小。 4. 吸水率高。

（四）電鍍設備

　　電鍍後被電鍍物件的美觀性和電流大小有關係，電流越小，被電鍍的物件便會越美觀。反之則會出現一些不平整的形狀。電鍍工業與日常生活的產品息息相關，然電鍍後處理，如圖 13-6 所示產生的污水 (如失去效用的電解質) 則須妥善處理；電解精煉時落於電解槽底的泥狀陽極泥物質，主要由陽極粗金屬中不溶於電解液的雜質和待精煉的金屬組成，可以回收作爲提煉金、銀等貴重金屬的原料，電鍍設備如圖 13-7 所示。

(A) 電鍍廢水處理工程　　　　　(B) 陽極泥之一　　　　　(C) 陽極泥之二

• 圖 13-6　電鍍後產物 (udn 部落格、科威機械公司 & 互聯環保公司)

• 圖 13-7　電鍍設備 (盛德科技公司 & 搜狗百科)

二、金屬噴敷 (Metal spray)

將金屬加熱至融化狀態，藉壓縮空氣將之噴至金屬表面上，而形成一層包覆層之法稱為金屬噴敷法。為加強表面附著力，噴敷前應做噴砂處理與表面清潔工作，以增加金屬液與基材工件之結合力，噴敷後材料不歪曲變形，不生內應力等優點，但設備費貴是其缺點。常見使用法有：

1. **金屬線或金屬粉末噴佈 (Metallining or metal powder spraying)**：以氧乙炔火焰將金屬線或金屬粉末加熱至融化狀態後，藉壓縮空氣將之噴佈在金屬板上之法，如圖 13-8 和圖 13-9 所示。

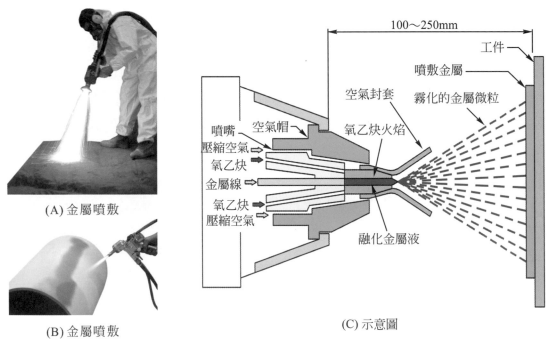

(A) 金屬噴敷

金屬線噴佈
示意動畫
(均牧實業公司)

(B) 金屬噴敷

(C) 示意圖

• 圖 13-8　金屬線噴敷 (取自參考書目 18，Metallistation 公司)

(A) 金屬線噴佈設備

(B) 金屬線噴佈實例

• 圖 13-9　金屬線噴佈機件工廠實例 (取自均牧實業公司)

2. 電漿焰噴佈 (Plasma flame spraying)：又名高溫電離氣噴敷法，利用氬、氫、氮等氣體通過電弧而離子化，溫度可達 16000℃以上之電漿，當材料通過此電離氣流時立即被熔化，再被噴佈在表面上之法，如圖 13-10 所示。因電漿溫度極高，特別適合高熔點材料及陶瓷材料噴敷使用，如碳化鎢、氧化鋯、氧化鋁等；欲噴佈之工件，可為任何金屬或木材、玻璃、陶瓷等非金屬材料。

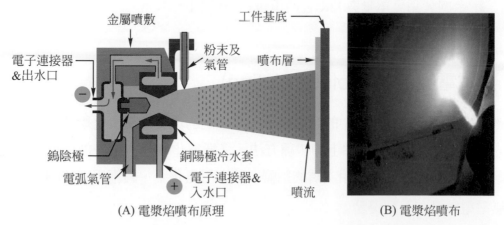
(A) 電漿焰噴布原理

(B) 電漿焰噴布

• 圖 13-10　電漿焰噴布 (www.flamesprayusa.com&www.flickr.com)

三、護面層法 (Cladding)

鋼板或鋁板可以包銅、包金或鋁夾板方式得到護面層的效果，如圖 13-11 所示，如眼鏡架、框等有包金者，可以達到防蝕目的。

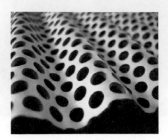

(A) 金屬護面層之一

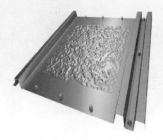

(B) 金屬護面層之二

(C) 眼鏡包金框

• 圖 13-11　金屬護面層用途實例 (everychina.com、設計幫網)

生活小常識

金眼鏡架分鍍金與包金

1. 鍍金眼鏡架上刻有 GP 字樣，比方 14KGP，即表示鍍有一層 14K 金。
2. 包金眼鏡架上依國際貴金屬會議規定，對金與合金重量比例為 1/20 以上用 GF 表示，1/20 以下用 RGP(Rolled Gold Plate) 表示。例如 1/20 l2KGF，表示金屬製品全重量與 l2K 金的重量為 20 比 1。

四、無電電鍍 (Electroless plating)

無電電鍍法是使水溶液中的金屬離子，在控制的環境下產生化學還原，而不需藉電流 (電子) 將鍍材鍍在機件上的一種方法，又稱為化學鍍或自身催化鍍。所使用的還原劑視鍍材而定，如鍍鎳用次磷酸鈉鹽，鍍金用氯化金，鍍銅用硫酸銅等。

無電電鍍具有下列優點：

1. 鍍層均勻且孔隙率少，不需外加電流。
2. 操作簡單，耐蝕性、附著性、耐磨耗力比電鍍佳。
3. 複合鍍層容易，因此多元合金容易形成。
4. 管子、深孔內部可完全鍍上，可使用在精密零件上。

但是，無電電鍍有下列缺點：

1. 鍍層厚度受限，價格亦較貴。

2. 光澤較電鍍差，大都只限於用在工業上。

13-2 無機塗層

常見之無機塗層有下列幾種：

1. **玻璃質琺瑯 (Enamel)**：如圖 13-11 所示，主要成份為鹼硼矽酸鹽，可製成抗強酸、抗強鹼配方保護金屬機件，但主要缺點是容易被機械所損害，或由於熱漲冷縮而破裂。

(A) 珠寶盒　　　　(B) 乾隆琺瑯彩刻　　　(C) 琺瑯砂(From Luxurywatcher)

• 圖 13-12　琺瑯產品與琺瑯砂 (取自 CTAOCI 網 &TAOCANG 網)

2. **水泥塗層 (Cement coating)**：可用於保護鑄鐵或鋼製水管的內外表面，或用於水槽、油槽或化學藥品貯存槽，可以抵抗海水和礦物水的侵蝕。優點是成本低廉，熱膨脹係數與鋼相近，運用或修補容易。缺點是容易被機械或熱震所損害，在硫酸鹽含量高的水中容易被侵蝕。

3. **化學轉化塗層 (Chemical conversion coating)**：乃藉與金屬表面起化學反應而形成，如熱稀焦磷酸錳或鋅鹽溶液於乾淨的鋼表面，反應結果生成網狀多孔磷酸鹽晶體，可堅固地聯結於鋼的表面形成保護膜。

4. **陽極氧化 (Anodizing)**：此法係將鋁工件置於陽極，放入鉻酸、草酸或稀硫酸電解液之陰極電解槽中，通直流電，使工件產生堅硬及安定的氧化層，而增強其保護作用。係專為鋁及鋁合金或鎂之氧化處理，如圖 13-13 所示，以增加其耐蝕性，鋁門及鋁門窗、照相機、鋁製傢俱及儀表等時常施以此法。陽極處理後的面層呈多孔性，必須作封孔處理，此種多孔性可讓裝飾性塗料容易附著在面層上。

(A) 一般鋁製品(銀白色)　　　　　(B) 陽極處理後鋁製品(黑、褐色)

• 圖 13-13　陽極氧化 (光鈦國際工業提供)

5. **磷酸防蝕法 (Parkerizing)**：又稱為派克處理，係將鋼製品浸於約 90℃ 之磷酸鹽 (磷酸二錳鉀) 溶液中約 45 分鐘，可在製品表面上得一薄層之磷酸物，可增加瓷漆或油漆之附著力及用作冷擠加工之潤滑膜，或由於上層為非導體，可作電工機械中矽鋼片之絕緣體。優點是加工技術容易，加工費便宜，設備便宜，處理過程用水清潔，被處理物不生物理變化，適合大量生產。缺點是皮膜未經塗層不宜長期存放，皮膜厚時易有傷痕且不適於變形加工。

13-3 有機塗層

有機塗層包括油漆與塑膠膜，分述如下：

一、油漆

油漆 (Painting) 主要構成物質為顏料 (Pigments)、樹脂 (Resins) 和溶劑 (Solents) 及少量添加劑 (Additives)。油漆主要在保護抵抗大氣腐蝕，但與土壤接觸易受損。顏料主要為金屬氧化物，如氧化鈦 (白色)、氧化鐵 (紅色)、鉻酸鋅 (黃色)、石墨 (黑色)、鉛丹及硃砂 (橘紅色)、氧化鉻 (綠色)。樹脂以環氧樹脂之黏著性最強，而氟碳樹脂的耐候性最佳。溶劑主要是增加油漆流動性，以稀釋油性漆強度而言，常使用之固化油溶劑有亞麻仁油、桐油等；揮發油溶劑具毒性、不易乾燥，但具耐久不脫落特性，常用依序有香蕉水〉甲苯〉松香水。

常見有水性漆、油性漆與瓷漆等，如表 13-2 與圖 13-14 所示，其中油性漆係油性媒漆與顏料攪拌而成；瓷漆則色澤鮮明，但揮發性高，耐久性較油漆差。近年來有

水性工業塗料，由水性樹脂、顏料、各種助劑、去離子水調製而成，以水為分散介質，不含甲苯、二甲苯等系物，無刺激性、無氣味、不燃、無污染，對人無害。

◆ 表 13-2 油漆分類

油漆	油性油漆：油性媒漆、顏料與亞麻仁油、熟煉油等混合者。
	水性油漆：水性樹脂、顏料與膠水、酪蛋白質之水溶液混合者。
	瓷漆：顏料與油性假漆、熟煉油等混合者。

(A) 油漆　　　　　(B) 磁漆　　　　　(C) 清漆　　　　　(D) 防鏽底漆

• 圖 13-14　油漆塗料 (益利油漆及寶隆化工塗料公司)

　　油漆在使用上大致可分面漆和底漆兩種，面漆則需具備耐候性和美觀性，底漆必須含有抗蝕性、耐潤濕性顏料。施用塗料前應先塗敷底漆，再塗面漆，以增加面漆與金屬的附著力，常用底漆有鉻酸鋅黃底漆及氧化鐵紅底漆兩種，如圖 13-15 所示。

• 圖 13-15　黃底漆及紅底漆 (寶隆化工塗料公司)

　　油漆塗用方法有塗刷、噴敷、浸漬、烘烤和靜電粉體塗裝等五種，依場合而言，塗刷法適用於維修保養；噴敷法使用於大面積之省時塗層，或不易塗刷之彎角凹槽處；浸漬法可確保塗層之均勻覆蓋與整齊連續；烘烤法具有高強度、高附著力與亮麗表面之特色。現今大汽車廠外殼表面塗層大都採用靜電粉體塗裝，沒有溶劑揮發的針孔，粉體塗料由合成樹脂製成，並可藉電腦配製色粉，不易有色粉。

另外，特殊用途之油漆，常見有：

1. **鎂合金烤漆**：此種特徵是耐候性、耐化性及耐鹽水噴霧，主要用於筆記型電腦及手提電話之塗層。

2. **防靜電底漆**：此種特徵是塗膜電阻值需控制於 $10^5 \sim 10^8$ 歐姆，可控制靜電氣團產生，主要用途爲電子工廠、印刷廠及醫院之塗層。

3. **壓克力烤漆**：具有耐化性、耐候性、耐蝕性及耐鹽水噴霧等，常用於汽車鋁合金鋼圈、金屬建材、電腦殼及鋁製品之塗層。

4. **PU 優麗漆**：具有快乾、高光澤、耐候性、耐化性及耐蝕性，主要用於輕金屬、塑膠、建材、汽機車及工業器具。

二、塑膠膜

常見的塑膠膜材料有合成橡膠乙基和聚乙烯塑膠兩種，使用塑膠膜材料作爲護膜，主要目的是爲了保護金屬，以免受酸、鹼或腐蝕性氣、液體侵蝕。因此，一般作法是在金屬機件上粘接一層塑膠護膜或橡膠薄片。

生活小常識

汽車板金塗裝流程

工業設備多半是半永久性的鋼鐵構造物，終年暴露在容易受侵蝕的污染環境中。使用油漆維護可避免受侵蝕，必須依賴高品質的油漆，及施工人員對不同性能油漆的正確認識與正確施工方法。以汽車板金塗裝爲例，塗裝流程如圖示。

學後評量

13-1 1. 表面塗層分成哪三大類？各類請舉例之。

2. 表面形成分成哪三大類？各類請舉例之。

3. 請敘述電鍍之原理，並舉三種電鍍例子。

4. 請敘述無電電鍍之原理，並說明具有哪些優點與缺點。

13-2 5. 常見之無機塗層有哪幾種？並說明各具有哪些特色。

6. 請敘述陽極氧化之原例，並舉例之。

13-3 7. 請舉例說明油漆塗用方法及其場合。

Chapter 14

防鏽蝕處理

隨著科技的進步，材料的應用被嚴苛地要求精度與光度外，工件表面在惡劣環境下，需具有耐高溫、耐磨耗、防鏽、抗鹼、抗強酸等不同要求，並期能具有產品的功能性及壽命，這些功能可透過本篇的表面處理加工所敘述擇一或擇多方法加以應用。因此，本篇所說明內容早已成為機械、航太、民生等產業相關製品的製程中，不可缺少的一個重要加工環節。經過本章防鏽蝕處理過的產品，不但增進工件表面的耐氧化，防止機件表面侵蝕，提高其經濟價值。

本章大綱

14-1　防鏽與防蝕處理定義
14-2　防鏽與防蝕處理方法

14-1　防鏽與防蝕處理定義

防鏽處理為防止金屬表面因氧化作用生鏽而處理之法，如表面清潔處理、酸洗、電鍍、防鏽塗層等。防蝕處理為防止有害化學因子或物理能量破壞侵蝕表面之有效處理，如浸鋅處理、陽極處理、滲鋁防蝕、磷酸防蝕、浸錫處理或搪瓷、發藍法、真空鍍膜等。

14-2　防鏽與防蝕處理方法

常見之防鏽與防蝕處理方法，除前述第 12 章部分敘述外，尚有：

1. **滲鋁防蝕法 (Calorizing)**：滲鋁法 (Calorizing) 主要目的在防止鋼在高溫時氧化，其處理法是在高溫下，使鋁滲入鋼之表面，造成氧化鋁保護層，使內部材料不致再行氧化。此法常用於處理各種煉油設備、鍋爐及乾燥器等機件。

2. **鉻酸鹽處理 (Chromate coating)**：將清潔後工件浸入酸性鉻酸鹽溶液後，即刻取出清洗烘乾而得氧化鉻混合物。其處理大都以鋅、鎘為材料，目的在使該材料不受空氣污染、露水斑點腐蝕及增加油漆附著性。

3. **派克處理 (Parkerizing)**：即磷酸防蝕法，乃將機件置入 90℃ 之稀磷酸鹽溶液中，通以蒸氣即得暗灰色之鐵、磷化鐵、黑色氧化鐵混合之保護層，有光滑表層，具良好附著力，適用於無法電鍍之內部表層塗層。

4. **發藍法 (Bluing)**：將工件浸漬於 315℃ 硝酸鉀液體 15 分鐘，或將零件放入苛性鈉、硝酸鈉溶液中，即得黑色、藍色或金黃色閃光表面，如槍管，如圖 14-1 所示。其氧化膜主要組成物是磁性氧化鐵，雖美觀但抗蝕性較差，可在發藍處理後再作磷酸鹽處理改善抗蝕能力。

(A) 部分發藍處理後產品　　　　(B) 外表發藍處理

• 圖 14-1　發藍法 (BOTIC 網)

5. **陰極防蝕法 (Cathodic protection)**：陰極防蝕法乃供應電子給金屬，使金屬成為陰極方式而達到防蝕目的之法。如藉由較活性易氧化之金屬 (如鎂、鋅) 作為陽極之犧牲，利用兩者的電位差產生防蝕電流，以確保陰極鋼管之防蝕，廣用於地下油管、油槽或船隻、橋樑等，如圖 14-2 所示。

(A) 油槽　　　　　　　　　　　(B) 地下油管　　　　　　　(C) 陽極接易氧化金屬棒

• 圖 14-2　陰極防蝕 (金茂企業)

6. **防鏽塗層**：如鉛丹塗料、鋁粉塗料、氧化鐵塗料及鉻酸鉛塗料等塗料，主要目的為防鏽。

生活小常識

陰極防蝕系統國家標準

經濟部於 106 年 9 月 27 日公布 CNS 15993-1「石油、石化與天然氣地下管線陰極防蝕系統」為陸上地下管線之國家標準，以符合管線業者的需求及國際發展趨勢。本標準對陸上管線陰極保護系統於安裝前的調查、設計、材料、設備、安裝、試運轉、操作、檢查和維護的要求與建議。適用於碳鋼、不鏽鋼、鑄鐵、鍍鋅鋼或銅質管線陰極保護的要求，不適用於鋼筋混凝土管。

：學後評量：

14-1 1. 請簡述常見之防鏽處理有哪些？

2. 請簡述常見之防蝕處理有哪些？

14-2 3. 滲鋁防蝕法的處理法為何？用途為何？

4. 發藍法的處理法為何？用途為何？

5. 陰極防蝕法的處理法為何？用途為何？

6. 防鏽塗層常見之塗料有哪些？

表面硬化

隨著科技的進步，材料的應用被嚴苛地要求精度與光度外，工件表面在惡劣環境下，需具有耐高溫、耐磨耗、防鏽、抗鹼、抗強酸等不同要求，並期能具有產品的功能性及壽命，這些功能可透過本篇的表面處理加工所敘述擇一或擇多方法加以應用。因此，本篇所說明內容早已成為機械、航太、民生等產業相關製品的製程中，不可缺少的一個重要加工環節，經過表面處理過的產品，不但增進工件表面的光滑與美觀，亦可透過本章表面硬化提高材料表面的機械性質與經濟價值。

✿ 本章大綱

15-1　化學法表面硬化

15-2　物理法表面硬化

15-3　表面披覆法表面硬化

15-1 化學法表面硬化

　　機件為了使表層硬化能耐磨，並讓內部保有其強度與韌性，以增加機件耐衝擊之處理方法，稱為表面硬化法；常用於汽缸壁、齒輪輪齒面、凸輪、曲軸等機件實施。表面硬化法的方式很多，綜合整理如表 15-1 所示，並分述如後。

◆ 表 15-1　表面硬化法

技術分類			常見主要硬化方法
表面層硬化法	化學法	滲入元素以改變材料表面化學成份	滲碳法
			氮化法
			滲硫法
			滲硼法
	物理法	未改變機件表面化學成份	高週波硬化法
			火焰硬化法
			電解熱淬火硬化法
表面披覆	金屬披覆		電鍍 (如鍍鉻)
			金屬噴敷
			碳化鎢披覆
	真空鍍膜法 (蒸鍍法披覆)		物理氣相沈積法 (物理蒸鍍，PVD)
			化學氣相沈積法 (化學蒸鍍，CVD)

　　化學法表面硬化的方法說明如下：

1. 滲碳法 (Carburizing)：用於含碳量在 0.2% 以下之低碳鋼機件，在高溫下把碳滲入表面，並實施淬火，以增加其表面層硬度之法，如圖 15-1 所示為滲碳爐，依滲碳劑之不同分為：

(1) 固體滲碳法：將機件埋於滲碳劑 (如木炭) 之箱中，添加鹼金屬 (碳酸鋇) 或碳酸鈉作為促進劑，以增加滲碳深度，於加熱爐中加熱至約 900℃，保持 4 ～ 20 小時，使機件表層生成沃斯田鐵，取出後急速冷卻後即完成。滲碳時，不滲碳部位先予以鍍銅。

迴轉爐

•圖 15-1　迴轉式滲碳爐 (高熱爐業提供)

(2) 液體滲碳法：又稱氰化法，將機件浸入以氰化鈉 (NaCN) 或氰化鉀為主成份的鹽浴槽中，使鋼料表面生成表層硬化之法。此法滲碳時間短，鋼所生內應力少，表面之耐磨性佳，但是氰是劇毒，須有良好通風設備。

(3) 氣體滲碳法：如圖 15-2 所示，將機件放在天然氣、煤氣等碳氫化合物中，使鋼料的表層硬化之法，適用於大規模的場合及薄表層工件硬化。

(A) 坑式氣體滲碳爐(宏達熱處理爐公司)　　(B) 井式氣體滲碳爐(維爾爐公司)

• 圖 15-2　氣體滲碳爐

(4) 真空滲碳法：乃利用如圖 15-3 所示真空熱處理爐，在減壓狀態下，使用滲碳性氣體實施滲碳。此法機件可保存輝面、效果佳且操作簡單，具省時、省能源及低污染的特色。

(A) 真空滲碳爐　　　　　　　(B) 滲碳後機件

• 圖 15-3　真空滲碳法 (長達國際提供)

2. **氮化法 (Nitriding)**：用於含有鉻 (Cr)、鋁 (Al)、鉬 (Mo)、矽 (Si)、錳 (Mn)、鈦 (Ti)、釩 (V) 等元素之合金鋼表面硬化。市面上氮化用鋼以鋁鉻鉬為主，鋁為硬化元素，鉬為改善鋼的性質，可防止加熱時產生回火脆性。把機件放在通有氨氣 () 或氮氣的氮化爐中長時間加熱 (約 500℃)，使鋼的表層形成高硬度的氮化層後，再行冷卻之法，如圖 15-4 所示為其設備。此法硬化效果良好，加熱溫度較低，故機件變形少，氮化後不必再淬火，故無內應力產生之憂慮，維氏硬度達 HV1200，耐磨性較滲碳優，可增加耐疲勞性，且可改良耐蝕性。此法硬化層較薄，處理費用貴、施工時間長，而且純鐵、碳鋼、鈷鎳鋼難以氮化硬化等為其缺點。

· 圖 15-4　氮化法 (長達國際提供)

3. **滲硫法 (Sulfurizing)**：滲硫處理目的是使鋼材表面光滑化、防止熔黏，係利用硫化劑在鋼表層生成一層摩擦係數很低硫化物，以改善耐磨性。用於摩擦速度高，壓力大和摩擦面大的機件，適於一般構造用鋼、不銹鋼、工具鋼和鑄鐵等材料之處理。但機件成形後應先淬火、回火再經磨削後才做滲硫處理。

4. **滲硼法 (Boriding)**：係將滲硼劑在鋼表面層生成硼化層，具有優秀的耐熱性、耐蝕性及耐磨性，硼化層之硬度優於碳化、硫化及氮化層，故不需再作淬火處理，沒有變態所引起的變形及破裂。此法硬化層之維氏硬度達 HV2000，為所有表面硬化法中硬度最高者。

15-2 物理法表面硬化

物理法表面硬化 (Physical surface hardening) 的方法說明如下：

1. **高週波硬化法 (Induction hardening)**：又稱感應硬化法，用於含碳 0.3 ～ 0.6% 之中碳鋼。此法乃是將機件實施淬火、回火後再置於通有高頻率交流電之線圈中，利用電磁感應原理使鋼材表面產生感應電流，於短時間內產生高熱，然後噴水作急冷使得麻田散體組織而硬化之法，此法含碳 0.3% 之硬度約 HRC56、含碳 0.6% 之硬度約 HRC65。如圖 15-5 所示原理示意圖，如圖 15-6 所示為加熱機及加工例。具有加熱速度快，作業時間短，處理費用低、不變形，溫度控制準確，可以局部加以急熱、急冷，改善疲勞強度，不易氧化或脫碳，不產生污染，硬化表層均勻且厚薄可隨交流電之頻率而改變等優點。但所需設備費貴、成本高及僅限於本身可硬化的導磁材料為其缺點。高週波適於薄機件、小零件；低週波適於大零件，如曲軸、齒輪、車床床軌等；另外，尚有晶體式感應設計之超高週波加熱機，為瞬間加熱之非接觸性感應熱源，不損傷物件，不軟化材質，為高級精密銲接所必需，如圖 15-7 所示。

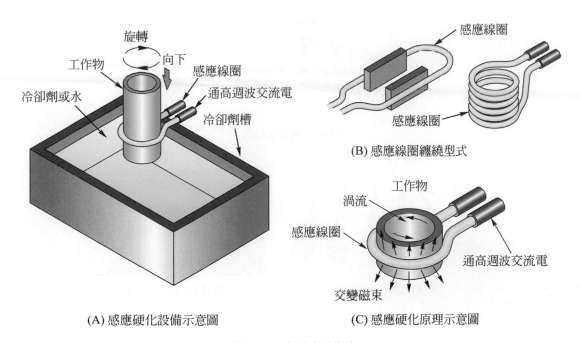

(A) 感應硬化設備示意圖　　(B) 感應線圈纏繞型式　　(C) 感應硬化原理示意圖

• 圖 15-5　高週波硬化法

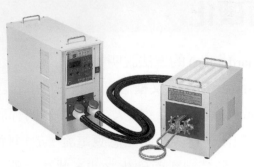

(A) 中高週波加熱機

內孔加熱

黃金泊銀熔融

較大物件銲接

機件局部硬化

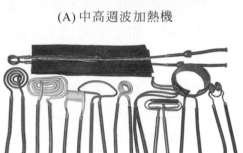

(B) 高頻感應圈數例

(C) 高熱波加熱數例

• 圖 15-6 高週波加熱與應用例 (大憲光學企業提供)

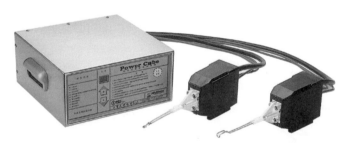

(A) 超高週波加熱機

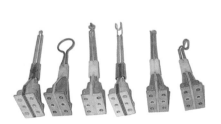

(B) 超高頻感應圈數例

鋸帶刃口

(C) 鋸帶刃口硬化處理例

• 圖 15-7 超高週波加熱機 (大憲光學企業提供)

2. **火焰硬化法 (Flame hardening)**：用於含碳量在 0.3 ～ 0.6% 之大型中碳
鋼或低合金鋼材料，此法是以氧乙炔火焰迅速將機件加熱至變態點以上，
至沃斯田鐵狀態後，以水急冷之，硬化部位可得麻田散體組織，此法含碳
0.3% 之硬度約 HRC56、含碳 0.4% 之硬度約 HRC60、含碳 0.6% 之硬度約
HRC65，屬於淬火硬化之應用。具有操作及設備簡便，表面不生鏽皮，硬化
層深度 (硬度) 層約 3 ～ 12 μm 容易控制，施工容易、對大機件面之硬化容
易且經濟，及可於任何場地中處理等優點。但加熱不當時機件容易產生裂痕
及變形，火焰之大小移動速度不易控制，加熱難均勻，加熱不當易生裂痕及
變形，需再施以低溫回火，且需依不同的機件形狀設計不同的加熱、冷卻噴
嘴為其缺點，如圖 15-8 所示。

　　火焰硬化法之淬火方式有：(1) 固定式：用於局部加熱或小零件表面硬
化。(2) 迴轉式：用於圓形工件。(3) 漸進式：用於一般工件。(4) 漸進迴轉
式：用於圓形大工件。

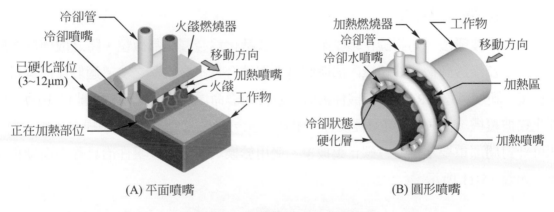

(A) 平面噴嘴　　　　　　　　　　　　　(B) 圓形噴嘴

• 圖 15-8　依不同機件形狀設計噴嘴

3. **電解熱淬火硬化法 (Electrolytic hardening)**：如圖 15-9 所示，在槽內將
機件作為陰極，而欲淬火硬化之部分浸漬於濃度 10% 之碳酸鈉電解液中，
陽極採用不銹鋼板，通以大電流使機件發熱至淬火溫度時切斷電源，在電解
液中急冷而硬化者，主要應用於小型零件或薄板零件的表面硬化。經電解淬
火之材料較一般淬火者耐衝擊，耐疲勞性高，且強韌性良好、硬化效果佳。

• 圖 15-9　電解熱淬火硬化設備 (From Carbolux)

15-3 表面披覆法表面硬化

常見之表面披覆法為 (1) 金屬披覆：包括碳化鎢披覆法及前述金屬噴敷、電鍍法之鍍鉻。(2) 蒸鍍法披覆：包括物理蒸鍍法及化學蒸鍍法。分述如下：

一、碳化鎢披覆法

碳化鎢披覆法，乃將碳化鎢棒用電極方式轉化為金屬結晶微粒，將之散佈於金屬表面，以及滲透到披覆件組織內部與底材金屬結合且不會脫落之法。適於任何鋼材表面披覆，硬度可達 HRC80，使機件耐磨性及使用壽命增加 3 至 5 倍，如圖 15-10 所示。碳化鎢披覆機，體積小、重量輕及容易搬動，適合於現場工作，對大型模具不須分解，即可針對局部重要部位進行碳化鎢披覆。適用於模具、刀具及零件冶具等表面硬化工作，如圖 15-11 所示。

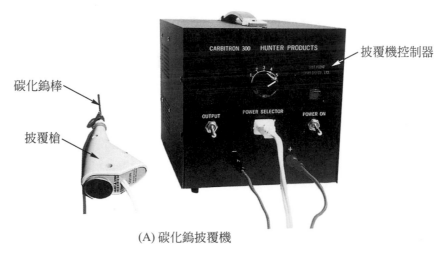

(A) 碳化鎢披覆機

• 圖 15-10　碳化鎢披覆及應用實例 (喬鉅企業提供)

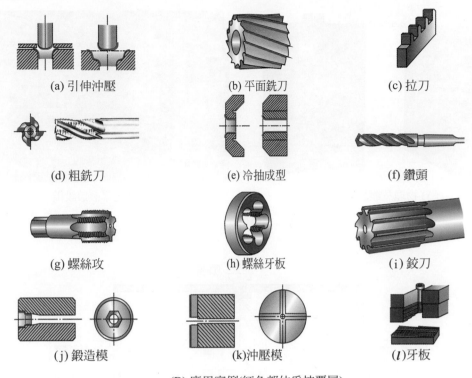

(a) 引伸沖壓　(b) 平面銑刀　(c) 拉刀

(d) 粗銑刀　(e) 冷抽成型　(f) 鑽頭

(g) 螺絲攻　(h) 螺絲牙板　(i) 鉸刀

(j) 鍛造模　(k)沖壓模　(*l*)牙板

(B) 應用實例(紅色部位為披覆層)

• 圖 15-11　碳化鎢披覆及應用實例 (喬鉅企業提供)

二、物理蒸鍍法披覆

　　將金屬或合金加熱熔化並使之蒸發，而在鍍件表面覆蓋成薄膜之法，是一種高科技表面膜處理技術，如圖 15-12 所示設備。

　　物理真空鍍膜法又稱物理蒸鍍法，於高真空爐中將欲蒸鍍的硬質材料做為金屬靶，並使之氣化或離子化，而附著於工件之表面的方法，又稱為物理氣相沉積法 (Physical vapor deposition，簡稱 PVD)，如圖 15-13 所示。蒸鍍的金屬靶材料常見的有碳化鈦 (TiC)、氮化鈦 (TiN) 等，與陶瓷氮化鋯 (ZrN) 靶材。鍍膜基材 (工件) 舉凡鋼、銅、鋁、塑鋼、玻璃、瓷器等皆可；披覆層膜厚約 0.5 ～ 4 μm，披覆後硬度可達維氏硬度 HV1800 ～ 2400，硬度比碳化鎢硬，具耐磨性、抗腐蝕、耐高溫及超附著力的特性。其中，光碟的金屬薄膜即是採用此法製得。

(A) 物理蒸鍍設備

(B) 化學蒸鍍設備

• 圖 15-12 蒸鍍設備 (長達國際提供)

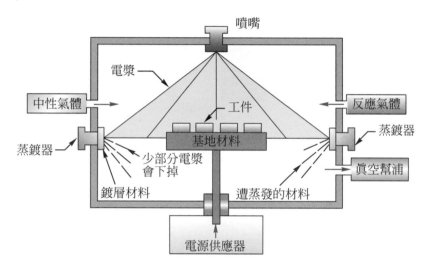
(A) 物理蒸鍍法示意圖(取自參考書目 22，p33-9)

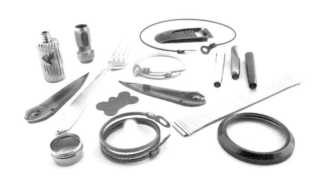
(B) 物理蒸鍍製品
(From Providence Metallizing Company)

• 圖 15-13 物理蒸鍍法

三、化學蒸鍍法

　　化學蒸鍍法 (Chemical vapor deposition，簡稱 CVD) 可在常壓或真空條件下，利用分子量較大金屬化合物，採低電壓、高電流產生高溫及真空中產生約 1000℃ 高溫陰極電弧離子，以閃蒸的方式由鍍材表面放出高能離子高溫，並與通入的反應氣體 (如氮氣) 相結合，使其產生化學反應，然後會覆蓋沉積被鍍物體上一層薄膜之法，如圖 15-14 所示。此法在機械上常應用在切削工具的表面硬化，以增加其耐磨性並延長刀具壽命，近年來常見金黃色刀具或半導體產業在晶圓上沉積薄膜等，即是氮化鈦鍍膜處理。

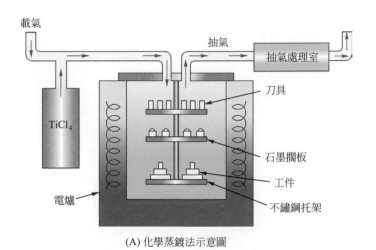

(A) 化學蒸鍍法示意圖

(B) 化學蒸鍍托架上製品
(From Richter Precision Inc.)

• 圖 15-14　化學蒸鍍法示意圖 (取自參考書目 22，P33-11)

生活小常識

燒結碳化物刀具表面被覆氮化鈦薄膜

李秋貴 (1982) 利用化學蒸鍍法，以 $TiCl_4 + N_2 + H_2$ 為反應氣體，蒸鍍溫度 900℃ ～ 1050℃，$TiCl_4$ 汽化溫度 40℃ ～ 70℃，流量 300 ～ 900 cc/min，N_2，300 cc/min，系統壓力 1 atm，在燒結化化物刀具表面被覆氮化鈦薄膜之結果：

(1) 氮化鈦被覆層為面心立方結構。

(2) 被覆層晶粒隨蒸鍍時間增加而趨向於粗大化。

(3) 所得氮化鈦之微硬度值為 HV (100 g) 1728 ～ 2654 kg/mm^2 之間。

(4) 氮化鈦被覆刀具壽命為未被覆刀具壽命的 1.3 ～ 2.5 倍。

學後評量

15-1 1. 表面層硬化法依技術分類為哪兩大類？各類請舉例之。

2. 常見之滲碳法有哪幾種？適用之用途為何？

3. 氮化法適用於哪些合金元素之表面硬化？並說明其優點與缺點。

15-2 4. 何謂高週波硬化法？並說明其優點與缺點。

5. 何謂火焰硬化法？並說明其優點與缺點。

15-3 6. 何謂物理蒸鍍法？並說明其特色與用途。

7. 何謂化學蒸鍍法？並說明其特色與用途。

Chapter 16

表面精製

表面精製為表面處理方法之一，是一種無屑加工法，利用低速摩擦作用達到工作表面鏡面處理的方法，粗度可達 0.2 μm 以下，精度可達 1 μm。

本章大綱

表面精製（搪磨、研磨、超級精磨、滾磨、拋光與擦光）

4. **滾筒磨光 (Barrel finishing)**：簡稱滾磨，是把小工件、氧化鋁磨料及切削劑裝入旋轉或振動的容器中，使工件與磨料間之相互摩擦、撞擊，而將其表面汙點、油垢、毛邊及銹皮除去，以獲得平滑的加工面之法，如圖 16-4 所示。經過滾磨後之工件，可增加其疲勞強度及表面硬度，常用於小鑄件、小鍛件及衝壓件之去砂、去鏽、去毛邊工作。

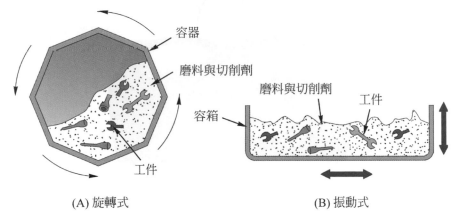

(A) 旋轉式　　　　　　　　　　(B) 振動式

• 圖 16-4　滾筒磨光

5. **拋光與擦光 (Polishing & buffing)**：是將粉狀之糊狀磨料，膠敷於布輪或棉輪上，然後高速旋轉或移動於工件表面上，以除去工件之擦痕或毛邊，以獲得光亮表面之法。兩者不同處在於擦光所用之磨料更細，並使用更柔軟之棉輪，如圖 16-5 所示為拋光輪。一般金屬在電鍍前，施以擦光處理，可保電鍍層之均勻細緻，使工件加工面品質更細緻。

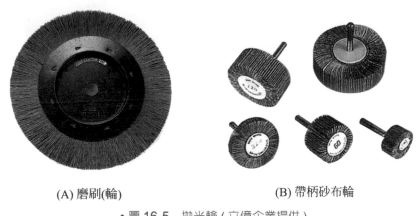

(A) 磨刷(輪)　　　　　　　　　(B) 帶柄砂布輪

• 圖 16-5　拋光輪 (立億企業提供)

6. **機械法表面精光之比較**：一工件欲得到高精度且平滑的加工面，其加工順序如表 16-1 所示。

◆ 表 16-1　表面精光之加工順序比較表

加工表面	加工順序
平面	鉋削或銑削→平面磨削→研磨或超光製
圓柱	車削→外圓磨削→超光製
圓孔	鑽削→搪孔或鏜孔→內圓輪磨或鉸削→搪磨

生活小常識

孔徑與外圓加工比較

孔徑與外圓表面加工相比的條件嚴苛許多，原因為：

1. 刀具被加工孔尺寸限制，剛性較差易產生彎曲變形和振動；

2. 用定尺寸刀具加工孔徑時，刀具的製造誤差和磨損易直接影響孔徑加工精度；

3. 孔徑加工時，切削區因在工件內部，對排屑及散熱條件差，加工精度和表面粗造度都不易控制。

學後評量

1. 請舉五例說明表面精光加工法。
2. 何謂搪磨與研磨？主要目的各為何？
3. 表面精光一平面，機器的加工順序為何？

第五篇

改變形狀加工

本篇大綱

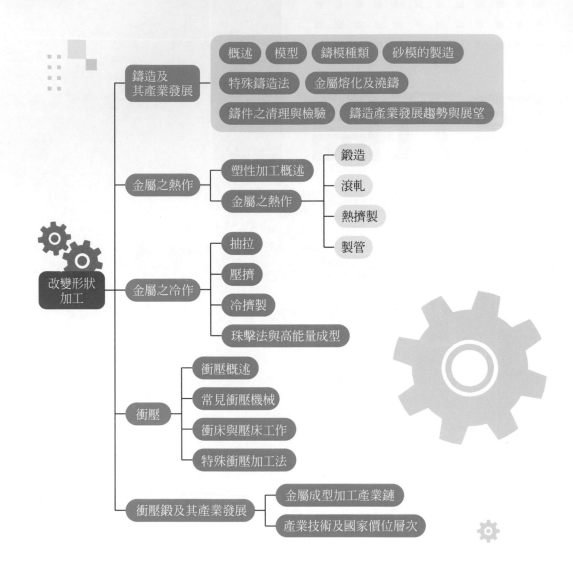

Chapter 17

鑄造及其產業發展

鑄造是機械製造過程中的首要加工步驟，本章以砂模為例，從模型種類詳加闡述。但是目前的鑄造技術已能適用於多種材料、大小及複雜外形機件的大量生產，並有良好的精度及光度，這些鑄造技術包括金屬模法、離心模法、包模法及連續鑄造法等。最後本章針對生鐵、鑄鐵及鑄鋼冶煉，對鑄造時金屬澆鑄之注意事項、鑄件清理與鑄件檢驗均加以說明。

本章大綱

17-1 概述

一、鑄造意義

　　鑄造 (Casting) 係將熔融之金屬材料澆鑄入具有鑄件形狀之模穴 (鑄模) 內，待金屬液冷卻凝固後，自模穴中取出成品 (鑄件) 的加工方法，俗稱翻砂，又稱砂模鑄造。一般以鑄鐵、鑄銅、鑄鋁為主。工作母機之床台皆以此法製得，在鑄造工廠中，鑄造作業流程圖如圖 17-1(A) 及圖 17-1(B) 所示。

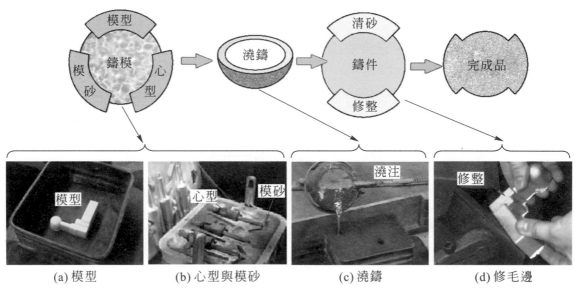

(a) 模型　　(b) 心型與模砂　　(c) 澆鑄　　(d) 修毛邊

(A) 鑄造流程 (取自Manufacturing ET)

(B) 閥與工具機零件鑄件 (豐成鑄造公司)

• 圖 17-1　鑄造流程與鑄件

二、鑄模要件

　　模型 (Model)、模砂 (Mold sand) 與心型 (Sandcore) 三者稱為鑄模三要件；砂模鑄造時，首要步驟要先決定模型的形狀和模型的材料，據以正確製作如圖 17-2 所示之模型，方能形成鑄造時之鑄模空穴，模型一般由適當的木材或非鐵金屬製作成形狀。

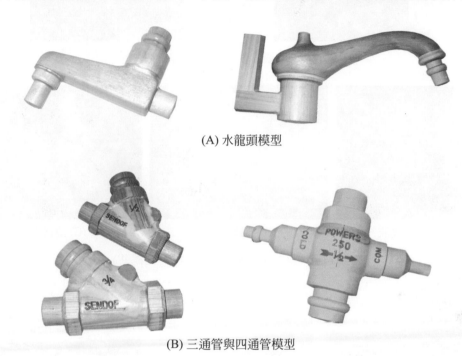

(A) 水龍頭模型

(B) 三通管與四通管模型

・圖 17-2　模型

　　鑄模之主要材料為模砂，以矽砂 (SiO_2) 為主，包括黏土、水份及添加劑；在選用模砂時，應具備良好透氣性、高強度、耐熱性及黏結性要好。若鑄件內需要中空部分時，須在砂箱中組合心型 (又稱為砂心)。

三、鑄造程序

　　鑄造乃將模型置於砂箱中，加入模砂後搗實，經取出模型後，即得到用於容納熔融金屬之模穴 (Cavity)。金屬之熔解一般常藉熔鐵爐或電爐，如圖 17-3 所示，再由如圖 17-4 所示澆斗 (盛鐵水用) 澆入鑄模內，待金屬液冷卻凝固後取出鑄件，如圖 17-5 所示，並經清砂、修整即完成鑄造程序，而圖 17-6 所示為模型、砂心盒與其所鑄之鑄品。

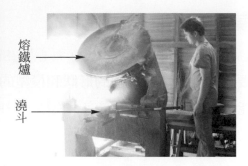

熔鐵爐

澆斗

• 圖 17-3 金屬熔解 (精瓶美工作室提供)

(A) 澆斗容納金屬液   (B) 澆鑄之一   (C) 澆鑄之二

• 圖 17-4 澆斗澆入鑄模 (精瓶美工作室提供)

鑄模待冷卻   打破鑄模   鑄件

• 圖 17-5 取出鑄件 (精瓶美工作室提供)

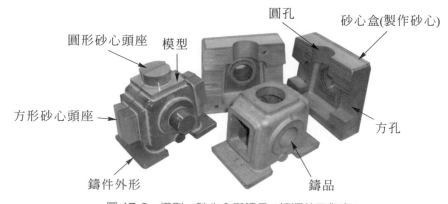

圓孔   砂心盒(製作砂心)

圓形砂心頭座   模型

方形砂心頭座

方孔

鑄件外形   鑄品

• 圖 17-6 模型、砂心盒與鑄品 (精瓶美工作室)

四、影響鑄件品質的因素

鑄造在機械工具機的機件中，其重要性是舉足輕重的。因此鑄件品質的優劣影響機械性能、壽命甚鉅，故要得到良好的鑄件需注意下列幾項因素：

1. 鑄模製作程序及方法。
2. 模型及砂心製作、模砂的選用。
3. 機械設備。
4. 金屬熔化設備及處理。
5. 澆鑄及清理、檢驗。

17-2 模型

17-2-1　模型分類

模型的分類很多，大致上可依模型構造、模型材料及依取模方式來分類，分述如下：

一、依模型構造分類

1. **整體模型 (Solid pattern)**：此種模型僅有一塊，故又稱單件模。此種模型簡單且容易製作，但只適於形狀簡單之鑄件，如圖 17-7 所示。

上半模型

定位銷

下半模型

• 圖 17-7　整體模型　　　　　　• 圖 17-8　分割模型

2. **分割模型 (Split pattern)**：此種模型通常製作成對合之兩塊或多塊，再以定位銷連接之，故又稱為對合模型。主要用於拔模簡單，且易於安置砂心情形，適合於對稱形狀而無法從鑄模中取出之鑄件，如圖 17-8 所示。

3. **鬆件模型 (Loose-piece pattern)**：此種模型係由數個部分模型所組成，故又稱組合模或散塊模，適用於複雜形狀且不容易拔模時的鑄件，如圖 17-9 所示工具機上常用的鳩尾槽，因其兩側角度突出，無法自砂模中取出，故鬆散塊以定位銷裝於主模型上，在翻砂過程中，先將主模型自砂模中拔出後，再由側方或中央取出鬆散塊部分，如此則不致損害砂模。

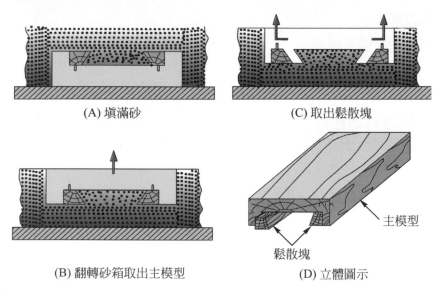

(A) 填滿砂   (C) 取出鬆散塊

(B) 翻轉砂箱取出主模型   (D) 立體圖示

主模型

鬆散塊

• 圖 17-9　鬆件模型

4. **附流路模型 (Gated pattern)**：又稱為聯結模型，係為了節省製造流道及進模道的時間，模型上附有流道及鑄口，即將流路系統作成模型的一部分，如此，可一次澆鑄數個小鑄件。此種模型可以金屬替代木材製作，以增加其強度及避免彎曲和磨損。如圖 17-10 所示。

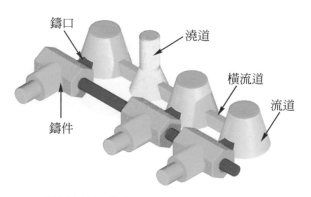

鑄口

澆道

橫流道

流道

鑄件

(A) 聯結模型立體圖示(流路系統與鑄件)

(B) 實例

• 圖 17-10　附流路模立體圖示 (精瓶美工作室)

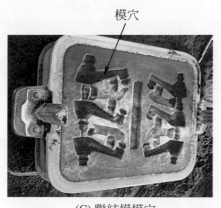

模穴

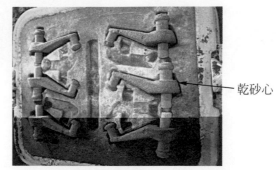

乾砂心

(C) 聯結模模穴　　　　　　　　　　(D) 放置砂心

• 圖 17-10　附流路模立體圖示 (精瓶美工作室)(續)

5. **雙面模板模型 (Match-plate pattern)**：此種模型乃將工件模型製成兩半，相對裝牢於一塊模板之上下兩面，又稱為中板模。其流路系統視情況裝於模板的一面或兩面，若鑄件小時可同時在模板上安裝數件，且適於機械造模。常用於形狀簡單之小鑄件且產量大，易於拔模之模型，如啞鈴、水龍頭、門鎖與活門等鑄造，如圖 17-11 所示。

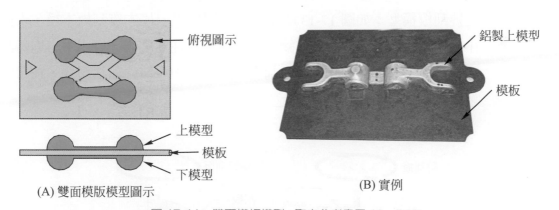

俯視圖示

上模型
模板
下模型

鋁製上模型

模板

(A) 雙面模版模型圖示　　　　　　　　(B) 實例

• 圖 17-11　雙面模板模型 (取自參考書目 18，P98)

6. **嵌板模型 (Follow-board pattern)**：又稱從動板模，是在一厚板上刻出與整體模型一邊相同之凹穴，用於模型太薄，不能承受製砂模時搗砂所施之壓力，或鑄件有曲線邊緣，難以分模之機件而不便採用雙面模板模型時，如手輪或如圖 17-12 所示把手，需要嵌板模型方能嵌穩住把手模型。

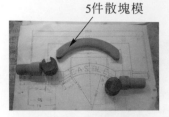

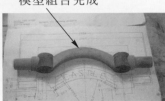

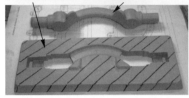

(A) 從動板模型與模型　　　(B) 模型與從動板模型組合　　　(C) 翻砂後鑄件

• 圖 17-12　嵌板板模 (取自 Vintage Workshop)

7. **刮板模型 (Sweep pattern)**：此種模型用於鑄件形狀呈對稱或斷面均勻，及旋轉對稱之物體，尤適合製作大型圓形鑄件，費用低，並符合經濟原則。但是製作砂模時較費時，無法大量生產。此法之特色是刮板本模之外形與鑄件形狀完全不同，依操作方式之不同可分為下列兩種：

(1) 旋轉刮板模型：如圖 17-13 所示，其主體是以一片木質刮板本模，安置在一直立的中心柱上，製作鑄模時，以中心柱為中心，沿水平方向轉動木質刮板本模，即可在砂模內刮出一圓形孔穴，鑄件如鑄鐵鍋、皮帶輪之輪緣及吊鐘等厚度甚薄之大型中空鑄件或大型圓形鑄件。

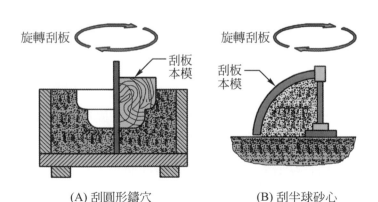

(A) 刮圓形鑄穴　　　　　(B) 刮半球砂心

• 圖 17-13　旋轉刮板模型

(2) 平刮板模型：如圖 17-14 所示，其主體是以一片木質刮板，外形作成鑄件截面之全部形狀，並配合導板作直線來回之刮砂，即可在砂模內刮出一鑄件外形完全相同之凹穴。

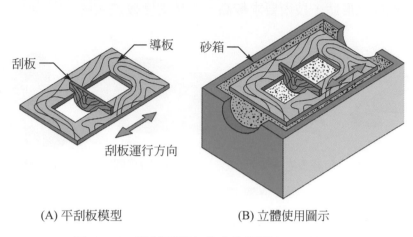

(A) 平刮板模型　　　　　　　　(B) 立體使用圖示

• 圖 17-14　平刮板模型 (取自參考書目 37，P106)

8. **骨架模型 (Skeleton pattern)**：此種模型是由一組木質材料構成骨架，表面形成多個空格而非連續之表面，故可節省製模成本，達到省工、省料及減輕模型重量的目的，然而精度差為其缺點。適用於外形簡單且尺寸不需十分精確之大型鑄件，如圖 17-15 所示，如大型機器之汽錘伸臂、龍門鉋床機架或大型彎管皆可用此法製作。

• 圖 17-15　骨架模型 (取自 Asquith)

9. **分段模型 (Section pattern)**：適用於大型的圓鑄件或尺寸完全對稱之鑄件，如大型齒輪、輪船機葉片即可用此法製作，如圖 17-16 所示，只需製作鑄件之一部分；此法優點是節省製模成本，但缺點是砂模製作時，必需多次連接機件之形狀，技術要求較高，且精密度較差。

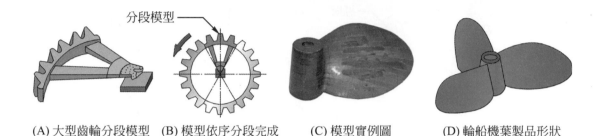

(A) 大型齒輪分段模型　(B) 模型依序分段完成　(C) 模型實例圖　(D) 輪船機葉製品形狀

• 圖 17-16　分段模型

二、依模型材料分類

1. **木模型**：即以木材為模型，木材以堅實組織、不易變形及價格低廉為主，其中檜木為最佳，但價貴。模型製成後，表面塗上蟲膠漆或鋁粉可以防水、防腐。

2. **金屬模型**：用金屬為模型，如圖 17-17(A) 所示，特色是金屬不因受潮而變形，容易維護，其中以鋁製模最佳，因其比重輕、強度佳、加工容易且不生鏽等優點。

3. **塑膠模型**：塑膠為製模之理想材料，如圖 17-17(B) 所示，因其具有不吸收水份、表面光滑、模型之複製及加工容易、尺寸容易控制且價格便宜等優點。

(A) 金屬模型(金屬技研株式會社)　(B) 塑膠模型人頭(雙鶴塑膠公司)

• 圖 17-17　模型材料 (金屬技研株式會社 & 雙鶴塑膠公司 & 遊樂日本網)

 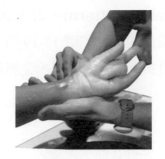 

(C) 手蠟模型(遊樂日本)　　　(D) 手蠟模型製作(遊樂日本)　　　(E) 水銀

• 圖 17-17　模型材料 (金屬技研株式會社 & 雙鶴塑膠公司 & 遊樂日本網)(續)

4. **特殊材料模型**：如蠟或水銀，用於製作精密鑄件之模型。而水銀模型之製作，必需在 –60℃下凍結成形，包覆泥漿後於室溫下，水銀昇華成液體，此液體可經收集後再使用，如圖 17-17(C) 所示為蠟模，17-17(E) 所示為水銀。

三、依取模方式分類

1. **消散式模型 (Disposable pattern)**：消散式模型又稱可消失式模型，乃是在澆鑄前不必自鑄模中取出模型，當金屬熔液澆入模穴時，此種模型遇熱氣化而逸出，留出模穴讓熔融金屬填滿模穴者，如圖 17-18，故此模型不能連續使用且強度不高，不能機械造模，砂模製妥後無法檢查模穴為其缺點，但是可省去脫模麻煩，使設計簡化，製模迅速方便，可節省造模時間，鑄件表面粗糙度佳，精密鑄造及鑄造空心鑄件不必特別準備砂心等為其優點。如塑膠模、蠟模均屬之，而最常用之消散模材料為聚苯乙烯 (Polystyrene)。

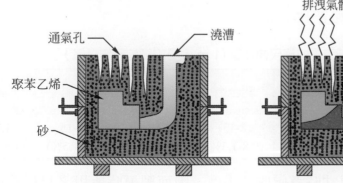 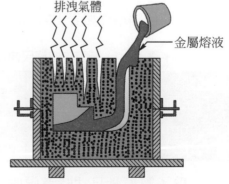

(A) 砂模中放入消散式模型　　　(B) 熱金屬取代消散式模型

消散式模型
示意動畫

• 圖 17-18　消散式模型 (取自參考書目 18，P94)

2. **取出式模型 (Removable pattern)**：取出式模型又名活動模型，於造模後，必需在鑄模中，取出模型，如圖 17-19 所示，故此模型取出後仍可繼續連續使用。常見之取出式模型有木模型、金屬模型均屬之。

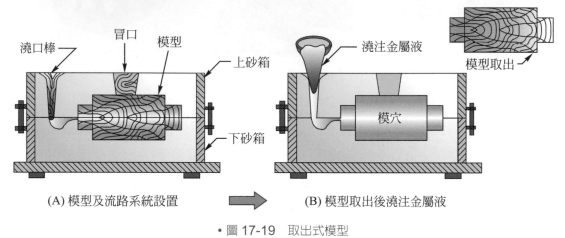

(A) 模型及流路系統設置　　　　　　　(B) 模型取出後澆注金屬液

• 圖 17-19　取出式模型

▶ 17-2-2　模型裕度

鑄件之精密度除了模型的設計及模型本身的精確，尚需考慮模型裕度。模型裕度因情況之不同而分為下列五種：

1. **收縮裕度 (Shrinkage allowance)**：金屬之通性是熱漲冷縮，故熔融的金屬融液在模穴內冷卻凝固後，尺寸必會產生縮小，其收縮之程度則因金屬種類及鑄件大小、形狀之不同而不一樣。故模型製作時，為了考慮金屬之熱漲冷縮而將其各部位尺寸略予加入，此尺寸之加大量即稱為收縮裕度，常用鑄件材料之收縮裕度如表 17-1 所示。

◆ 表 17-1　鑄造之收縮尺伸長量 (1 m 金屬的鑄造尺伸長量)

金屬種類 (每 1 公尺金屬)	鑄鐵 (片狀石墨)	鋁合金	鎂合金	黃銅	鑄鋼
收縮裕度 (mm) (加放百分比)	5-10 (0.5-1.0%)	8-13 (0.8-1.3%)	12 (1.2%)	14-15 (1.4-1.5%)	15-20 (1.5-2.0%)

為了製模量尺寸時考慮收縮裕度，因而製模時所用之尺稱為收縮尺 (Shrinkage ruler)，其尺寸較標準尺寸為大，即收縮尺等於標準尺寸加上收縮裕度，如表 17-1 與圖 17-20 所示。

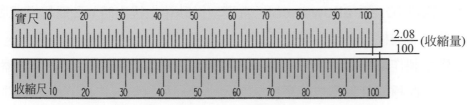

• 圖 17-20　鑄鋼用收縮尺

2. **加工裕度 (Finish allowance)**：一般鑄件澆鑄完成取出後，為了尺寸精確、表面光滑美觀或機件配合良好，常須經機械加工。故在製作模型時，必需考慮此種機械加工的裕度，而將模型予以適當放大，此種加大的尺寸量稱為加工裕度。其裕度大小視鑄件的尺寸大小與金屬種類及鑄造方法、加工方法等因素之不同而定，如表 17-2 所示。一般小型鑄件約 3 mm，大型鑄件約 5 mm。鑄造方法若採用機器造模，因其精確度較高，其加工裕度較手工翻砂為少。而不同的加工程度亦有不同的加工裕留量，說明如下：

(1) $\sqrt{}^{\text{Ra 100}}$ 粗糙度 100 μm 以上，表示光胚面 (～)，不須加工，不預留加工裕度。

(2) $\sqrt{}^{\text{Ra 80}}_{\text{Ra 12.5}}$ 粗糙度 12.5 ～ 80 μm，表示粗加工 (▽)，通常加工量預留 1 ～ 2 mm。

(3) $\sqrt{}^{\text{Ra 10}}_{\text{Ra 2.5}}$ 粗糙度 2.5 ～ 10 μm，表示細加工 (▽▽)，通常加工量預留 3 ～ 4 mm。

(4) $\sqrt{}^{\text{Ra 2.0}}_{\text{Ra 0.125}}$ 粗糙度 0.125 ～ 2.0 μm，表示精密加工 (▽▽▽)，通常加工量預留 4 ～ 5 mm。

至於鑄件大小與金屬種類，其加工裕度亦不同，參見表 17-2 所示。

◆ 表 17-2　加工裕度需考慮鑄件大小與不同金屬種類

種類	鑄件大小 mm					
	300 以下	300 ～ 600	600 ～ 1000	1000 ～ 1500	1500 ～ 2000	2000 ～ 3000
鑄鐵	2.5 ～ 3.0	3.0 ～ 5.0	5.0 ～ 7.0	6.0 ～ 8.0	8.0 ～ 10.0	10.0 ～ 12.0
鑄鋼	2.5 ～ 3.0	4.0 ～ 6.0	6.0 ～ 8.0	8.0 ～ 10.0	10.0 ～ 12.0	12.0 ～ 15.0
青銅	2.0 ～ 3.0	3.0 ～ 4.0	4.0 ～ 5.0			
鋁合金	2.0 ～ 3.0	3.0 ～ 4.0	4.0 ～ 6.0			

3. **拔模裕度 (Draft allowance)**：當模型從砂箱中拔出時(又稱起模或脫模)，模型表面與模砂必產生摩擦，而可能將模砂磨脫而損壞砂模或模穴。因此，在模型製作時將與脫模方向平行之部分製成適當之斜度，以減少摩擦而易於脫模，此種斜度稱為拔模裕度，其大小受模型材料、造模方法、鑄件尺寸、鑄件形狀所影響。

　　在考慮拔模裕度時，須考慮拔模的斜度方向，如圖 17-21 所示。不適當的拔模斜度反而使脫模時將鑄模損壞。而且鑄件之外形與內形拔模之斜度方向相反，如圖 17-22 所示。一般鑄件之外形斜度為 1/96 ～ 1/48，內形斜度為 3/48；若角度計算拔模斜度，則一般簡單形狀的外形拔模之斜度限在 1.5 度內，內形拔模之斜度為 3.5 度內，一般金屬模型比木模型小，機械造模比手工造模小，小鑄件比大鑄件大。

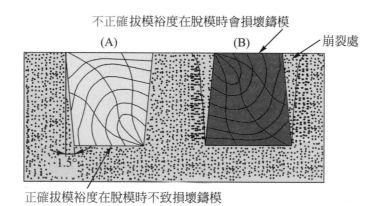

• 圖 17-21　拔模裕度

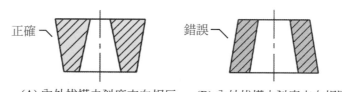

• 圖 17-22　內外形狀拔模之斜度方向

4. **變形裕度 (Distortion allowance)**：由於金屬的熱漲冷縮之故，對於薄而面大之鑄件，如大型平板、U 形式鐘形，由於冷卻速度不均，往往發生扭曲變形的現象。故於製作模型時，得依經驗在扭曲變形之相反方向的位置上加大尺度，此種加大變形的量稱為變形裕度。

5. **搖動裕度 (Shake allowance)**：模型於脫模前，須在模型上作各方向之輕敲，使模型與鑄模間鬆脫，以易於拔模，但是經此敲擊後模穴會些微擴大，而影響鑄件的尺寸精度。故於製作模型時，將其尺寸稍微縮小，此種縮小量稱為搖動裕度。換言之，搖動裕度為一種負裕度，乃將模型變小。

17-2-3　模型製作

一、模型製作上應注意的事項

1. 金屬自液態凝結成固態的過程是由外向內，進行方向與表面成垂直。因此遇交角之鑄件，其冷卻速度受其阻擾而使晶粒組織不均，冷卻收縮後產生裂痕，如圖 17-23 所示。故為了避免鑄件交角處縮裂，進而能增加強度、方便製模，模型於各面接合處需設計成圓角 (Fillet) 連接。如圖 17-24 所示。

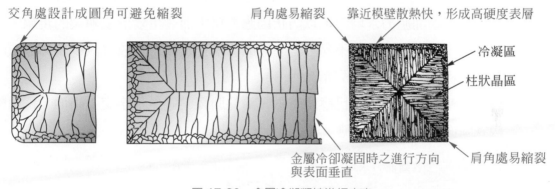

交角處設計成圓角可避免縮裂　　肩角處易縮裂　靠近模壁散熱快，形成高硬度表層

冷凝區

柱狀晶區

金屬冷卻凝固時之進行方向與表面垂直　　肩角處易縮裂

• 圖 17-23　金屬冷卻凝結進行方向

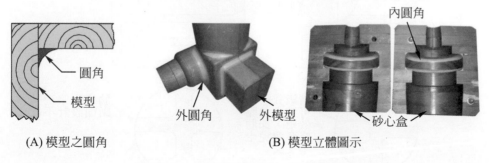

內圓角

圓角

模型

外圓角　　外模型

砂心盒

(A) 模型之圓角　　　　　(B) 模型立體圖示

• 圖 17-24　交角處模型設計 (精瓶美工作室)

2. 晶粒生長的方向與熱量向鑄模外散失的方向相反,其結晶粒大小,視結晶之冷卻速度而異。冷卻速度愈快,結晶愈細,其硬度愈高;是以在設計上,只要受力情況允許,斷面愈薄愈好,因其冷卻速度較快,可得較高硬度。若斷面很厚時,因其強度不足,在設計上則常加肋以增其強度,減少變形,如圖17-25所示。

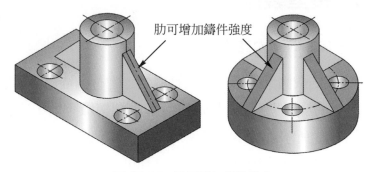

肋可增加鑄件強度

• 圖 17-25 肋可增加鑄件強度

3. 模型各部斷面應力求均勻,以防止因應力集中而產生變形或龜裂的現象。斷面數集中的部位因排熱不易,容易形成收縮孔及應力,故宜減少聚集數或設計成階級式,如圖17-26所示。

4. 鑄件輪輻之輻條設計數目應為奇數,鑄件肋條應避免十字交叉斷面,採用階級式斷面可減少熱點效應。

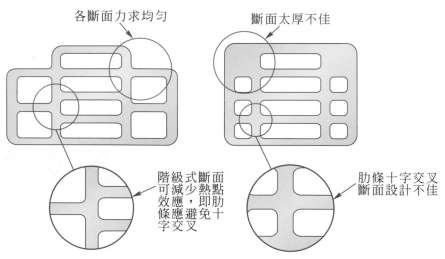

各斷面力求均勻　　　斷面太厚不佳

階級式斷面可減少熱點效應,即肋條應避免十字交叉

肋條十字交叉斷面設計不佳

• 圖 17-26 模型斷面設計之比較

5. 模型表面應力求光潔，以增加鑄件的表面光度。

6. 若為消散模型，模型表面應作塗層處理，且製作消散模型時不需考慮拔模裕度與搖動裕度。

7. 模型製作時，受取模方式、金屬熱脹冷縮、金屬種類不同而影響其裕度，整理如表 17-3 所示。

◆ 表 17-3　模型製作之裕度考慮

說明		考慮之裕度
取模	取出式模型	收縮裕度、加工裕度、拔模裕度、變形裕度、搖動裕度。
	消散式模型	收縮裕度、加工裕度、變形裕度。
受金屬熱脹冷縮影響		收縮裕度、變形裕度。
受不同金屬種類影響		收縮裕度、加工裕度。
受鑄件大小影響		收縮裕度、加工裕度、拔模裕度、變形裕度、搖動裕度。

二、模型塗色

在模型表面上之不同部位塗上各種不同的顏色，乃是鑄模在製作時，避免模型裝配時產生錯誤，以不同顏色代表鑄件對應位置，如圖 17-27 所示，常用之模型塗色之特性意義為：

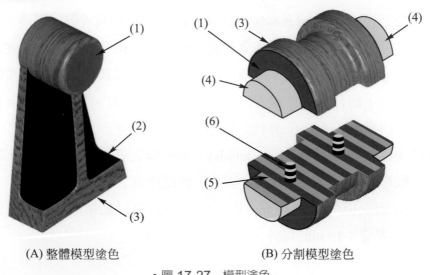

(A) 整體模型塗色　　　　　　　(B) 分割模型塗色

• 圖 17-27　模型塗色

1. **紅色**：鑄件表面須加工部分。
2. **黑色**：心型部分或不再加工部分。
3. **透明漆**：鑄件表面清潔而不加工部分。
4. **黃色**：砂心頭和散塊砂心頭之接合面。
5. **黃紅相間條紋**：表示接合面，如鬆件模型或分割模型等部位。
6. **黃底黑條**：表示撐桿或定位銷。

17-3 鑄模種類

鑄模可依使用之材料不同及依造模場所之不同來分類，分述如後。

一、依使用材料不同分類

1. **砂模 (Sand molds)**：鑄造廠中最常用之鑄模是砂模，乃以矽砂 (又稱模砂) 加入黏土作為黏結劑來造模，一般俗稱翻砂，尤適於鐵、鋁金屬之鑄件。砂模分為下列幾種形式：

    (1) 濕砂模 (Green-sand molds)：濕砂模是以矽砂混以適量之黏土和 $2 \sim 8\%$ 水分製成鑄模，因不加以乾燥而立即澆鑄，故在澆鑄時產生水蒸氣，若是鑄模之通氣不良時，容易使鑄件產生氣孔。而且濕砂模的鑄模強度較弱，故只適宜小鑄鐵 (Cast iron) 件的鑄造。

    (2) 乾砂模 (Dry sand molds)：此法乃以金屬砂箱製成濕砂模後，送入烘爐內或就地烘乾，使水分完全蒸發，砂模完全硬化為止稱之。此法澆鑄時由於無水蒸氣的產生，故鑄件不生氣孔，且其鑄模強度大，澆鑄時亦不致變形，鑄件之尺寸精度佳為其優點，然而製作費用較高為其缺點，常用於鑄鋼 (Steel casting) 件之鑄造。

    (3) 表面乾燥模 (Skin-dried molds)：濕砂模之表層乾燥硬化後，即成表面乾燥模，適用於大型鑄鋼之鑄造，製模法有二，敘述如下：
    ① 圍繞模型周圍 13 mm 內，以細矽砂混以黏結劑，故能生成一堅硬之表層；13 mm 以外，則用普通之濕砂。

② 先製成濕砂模，再在模壁之表面塗以亞麻仁油、糖漿水、膠化澱粉等黏結劑，加熱硬化，以去除多餘水份使表面硬化。

(4) 泥土模 (Loam molds)：泥土模適用於大型鑄件之鑄造，係於地坑之內製作，其主體外圍用磚、鐵皮等砌成，故又稱砌模。造模時先以磚塊砌好主體形狀後，並輔以刮板模或骨架模製成，待其充份乾燥及強度增加後，方能澆鑄金屬溶液以承受其壓力。此法優點是地坑內製作，可抵抗熱氣所生之壓力，但缺點是鑄模的製作費時。

(5) 呋喃模 (Funan molds)：呋喃模係以乾燥而尖銳之矽砂與黏結劑呋喃樹脂 (1%) 混合，並與硬化劑磷酸 (0.5%) 徹底攪拌所製成之鑄模，如圖 17-28 所示為連續式呋喃樹脂混砂情形。此類鑄模製成後，約經 1 ～ 2 小時即具充份之硬度，適於消散模型鑄模與砂心之製作，製模時可全部採用呋喃作成全模，亦可將呋喃模分布於模型周圍只作為外殼。

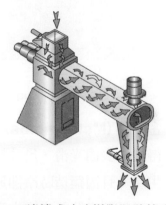

(A) 呋喃樹脂　　　　　(B) 磷酸　　　　　(C) 連續式呋喃樹脂混砂情形

• 圖 17-28　呋喃模 (橙果 MALL 網 & 利泰化學原料行)

(6) 二氧化碳模 (CO_2 molds)：二氧化碳模係將乾淨之矽砂與 3.5 ～ 6% 含量的矽酸鈉 (俗稱水玻璃) 作為黏結劑混合製成砂模後，通以 CO_2 氣體，使 CO_2 與矽酸鈉產生化學反應而生成乳化矽膠，使鑄模變成堅硬，即稱為 CO_2 模，如圖 17-29 所示。適合於鑄成形狀複雜而表面光滑的鑄件，尤適合砂心的製作。此法的優點是造模迅速，不需烘乾且鑄件表面光滑，砂模通氣性佳，強度高、技術程度較低，可用半熟練技術工人。但是缺點是舊砂難回收，且砂模不能放太久，否則易吸收空氣中水份而膨脹及澆鑄後脫模困難。

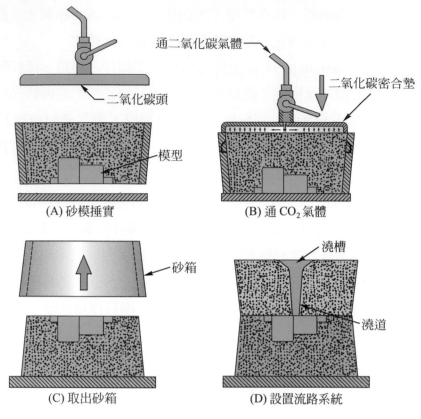

• 圖 17-29　二氧化碳模 (取自參考書目 18，P147)

2. **金屬模 (Metal molds)**：以金屬製成之鑄模，稱為金屬模。此法之優點是所得鑄件表面光滑、尺寸精確、生產速率高及鑄模可重複多次使用，適合大量生產，且因鑄造時冷卻速度快，金屬結晶細緻，可得較高的機械性質。但是缺點是製模及設備成本高，不適宜鑄造大型鑄件及只限於低熔點之非鐵金屬之鑄造，或使用於射出成形機製作塑膠產品，如圖 17-30 所示。

生活小常識

鑄造技術士 (Technician for molding)

可從勞動部勞動力發展署技能檢定中心全球資訊網網站查詢，丙級工作範圍：從事鑄模製作、金屬熔解及澆鑄等技能：1.甲級為具鑄造設計與品質管理，技術指導與成本分析之專業人員。2.乙級為具鑄造獨立作業及技術指導能力之從業人員。3.丙級為具鑄造基本作業能力之從業人員。

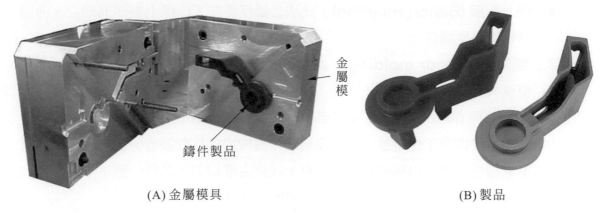

| (A) 金屬模具 | (B) 製品 |

• 圖 17-30　金屬模 (kovatch Castings company)

3. **特殊模 (Special molds)**：以塑膠、水泥、石膏、木材和橡膠製成之鑄模，統稱為特殊模，適於各種特殊用途與方法之鑄造。

二、依造模場所不同分類

鑄模因製造方法與場所之不同，可分為四類，分述如下：

1. **地坑製模 (Pit molding)**：此法係在地坑四周砌以磚塊，地底舖上一層厚煤渣，以通氣管通至地面，所得之鑄模稱之，適用於大型鑄件，如圖 17-31 所示。

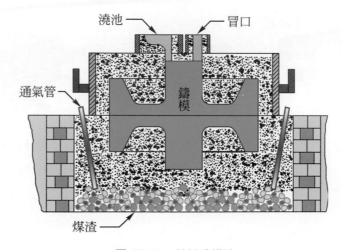

• 圖 17-31　地坑造模法

2. **檯上製模 (Bench molding)**：此法之鑄模係在工作檯上製作而稱之，僅適於製作小型鑄件。

3. **地面製模 (Floor molding)**：此法係在地面上製成鑄模而稱之，適於製作中型或大型鑄件。

4. **機械造模 (Mechanical molding)**：此法係以機械代替手工之捶砂、反轉砂模、拔模等工作所製成之鑄模稱之。機械造模具有節省勞力，拔模精確且不易損壞，模砂由機械振動、擠壓，故緊密度均勻、品質一致，不需熟練的技術工，尤其於大量生產時，均利用機械造模。

17-4 砂模的製造

▶ 17-4-1 砂模的製造工具與設備

鑄造作業過程中，砂模的製造工具與設備必需先予以認識，方能正確的使用，一般常用者如下：

1. **砂箱 (Flask)**：製作砂模時，用以容納模砂之方形框架容器，稱為砂箱。砂箱有上砂箱、下砂箱，有時亦用到中砂箱。砂箱的主要材料分有木砂箱及金屬砂箱兩種，如圖 17-32 所示。

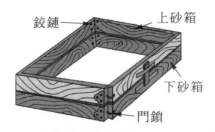
(A) 木砂箱部位說明

(B) 木砂箱(宏泰五金製造公司)

(C) 金屬砂箱(巨龍實業發展公司)

• 圖 17-32　砂箱 (宏泰五金製造公司 & 巨龍實業發展公司)

2. **手工具**：常見的造模手工具有砂篩、造模底板、砂剷、砂錘、刮尺、通氣針、澆道切管、拔模針、大小鏝刀、刷筆、砂鉤及手風箱⋯⋯等，如圖 17-33 所示。

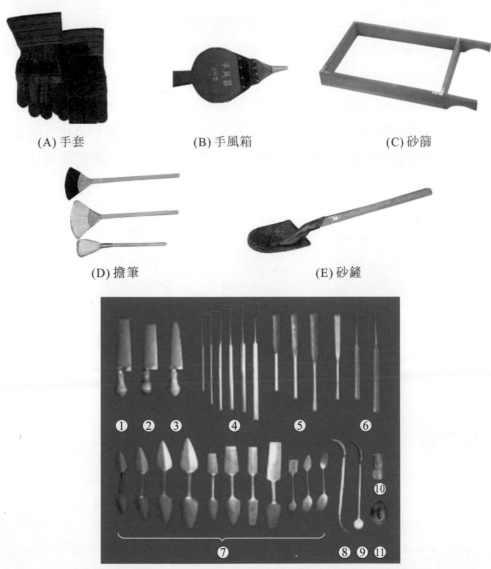

(A) 手套　　　　　(B) 手風箱　　　　　(C) 砂篩

(D) 擔筆　　　　　　　(E) 砂鏟

①～③為刮刀、④為提勾、⑤為鋼批、⑥為提勾鋼批、
⑦為壓勺、⑧為法蘭勺、⑨為托蘭根、⑩為直角光子、
⑪為蛋圓光子

• 圖 17-33　鑄造工具 (冀州華榮鑄造工具廠)

3. 機械造模過程與設備：其造模過程敘述如下：

(1) 震搗 (Jolt)：以連續之震動撞擊砂箱，使砂箱內模砂震緊成型方法。如圖 17-34(A) 所示，此法的特色是鑄模上面的砂搗實較弱，下面的砂搗實較緊密。

(2) 擠壓 (Squeeze)：以沖鎚施壓於模砂，使之壓實成型之法。如圖 17-34(B) 所示，此法的特色是鑄模上面的砂壓實較緊密，下面的砂密實度較弱，僅用於密度小的砂模製造。

(3) 拋砂 (Sand slinger)：以壓縮空氣將模砂自砂斗中吹入砂箱中，藉噴射的力量將模砂擠緊在砂模中，使砂模成型之法。如圖 17-34(C) 所示，此法的特色是因拋出去的砂力量達 2000 kg，故可得到錘實均勻且密實的砂模。

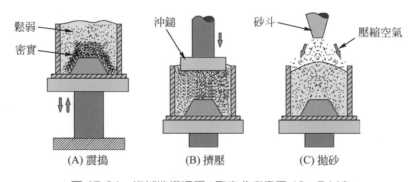

• 圖 17-34　機械造模過程 (取自參考書目 18，P116)

生活小常識

台灣鑄造業廠商分布現況

(經濟部工業局 106 年 12 月 21 日)

鑄造產業為國家重要基礎工業，國內鑄造廠約有 800 餘家，從業勞工約有 18,000 人，年產值達 900 多億台幣，如以單位面積及人口數換算，則分別名列世界第 1 位及第 3 位。國內鑄造廠以中小型企業為主，其中：

北部佔 36%，生產鑄鐵管、鋁輪圈、汽車零組件、機械 / 五金、電機零件等。

中部佔 39%，生產工具機鑄件、水五金閥體、管接頭、人孔蓋等。

南部佔 25%，生產鑄鐵管、汽機車零組件、船用 / 機械五金、球頭等。

如圖 17-35 所示造模機，圖 (A) 為震搗抽拔造模機，而圖 (B) 所示係結合震搗與擠壓於一身之造模機，融合上述震搗與擠壓兩種過程之優點。

(A) 震搗抽拔造模機　　　　　　　(B) 震搗擠壓造模機

• 圖 17-35　機械造模機 (臺灣新東機械提供)

4. **砂模鑄造與機械造模比較**：砂模鑄造須完全倚賴熟練的技術員，而機械造模則仰賴機械造模機協助，兩者皆有其優點與限制，如表 17-4 所示。

◆ 表 17-4　砂模、機械造模與可消散模型鑄造比較表

製程	優點	限制
砂模鑄造	幾乎任何金屬皆可鑄造，無尺寸、外形或重量限制，且加工成本低	鑄件表面粗糙度差，製造公差大，需要另外機製加工，且需熟練技術工人
機械造模	具有節省勞力，拔模較砂模精確，不需熟練技術工人	增加機械造模設備支出，鑄品之尺寸、外形或重量受限
可消散模型鑄造	對大部分的金屬鑄造都沒有尺寸限制，複雜形狀鑄件亦可製得	模型強度低且少量生產時成本高

▶▶ 17-4-2　流路系統

流路系統係指澆鑄時，熔融的金屬溶液流入模穴內，在此砂模內所流經之道路稱之。包括之主要項目依序為澆池、澆道、流道、鑄口、模穴與冒口，如圖 17-36 與圖 17-37 所示。分述如下：

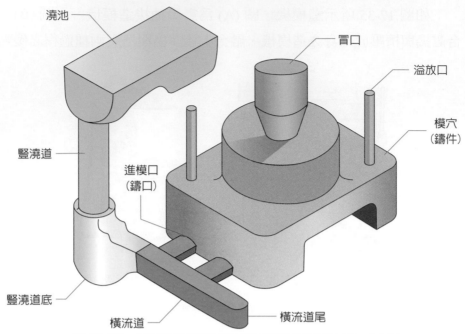

• 圖 17-36　模穴流路系統立體圖示 (取自參考書目 37，P146)

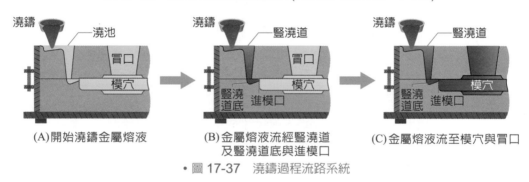

(A)開始澆鑄金屬熔液

(B)金屬熔液流經豎澆道
及豎澆道底與進模口

(C)金屬熔液流至模穴與冒口

• 圖 17-37　澆鑄過程流路系統

1. **澆池 (Pouring basin)**：澆池位於熔融金屬流入通路系統之開口處，形狀可
   如池或杯或槽，又叫澆槽或澆杯或澆口箱，如圖 17-38 所示。設置在澆道上
   方，並偏置在模穴一側之凹坑，主要目的是使金屬液容易澆鑄外，並可防止
   雜質流入及減緩沖入澆道之流速。

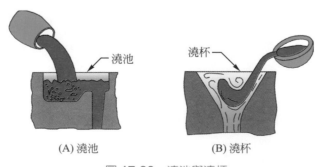

(A) 澆池

(B) 澆杯

• 圖 17-38　澆池與澆杯

2. **豎澆道 (Sprue)**：又稱為澆道，主要功用為輸送金屬液，澆道係位於澆池下方，距模穴邊偏置一側約 25 mm 處，為一垂直且設計成上大下小的空心圓錐形孔道，可以避免捲入空氣及可調節澆鑄壓力、控制澆鑄速度。位置之選擇應使金屬溶液迅速，均勻流入模穴為原則，豎澆道的高度不可設計太高，若太高會使熔漿落差太大而使流速太大，因而導致進模口被衝毀之可能。

3. **橫流道 (Runner)**：如圖 17-39 所示，橫流道為一條短平通道，位於砂模內豎澆道與鑄口 (又稱進模口) 之間。其主要功用為：

(1) 輸送及分配金屬液。

(2) 若有橫流道尾，可隔離金屬液的雜質。

(3) 排除隨金屬液捲入之氣體。

(4) 減少亂流、緩衝流速。

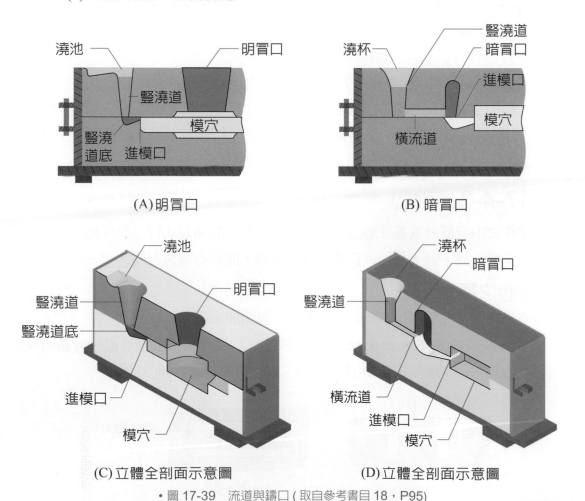

• 圖 17-39　流道與鑄口 (取自參考書目 18，P95)

一條流道配合一個鑄口,小型鑄件只需一個鑄口,且為了避免澆鑄時金屬液產生亂流,鑄口應設計在底部。而大型複雜的鑄件,可能需要兩個以上的鑄口。

4. **進模口 (Gate)**:又稱鑄口,位於靠近模穴(鑄件模型處),須設計成細頸,是流路系統中斷面積最小通道,只方便鑄件取出後敲斷該處,且不損及鑄件。小型鑄件設置一條橫流道配合一個進模口,且為了避免澆鑄時金屬液產生亂流,進模口應設計在底部。而大型複雜的鑄件,可能需要兩個以上的進模口,如圖 13-36 所示有兩個進模孔。

5. **冒口 (Riser)**:如圖 17-39 所示又叫升鐵管,冒口必需位在鑄件最大斷面處之正上方,可分為明冒口與暗冒口,為上大而下小之圓錐形孔與鑄件相交處設計成窄頸,以利清理鑄件時打斷。冒口功用為:
   (1) 在鑄件較厚部位,可補充凝結收縮時所需的金屬熔液,為冒口的主要功用。
   (2) 可作為通氣孔道與排除熔渣之用。
   (3) 從外冒口處可探知模穴內之金屬熔液是否已灌滿。

6. **溢放口 (Flow off) 或通氣孔 (Vent)**:兩者主要功用在排除模穴或金屬液內的氣體,以避免鑄件產生氣孔。一般而言,鑄件較薄且表面積較大,又沒有冒口設計的鑄模,在離澆口最遠處有此設計。

▶▶ 17-4-3 砂心

凡鑄件之中空部分或其外形凹入部分,造模難以圓滿製成時,則可利用砂心來達成。砂心又稱心型,吾人常稱砂模之模穴為外模,而砂心稱為內模。

一、砂心之種類

砂心之製作可分為濕砂心及乾砂心兩種,說明如下:

1. **濕砂心 (Green sand core)**:濕砂心係利用砂心模型在砂模中直接用模砂製成,用於模穴中空部位體積較大之場合,如圖 17-40(A) 所示。

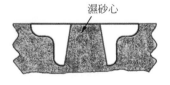
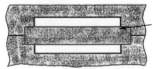

濕砂心　　　　　　　　　　　　　　　　烘乾後乾砂心

(A) 濕砂心　　　　　　　　　　　(B) 乾砂心

• 圖 17-40　砂心種類 (取自參考書目 18,P112)

2. **乾砂心 (Dry sand core)**：乾砂心係由純矽砂、水、黏結劑混合形成的砂心砂，以砂心盒製成，如圖 17-41 所示，經烘乾後放入砂模之適當位置中稱之，如圖 17-40(B) 所示。乾砂心因放置方式之不同，可分為橫臥式、垂直式、平衡式、懸掛式及下落式等，如圖 17-42 所示。

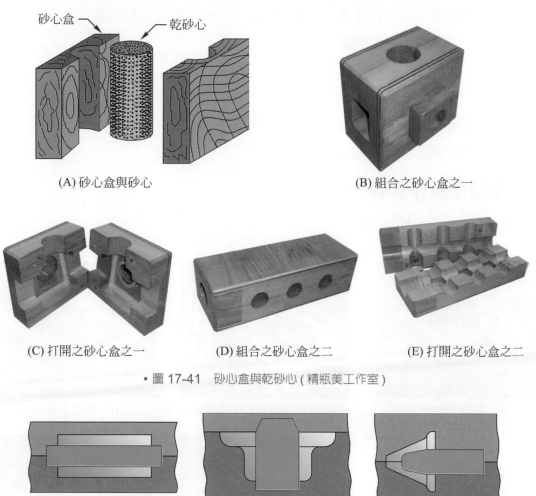

(A) 砂心盒與砂心　　　　　　　　　　　(B) 組合之砂心盒之一

(C) 打開之砂心盒之一　　(D) 組合之砂心盒之二　　(E) 打開之砂心盒之二

• 圖 17-41　砂心盒與乾砂心 (精瓶美工作室)

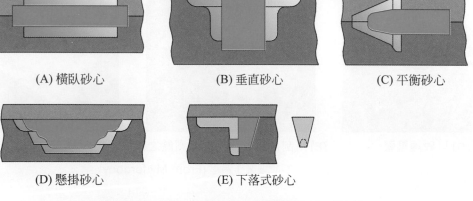

(A) 橫臥砂心　　　　　(B) 垂直砂心　　　　　(C) 平衡砂心

(D) 懸掛砂心　　　　　(E) 下落式砂心

• 圖 17-42　乾砂心種類 (取自參考書目 18，P112)

二、砂心之特性

砂心必需具備下列特性：

1. **足夠強度**：能承受澆鑄金屬熔液之壓力。
2. **透氣性佳**：須適當孔隙，以增加透氣性。
3. **光潔表面**：可塗石墨液，以增加表面光平，又可增加耐熱度。
4. **良好耐熱性**：承受澆鑄金屬熔液之高溫。

17-4-4　造模程序

造模若依模型構造之不同而有各種不同的造模法，今以整體模與分割模型作代表性的敘述，其步驟如下：

一、整體模製作步驟

如圖 17-43 所示及其說明。

(A) 將下砂箱置放在製模板上

(B) 整體模型置於下砂箱內

(C) 模型上覆模砂

(D) 以砂錘壓緊

(E) 用刮尺刮取砂箱上面剩餘之砂

(F) 反轉下砂箱撒佈滑石粉

• 圖 17-43　整體模製作過程 (From My fordboy)

(G) 將上砂箱對合及置放澆口棒及冒口棒

(H) 將上砂箱填滿砂並錘實

(I) 刮平

(J) 拔取澆口棒及冒口棒並以通氣針開小通氣孔

(K) 在砂箱外邊做對合記號後舉起上砂箱倒轉放置在平板上

(L) 以抹刀在下砂箱位割出流道及鑄口並用拔模針取出模型

(M) 模穴完成

(N) 依對合記號將上砂箱置於下砂箱上完成鑄造程序

(O) 打開砂箱

(P) 進行澆鑄

(Q) 打破鑄模取鑄件

(R) 完成之整體模鑄件

• 圖 17-43 整體模製作過程 (From My fordboy)(續)

二、分割模型製作步驟

1. 依適當比例混合矽砂、黏土、水。

2. 將下砂箱置放在製模板上，上半模型 (無定位梢部分) 置於下砂箱內，如圖 17-44(A) 所示。

3. 模型上面覆以分模砂及 25 mm 厚之細砂做為面砂 (Facing sand)，其餘部位則以粗砂作為裡砂將下砂箱填滿，如圖 17-44(B) 所示。

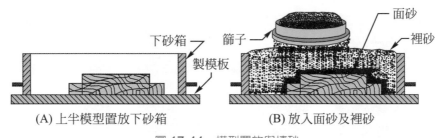

(A) 上半模型置放下砂箱　　　　　　　(B) 放入面砂及裡砂

• 圖 17-44　模型置放與填砂

4. 以砂錘壓緊錘實後，用刮尺刮取砂箱上面剩餘之砂，如圖 17-45 所示。

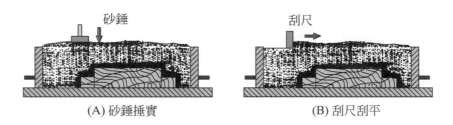

(A) 砂錘捶實　　　　　　　　　　(B) 刮尺刮平

• 圖 17-45　錘實與刮平

5. 反轉下砂箱，並用鏝刀將鑄模面修補平整，如圖 17-46(A) 所示，然後撒佈滑石粉在模型上。

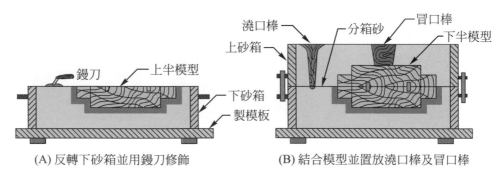

(A) 反轉下砂箱並用鏝刀修飾　　　　(B) 結合模型並置放澆口棒及冒口棒

• 圖 17-46　對合上砂箱與上模型，並設置流路系統

6. 將下半模型與上半模型結合，並將上砂箱對合下砂箱，此時應注意對合方向是否正確，定位梢之配合鬆緊要適當。將不含黏土或黏結劑之純矽砂或石灰粉、滑石粉，撒佈在鑄模及模型上，以作爲分箱砂 (Parting sand)。並依流路系統之設置要領置放澆口棒及冒口棒，如圖 17-46(B) 所示。

7. 將上砂箱塡滿砂並錘實、刮平。然後拔取澆口棒及冒口棒，並以通氣針貫穿開小通氣孔，如圖 17-47(A) 所示。

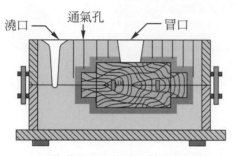
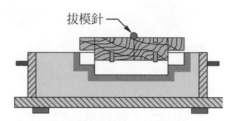

(A) 灌滿砂及取出澆口棒和冒口棒　　(B) 拔出上模型及下模型

• 圖 17-47　取出模型

8. 在砂箱外邊做對合記號，舉起上砂箱倒轉放置在平板上，以水筆潤濕模型四周，配合拔模針取出模型，如圖 17-47(B) 所示。

9. 以抹刀在下砂箱位置割出流道及鑄口，再以砂心盒做好砂心後，將其放置在適當位置，如圖 17-48 所示。

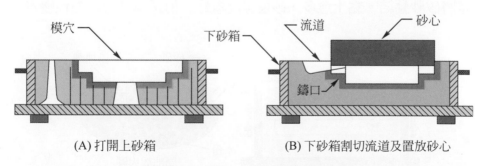

(A) 打開上砂箱　　　　　　(B) 下砂箱割切流道及置放砂心

• 圖 17-48　設置流道及鑄口，置放砂心

10. 依據對合記號,將上砂箱置於下砂箱上面,則完成鑄模,並以澆斗進行澆鑄,如圖 17-49(A) 及圖 17-49(B) 所示,待冷卻後即可起模,鑄件完成品如圖 17-49(C) 所示。

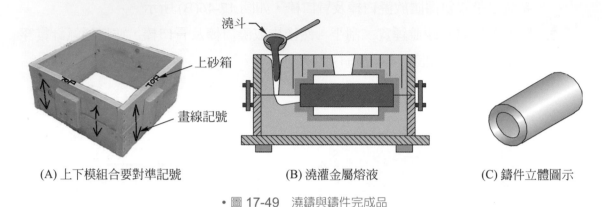

(A) 上下模組合要對準記號　　　　(B) 澆灌金屬熔液　　　　(C) 鑄件立體圖示

• 圖 17-49　澆鑄與鑄件完成品

▶▶ 17-4-5　模砂與砂模試驗

一、模砂 (Mold sand)

鑄造所用之材料以模砂為主,砂模內主要包括矽砂、黏土、水份及添加劑,如圖 17-50 所示,分述如下:

1. **矽砂**:主要成分為氧化矽 (SiO_2),耐熱溫度達 1650℃。
2. **黏土**:砂模中黏土含量約 2 ~ 5%,以火山黏土最佳,耐火黏土次之,主要是將矽砂黏結。黏土愈多,砂模強度愈好,但透氣性及耐熱性變差。

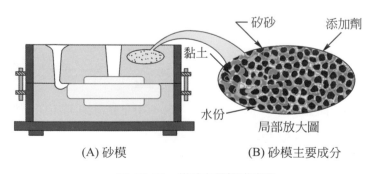

(A) 砂模　　　　　　　　　(B) 砂模主要成分

• 圖 17-50　模砂主要組成成分

3. **水份**：砂模中水分含量約 2 ～ 8%，其含水量與黏結性成正比，故水份可增加砂模強度，但太多水份時，模砂會失去塑造性且鑄造時會產生水氣，易使鑄件產生氣孔。

4. **添加劑**：依用途不同，常見者如表 17-5 所示。

◆ 表 17-5　添加劑種類及其功用

添加劑種類	功用
亞麻仁油、矽酸鈉	增加砂模強度
瀝青、焦炭粉、石墨粉	可使鑄件清理容易、改善鑄件表面光度
木屑、鉛屑粉	改善砂模熱膨脹性、通氣性、崩散性，可避免砂模在高溫時發生龜裂下陷

此外，良好的模砂應具備下列特性：

1. **透氣性好**：使澆鑄時模穴內之氣體，易於自砂模中逸出，使鑄件不產生氣孔。一般砂粒愈大，透氣性愈好。

2. **耐熱性高**：模砂必需能抵抗高溫之熔融金屬液，而不熔合軟化之性質稱為耐熱性，如缺少耐熱性，則砂易被燒焦，致使脫砂困難，鑄件表面因而不乾淨。

3. **結合性大**：造模後必需承受澆鑄時金屬溶液的壓力及衝擊力，是以其鑄模強度要大，即砂模之結合性要大。

4. **複用性佳**：模砂可重複使用，以減低製模成本。通常模砂一再使用會使模砂老化，因此需使用良質黏結劑除去異物，或經常補充良質的新砂。

5. **保溫性要好**：澆鑄熔液時不迅速冷卻，而能維持相當的熔融狀態，使熔液能注滿整個模穴之特性，稱為保溫性。

6. **顆粒大小與形狀**：砂粒大小應配合鑄件表面之要求，表面需光滑之鑄件需選用細顆粒。砂粒之形狀應不規則，方可產生足夠的結合強度，以近多角形顆粒最佳。

二、砂模試驗 (Sand mold testing)

常用之砂模試驗，敘述如下：

1. **透氣性試驗 (Permeability test)**：砂模透氣性是指在標準狀態下，空氣每分鐘通過模砂的速率稱之，如圖 17-51 所示。受砂粒形狀大小、錘實程度、含水量及泥份等因素所影響。如圖 17-52(C) 所示，為顆粒較細的砂，其透氣性較差，但大小粗細愈均勻，其砂模之透氣性愈佳。若錘實的程度愈密實及含水量愈多，則透氣性愈差，且透氣性不佳的砂模，其鑄件易生氣孔、針孔、鑄巢等缺陷。

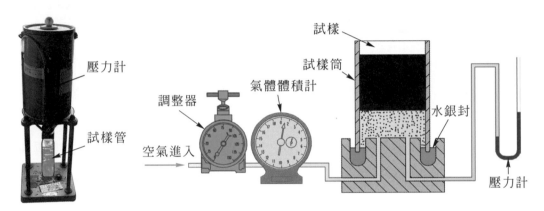

(A) 透氣性實驗機(新北市瑞芳高工)　　　(B) 測量原理示意圖

• 圖 17-51　用來測量砂模透氣性的設備 (新北市瑞芳高工)

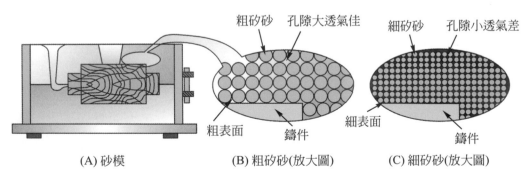

(A) 砂模　　　　(B) 粗矽砂(放大圖)　　　(C) 細矽砂(放大圖)

• 圖 17-52　砂粗細與透氣性及鑄件表面關係

2. **強度試驗 (Strength test)**：砂模強度是指模砂結合力大小，包括抗壓、抗拉、強度、韌性、變形等特性，但在砂模強度試驗中，以壓力試驗爲主。試驗時，先將砂模製成圓柱體試樣，送入萬能模砂強度試驗機中，加入負載 (Load) 直到試樣壓壞爲止，試驗機上裝有壓力刻度表或強度值刻度，可以直接讀出試樣破碎時的壓力強度，如圖 17-53 所示。

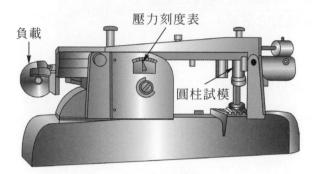

(A) 槓桿式   (B) 滑式鑄砂萬能強度試驗機(新北市瑞芳高工)

• 圖 17-53　萬能模砂強度試驗機 (新北市瑞芳高工)

3. **砂粒細度試驗 (Fineness test)**：此種試驗在決定砂粒大小的分配比例，其細度值大者表示平均顆粒較細，鑄件可得到較光滑的表面，如圖 17-52 所示，製成的砂模硬度較高，但其透氣性相對較差。

4. **硬度試驗 (Hardness test)**：係指砂模對於外力壓陷變形之抵抗能力而言，目的在了解砂模與砂心表面之硬度。試驗時，乃藉助如圖 17-54 所示砂模硬度試驗器底部之鋼球壓入砂模中，以壓入之深度來表示砂模之硬度。一般輕度錘實之硬度值在濕砂模硬度計上顯示爲 70 以下，中度錘實值在 70 ～ 80 之間，重度錘實值在 80 以上，由機械造模所得之硬度值達 80 ～ 95。

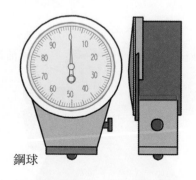

• 圖 17-54　濕砂模硬度計

5. **水份試驗 (Moisture test)**：如圖 17-55 所示為模砂水份測定器，此種試驗在了解砂模內之水份百分比，通常砂模之含水量愈大，透氣性愈差。試驗時，須先測得模砂試驗未乾燥前之重量，然後烘乾之再測得乾燥後重量，以下列公式求得水份之百分比：

$$水分比 = \frac{(樣砂未乾燥前之重量) - (樣砂乾燥後之重量)}{(樣砂未乾燥前之重量)} \times 100\%$$

電源指示器

電力切換開關

砂盤

• 圖 17-55　水份測定器 (新北市瑞芳高工)

6. **泥份試驗 (Clay content test)**：如圖 17-56 所示，泥份試驗係在測定砂模中黏土的含量，含泥份愈多砂模的強度愈佳，但透氣性愈差。試驗方法係將樣砂洗砂前之重量與洗砂後之重量之差值，與樣砂洗砂前重量之比，其泥份之百分比公式為：

$$泥分比 = \frac{(樣砂洗砂前重量) - (樣砂洗砂後重量)}{(樣砂洗砂前重量)} \times 100\%$$

洗砂後筒　　　　　　　洗砂前筒

• 圖 17-56　含泥量試驗機 (新北市瑞芳高工)

17-5 特殊鑄造法

　　砂模鑄造是一種傳統鑄造方法，於澆鑄完成後，必須打碎砂模方能取出鑄件，不但費時費工，且不符經濟原則。是以，特殊鑄造法是砂模鑄造法以外的鑄造方法，用以改進砂模鑄造之缺點。這些鑄造法，大致分為金屬模法、離心模法、包模法與連續鑄造法等四大類，說明如後。

17-5-1　金屬模鑄造法

　　金屬模係以具強度、耐高溫之金屬作為鑄模模具的鑄造方法，造模時不需使用模型，且可以長時間反覆使用，故又稱為永久模。

生活小常識

壓鑄件應用與鑄造產業 4C 升級（經濟部工業局）

1. 壓鑄件應用：最先應用在汽車工業和儀表工業，後來逐步擴大到各個行業，如農業機械、工具機工業、電子工業、國防工業、計算機、醫療器械、鐘錶、照相機和日用五金等多個行業。

2. 轉型 4C：鑄造業面臨技術無法傳承與人才危機，故政府推動出傳統 3K 型產業升級為 4C(Clean、Career、Competitive、Creative) 產業，協助業者轉型升級導入先進技術、製程設備及開發新材料，以快速開發高值化產品，協助業者開拓國際市場。

　　金屬模的優點是：(1) 生產速度高，可長時間重複使用鑄模，適合大量生產；(2) 產品精度高，表面光滑；(3) 可鑄極薄及生產形狀複雜之鑄件。

　　金屬模的缺點是：(1) 只適低熔點非鐵金屬；(2) 金屬模製作費用高。

　　金屬模鑄造法常用者分述如下：

一、壓鑄模鑄造法 (Die casting)

　　將熔化的金屬液利用壓力擠入金屬模穴中的方法，稱爲壓鑄模鑄造法。壓鑄件爲低熔點金屬，如圖 17-57 所示爲鋁製品壓鑄件。常用的方法有兩種，即熱室法與冷室法，主要區別在熔化爐的位置。

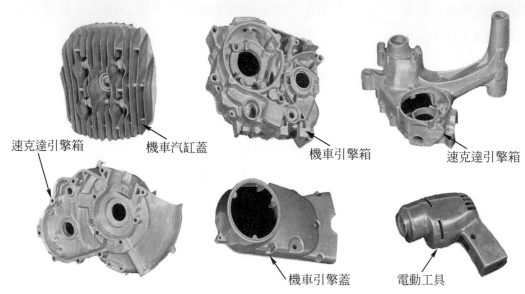

速克達引擎箱　　　機車汽缸蓋　　　　　機車引擎箱　　　　　速克達引擎箱

機車引擎蓋　　　電動工具

• 圖 17-57　鋁製品壓鑄件 (臺灣通用工具提供)

1. **熱室法 (Hot chamber method)**：此法的熔化爐在機器內部，鵝頸式壓力缸始終浸在熔融金屬液中，利用氣壓或液壓推送金屬溶液進入金屬模穴中，完成壓鑄工作。如圖 17-58(A) 及圖 17-58(B) 所示爲熱室壓鑄機，圖 17-58(C) 所示爲其壓鑄件，此法只適於鋅、鉛及錫之低熔點非鐵金屬。

生活小常識

鑄模具組裝的技術要求

1. 模具分型面與模板平面須良好平行度。
2. 導柱、導套與模板須良好垂直度。
3. 分型面上動、定模鑲塊平面與動定模套板高出 0.1 ～ 0.05 mm。
4. 推板、復位桿與分型面平齊，一般推桿凹入 0.1 mm 或根據使用者要求。
5. 模具上所有活動部位的運動須精密無串動。
6. 澆道粗糙度光滑，無縫。
7. 合模時鑲塊分型面局部間隙須小于 0.05 mm。

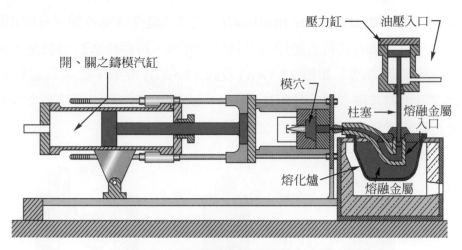

(A) 柱塞推動式剖示圖(取自參考書目 44)

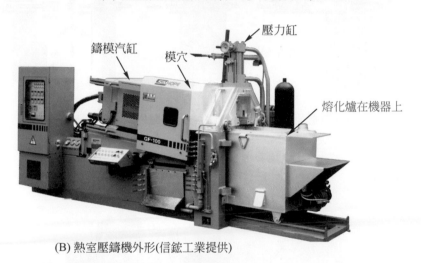

(B) 熱室壓鑄機外形(信鋐工業提供)

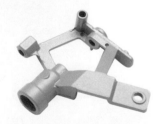

(a) 機油濾清器本體　　(b) 化油器本體　　(c) 五金配件

(C) 鋅合金壓鑄件(壓鑄百科、慕福壓鑄公司、華耀機械公司)

• 圖 17-58　熱室法壓鑄

2. **冷室法 (Cold chamber method)**：此法乃是在機器外部另有熔化爐裝置，以人工或機械方式將金屬熔液引到壓力缸內，再藉柱塞將液體壓入模穴中，使之成形的方法。如圖 17-59(A) 及圖 17-59(B) 所示，此法只適於銅、鎂及鋁之低熔點非鐵金屬，常用於如圖 17-59(C) 所示之汽車用鋁合金鋼圈、鋁合金齒輪箱或鎂合金筆記型電腦外殼等製品。

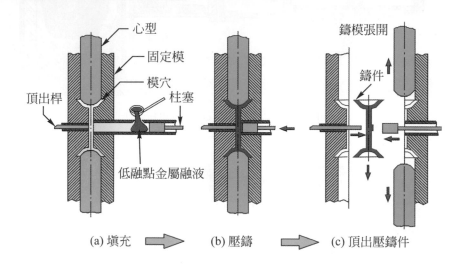

(A) 冷室法示意圖(取自參考書目 18，P130)

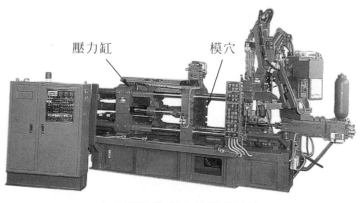

(B) 冷室壓鑄機(鋁台精機廠提供)

• 圖 17-59　冷室法壓鑄

冷室法壓鑄
示意動畫

二、低壓永久模鑄造法
（Low pressure permanent mold casting）

　　此法係將金屬鑄模裝置在感應電爐上，通入惰性氣體，藉此壓力將金屬熔液壓入模穴中；亦可將模穴抽成真空，藉負壓力而將金屬熔液吸入模穴中。如圖 17-60 所示，此法所得之鑄件品質純淨、尺寸精確、不良率很低。

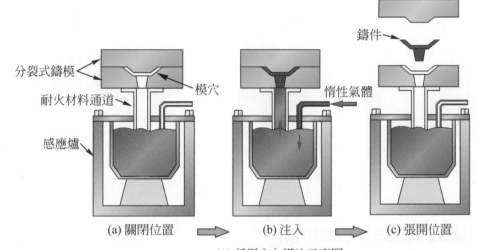

(a) 關閉位置　　　　(b) 注入　　　　(c) 張開位置

(A) 低壓永久模法示意圖

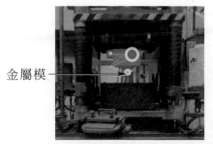

(a) 金屬鑄模裝置在感應電爐上　(b) 將金屬熔液壓入模穴中　　(c) 取出鑄件

(B) 實例拍攝 (From Cegeptrosrivieres)

• 圖 17-60　低壓永久模 (取自參考書目 18，P133)

三、重力永久模鑄造法 (Gravity permanent mold casting)

此法乃澆鑄時，係藉助金屬熔液自身的重量流入金屬鑄模之模穴中，不需另加壓力而能成形的鑄造法，如圖 17-61 所示為其原理示意圖。所生產的鑄件具有不含砂、表面光滑、尺寸精確、無氣孔與組織細密等優點，但是製作費用高，模型結構複雜，只適用於中小型鑄件為其缺點。

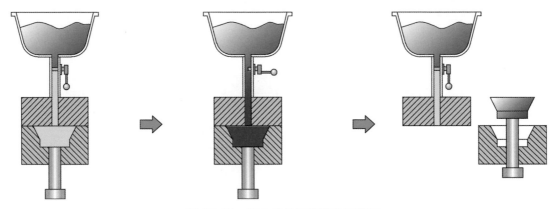

• 圖 17-61　重力永久模鑄造法示意圖

四、瀝鑄法 (Slush casting)

此法係將熔融金屬澆入金屬鑄模之模穴中，不待其凝固即將鑄模翻轉，傾出模內未凝固之金屬熔液，可得一中空薄鑄件之法稱為瀝鑄法，如圖 17-62 所示，又因此法不用心型即可得中空鑄件，亦稱無心鑄造法 (Coreless casting)。澆鑄材料大多為鉛、鋅等低熔點合金，用於製作裝飾品、塑像及藝術品等中空薄壁鑄件。

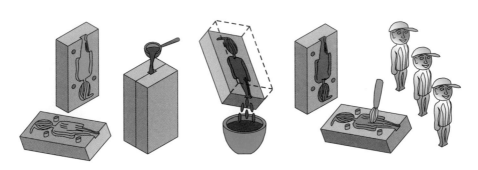

(A) 金屬鑄模　　(B) 澆鑄　　(C) 未凝固熔液傾倒出　　(D) 整理　　(E) 藝術人像

• 圖 17-62　瀝鑄法

▶▶ 17-5-2 離心模鑄造法

離心鑄造法係將熔融之金屬注入旋轉中之鑄模內，利用離心力作用，鑄出管狀或輻射式鑄件，如圖 17-63 所示。此法之優點是：(1) 因離心力作用，金屬液先拋出，故鑄件外表面機械性能佳，而氧化物及雜質集中在鑄件中心，可以加工除去。(2) 不需砂心即可直接獲得中空鑄件。(3) 由於離心力作用，金屬填充能力佳。(4) 鑄件尺寸精確，適於大量生產。但是此法的缺點是設備成本貴，且不能廣泛應用在不對稱鑄件之鑄造。

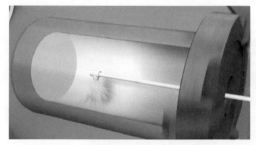

(A) 旋轉鑄模內先噴脫模劑

(B) 金屬液澆入鑄模

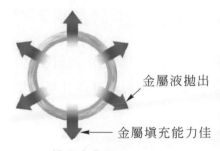

金屬液拋出

金屬填充能力佳

(C) 離心力作用

(D) 鑄鐵管成形

· 圖 17-63　水平式真離心鑄造法 (From GIBSONCENTRITECH)

離心鑄造法因鑄件形狀之不同，分為下列三種：

一、真離心鑄造法 (True centrifugal casting)

此法因其鑄模所在位置之不同，分為兩種方式：

1. **水平式真離心鑄造法**：適用於長管之鑄造，如自來水公司所使用長鑄鐵管，如圖 17-64 所示為鑄鐵管之水平鑄造情形。管壁之厚度，則由澆入鑄模之金屬熔液量決定之。

水平式真離心鑄造示意動畫

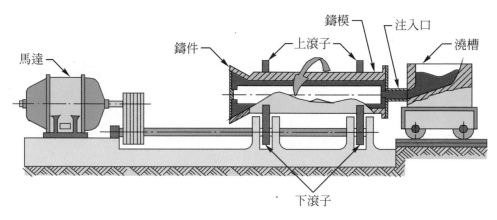

• 圖 17-64　水平式真離心鑄造法 (取自參考書目 18，P137)

2. **垂直式真離心鑄造法**：適用於短管之鑄造，如襯套、汽缸套等。如圖 17-65 所示，此法因澆鑄金屬受重力因素之影響，所得鑄件內孔易成拋物柱面形。

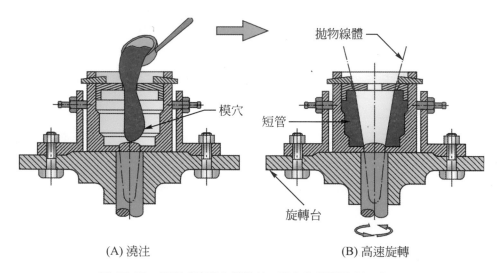

(A) 澆注　　　　　　　　　　(B) 高速旋轉

• 圖 17-65　垂直式真離心鑄造法 (取自參考書目 18，P138)

二、半離心鑄造法 (Semi-centrifugal casting)

　　此法之澆鑄乃自上方之澆槽，連續不斷注入直立式之鑄模內，藉旋轉之離心力將金屬熔液注滿模穴，因其製成之鑄件大多呈實心，故稱為半離心鑄造法，如圖 17-66 所示。

　　此法適於形狀對稱且較大型的鑄件，可單件或一次軸向排列多件鑄造，常用於火車鐵質輪轂、齒輪等鑄件。

三、離心式鑄造法 (Centrifugal casting)

　　又稱離心力加壓鑄造法，此法之鑄模呈輻射狀排列，具有多個模穴，可單模或疊模使用，鑄模澆池置放中央，並與各模穴之分流道相連通，如圖 17-67 所示，此法係將金屬熔液自澆池注入，利用迴轉之離心力，將金屬熔液填滿各模穴中，此法稱為離心式鑄造法。離心力鑄造法不限於鑄造對稱零件，大型的離心式鑄造機可同時裝置達 150 個小鑄模，適合大量生產。

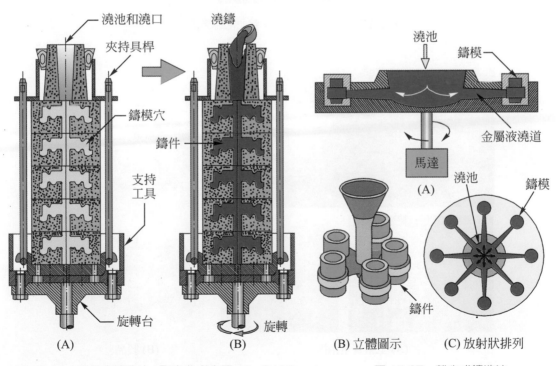

・ 圖 17-66　半離心鑄造法 (取自參考書目 18，P139)　　　　・ 圖 17-67　離心式鑄造法

17-5-3　包模鑄造法

　　包模鑄造法 (Investment casting) 又稱為精密鑄造法 (Precision casting)，尤適於形狀複雜小型鑄件或薄壁及加工困難之精密鑄造。一般精密鑄造的製造流程是利用石臘塑造光滑的內模，配合數道沾漿過程，以塑成模殼，如圖 17-68 所示為注蠟機，再經脫臘、燒結、澆鑄及脫殼等過程而成，如圖 17-69 所示。

• 圖 17-68　真空注蠟機 (新北市瑞芳高工)

(A) 工廠實景拍攝　　　　　　　　　　　(B) 製品

• 圖 17-69　精密鑄造 (台中精機廠提供)

一、脫蠟鑄造法 (Lost wax casting)

　　此法係將所有鑄件及流路系統預鑄成蠟模，再放入砂箱中填入包模材料，壓緊後加熱使蠟熔化流出而得模穴，最後進行澆鑄之法，稱為脫蠟鑄造法，如圖 17-70 所示。

　　脫蠟鑄造法之鑄件尺寸精確且表面光度高，無分模線，適合形狀複雜鑄件，如高爾夫球頭、牙醫所用的鋼牙、銀牙，及渦輪機上葉片、琉璃藝術品等，如圖 17-71 所示。然而成本高，製品尺寸受限是其缺點。

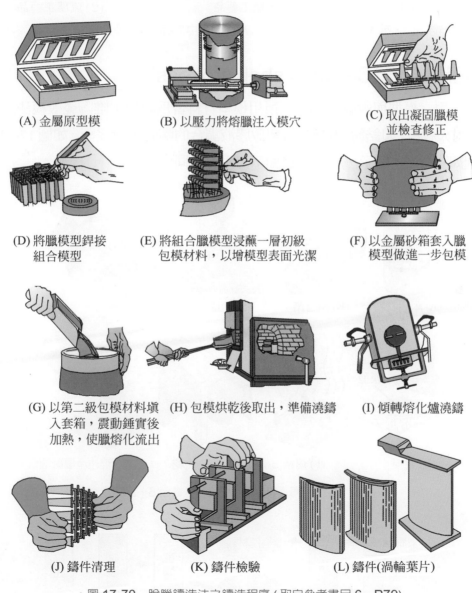

(A) 金屬原型模　　　　(B) 以壓力將熔蠟注入模穴　　　(C) 取出凝固蠟模　　　　　　　　　　　　　　　　　　　　　　　　　並檢查修正

(D) 將蠟模型銲接　　　(E) 將組合蠟模型浸蘸一層初級　(F) 以金屬砂箱套入蠟　　　組合模型　　　　　　包模材料，以增模型表面光潔　　　模型做進一步包模

(G) 以第二級包模材料填　(H) 包模烘乾後取出，準備澆鑄　(I) 傾轉熔化爐澆鑄　　　入套箱，震動錘實後　　　加熱，使蠟熔化流出

(J) 鑄件清理　　　　　(K) 鑄件檢驗　　　　　　　　(L) 鑄件(渦輪葉片)

• 圖 17-70　脫蠟鑄造法之鑄造程序 (取自參考書目 6，P79)

(A) 渦輪機渦輪葉片 　　　　(B) 琉璃工藝品 　　　　(C) 琉璃工藝品

• 圖 17-71 　脫臘鑄造法之製品 (取自中文百科、嘉得工業)

二、陶瓷殼模法 (Ceramic shell process)

　　此法所用之模型與脫臘法相似，所用模型材料皆為臘模，唯陶瓷殼模法之包模材料，係以耐火材料 (如鋯粉、陶磁土) 與矽膠液調合的陶瓷泥漿浸蘸，如圖 17-72 所示，其流程圖如圖 17-73 所示，可以明白顯示出兩者異同處。

(A) 耐火材料　(B) 結合劑　(C) 混合　(D) 製模

(E) 脫模　(F) 燒結　(G) 烘乾　(H) 澆注金屬融液

• 圖 17-72 　陶瓷殼模法 (取自參考書目 6，P80)

• 圖 17-73 　脫臘鑄造法與陶瓷殼模法之差異

三、殼模法 (Shell mold casting)

　　此法係由乾矽砂與酚醛樹脂混合成約 3 ～ 5 mm 的半邊薄殼，再將兩個半邊薄殼對合後即成殼模，在固定殼模後就可進行澆鑄之法，稱為殼模法，如圖 17-74 所示。

　　殼模是由金屬模製成的對合鑄模，此法具有鑄件尺寸精確，精度達 0.05 ～ 0.1 mm，清理成本低，製模之技術少等優點；但是，製模與熱模設備的費用大是其缺點。

(A) 砂與樹脂混合　　　　(B) 置入砂金屬模混合黏附　　　(C) 取出黏附混合
　　　　　　　　　　　　　　　混合砂　　　　　　　　　　砂層金屬模

(D) 烘乾殼模　　　　　(E) 對正夾合兩個半殼模　　　　(F) 固定殼模後澆鑄

• 圖 17-74　殼模鑄造法之鑄造步驟 (取自參考書目 18，P145)

四、石膏模鑄造法 (Plaster mold casting)

　　鑄模係以石膏為材料之鑄造方法，稱為石膏模鑄造法。此法係以熟石膏添加滑石、砂、發泡劑及水作均勻調和後，灌入模型使之成形，加熱至 800℃ 烘乾後即成鑄模，此模於澆鑄後，即可將鑄模打碎取出鑄件，如圖 17-75 所示。

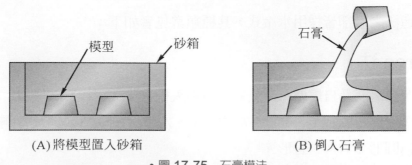

(A) 將模型置入砂箱　　　　　　　　　(B) 倒入石膏

• 圖 17-75　石膏模法

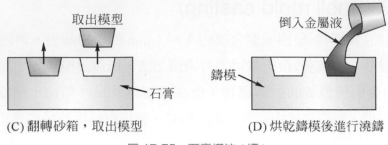

(C) 翻轉砂箱，取出模型　　　　　　　(D) 烘乾鑄模後進行澆鑄

• 圖 17-75　石膏模法 (續)

　　石膏因具有透氣性及絕熱性，故石膏模之鑄件可防止氣孔之產生，及適於極薄鑄件為其優點。但是，石膏模與砂模一樣是一種破壞性鑄模方能取出鑄件，故成本高昂為其缺點。而且，石膏模於高溫時會產生熱分解作用，故只適合低熔點之非鐵金屬鑄件，如黃銅、鎂、鋁等，其中以黃銅最佳。

▶▶ 17-5-4　連續鑄造法

　　將熔融之金屬澆入鑄模內，鑄件冷凝後自鑄模底部連續不斷的抽出鑄件之法，稱為連續鑄造法 (Continuous casting)，如圖 17-76 所示。此法的特色是不需大量鑄模、產量大，長度不受限制且鑄件堅實、均勻，生產速度是鑄造法中最高者，極適合斷面形狀相同之板、桿、塊之鑄件。

(A) 澆入熔融金屬　　　　(B) 鑄模底部連續不斷的抽出鑄件　(C) 鑄模底部連續不斷的抽出鑄件

• 圖 17-76　連續鑄造法 (取自 Cloudqooo)

　　連續鑄造法之冷卻皆採用水冷式，其種類常見者如下：

一、Asarco 法

　　此法之金屬溶液乃自熔爐中藉氮氣壓力壓入模穴中，鑄模採石墨模，鑄件由鑄模底部的兩摩擦滾輪不斷抽出，如圖 17-77 所示。Asarco 法適於磷銅及青銅鑄件，製品之斷面形狀為圓形、方形、管形。

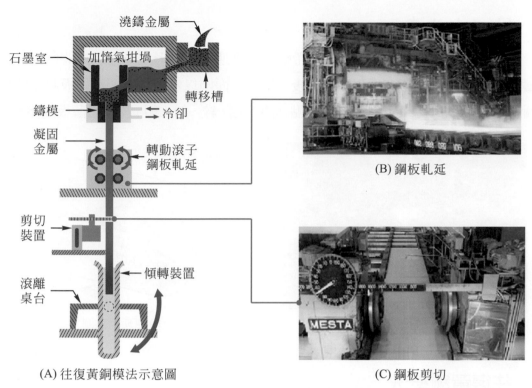

　　(A) 往復黃銅模法示意圖　　　　　　　　(C) 鋼板剪切

• 圖 17-77　Asarco 抽拉法 (中鋼公司)

二、Alcoa 法

　　此法之鑄模係採用直立式的殼模，金屬熔液係自澆池經控制閥注入殼模，待升降台緩慢下降後，拉塊與殼模脫離，鑄件因而伸出，如圖 17-78 所示。Alcoa 法鑄得之鑄件係因直接由水急冷凝固，故又稱為直接急冷法，適用於鋁及鋁合金鑄件之連續鑄造。

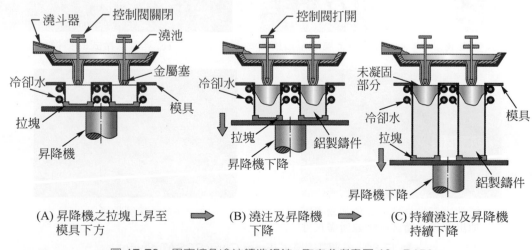

　　(A) 昇降機之拉塊上昇至　　➡　(B) 澆注及昇降機　　➡　(C) 持續澆注及昇降機
　　　　模具下方　　　　　　　　　　下降　　　　　　　　　　持續下降

• 圖 17-78　用直接急冷法鑄造鋁錠 (取自參考書目 18，P152)

三、Hazelett 法

此法係以兩條無頭鋼帶，在四個帶輪上作低速滾動，形成一輸送式的移動模壁。澆鑄金屬乃填入兩鋼帶間之移動模穴後，鋼帶背面則以水冷凝，即可得板狀之鑄件，如圖 17-79 所示，Hazelett 法適於低熔點非鐵金屬 (鋅、鉛、銅) 及鋼之薄板連續鑄造。

(A) 鋁板連續鑄造設備廠

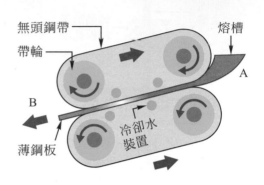
(B) 原理示意圖

• 圖 17-79　Hazelett 薄板法 (取自 VMEC.ORG)

四、往復黃銅模法

係採用水冷式黃銅模，專用於碳鋼、合金鋼之連續鑄造，特色是模之壽命長、結晶細緻、偏析少與表面光度良好。如圖 17-80 所示。

(a) 澆入金屬液

(b) 輸送金屬液至鑄模內

(c) 具有水冷式的鑄模

(d) 鑄件冷凝後自鑄模底部連續不斷抽出並以切斷裝置切取所需尺寸

(e) 實例拍攝

• 圖 17-80　往復黃銅模法 (From CorusBCSATraining)

▶▶ 17-5-5　特殊鑄造法比較

常見之特殊鑄造法，各有其優點與限制，如表 17-6 所示。

◆ 表 17-6　常見之特殊鑄造法優點與限制之比較

常見之特殊鑄造法	優點	限制
金屬模鑄造法 如壓鑄法、低壓永久模、重力永久模與瀝鑄法	生產速度高，可長時間重複使用鑄模，適合大量生產。鑄件精度高、表面光滑。可鑄極薄及生產形狀複雜之鑄件。	只適合低熔點金屬，金屬模具之製作費用高。零件大小受限，前置時間較長。
離心力鑄造法	鑄件外表面機械性質佳，不需砂心即可得中空鑄件，鑄造過程之金屬填充能力佳，且鑄件尺寸精確，適大量生產。	設備成本昂貴，零件外形受限制。
脫臘鑄造法	鑄件尺寸精確且表面光滑，鑄件無分模線，適合複雜形狀鑄件。	成本高，零件尺寸受限制。
殼模法	鑄件尺寸精確且表面光滑，清理成本低，製模技術少且生產率高。	零件尺寸受限制，須要昂貴的模型與熱模設備。
陶瓷殼模法	可鑄複雜外形，得精確尺寸及光滑表面。	尺寸受限制。
石膏模法	可鑄複雜外形，得精確尺寸及光滑表面，具多孔性、透氣性與絕熱性。	受限於非鐵金屬，產品尺寸及體積受限，造模時間相對較長。
連續鑄造法	不需大量鑄模，產量大、長度不受限、生產迅速。	初期投資大，設備需具冷卻水裝置。

17-6 金屬熔化及澆鑄

一、金屬熔化

金屬分為鐵金屬與非鐵金屬，而鑄造常以鐵金屬為主，故本文以鐵金屬中的生鐵、鑄鐵與鑄鋼的熔化作介紹。

1. **生鐵的冶煉**：生鐵 (Pig iron) 是依約 3：2：1 比例之赤鐵礦原料、焦炭燃料及石灰石熔劑送入鼓風爐 (又稱高爐) 內，通以熱空氣加以冶煉而得，如圖 17-81 所示為鼓風爐冶煉生鐵示意圖。其中加入石灰石做為熔劑的主要目的，是使雜質熔化成浮渣以便排除。

(a) 石灰石　　　　　(b) 焦炭　　　　　(c) 赤鐵礦

(A) 生鐵冶煉原料(取自Gxdzzl gov)

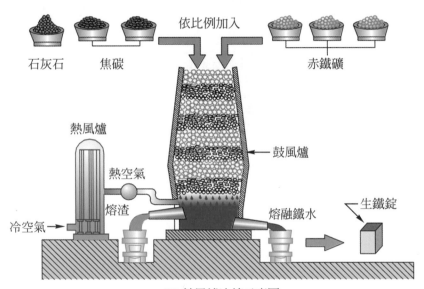

(B) 鼓風爐冶煉示意圖

• 圖 17-81　生鐵冶煉

生鐵冶煉歷史 (參考自維基百科)

在紀元前 5 世紀中國文物中就發現鑄鐵出土之實用化，最古老高爐是中國西漢時代 (紀元前 1 世紀)。初期熔爐內壁是用粘土蓋的，用來提煉含磷鐵礦。

西方最早的熔爐是瑞典 1150 年到 1350 年間出現，使用石炭的煉鐵法的高爐出現於 1709 年，大幅增加煉鐵效率。日本第一個現代高爐是岩手縣釜石市大橋高爐，由大島高任設計，安政 4 年 (1857 年) 第一批鐵產出。

2. **鑄鐵的熔化**：鑄鐵乃以八份的生鐵，加上一份的焦炭，再添加少量的石灰石助熔劑，送入熔鐵爐 (Cupola) 中冶煉而得，如圖 17-82 所示。熔鐵爐具有構造簡單、操作容易及維護費用亦低廉等特色，但是熔鐵爐的爐溫難控制是其缺點。

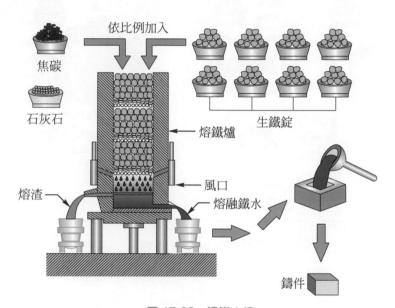

• 圖 17-82　鑄鐵冶煉

3. **鑄鋼的熔化**：形狀複雜且難以鍛造的機件，常以鑄造方法製造，但若需機械性質較優之機件，則必需將生鐵中的碳 (Carbon，C)、矽 (Silicon，Si)、錳 (Manganese，Mn)、硫 (Sulfur，S)、磷 (Phosphorus，P) 等雜質去除而精煉，方能得所需之鑄鋼，如圖 17-83 所示。

(A) 碳　　　(B) 矽砂　　　(C) 錳礦　　　(D) 硫鐵礦　　　(E) 磷礦石

• 圖 17-83　鑄鐵冶煉 (Tupian.baike & 維基百科 &UUN 網 &CNDIBO 網)

煉鋼的方法很多，常以平爐、轉爐為之，而以電弧爐冶煉合金鋼，如圖 17-84 所示；以坩堝爐 (Crucible furnace) 冶煉非鐵金屬合金，如圖 17-85 所示。

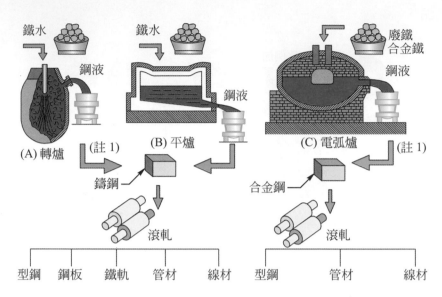

• 圖 17-84　鑄鋼冶煉 (註 1 表示連續鑄造法，參見 17-5-4)

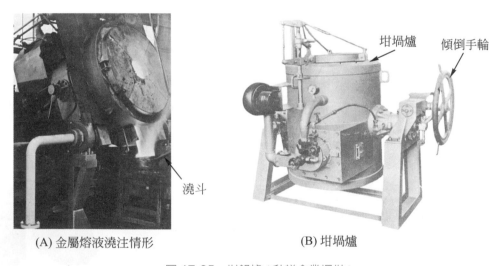

(A) 金屬熔液澆注情形　　　　　　　　　(B) 坩堝爐

• 圖 17-85　坩堝爐 (升祥企業提供)

二、金屬澆鑄

1. 澆鑄方法：鑄造時，小型鑄件之澆鑄，常以澆斗用人力搬運澆鑄較快，而大型鑄件則以起重機搬運澆斗進行澆鑄，如圖 17-86 所示。

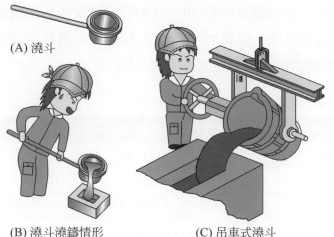

(A) 澆斗

(B) 澆斗澆鑄情形　　　　　　(C) 吊車式澆斗　　　　　　　

(D) 實景拍攝

• 圖 17-86　澆鑄方式 (台中精機廠提供)

2. **金屬熔液之流動性**：流動性係指熔融金屬填滿模穴的能力，因此金屬流動性佳者，鑄造較容易。受下列因素影響：

(1) 熔融金屬特性

① 黏性：就相同金屬而言，降低溫度會使黏性增加，而造成流動性降低。

② 表面張力：熔融金屬之表面張力與流動性成反比，金屬表面形成氧化薄膜時，會增加表面張力。

③ 雜物：金屬熔液含夾雜物，會降低流動性。

(2) 鑄造參數

① 鑄模設計：流路系統中之形狀、位置、尺寸大小皆會影響流動性。

② 鑄模材質與表面狀況：金屬熔液之流動性與鑄模之導熱度、表面粗糙度成反比。

③ 過熱度：熔融金屬之溫度與其熔點之差異度稱之，過熱度愈大，流動性愈高。

3. **澆鑄溫度**：澆鑄溫度乃依據鑄件的形狀、大小及鑄模之種類而異，一般澆鑄時若溫度過高，鐵液之氣體吸收激烈而容易造成縮孔，進而因收縮過大而龜裂，且容易造成鑄模熔燒。但若澆鑄溫度過低時，由於流動性不足，造成金屬液滯流現象，易使冒口之融液補給作用未完成之前就凝固而形成收縮孔，也易使澆鑄不充足而形成鑄件有缺陷。一般澆鑄溫度應高於金屬熔點 10 ～

20% 左右，一般熔解溫度應高於澆鑄溫度約 50 ～ 100℃，以便作各種爐前處理，如測溫、除氣、排渣等工作。如表 17-7 所示，以確保金屬液注滿模穴前不會凝固。換言之，熔解溫度 > 澆鑄溫度 > 金屬熔點。

◆ 表 17-7　澆鑄溫度與金屬種類

金屬種類	澆鑄溫度	熔解溫度	金屬種類	澆鑄溫度	熔解溫度
小型鑄鐵	1350℃	1400℃	青銅	1150℃	1225℃
大型鑄鐵	1300℃	1350℃	黃銅	1000℃	1070℃
鑄鋼	1500℃	1575℃	鋁	700 ～ 730℃	750 ～ 780℃

4. **澆鑄速度**：澆鑄速度一般依鑄件重量、厚度、材質及澆鑄溫度的高低不同而異，澆鑄速度太快，容易破壞砂模，且因氣體排出不易而使鑄件產生氣孔；澆鑄速度太慢，則容易因流動性不足而造成金屬熔液滯流，形成未鑄滿模穴。

17-7　鑄件之清理與檢驗

一、鑄件之清理

從鑄模內取出凝固成形之鑄件後，要進行鑄件清理，以增加產品的美觀。故一般清理工作有下列三項：

1. **清砂**：乃指清除黏附在鑄件表面上的砂粒，小鑄件可用鋼刷或鑿子為之，大鑄件常用的設備有噴砂機或如圖 17-87 所示之滾筒機。

滾筒機

• 圖 17-87　使用滾筒機清砂實例 (精瓶美工作室提供)

2. **割切**：乃指去除鑄件表面上所附著之澆口、流道、鑄口、冒口，如圖 17-88 所示，一般小鑄件以榔頭敲斷去除，但應注意不可敲到鑄件；大鑄件則以手提砂輪機、火焰切割機或鋸床等去除。

3. **磨光**：常用的工具有磨輪機、砂布、拋光布輪等，以增加鑄件的美觀。

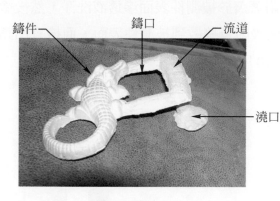

(A) 鑄件與附著之流路

(B) 去除掉之流路

• 圖 17-88　鱷魚鋁鑄件實物拍攝

二、鑄件之檢驗

鑄件清理後，為了判定鑄件的形狀、尺寸精度、品質的優劣與否，則需進行鑄件檢驗，如圖 17-89 所示，一般進行的檢驗項目有：

1. **外形檢驗 (Shape inspection)**：以目測查看鑄件外表有無砂孔、氣孔、裂痕等缺陷，或以儀器檢查形狀是否正確。

2. **精度檢驗：(Accuracy test)** 以游標卡尺或鋼尺等量具檢查鑄件尺寸是否正確、精度是否符合要求。

(A) 外形檢查

(B) 尺度檢查

(C) 硬度檢驗

• 圖 17-89　鑄件檢驗 (金鍛工業提供)

3. 非破壞性檢驗 (Non-destructive inspection)

(1) 敲擊檢驗 (Knock test)：以小鐵鎚輕敲鑄件，由發出之音響判斷內部是否有裂痕，若音質清脆響亮表示完整無缺。

(2) 螢光滲透液檢驗 (Fluorsecent penetrants)：將滲透液，噴到鑄件表面，藉毛細作用滲透到鑄件，再將附著著於被測件表面滲透液洗淨，然後塗敷顯像劑 (Devloper) 協助滲透液吸附及擴散到被測件表面，而檢查出鑄件表面上是否有裂痕，如圖 17-90 所示。

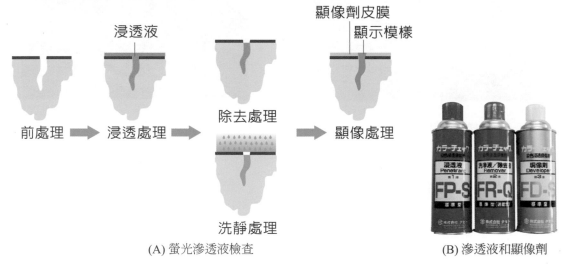

(A) 螢光滲透液檢查　　　　　　　　　(B) 滲透液和顯像劑

• 圖 17-90　螢光滲透液鑄件檢查 (金鍛工業公司 & 衡陽貿易公司)

(3) 磁粉檢驗 (Magnetic particle inspection)：利用磁粉及通電磁，因鑄件內部之砂孔、氣孔、裂痕，在該部位磁場之不同而吸引磁粉，因而探測鑄件表面裂紋和內部一定深度之孔隙部位及大致形狀，如圖 17-90 和 17-91 所示。

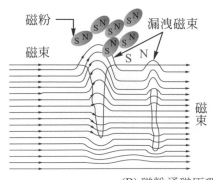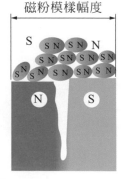

(A) 裂痕檢出長度　　　　　　　　(B) 磁粉通磁原理

• 圖 17-91　磁粉探傷檢驗 (長達國際公司 & 日本工盒線檢查株式會社)

(4) 放射線法檢驗 (Radiographic testing)：利用 x、γ 射線穿透鑄件，藉由照相之底片顯示出鑄件內部是否有裂痕或缺陷。

(5) 超音波檢驗 (Ultrasonic testing)：如圖 17-92 所示，藉超音波的傳送與反射所顯示出來的波形，可判知鑄件內部是否有裂痕或缺陷。

• 圖 17-92　超音波探傷機 (金屬技研株式會社)

(6) 氣體壓力檢驗 (Gas pressure inspection)：將鑄件置於水中，通以壓縮空氣，查看有無氣泡出現，作為判斷鑄件內部是否有缺陷，如汽車引擎體之檢驗。

4. 破壞性檢驗 (Destructive inspection)

(1) 金相顯微檢驗 (Metallographic microscopic inspection)：如圖 17-93 所示，將鑄件切割成試片後，經粗磨、嵌模研磨拋光，再以化學腐蝕後，清洗及吹乾，藉金屬顯微鏡之觀察，可判斷鑄件結晶組織之形狀、大小及分佈情形，進而得知其機械性質，也可判斷鑄件內部是否有裂痕、氣孔的百分比等。

(A) 金相自動切割機
(益瀚國際企業公司)

(B) 自動研磨/拋光機
(亞洲美勝公司)

(C) 金相顯微鏡
(豐成鑄造公司)

• 圖 17-93　金相檢驗

(2) 機械性質檢驗 (Mechanical property inspection)：利用各種材料試驗機對鑄件作機械性能的檢驗，常作的項目有抗拉強度、抗壓強度、抗剪強度、疲勞強度、硬度、韌性等檢驗。

5. **成分檢驗**

(1) 光譜分析：藉光譜分析儀可以檢驗出鑄件所含合金成分含量、鑄件的組織及性質。

(2) 火花試驗：藉砂輪之研磨，觀察鑄件之火花顏色、分叉長短形態，可以概略判斷其金屬元素及其性質。

綜合上述，大略將之分為外部檢驗、內部檢驗與成分檢驗，如表 17-8 所示。

◆ 表 17-8　內、外部檢驗之比較

檢驗分類	檢驗方法
外部檢驗	外形檢驗、精度檢驗、螢光滲透液檢驗、磁粉檢驗。
內部檢驗	敲擊檢驗、磁粉檢驗、放射線法檢驗、超音波檢驗、氣體壓力檢驗、金相顯微檢驗。
成分檢驗	光譜分析、火花試驗、機械性質檢驗。

17-8 鑄造產業發展趨勢與展望

我國鑄造品應用產業大致分為運輸工具業、工具業產業、閥製品業與航太、3C、民生及其他工業等四大產業，如表 17-9 所示。鑄造業未來的技術，金屬快速原型件鑄造技術與精密鑄造兩大發展重點，說明如下：

一、快速成型 (Rapid prototyping，RP)

是一種快速生成模型或者零件的製造技術，它是在電腦控制與管理下依靠現有的 CAD 資料，採用材料精確堆積的方式，藉由點堆積成面，由面再堆積成 3D 模型，最終生成實體，此種技術在成型過程中不需模具就可製作複雜的實體。RP 技術發展策略為下列幾點：

◆ 表 17-9　我國鑄造品應用產業環境發展及技術需求

產業	環境發展趨勢	技術需求
運輸工具業	1. 輕量化發展趨勢 2. 高精度、高強度、高延韌性、耐磨耗、複雜形 狀需求 3. 提升零組件性能及附加價值	1. 沃斯回火球墨鑄鐵應用 2. 鋁合金半固態鑄造 3. 新耐熱鑄鐵開發 4. 金屬快速原型件鑄造技術 5. 精密鑄造技術
工具機產業	1. 克服高精密度加工所需注意的熱膨脹效應 2. 中大型鑄件的新材質取代	1. 低熱膨脹鑄鐵、鑄鋼開發 2. 高強度球墨鑄鐵開發
閥製品業	1. 因應飲用水無鉛法案 2. 提昇產品附加價值及取代鍛造產品	1. 無鉛銅鑄件開發 2. 精密鑄造技術
航太、3C、民生及其他工業	1. 縮短產品開發時程、降低開發成本 2. 人工關節開發 3. 航太及渦輪機零件	1. 金屬快速原型鑄造技術 2. 精密鑄造技術

資料來源：黃得晉、洪炎星 (2012)。金屬二次加工技術 roadmap- 鑄造、熱處理。
經濟部技術處產業技術知識服務 (金屬中心 ITIS) 計畫。

1. 連結模型供應商 (Link model supplier)：與設備機器供應商實質共同建立鑄造相關裕度的資料庫，建構不同產品性能的原型件。

2. 整合生產體系 (Integrated production system)：整合壓鑄廠、鑄件加工廠和後處理廠等模型製作、砂模 / 殼模製作，以提昇產品開發速度。

3. 開發多樣化產品和新製程 (Diversified products and new processes)：如鋁、鎂和鋅合金 3C 產品。

4. 推廣產品及技術 (Promote products and technologies)：擴大建立生產者和使用者的溝通管道，使產品及技術推廣得以有更大的發展。

5. 培植人才訓練 (Cultivate and train talent)：大學相關科系因積極開設 RP 相關課程，培植人才。

6. 政府積極輔導 (The government must actively counsel)：藉由政府的力量積極投入經費，輔導國內廠商轉型。

二、精密鑄造 (Precision casting)

目前台灣精密鑄造產值居全球第六位，依據金屬中心黃得晉和洪炎星的計畫，建立產品可朝如下幾個方向發展：

1. 人工關節 (Artificial knee joint)：目前全球的人工關節大廠僅兩家自行生產鑄件，台灣藉由高素質人力與技術可爭取到 OEM 訂單。

2. 汽車零組件 (Automotive components)：台灣是世界汽車零組件生產大國，提高汽車零組件的精密技術，才能續在世界佔有一席之地。

3. 高精密閥零組件 (High-precision valve components)：傳統閥類有 90% 是鑄造品，精密鑄造業應提升相關的鑄造技術以取代鍛造件。

4. 航太產業零件 (Aerospace industrial parts)：如燃氣渦輪機、渦輪引擎、發電機組等航太產品。

資料來源

黃得晉、洪炎星 (2012)。金屬二次加工技術 roadmap- 鑄造、熱處理。經濟部技術處產業技術知識服務 (金屬中心 ITIS) 計畫。

生活小常識

人工全髖關節

人體許多部位的關節都可以人工植入物置換，例如膝關節、髖 (股) 關節、肩關節、肘關節、腕關節、踝關節、指關節、脊椎的關節等，目前技術最成熟部位為膝、髖及肩、肘等。

人工全髖關節的材質，以接合面的材質分類主要可分成三類：

1. 金屬球頭＋聚乙烯 (PE 塑膠) 襯墊；

2. 金屬球頭＋金屬襯墊；

3. 氧化鋁陶瓷球頭＋氧化鋁陶瓷襯墊。

學後評量

17-1 　1. 簡述鑄模三要件。

17-2 　2. 何謂消散式模型？最常用之消散材料為何？

　3. 砂模之模型裕度有哪五種？

17-3 　4. 鑄模若依使用材料之不同分為哪幾類？各主要用途為何？

17-4 　5. 砂模之流路系統包括之主要項目為何？

　6. 常見之砂模試驗有哪 6 種？

17-5 　7. 離心鑄造法有何優缺點？

　8. 常見之金屬模鑄造法有哪 4 種？

17-6 　9. 鑄件之內部檢驗包括哪些項目？

　10. 鑄造時，澆鑄溫度的注意事項為何？

17-7 　11. 一般進行的鑄件內部、外部檢驗項目有哪些方法？

17-8 　12. 我國鑄造品應用產業環境發展及技術需求為何？

　13. 未來對精密鑄造的產品發展方向為何？

筆記頁 Note

金屬之熱作

塑性加工為金屬成型的主要加工方法,被廣泛應用在各種零件及產品的製造,是素材的生產過程中不可或缺的關鍵步驟。本章分為熱作加工與冷作加工,熱作加工包括鍛造、滾軋、熱擠製、熱抽製及製管;冷作加工包括抽拉、壓擠、冷擠製、珠擊法及高能量成型等方法,分別加以說明其原理及用途。最後,衝壓床是塑性加工最重要的機械,特別針對其種類、機構及工作加以說明。

本章大綱

18-1 塑性加工概述

藉金屬塑性變形的特性，將金屬材料施以大於降伏強度而小於極限強度之外力，使產生永久變形而成為所需形狀與尺寸的加工法稱為塑性加工。

然而，金屬材料之塑性變形能力，乃隨溫度之上昇而增大；多數的金屬材料在某一溫度範圍內，在金屬之結晶內重新產生結晶核，結晶核生長而形成新的結晶，此溫度範圍稱為再結晶溫度 (Re-crystallization temperatures)。金屬的再結晶溫度約為其絕對熔點之 0.4 倍，常見的金屬如表 18-1 所示。

◆表 18-1　再結晶溫度

材料	再結晶溫度	材料	再結晶溫度	材料	再結晶溫度
鎢	1200℃	鋼	500～700℃	鋁	150℃
鉬	900℃	鐵	450℃	鋅	20℃
鎳	600℃	金、銀、銅、鎂	200℃	鉛、錫	常溫以下

若將金屬加熱於再結晶溫度以上，使成塑性體而施以加工成型者，稱為高溫加工，又稱熱作 (Hot working)。此法因金屬在高溫下，會降低強度與剛性，故熱作所需力量較小，常見之加工法有鍛造、滾軋。

若將金屬加熱於再結晶溫度以下，施以加工成型者，稱為冷加工，或稱為冷作 (Cold working)。鋼材亦有加熱至 300℃ 左右加工成型者，有人稱為溫加工，亦屬於冷加工。常見之冷作加工法有抽拉、板金衝壓。

通常材料為了使外形迅速改變，同時又可得光滑表面，可先熱作再冷作。一般塑性加工常用於大結晶粒的延展性材料加工，如低碳鋼、銅、鋁等。

熱作加工之優、缺點，敘述如下：

1. **優點 (Advantages of hot working)**
   (1) 改變材料形狀之能量比冷作低，故加壓成型容易。
   (2) 金屬內部之雜質，經加工而變細小，並可使材料組織均勻化。
   (3) 粗晶粒因加工變細化，進而可減少金屬內孔隙，如圖 18-1 所示。
   (4) 由於組織細化，可使機械性質如強度、韌性，均勻性因而改善。

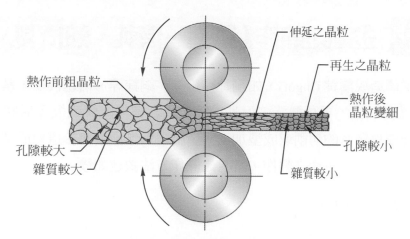

• 圖 18-1　熱作前後比較 (改自參考書目 18，P336)

2. 缺點 (Disdvantages of hot working)

(1) 因屬高溫作業，所需的設備及維護費用較高。

(2) 因屬高溫加工使金屬易氧化而產生鏽皮脫落，而造成表面不光平；且由於熱漲冷縮現象，故精度較差。

冷作加工之效應，敘述如下：

1. 可增加強度、硬度及電阻，且光度、精度較熱作佳。

2. 會增加殘留應力，降低延展性。

3. 晶粒結構發生扭歪破壞，引起加工硬化，必須施以製程退火予以消除。

如上所述，熱作、冷作之優缺點之比較，整理如表 18-2 所示。

◆ 表 18-2　熱作與冷作優缺點比較表

塑性加工種類	優點	缺點
熱作 (如鍛造、滾軋)	1. 作用力低，加壓成型容易 2. 組織均勻，雜質及孔隙減小 3. 改善機械性質	1. 設備及維護費用高 2. 加工件易氧化生鏽，精度差
冷作 (如板金衝壓、抽拉)	1. 增加強度、硬度 2. 光度、精度比熱作佳	1. 增加電阻及殘留應力 2. 降低延展性，晶粒扭歪破裂，引起加工硬化

18-2 金屬之熱作（鍛造、滾軋、熱擠製、製管）

一般金屬鑄造成鑄錠 (Ingot)，如鋼錠、鋁錠、銅錠等，用途很少，常需將錠塊加熱到再結晶溫度以上，再藉鍛造、滾軋或擠製成各種桿、管或板等形狀之成型加工法，以便於後續更精密的切削或成型加工。金屬之熱作便是屬於這種成型方法，適用於不需精密產品但大量生產之製作，常見之熱作方法敘述如後。

一、鍛造 (Forging)

（一）鍛造概述

鍛造係將加熱至再結晶溫度以上之延展性良好的金屬材料，挾於上下一對模具中間，施以鍛打以改變材料成所需形狀者，如圖 18-2 所示。凡機器上需強度大或耐衝擊的部分，如汽車零件曲軸、連桿，和各種手工具如扳手等毛胚，皆可用鍛造法製造，如圖 18-3 所示。但鑄件因屬脆性材料，不宜鍛造，否則會造成龜裂。

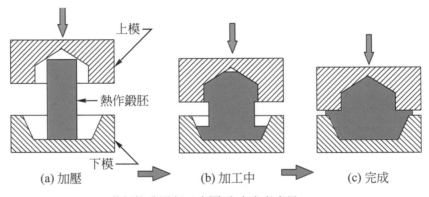

(A) 落錘鍛造過程示意圖(取自參考書目 18，P340)

• 圖 18-2　鍛造過程

生活小常識

蘭博基尼 (Lamborghini) 碳纖維鍛造複合技術

傳統的碳纖維複合材質採用編織方式成形，製作及塑形不易。而鍛造複合材質依舊採用碳纖維編織布＋樹脂混合，再以高溫高壓鍛造塑形，根據 Lamborghini 官方資料，這項技術在複合材料注入鍛造模具內後，僅需要三分鐘就能夠製作成製品。鍛造複合材質的強度一致，且重量更輕。

(a) 傘形齒輪鍛造模具　　　　(b) 齒輪鍛胚置入模具內　　　　(c) 壓力施以鍛打

(e) 冷卻後齒輪鍛件　　　　　　　　(d) 齒輪鍛件取出

(B) 齒輪鍛造技術 (Arvind Gaur G7 Consultan & 新威奇技公司)

• 圖 18-2　鍛造過程 (續)

鋼環鍛造
(均牧實業公司)

(B) 汽車變速箱同步環銅與碳纖結合

• 圖 18-3　鍛造製品 (金鍛工業 & 均牧實業公司提供)

(二) 鍛造溫度及設備

　　一般鍛造加工中，金屬材料是依顏色判斷其鍛造溫度，如圖 18-4 所示為一般鋼加熱時顏色變化及其溫度。低碳鋼鍛造溫度為 900 ～ 1080℃為黃白色，中碳鋼為 870 ～ 900℃為亮紅色，高碳鋼為 820 ～ 870℃為櫻桃紅，溫度愈高其塑性加工愈省力。鍛造可使結晶變細，然高溫過久則晶粒變粗大，在再結晶溫度以上時可得多角形晶粒，但在再結晶溫度以下時，其結晶粒呈纖維狀。

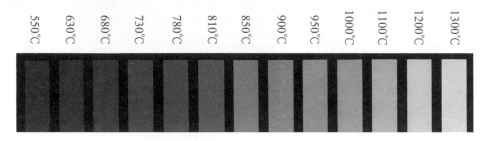

• 圖 18-4　特殊鋼之色澤變化 (取自參考書目 11，P122)

一般鍛造加熱爐依溫度分：

1. 高溫加熱爐：適用於一般鋼鐵材料，最高溫度可達 1300℃。
2. 低溫加熱爐：適用於非鐵金屬材料，最高溫度可達 870℃。

(三) 鍛造種類

1. 依模具形式分

(1) 開模鍛造 (Open-die forging)：或稱自由鍛造，用來生產閉模鍛造用之預鍛件，如圖 18-5(A) 所示。

(2) 閉模鍛造 (Close-die forging)：因材料被限制在模穴內流動，如圖 18-5(B) 所示，適合大量生產同一形狀鍛品。

　　如上所述，其優缺點整理如表 18-3 所示。

◆ 表 18-3　開模鍛造與閉模鍛造之優缺點比較表

種類	優點	缺點
開模鍛造	設備簡單、模具便宜，使用尺寸範圍廣、鍛件強度佳	1. 只適合形狀簡單 2. 公差不易控制，需求人工技術高 3. 生產量少鍛件、鍛造後常需再加工
閉模鍛造	鍛件尺寸精確，生產速度高	模具費用高，只適合單一形狀鍛品

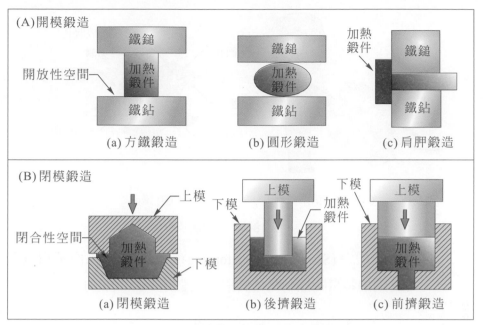

(A) 開模鍛造與閉模鍛造示意圖

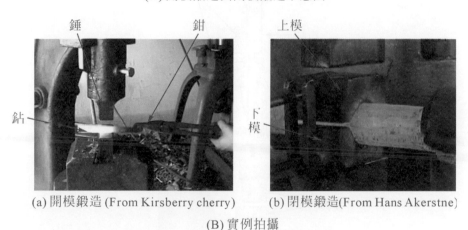

(a) 開模鍛造 (From Kirsberry cherry)　　(b) 閉模鍛造(From Hans Akerstne)

(B) 實例拍攝

・圖 18-5　開模鍛造與閉模鍛造

2. 依設備或鍛打方式不同分

(1) 手錘鍛 (Hammer forging)：為最古老的鍛造方式，俗稱 "打鐵"。只適用於小鍛造件，如古時候的菜刀、掛勾等，如圖 18-6 所示。

(2) 落錘鍛造 (Drop forging)：將加熱後的金屬 (例如鋼約 1200℃) 置於模具內，利用衝錘以衝擊力或壓力，在模子上連續鍛打成型者。主要形式有三。

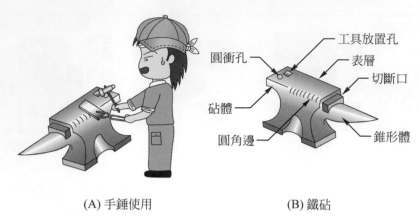

(A) 手錘使用　　　　　　　　(B) 鐵砧

• 圖 18-6　手錘鍛

① 蒸汽錘鍛造 (Steam hammer forging)：衝桿和錘係由蒸汽提起，打擊力量則由蒸汽閥控制之，其鍛打次數達 300 次 / 分，如圖 18-7 所示。

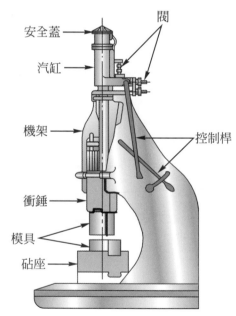

• 圖 18-7　蒸汽錘 (取自參考書目 18，P339)

② 重力落錘鍛造 (Gravity drop forging)：衝錘和上鍛模具的自由落下力量，擊在下方固定鍛模具之方法，又稱板錘機，如圖 18-8 所示。此法的打擊力量全賴衝錘的重量，衝錘的重量一般由 225 ～ 4500 公斤，鍛製品的優點為能得均一的鍛件，如手工具、剪刀、餐具等製造。

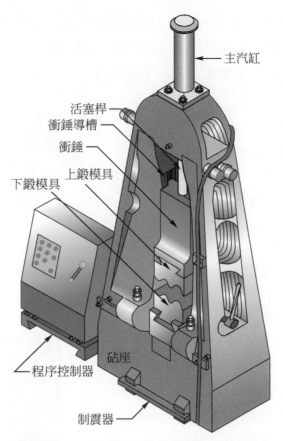

主汽缸

活塞桿
衝錘導槽
衝錘
上鍛模具
下鍛模具

砧座

程序控制器

制震器

• 圖 18-8　重力落錘 (取自參考書目 18，P341)

③ 衝擊式鍛造 (Impact hammer forging)：如圖 18-9 所示，藉兩相對水平
汽缸推動鍛模具，將夾在中間的鍛件鍛製成型之法。此法機器少有振
動，且所需的能量亦較少。

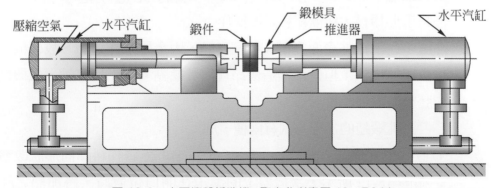

壓縮空氣　水平汽缸　　　鍛模具　　　水平汽缸
鍛件　　推進器

• 圖 18-9　水平衝擊鍛造機 (取自參考書目 18，P341)

(3) 型砧鍛造 (Swage forging)：利用兩個分裂式的半模，以相對分與合的動作，對鍛件予以施力而達到鍛件截面積縮小之法，如圖 18-10 所示。此法之每分鐘的衝擊數極高，生產快速。

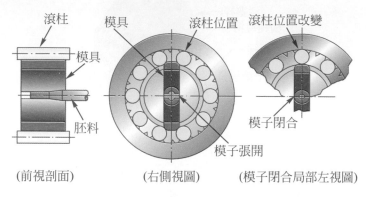

(前視剖面)　　　　　(右側視圖)　　　　(模子閉合局部左視圖)

• 圖 18-10　型砧鍛造之模子張閉情形 (取自參考書目 18，P372)

(4) 壓力鍛造 (Press forging)：如圖 18-11 所示，壓力鍛造係利用緩慢的擠壓作用而迫使金屬塑性變形者，又稱為壓鍛。此法運動速度慢，但是壓力大且均勻，可達到鍛件的中心位置，故加工效果良好，常用於鍛製形狀皆為對稱且其表面光滑之鍛件。

• 圖 18-11　壓力鍛造 (辛北爾康普公司)

(5) 滾軋鍛造 (Roll forging)：滾軋鍛造係將短形棒材，作漸縮和錐形操作之法。此法鍛件表面光滑、精度良好，因金屬熱作透徹，故機械性質佳且生產速度快，但是滾輪造價昂貴為其缺點。製品如車軸、飛機螺旋槳的胚料、刀片及錐形管等。

　　滾軋鍛造的加工方式有兩種，即：

① 直式滾軋鍛造 (Principle of roll forging)：係將桿料斷面形狀改變者，如圖 18-12 所示，當機器上的滾子在開口位置時，將加熱之胚料放入，藉滾子之旋轉，胚料由滾子的槽夾持推向前面；當滾子打開時，胚料推回再滾或放在鄰近槽內，以便作次一步的成型工作。

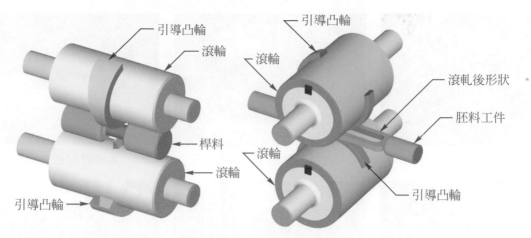

• 圖 18-12　直式滾軋鍛造

② 旋轉式滾軋鍛造 (Wheels formed by hot-roll forging)：又稱為環形滾軋鍛造，係藉包圍車輪周圍之各滾子，將粗大的鍛製胚料改變成車輪形狀之法。如圖 18-13 與 18-14 所示，當車輪轉動時，直徑漸漸增大，而腹板與邊的斷面逐漸縮小。

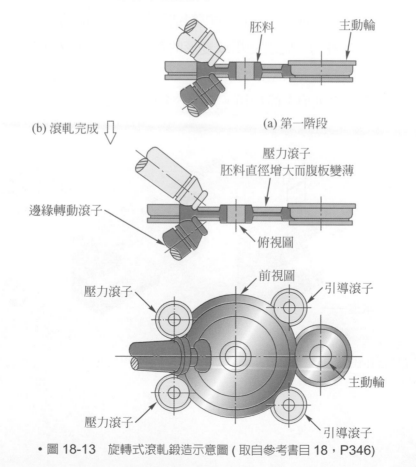

旋轉式
滾軋鍛造
示意動畫

• 圖 18-13　旋轉式滾軋鍛造示意圖 (取自參考書目 18，P346)

(a) 胚料夾入滾輪內

(b) 滾動滾子做滾軋

(c) 旋轉軸配合壓力滾子擴環

(d) 持續擴環至所需尺寸

(e) 噴冷卻水定型與定寸

(f) 環形鐵圈取出

• 圖 18-14　旋轉式滾軋鍛造實例拍攝 (Anyang Forging Press Machinery Industry Co.,Ltd)

(6)　端壓鍛造 (Upset forging)：端壓鍛造係桿料端部加熱後，夾於鍛模具內，藉衝頭桿外力，使之變粗或變形的鍛造法稱之，又稱鍛粗。如圖 18-15 為端壓鍛造，受擠壓部分之桿料長度不得超過其直徑 D 之 2～3 倍，否則將產生彎曲而不能加粗。常用於鍛製螺栓頭、汽缸及彈殼等。

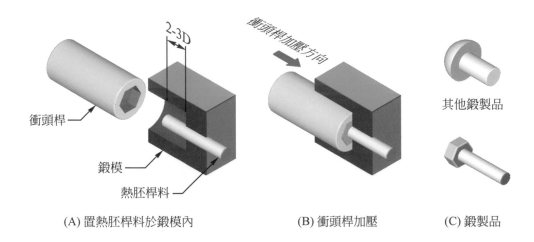

(A) 置熱胚桿料於鍛模內　　　　　(B) 衝頭桿加壓　　　　　(C) 鍛製品

• 圖 18-15　端壓鍛造

二、滾軋 (Rolling)

（一）定義與用途

滾軋係將金屬錠胚料加熱到再結晶溫度以上，置入兩相對轉動之滾輪模具 (Roller die) 間，藉摩擦力的帶動而前進，經過多道滾軋，使材料斷面變小、長度增加而變成板、桿或其他特殊形狀之加工法。滾軋產品範圍廣泛，生產速度快，常用於鋼板、鋼筋、各種形狀結構型鋼的製造，其製品機械性質佳，如圖 18-16 所示。在所有滾軋過程中，影響滾軋件之品質因素，包括滾軋溫度、速度、潤滑、滾輪條件及設備的特性等。

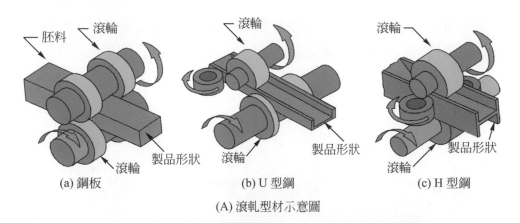

(a) 鋼板　　　　　　　　(b) U 型鋼　　　　　　　　(c) H 型鋼

(A) 滾軋型材示意圖

(B) 帶鋼生產線(敬鵬機械科技公司)

• 圖 18-16　滾軋

　　金屬錠胚料經過滾軋後，由於原有之粗晶粒受擠壓破壞而伸長，又由於溫度高會發生再結晶作用，而使晶粒的組織變得緊密細緻，因而增加機械性質，材料之強度與韌性因而隨之增加。一般熱作滾軋鋼料，將鋼錠加熱至 1200°C 後，再送入滾軋機中滾軋。

(二) 滾軋方式

　　滾軋工作皆在滾軋機上操作，而滾輪的數量及形式依材料及製品的厚薄、大小及形狀而定。常見滾軋方式如下：

1. **雙重往復式**：此種型式之滾軋機，乃採用兩個可正反向旋轉之滾輪作往復加工，優點是滾模間之距離可調整，且調整範圍大，可變性高，能製造各種尺寸的加工。缺點是反向滾軋時，受到需克服慣性力之限制而速度較慢；且回程時溫度可能已降至再結晶溫度以下，而無法滾軋，故不適過長工件之滾軋。如圖 18-17(A) 所示。

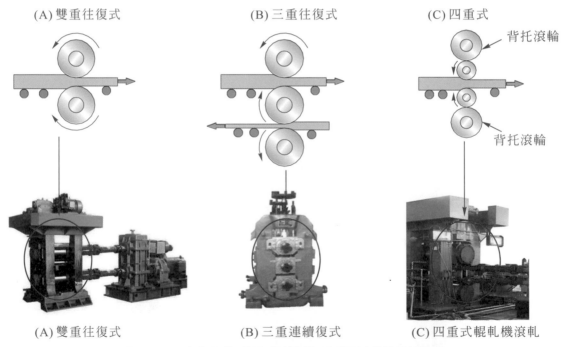

* 圖 18-17　滾軋方式 (取自參考書目 18 與河南敬鵬機械公司)

2. 三重連續式：乃採用三個重疊不作反向轉動的滾模，如圖 18-17(B) 所示，備有工作升降機構，滾模間距經調整固定後，材料在滾模間作兩次連續之滾軋。此法優點是可克服消除滾輪慣性的困難，且生產速度提高，製造費用降低；但缺點是工件通過滾模間的時間不易配合。

3. 四重式及叢集式：此種乃在兩個滾輪外側設有多個背托滾輪，用以增大各方向之抵制壓力，以加大機器的工作能量，使滾模間之距離不致受到過大的負載面改變。如圖 18-17(C) 所示。

三、熱擠製 (Hot extrusion)

　　熱擠製乃以壓力將可塑性胚料，通過一定形狀之模孔面，而成斷面形狀均一的製品之法。其原理就類似擠牙膏，舉凡金屬材料、塑膠、橡膠等皆可擠製成各種斷面均一形狀，如桿、管、結構型材等連續製品，如圖 18-18 所示。製品如鋁門窗框 (鋁質結構型材)、冰箱門橡膠封條、裝潢緣條、彈殼、可壓褶管或鉛覆層電纜線等。

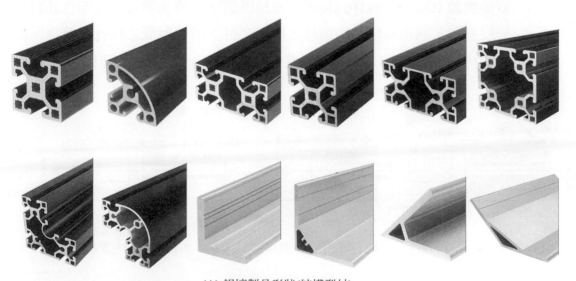

(A) 鋁擠製品形狀(結構型材)

• 圖 18-18　擠製之製品 (光鈦國際工業提供)

(B) 組裝實例

• 圖 18-18　擠製之製品 (光鈦國際工業提供)(續)

擠製依其應用之不同，可分為下列三種：

1. **直接擠製 (Direct extrusion)**：直接擠製法乃將加熱後之可塑性胚料，置
   於模具內，利用高壓力的衝柱，迫使胚料從衝柱對面之模孔內擠出，如圖
   18-19 與立體圖 18-19(D) 所示，其衝桿前進方向和製品擠出來的方向一致。

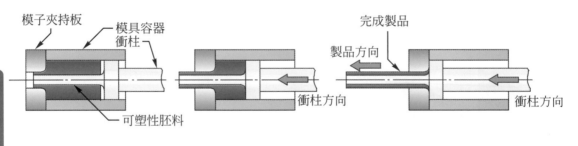

(A) 可塑性胚料置入容器內　　(B) 擠製可塑性胚料過程　　(C) 擠製完成可塑性製品

• 圖 18-19　直接擠製

直接擠製
示意動畫

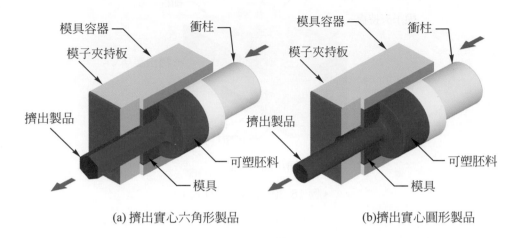

(a) 擠出實心六角形製品　　　　　(b)擠出實心圓形製品

(D) 立體圖示

• 圖 18-19 直接擠製 (續)

2. **反向擠製 (Reverse extrusion or Inverted extrusion)**：又稱間接擠製，擠製之孔模具置於衝柱內前端，當加熱後之可塑性胚料置於模具內後，高壓力的衝柱往前施壓時，胚料由孔模具之模孔，經衝柱的空心處往後擠出。換言之，間接擠製與直接擠製的最大不同是衝柱與製品的移動方向相反，如圖 18-20(A) 所示。此法因胚料在容器內無滑動作用，又無摩擦力，故所需之壓力較小。惟此法因衝柱必須為中空，強度較弱，擠製件不能得到適當的支持，且機器的構造較為複雜是其缺點。

3. **覆層擠製 (Sheathing extrusion)**：覆層擠製係將低熔點的金屬溶液置於上部之缸內，經由液壓之活塞迫使液體流入模具之模孔，如圖 18-21 所示。當推送纜線通過模孔時，可沿著電纜線周圍形成一層均勻被覆層的方法。

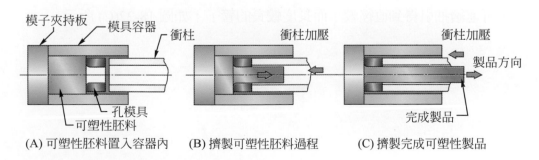

(A) 可塑性胚料置入容器內　　(B) 擠製可塑性胚料過程　　(C) 擠製完成可塑性製品

• 圖 18-20 反向擠製

反向擠製
示意動畫

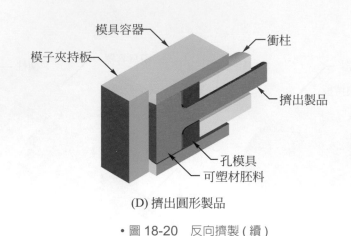

(D) 擠出圓形製品

• 圖 18-20　反向擠製 (續)

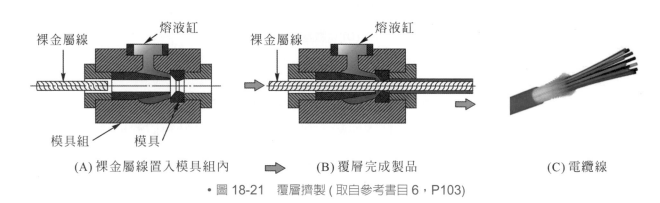

(A) 裸金屬線置入模具組內　　　　(B) 覆層完成製品　　　　(C) 電纜線

• 圖 18-21　覆層擠製 (取自參考書目 6，P103)

四、熱抽製 (Deep-drawing)

　　熱抽製又名引伸法，意即深底引長，係將胚料板加熱至鍛造溫度，再以衝頭加壓通過胚料板，使成一端閉合之中空杯鍛件，再將此鍛件加熱到鍛造溫度，置於引伸機上，以頂壓桿經模具使鍛件形狀變成長而薄壁之封閉管，如圖 18-22(A)(B) 所示，此種熱作加工法，常用於杯子、壓力容器及氧氣鋼瓶之製作，亦可將加熱杯狀物透過一組模具，可連續抽引得到直徑較小而長度較長的管子，如圖 18-22(C) 所示。

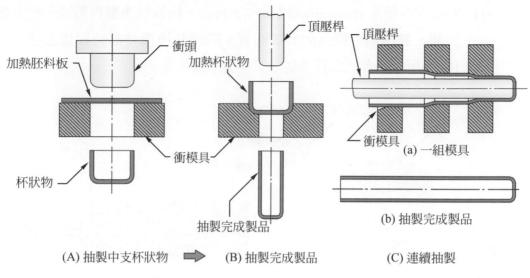

加熱胚料板　衝頭　頂壓桿　加熱杯狀物　頂壓桿

衝模具　衝模具　(a) 一組模具

杯狀物　抽製完成製品　(b) 抽製完成製品

(A) 抽製中支杯狀物 ➡ (B) 抽製完成製品　(C) 連續抽製

• 圖 18-22　熱抽製 (取自參考書目 6，P105)

五、製管 (Pipe & tube manufacture)

金屬管可分為兩大類，即

1. **有縫管 (Seamed tube)**：乃以條狀金屬板經滾軋熔接而成，故外周面有接縫，強度較弱；常用於輸送固態物體或低壓流體的輸送管或作為結構架、柱子等用途。

2. **無縫管 (Seamless tube)**：乃由桿狀金屬通過模具並穿孔而成，強度較大，用於高溫高壓流體之輸送。製作上，一般有縫管的直徑比無縫管大。

(一) 有縫管的製造

有縫管的製造有下列三種熔接法，如表 18-4 所示，敘述如下：

◆ 表 18-4　管子製造法

管子種類	製造法	用途說明
有縫管	熔接法	分為對接法、電阻對接法、搭接法，用於鋼管。
無縫管	穿孔法	用於鋼管。
	擠製法	用於非鐵金屬管。
	抽製法	製品如不銹鋼杯、氧氣瓶。
	真離心鑄造法	用於鑄鐵管。

1. **對接法 (Butt welding)**：需先將條狀之鋼板加熱至銲接溫度，在邊緣上作成斜角以便成圓管後，兩邊能很精密的接合，有間斷式與連續式兩種。

(1) 間斷式對接法 (Intermittent butt welding)：將條狀金屬板截成一定長度後加熱，通過鐘形模具而形成圓管，同時其邊緣亦自動銲接之法，如圖18-23 所示，此法之管子是一支一支單獨生產。

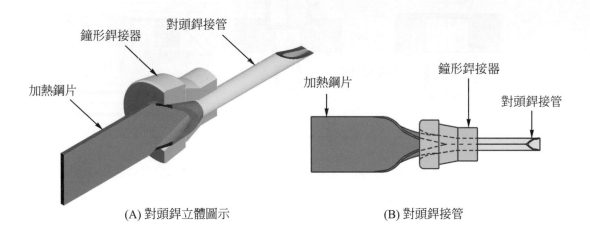

(A) 對頭銲立體圖示 　　　　　　　　(B) 對頭銲接管

• 圖 18-23　間斷式對接法

(2) 連續式對接法 (Continuous butt welding)：此法係金屬板通過加熱爐時，加熱至銲接溫度後，經一系列的交錯滾輪使其壓合成型之法，如圖18-24 所示。

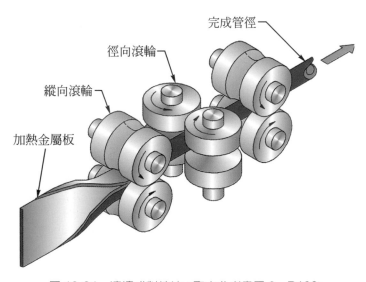

• 圖 18-24　連續式對接法 (取自參考書目 6，P108)

2. **電阻對接法 (Electric butt welding)**：將條狀金屬板經一連串滾子使其漸次成圓管，再經兩個圓盤型電極滾輪通電流接合部位因電阻增加而產生高溫，因此將接縫部位熔合之法。如圖 18-25 所示。

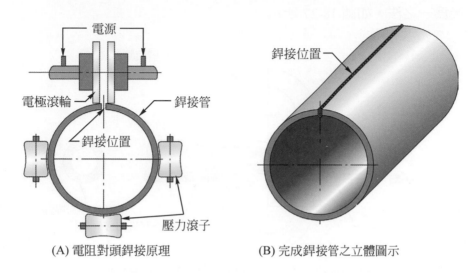

(A) 電阻對頭銲接原理　　　　　(B) 完成銲接管之立體圖示

• 圖 18-25　電阻對頭銲接 (取自參考書目 6，P108)

常見之電阻對接法有高週波電阻銲接與高週波感應銲接兩種方法，如圖 18-26 所示，常用於電縫管之製品。

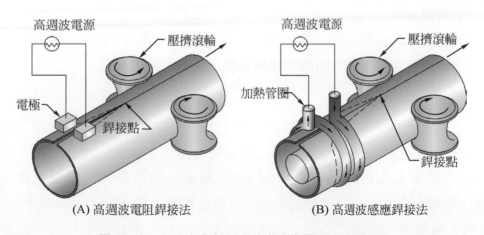

(A) 高週波電阻銲接法　　　　　(B) 高週波感應銲接法

• 圖 18-26　高週波銲接法 (取自參考書目 22，P28-12)

3. **搭接法 (Lap welding)**：此法係板狀金屬捲成管形後，其邊緣接縫處互相重疊，在加熱至銲接溫度後，使其通過滾軋機上兩個有槽滾輪，中間有一直徑與管子內徑相同之固定心軸，藉著滾輪與中心軸間的壓力，使重疊的邊緣熔接為一之法，如圖 18-27 所示。

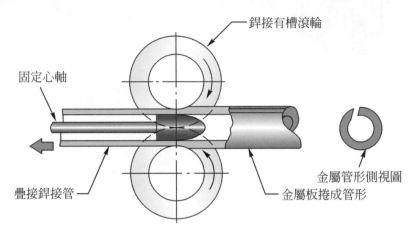

固定心軸

銲接有槽滾輪

金屬管形側視圖

金屬板捲成管形

疊接銲接管

• 圖 18-27　搭接法銲接 (取自參考書目 6，P108)

（二）無縫管的製造

無縫管的製造常見者有下列四種方法：

1. **穿孔法 (Piercing)**：將實心圓鋼桿加熱至熱作溫度，置於兩個轉向相反的錐形滾輪之間，且其間有一固定的尖錐狀心軸，當熱胚料一面迴轉，一面前進通過時，即可將加熱之實心圓鋼桿穿刺成中空圓筒，如圖 18-28 所示。若是穿刺大型管子，則可將錐形滾輪斜置，如圖 18-29 所示。

生活小常識

無縫鋼管發展史

1885 年德國人 Mannesmann，Reinhard & Max 兄弟首發明二輥斜軋穿孔機，1903 年瑞士人 R.C.Stiefel 發明頂頭式自動軋管機，20 世紀 30 年代採用三輥軋管機、擠壓機、周期式冷軋管機而改善鋼管的品種質量。60 年代三輥穿孔機應用張力減徑機和連續鑄胚方式增強無縫管與銲管能力，70 年代無縫管與銲管並駕齊驅。目前無縫鋼管是用鋼錠或實心管胚經穿孔製成毛管，然後經熱軋、冷軋或冷撥製成。

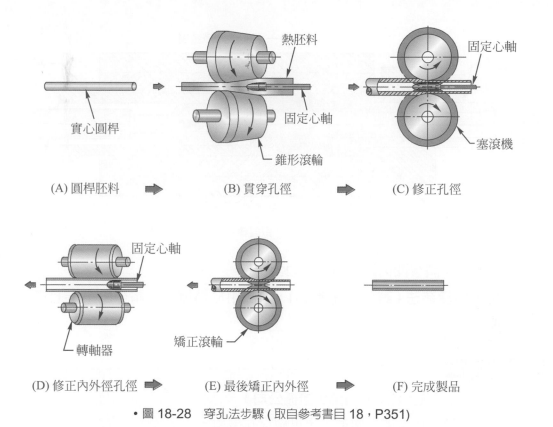

實心圓桿

熱胚料

固定心軸

錐形滾輪

(A) 圓桿胚料　➡　(B) 貫穿孔徑　➡　(C) 修正孔徑

固定心軸

塞滾機

固定心軸

轉軸器

矯正滾輪

(D) 修正內外徑孔徑　➡　(E) 最後矯正內外徑　➡　(F) 完成製品

• 圖 18-28　穿孔法步驟 (取自參考書目 18，P351)

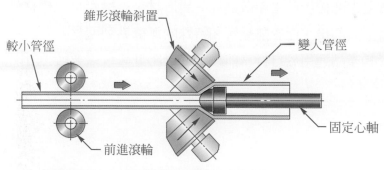

錐形滾輪斜置

較小管徑

變人管徑

前進滾輪

固定心軸

• 圖 18-29　大型管徑滾輪位置 (取自參考書目 18，P352)

2. 管子擠製法 (Tube extrusion)：此法係採用直接擠製方式，藉中間的心軸形成中空管件，常用以製作非鐵金屬管，如鉛、鎂、鋁、錫等低熔點合金的製造。如圖 18-30 所示，管的內外徑及厚度，分別由心軸及模具模孔來控制。此法若用於製作鋼管，其擠製溫度高達 1300℃，致使機器設備壽命減短、且所需壓力要大及作用速度要快，以免擠製胚料降溫冷卻無法加工。

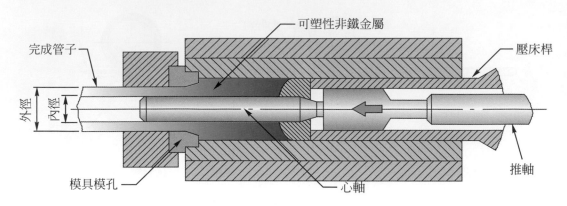

• 圖 18-30　擠製管徑法 (取自參考書目 18，P353)

3. **抽製法**：請參閱前節，如圖 18-22 所示。

4. **真離心鑄造法 (離心模鑄造法)**：此法用於鑄鐵管，請參閱第十七章 17-5-2 節。

生活小常識

間接複動式鋁擠型機 (取自萬銀機械公司)

1. 最大優勢為可做間接擠型，也可做穿孔擠型。

2. 間接擠型大部份用於生產散熱片、異形材、有縫管材、棒材和線材。

3. 穿孔擠型大部份生產於無縫管和特殊的無縫系列型材。

4. 無縫管其產品運用於自行車前权管或氣壓缸等，需要較 難耐壓的製品。

學後評量

18-1　1. 請說明熱作之優點與缺點。

2. 請說明冷作之效應為何。

3. 試比較熱作與冷作之優、缺點為何？

18-2　4. 常見之熱作方法有哪些？

5. 請簡述鍛造的意義與用途。

6. 請簡述滾軋的意義與用途。

7. 請簡述熱擠製的意義與用途。

8. 有縫管的製造方法有哪三種熔接法？

9. 無縫管的製造方法有哪四種熔接法？各用途為何？

Chapter 19

金屬之冷作

塑性加工為金屬成型的主要加工方法,被廣泛應用在各種零件及產品的製造,是素材的生產過程中不可或缺的關鍵步驟。本章分為熱作加工與冷作加工,熱作加工包括鍛造、滾軋、熱擠製、熱抽製及製管;冷作加工包括抽拉、壓擠、冷擠製、珠擊法及高能量成型等方法,分別加以說明其原理及用途。最後,衝壓床是塑性加工最重要的機械,特別針對其種類、機構及工作加以說明。

本章大綱

19-1 抽拉

將金屬在再結晶溫度以下進行抽拉、壓擠、冷擠製、珠擊法與高能量成型等加工，以迫使材料成型的加工法，稱為冷作。

抽拉 (Drawing) 係一種縮小斷面、增加長度或面積之冷作加工法。此法能獲得精確尺寸、表面光度及增加強度。常見之抽拉有下列幾種：

一、管子抽拉 (Tube pulling)

在冷作抽拉過程中，為防止抽拉時擦傷管件、減少摩擦阻力、增加表面光度，操作之前應先酸洗去鏽處理後，給予塗上一層潤滑劑。常用的製作方法有二：

1. **冷拉製管法**：此法係將管件通過縮管機，縮小管徑後進入冷拉模中，透過拉力將管子拉長之法。拉製過程中，管子外徑由冷拉模孔內徑控制，管子內徑由固定心軸外型定型，如圖 19-1 所示，一般一次抽拉之最大收縮率可達 40%。

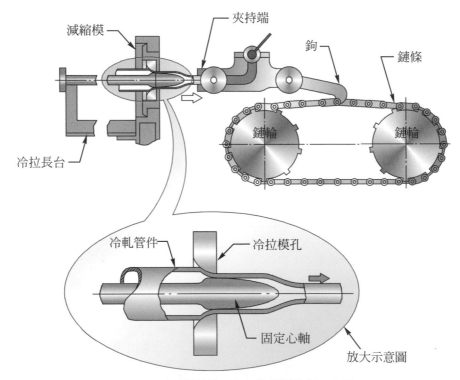

• 圖 19-1　冷拉製管法 (取自參考書目 18，P364)

2. 縮管抽拉法：利用兩個具有半圓斜槽之滾模作為冷拉模，當管子前進時，滾模作前後往復之搖擺運動，藉以達到縮小管徑之法。此法之管子內徑由錐形心軸直徑控制，如圖 19-2 所示，此種製管法之管徑一次縮減量可為冷拉製管法的 4 ～ 5 倍，適於製造長度長的管子。

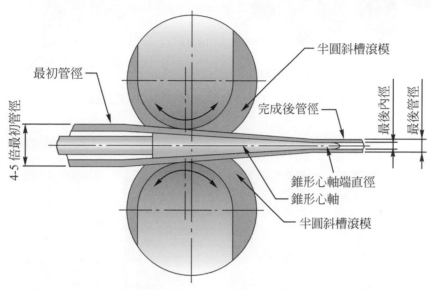

半圓斜槽滾模

最初管徑

完成後管徑

4-5 倍最初管徑

最後內徑

最後管徑

錐形心軸端直徑

錐形心軸

半圓斜槽滾模

• 圖 19-2　縮管抽製法 (取自參考書目 18，P365)

二、線之抽拉 (Wire pulling)

將經過酸洗去鏽之桿料塗上潤滑劑後，送入拉線模中，藉內嵌之碳化鎢模抽拉成線的一種冷作加工法，常見於鐵絲、銅線之抽拉製品。因加工過程之不同，有下列兩種方法：

1. 單線模拉線法：此法係利用一個拉線模，一次抽拉一種線徑的抽線方法，如圖 19-3 所示。

2. 連續拉線法：此法可同時利用多個不同大小之拉線模，一次拉製成所需線徑的方法，又稱為多模拉線法，如圖 19-4 所示。

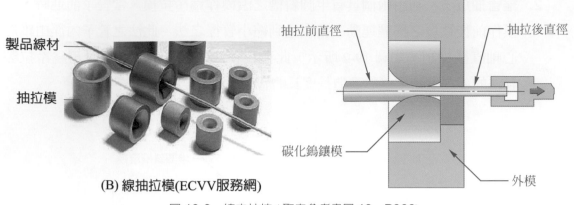

(B) 線抽拉模(ECVV服務網)

• 圖 19-3　線之抽拉 (取自參考書目 18，P366)

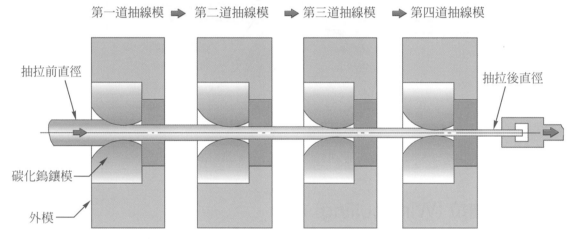

• 圖 19-4　線之連續抽拉 (取自參考書目 6，P123)

三、板之拉伸 (Plate stretch)

　　對於薄而大之金屬板，欲製成對稱形狀或雙曲線之製品時，常藉助拉伸成型 (Stretch forming)。此法係將金屬板兩邊固定於夾持器，夾固後夾持器向外移動作拉伸作用，迫使金屬板在成型模具上成型之法，如圖 19-5 所示，此法缺點是須切除多餘部分的材料。亦可將拉伸作用再配合衝頭作抽製，使金屬板成型，如圖 19-6 所示。

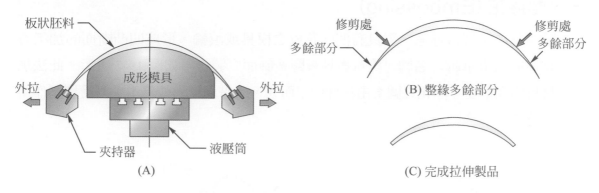

板狀胚料

外拉　成形模具　外拉

夾持器　液壓筒

(A)

修剪處　修剪處
多餘部分　多餘部分

(B) 整緣多餘部分

(C) 完成拉伸製品

• 圖 19-5　板之拉伸成型

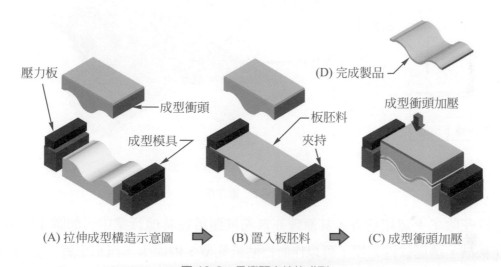

壓力板

成型衝頭

成型模具

(A) 拉伸成型構造示意圖

板胚料

夾持

(B) 置入板胚料

(D) 完成製品

成型衝頭加壓

(C) 成型衝頭加壓

• 圖 19-6　具衝頭之拉伸成型

19-2　壓擠

　　壓擠 (Squeezing) 係將材料置於衝頭與衝模間，藉壓力或衝擊力作用，迫使材料成型的一種加工法。此法加工一次即可成型，省料又省工，材料經壓擠後不必再予以淬火硬化，所得工件精度高、光度佳，適宜生產形狀複雜之製品。但是模具所承受之摩擦力及衝擊力很高，很難保持不變形，故模具壽命不長是其缺點。常見之壓擠工作有下列幾種：

一、壓浮花 (Embossing)

壓浮花係使材料通過一對具有凹凸花紋之模具或滾輪，形成凹凸斷面的加工方法。常用於汽車車牌、名牌、獎章與具有圖案飾面之製作，如圖 19-7 所示。此法加工後材料厚度不變，浮花之圖案由拉伸作用而成，所需之壓力較低，金屬受擠壓作用少為其特色。

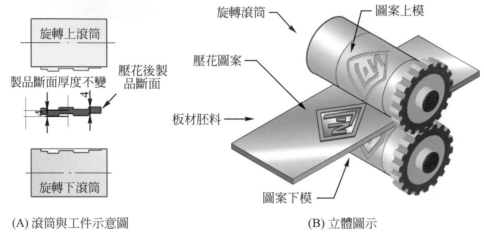

(A) 滾筒與工件示意圖　　　　　　　(B) 立體圖示

• 圖 19-7　壓浮花

壓浮花除了上述用途外，其原理亦普遍被運用在其他行業中，如圖 19-8 所示之壓浮花機械，透過軟性刀模，可以作商標貼紙軋型、健保卡、汽車車牌、信用卡等卡式造型證件之加工軋型、彩色盒包裝業軋型及工業用墊片之加工軋型。

(A) 軟性刀模　　　　　　　　　　(B) 輪轉軋型機

• 圖 19-8　輪轉軋型機 (德昌事務用品提供)

二、壓印法 (Coining)

　　壓印法係將胚料置入閉合衝模中，利用衝頭之壓力，迫使胚料兩面皆形成不同花紋及深淺不同圖案的加工法，常用於製造硬幣。此法所需之成型壓力較壓浮花為高，只適於較軟之合金製品，加工後製品厚度改變，所形成之圖案係受壓力作用而成。如圖 19-9 及表 19-1 所示。

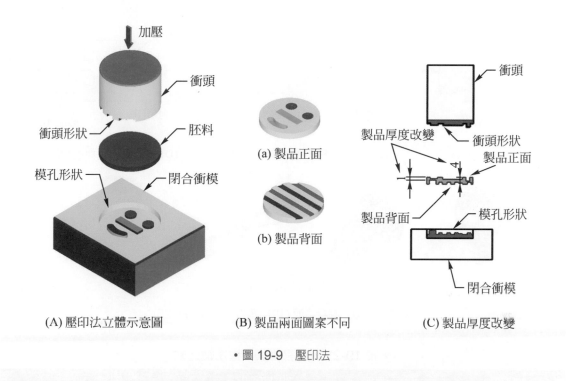

(A) 壓印法立體示意圖　　　(B) 製品兩面圖案不同　　　(C) 製品厚度改變

• 圖 19-9　壓印法

◆ 表 19-1　壓浮花與壓印法比較表

	加工後厚度	圖案斷面	圖案形狀	受力	成型壓力	用途
壓浮花	不變	凹凸	凹凸花紋	拉伸作用	小	汽車車牌、名牌
壓印法	改變	各部位不同	花紋及深淺不同圖案	壓力作用	大	錢幣

三、端壓冷鍛 (Head end cold-forging)

　　將桿狀胚料端部，藉衝頭加壓以減少其長度，增大其斷面積的一種頭形冷作加工法，如圖 19-10 所示，常見於鐵釘釘頭之製造。

　　端壓熱鍛與端壓冷鍛之相異處，如表 19-2 所示。

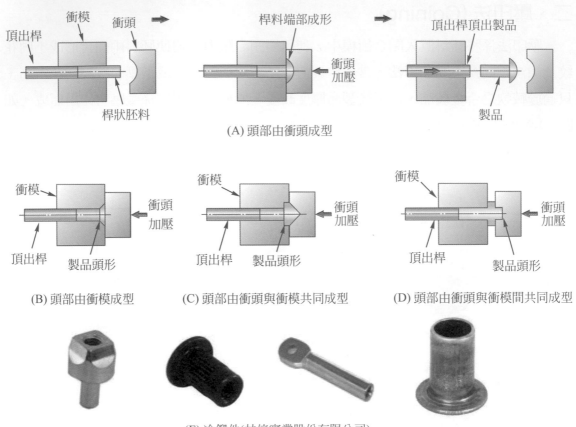

(A) 頭部由衝頭成型

(B) 頭部由衝模成型　　(C) 頭部由衝頭與衝模共同成型　　(D) 頭部由衝頭與衝模間共同成型

(E) 冷鍛件(甘倍實業股份有限公司)

• 圖 19-10　端壓冷鍛 (取自參考書目 6，P125)

◆ 表 19-2　端壓熱鍛與端壓冷鍛比較

名稱	溫度	加工硬化	用途
端壓熱鍛 (鍛粗)	加熱再結晶溫度以上	無	形狀複雜之較大型工件、變形強度大而塑性較低之工件，適中大量生產。如：螺栓頭、汽缸。
端壓冷鍛	常溫	有	形狀簡單之小工件、變形強度低而塑性大之工件。如：鐵釘頭、鉚釘頭。

四、鉚接法 (Riveting)

鉚接法係利用鉚接工具，以連續迅速之衝力，衝擊鉚釘頭部，迫使其形成鉚釘頭，以便將金屬板片緊接一起的加工方法，如圖 19-11 所示為鉚釘機與製品實例。

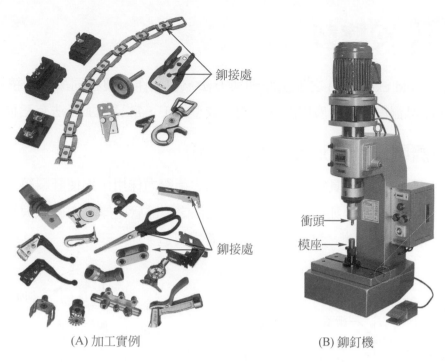

(A) 加工實例　　　　　　　　(B) 鉚釘機

• 圖 19-11　鉚釘機與其製品 (彰年發機械提供)

五、樁接法 (Staking)

樁接法係將欲互相永久接合之兩機件，在其配合後於其端部，藉助砧接衝頭之尖型凸件加壓，刺入機件迫使材料擴張，使兩機件接合之加工法，如圖 19-12 所示為皮帶輪與心軸之接合法。

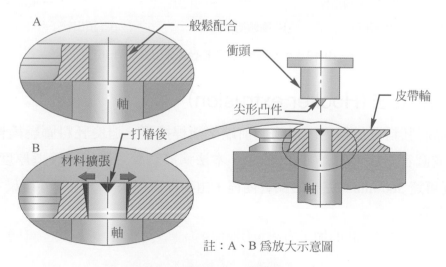

註：A、B 為放大示意圖

• 圖 19-12　樁接法

19-3 冷擠製

冷擠製 (Cold extrusion) 之加工原理與方法，和熱作擠製相同，惟冷擠製之加工溫度是在再結晶溫度下方，廣用於軟金屬之成型加工，常見之加工法有三種：

一、衝擊擠製法 (Impact extrusion)

此法係將胚料置於模具空穴內後，藉衝頭之衝擊力作用，迫使胚料繞衝頭周圍衝出，形成管狀製品之法。如圖 19-13 所示，此法之製品管壁厚度由衝頭與模具間之間隙來控制，常用於牙膏管、顏料管等可壓摺管之製造。

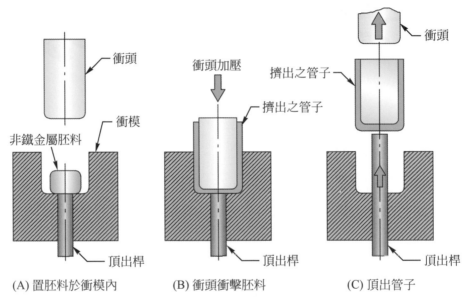

(A) 置胚料於衝模內　　　(B) 衝頭衝擊胚料　　　(C) 頂出管子

• 圖 19-13　衝擊擠製法 (取自參考書目 6，P136)

二、胡克擠製法 (Hooker extrusion)

此法係將胚料置於模內，以衝頭前端之衝桿擠壓，迫使胚料圍繞衝桿周圍而擠出，形成圓管之法，如圖 19-14 所示，本法適於銅管之製造，管壁厚度可達 0.1 mm，長度可達 300 mm。完成之銅管內徑，由衝桿直徑決定；銅管外徑尺寸，決定於衝模孔內徑。

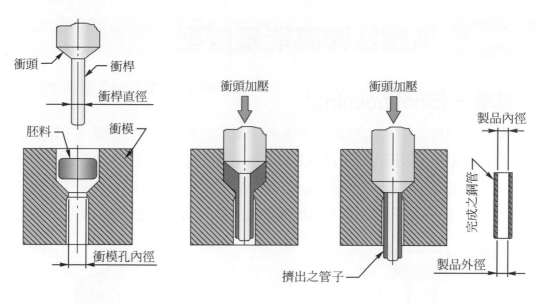

(A) 置胚料於衝模內 ➡ (B) 衝桿衝擊胚料 ➡ (C) 完成擠出管子

• 圖 19-14　胡克擠製法 (取自參考書目 6，P137)

三、高速擠製法 (High speed extrusion)

此法係用力擠製推送套在模子上的胚料，迫使軸徑逐次伸長，直徑逐次減小的加工法，適於製作輪軸。如圖 19-15 所示之車輪軸之成型，乃由四道擠製過程而得。本法所得製品具有光度增加、疲勞強度提高及表面具硬化作用等優點，唯模具昂貴爲其缺點。

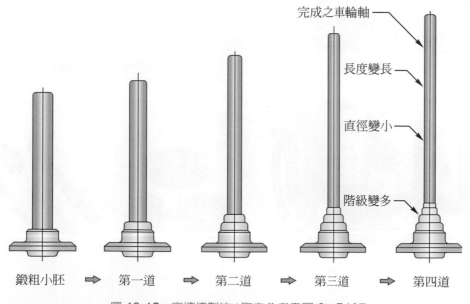

鍛粗小胚 ➡ 第一道 ➡ 第二道 ➡ 第三道 ➡ 第四道

• 圖 19-15　高速擠製法 (取自參考書目 6，P137)

19-4 珠擊法與高能量成型

一、珠擊法 (Shot peening)

珠擊法係利用高壓空氣產生噴流或旋轉之離心力，推動無數小鋼珠，以高速密集方式打擊在金屬機件表面上，使材料表層產生小凹痕及殘留應力，以改善表面材質的一種加工法，如圖 19-16 所示。常用於鑄件、鍛件或不規則機件的表面清潔處理，製品亦可增加金屬表面之硬度及疲勞強度等機械性質，並消除機件應力集中的現象。

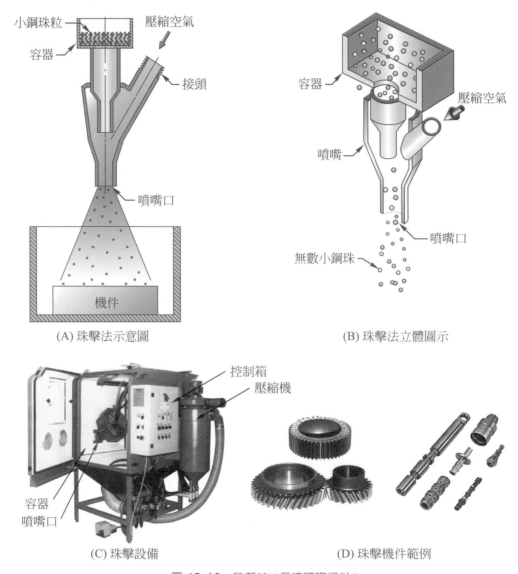

(A) 珠擊法示意圖

(B) 珠擊法立體圖示

(C) 珠擊設備

(D) 珠擊機件範例

• 圖 19-16　珠擊法 (長達國際提供)

二、高能量成型 (High energy rate forming，簡稱 HERF)

　　高能量成型係利用爆炸、放電、磁力等效應，以產生之高壓力及速度，迫使金屬成型之法。凡傳統加工法無法製成之產品皆可考慮此種方法，尤其薄金屬板、桿料最適合。常見之方法有：

(一) 爆炸成型法 (Explosive forming)

　　乃利用炸藥於爆炸瞬間所生之能量，藉助液體、氣體或固體等媒介質傳至胚料，迫使其在閉合模具內成型的一種加工法，如圖 19-17 所示。一般使用於大型而強度高、形狀複雜之產品作小量生產之製造，但形狀不適合有長形、彎角的工件，此法爆炸壓力與爆震速度容易控制是其優點。

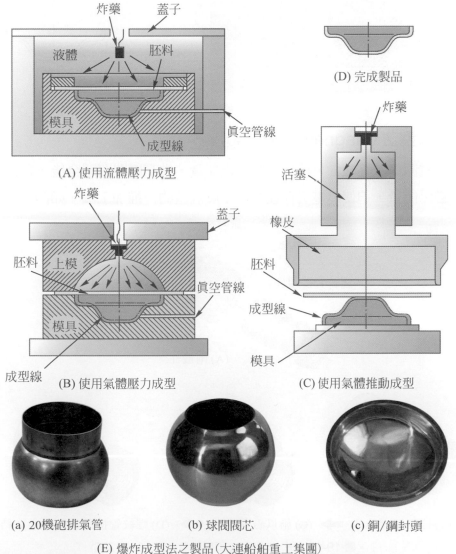

(A) 使用流體壓力成型

(B) 使用氣體壓力成型

(C) 使用氣體推動成型

(D) 完成製品

(a) 20機砲排氣管　　(b) 球閥閥芯　　(c) 銅/鋼封頭

(E) 爆炸成型法之產品(大連船舶重工集團)

・圖 19-17　爆炸成型法 (取自參考書目 18，P384)

（二）電氣液壓成型法 (Electrical hydraulic forming)

本法係將電能直接變為動能，迫使工作物成型的加工法。其成型設備與以液體為媒介質之爆炸成型法相似，如圖 19-18 所示，惟其壓力來自火花放電，故亦稱放電火花成型法 (Electro-spark forming)。此法之優點是操作安全性高、模具與設備費用低，且能量之釋放率亦可精密控制。

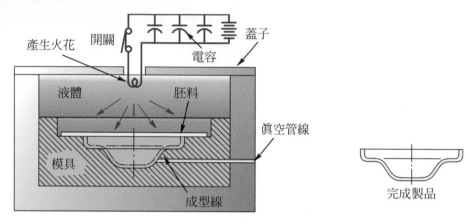

• 圖 19-18　電氣液壓成型法

（三）磁力成型法 (Magnetic forming)

將高壓電源與電容並聯，藉以控制充電能量，當高壓開關閉合後，電流通過線圈產生強大磁場能量，迫使導電工件在徑向受壓成型的一種加工法，如圖 19-19 所示。

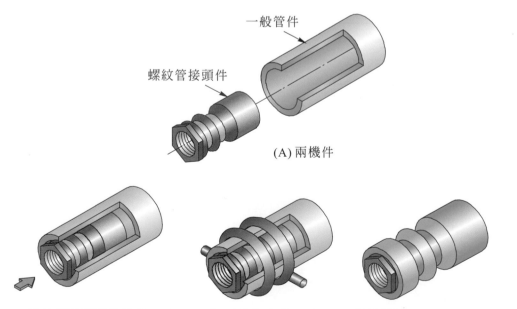

(B) 螺紋管接頭置入管件　➡　(C) 施以磁力成型　➡　(D) 螺紋管接頭與管件永久結合完成

• 圖 19-19　磁力成型法 (取自參考書目 18，P386)

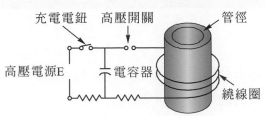

充電電鈕　高壓開關　管徑

高壓電源E　電容器　繞線圈

(E) 磁力成型原理示意圖

(F) 磁力成形不銹鋼波紋管製品

• 圖 19-19　磁力成型法 (取自參考書目 18，P386)(續)

此法生產速率高、不需潤滑劑、複製性良好、造型壓力均勻、機器設備中無活動機件及不需高深操作技術等優點。但是缺點爲工件各處壓力不能變化、不能製造複雜製品，只適於導電佳之材料造型。常見於電纜端點之連接、揚聲器喇叭之加工等。如圖 19-49(D) 所示爲螺紋管接頭與管件透過磁力成型施以冷鍛作永久結合。

生活小常識

爆炸成形用途

爆炸成形裝置主要有炸藥、成形工件、成形模具和傳壓介質等四個部分，主要包括爆炸脹形、爆炸拉伸、爆炸、校形、爆炸雕刻等用途。

爆炸可使材料在高溫、高壓下產生神奇效應，因顆粒尺寸變小、晶格畸變增加而產生大量細觀粒子和微觀缺陷，而提高反應活性。如氮化鋁粉末經過衝擊波處理後燒結活性明顯增強，使燒結溫度顯著降低，且燒結後的熱壓成型密度可達到其結晶密度 97%。

學後評量

19-1　1.　常見之冷作方法有哪些？

2.　常見之抽拉工作有哪三種？用途各為何？

19-2　3.　請簡述壓浮花與壓印法之差異與用途有何不同？

19-3　4.　請說明冷擠製工作有哪三種？各用途為何？

19-4　5.　請說明珠擊法之意義、特色與用途。

6.　高能量成型主要有哪三種？各有何特色？

Chapter 20

衝壓

衝壓床是塑性加工最重要的機械,是金屬成型加工業極其重要的設備之一。本章特別針對其種類、機構及工作加以說明,並且介紹衝床與壓床工作之差異性。

本章大綱

20-1 衝壓概述

一、衝壓意義特色與型式

1. **意義**：衝壓工作乃利用衝壓機械配合衝頭與衝模，使胚料在冷作或熱作之工作溫度下完成加工者。廣用於汽車零件、廚具、玩具及各種五金之製造，如圖 20-1 所示汽車鈑金外形即是衝壓床製得。

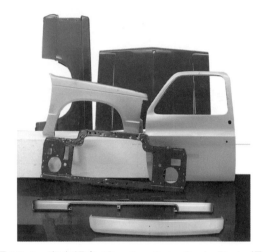

• 圖 20-1　汽車鈑金 (Gordon Auto Body Parts 提供)

2. **衝壓床之區別**：衝壓床之區別主要在於工作性質和速度，分述如下：
   (1) 衝床
       ① 動力一般為機械式，如偏心軸式、曲柄式。適作剪切、衝孔、衝縫、衝凹孔等工作。
       ② 壓力較小，而快速衝下加工者稱之，故動作迅速。
   (2) 壓床
       ① 動力一般採用液壓傳動，適壓擠、成型、抽製 (引伸) 工作。
       ② 壓力大而慢速壓下加工者稱之，動作較緩，但作用力大。

3. **衝壓床之優點**
   (1) 操作簡單，產品品質一致。
   (2) 施工時間短，生產速度快，適合大量生產。
   (3) 適合少樣大量之薄金屬加工。

4. 衝壓床之缺點

(1) 模具的製作技術及成本高，只適合 3mm 以下薄鈑金工作。

(2) 一組模具只能生產一種成品，加工適應性差。

(3) 比工作母機之切削精度差。

二、衝壓床型式

衝壓床之型式可就機架型式、驅動機構兩部分加以說明如後。

1. 以機架型式區分

(1) 凹口式衝床 (Gap press)：機架側面外形如英文字母 C，由於左右無機架的遮擋，故有較大的工作面積，適於長且寬之金屬板工作，如圖 20-2(A) 所示。

(2) 直柱式壓床 (Straight-side press)：又稱直邊式壓床，外型兩側機架為直邊，結構強度大、剛性好，可承受較大負載，目前國內壓床最大公稱能力達 2500 噸以上，鍛造機最大公稱能力達 3200 噸以上，如圖 20-2(B) 所示。適於厚胚料之造形工作，如鍛造、壓印硬幣及深度引伸工作。

(3) 拱門式衝床 (Arch press)：此種機架外形頗似拱門，接近床面之下部分較寬廣，可適工作面積較大之金屬板片。但因兩側機架受力不在同一條直線上，故無法承受大負載。適於剪料、彎曲及修邊等輕型工作，如圖 20-2(C) 所示。

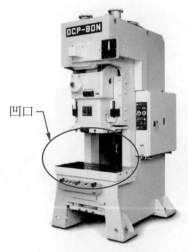

(A) 凹口式衝床　　　　　　　　　(B) 直柱式壓床

• 圖 20-2　衝壓床 (金豐機器工業、立興陳機械提供)

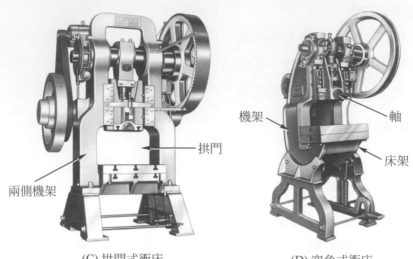

(C) 拱門式衝床　　　　　　　(D) 突角式衝床

・圖 20-2　衝壓床 (金豐機器工業、立興陳機械提供)(續)

(4) 突角式衝床 (Horn press)：又稱號角式衝床或單柱式衝床，床架與軸皆由機架伸出，如圖 20-2(D) 所示，此型機架強度低，作用力小，只用於圓筒型工作之摺縫、衝孔及鉚合等工作。

2. 驅動機構分

(1) 單曲柄式 (Crank)：為最常用的驅動機構，滑塊傳動時乃作近似簡諧運動，最大衝擊速度發生在衝程之近中點處，如圖 20-3(A) 及圖 20-3(B) 所示及圖 20-4 為曲柄式衝床剖面示意圖。

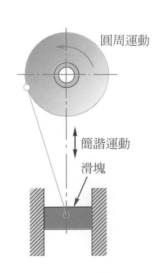

(A) 曲柄式機構示意圖

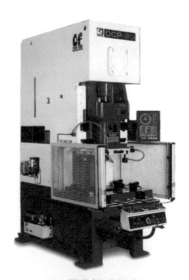

(B) 單曲柄式衝床

・圖 20-3　曲柄式 (金豐機器工業提供)

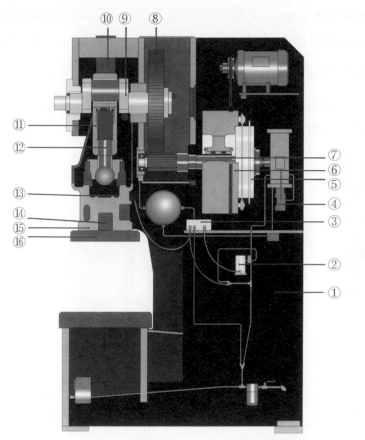

GI 各部組件

①鋼架結構
②油壓泵
③油壓機構總成
④雙聯電磁閥油壓機構總成
⑤複合式離合器刹車器
⑥飛輪
⑦傳動軸
⑧主齒輪
⑨曲柄
⑩平衡器
⑪連桿器
⑫巨牙
⑬過負載保護裝置油室
⑭預壓式頂料裝置
⑮滑塊
⑯滑塊板

• 圖 20-4 曲柄式衝床剖面圖 (金豐機器工業提供)

(2) 凸輪式 (Cam)：其驅動方式與偏心式相同，但滑塊之運動傳遞乃藉滾輪
介件，而非連桿。此機構之特色是凸輪之外形可隨不同運動之需要而設
計，適於特殊工作需要的場合，如圖 20-5 所示。

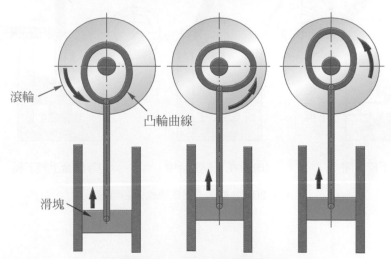

滾輪

凸輪曲線

滑塊

• 圖 20-5 凸輪式機構運動情形

(3) 齒條與齒輪式 (Rack & gear)：此機構之滑塊運動時，乃是緩慢而均勻，可藉機器上停止器加以控制行程的長短，或加裝速歸機構，適於工作行程較長所需之工作，如圖 20-6 所示。

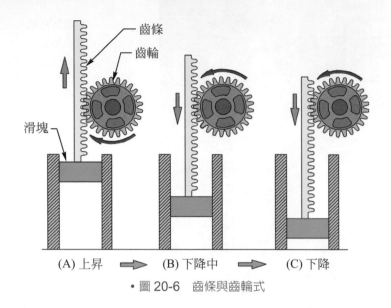

• 圖 20-6　齒條與齒輪式

(4) 關節式 (Knuckle joint)：如圖 20-7 所示其滑塊在行程之末，兩個連桿近乎一直線時，具有最高的機械利益及產生最大的壓力。其外形笨重、機架剛性高，唯衝程短，如圖 20-8 所示。常用於壓印硬幣、尺寸矯正及整型等工作。

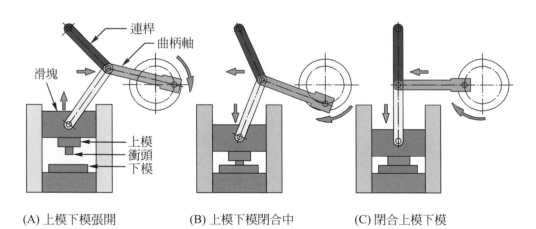

• 圖 20-7　關節式壓床連續運動情形

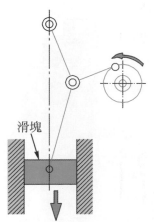

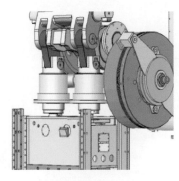

(A) 關節式示意圖　　　(B) 關節式立體示意圖　　　(C) 關節式衝床

• 圖 20-8　關節式壓床 (金豐機器工業提供)

(5) 液壓式 (Hydraulic)：一般以水壓或油壓驅動滑塊，如圖 20-9 所示之示意圖。此方式之特色乃能以緩慢的速度得甚大的壓力，一般使用於大型的壓床。

　　此種壓床藉控制閥而具有較長的衝程及變換，且在行程中亦可變換速度，所產生之壓力均勻且有力等優點；但不適於衝擊性的工作、滑塊的衝程速度緩慢、機械成本與維修費用較高等缺點。適宜金屬板之抽製 (引伸)、壓力鍛造、擠製及粉末冶金的壓製等工作，如圖 20-10 所示。

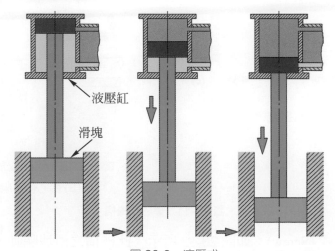

• 圖 20-9　液壓式

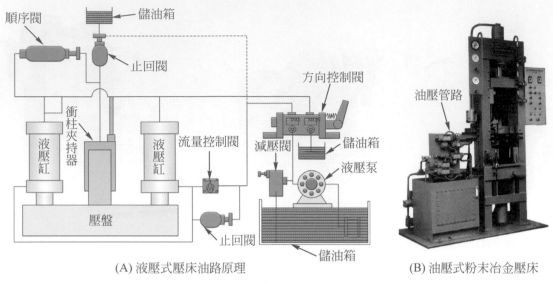

(A) 液壓式壓床油路原理　　　(B) 油壓式粉末冶金壓床

• 圖 20-10　液壓式壓床 (裕昌機械廠提供)

(6)　偏心式 (Eccentric)：其運動方式與曲柄相同，唯偏心軸行程較短，但主軸有較高的剛性，故主軸受彎曲較小，如圖 20-11 所示。

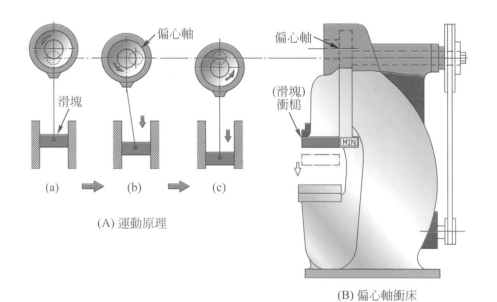

(A) 運動原理　　　　　　　(B) 偏心軸衝床

• 圖 20-11　偏心軸機構

(7)　螺旋式 (Screw)：如圖 20-12 所示，此機構之滑塊驅動，乃藉由摩擦盤帶動飛輪而供給加速，其運動始終都在加速狀態，且在最末行程，全部能量作用於工作物上，類似落錘動作，特色是動作緩慢而衝擊作用較小。

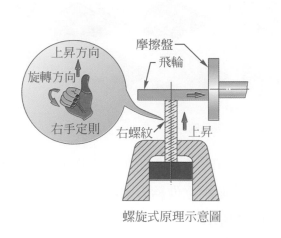

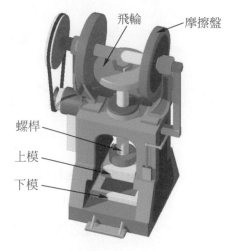

衝壓床
驅動機構
示意動畫

• 圖 20-12　螺旋式

20-2 常見衝壓機械

1. **摺床 (Brake press)**：適用於金屬板之彎曲、成型、摺縫、修邊及剪切等輕型工作，如圖 20-13 所示為一橫式摺床，摺床的加工成品例參見圖 20-14 所示。

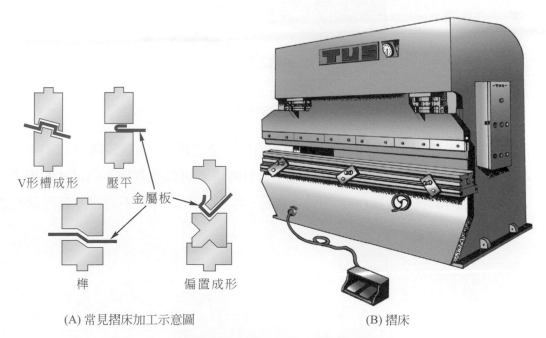

(A) 常見摺床加工示意圖　　　　　　　　　　(B) 摺床

• 圖 20-13　摺床 (聯星油壓機械廠提供)

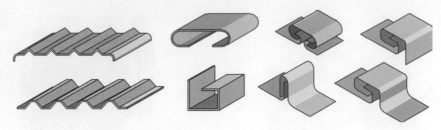

• 圖 20-14　摺床加工成品例

2　方剪床 (Squaring shear press)：專用於金屬板之剪切工作，有手動式及動力式兩種，此機器切斷刀刃口與薄金屬板之進給方向成互為垂直，故名方剪床，可剪 3 米寬之鈑金，如圖 20-15 所示。

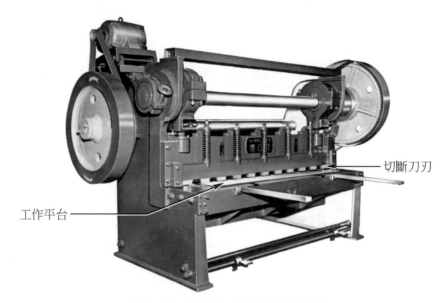

切斷刀刃

工作平台

• 圖 20-15　方剪床 (泰豐機器工廠提供)

3. 彎曲壓床 (Bending press)：乃專用於鈑金之彎曲，成型等輕型工作。

4. 轉塔壓床 (Turret press)：此機械具有轉塔，可裝置各種不同尺寸的衝頭，如圖 20-16 所示，操作時需配合導板，特別適用於各種不同尺寸及形狀孔之金屬鈑製作。

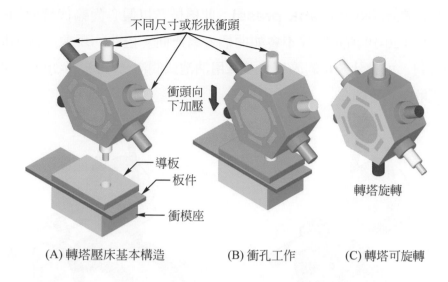

不同尺寸或形狀衝頭

衝頭向下加壓

導板
板件
衝模座

(A) 轉塔壓床基本構造　　　(B) 衝孔工作　　　(C) 轉塔可旋轉

轉塔旋轉

• 圖 20-16　轉塔壓床基本構造

5. **多滑塊衝床 (Multiple slider)**：一般具有互成 90° 之四個驅動滑塊，如圖 20-17 所示，此種壓床之優點在於不需要移動工件，就能在小金屬板或金屬線上，做出小而造形複雜的彎曲工作，且加工快速，適於大量生產。

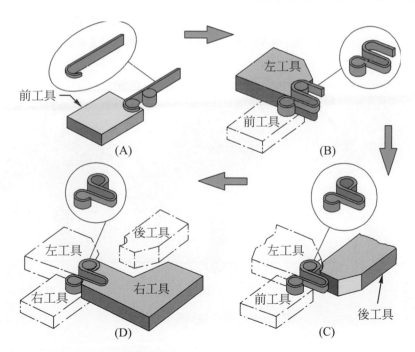

前工具

左工具

前工具

(A)　　　(B)

後工具

左工具

右工具

左工具

前工具

後工具

(D)　　　(C)

• 圖 20-17　四滑塊壓床之操作程序 (取自參考書目 18，P406)

6. **無曲柄衝床 (Non-crank press)**：此機械乃以偏心齒輪代替曲柄軸，如圖 20-18 與 20-19 所示。故不會如曲柄容易彎曲、扭曲的現象，傳動機構為齒輪系列，可設計較長的衝程，並採用油池式潤滑。如圖 20-20 為無曲柄衝床機構解剖示意圖。

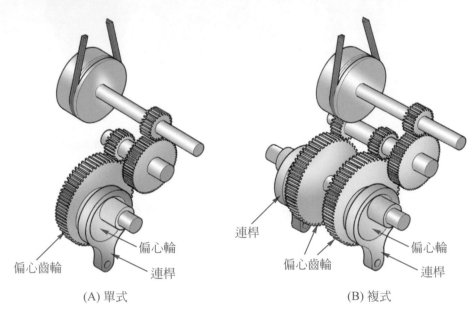

(A) 單式　　　　　　　　　　　　　(B) 複式

• 圖 20-18　偏心齒輪機構立體示意簡圖 (金豐機器工業提供)

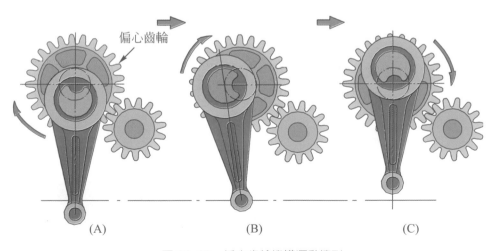

(A)　　　　　　　　　(B)　　　　　　　　　(C)

• 圖 20-19　偏心齒輪機構運動情形

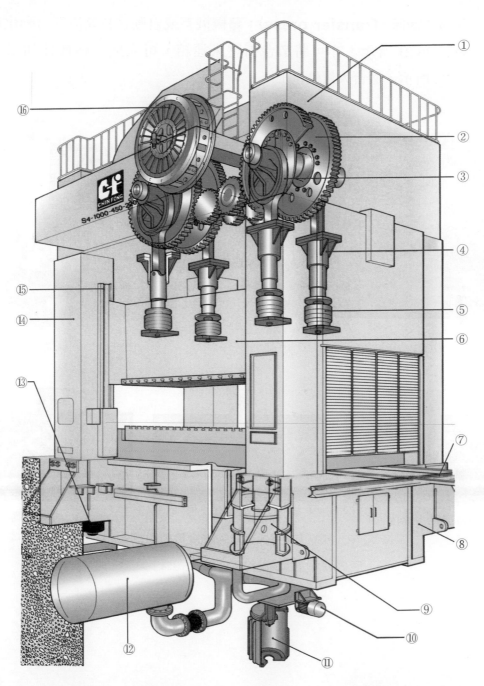

①頂部	④柱塞導件	⑦移動承塊軌道	⑩主動馬達	⑬繫桿螺帽	⑯離合刹車器
②偏心齒輪	⑤蝸輪蓋	⑧床台	⑪緩衝阻尼器	⑭機柱	
③連桿	⑥滑塊	⑨緩衝氣缸	⑫緩衝儲氣筒	⑮滑塊導件	

• 圖 20-20　無曲柄衝床偏心齒輪機構 (金豐機器工業提供)

7. **連續式衝床 (Transfer press)**：藉機械手或自動送料裝置等自動化送料，如圖 20-21 所示，亦可將數台衝壓床連結，可完成連續操作加工，如圖 20-22 所示，適合大量生產工作。

(A) 機器手裝置

自動送料機構

(B) 自動送料機構

自動送料與剪切與抽製複合模（來源：順侑企業公司）

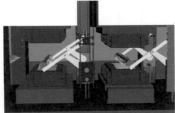

(a) 機械手抓取

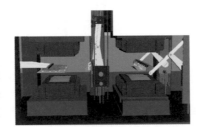

(b) 機械手提舉

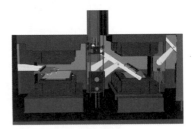

(c) 機械放置

(C) 機械手裝置抓放示意圖(金豐公司提供)

• 圖 20-21　自動化送料裝置 (金豐機器工業提供)

自動送料裝置

• 圖 20-22　連續式衝床 (金豐機器工業提供)

8. **傾斜式衝床 (Inclinable press)**：床台可調傾斜，便於下料，適用於一般小件的衝切、打胚、彎曲及衝孔等工作。如圖 20-23 所示。

9. **桌上衝床 (Bench press)**：此種衝床體積小、操作簡便、構造簡單，適於精密小零件之衝片、衝彎壓等輕型工作。如圖 20-24 所示。

床台調整螺栓　　　床台可調傾斜

• 圖 20-23　傾斜式衝床 (立興陳機械廠提供)

• 圖 20-24　桌上衝床 (剛榮機械廠提供)

10. **數值控制壓床 (Numberical control press)**：此種伺服壓床可謂壓力機的第三波革命，乃將工作程序直接用鍵盤按鍵，將程式記憶於電腦中，藉以精確的自動控制壓床的方法，如圖 20-25 所示。

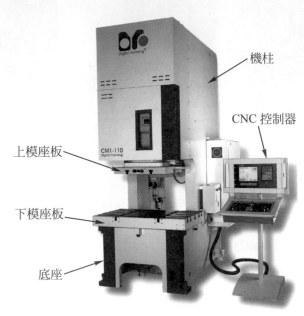

機柱

CNC 控制器

上模座板

下模座板

底座

• 圖 20-25　數值控制壓床 (金豐機器工業提供)

20-3 衝床與壓床工作

衝壓工作時，都需要製作模具，包括上模與下模；上模指滑塊上的上模座板和衝頭 (Punch)，及固定在下模座板的衝模 (Dies)，如圖 20-26 所示。操作時，乃藉著滑塊的驅動，促使衝頭準確地壓入衝模之模穴之中。

常見的衝、壓工作分述如後：

1. **衝床工作**：衝床速度高，常見工作如剪切、衝胚料、衝孔、衝縫、衝凹孔、整緣及修邊等工作，說明如下：

   (1) 剪切 (Shearing)：剪切加工乃藉衝頭和衝模間之對合，使金屬板胚料內部產生剪切變形，迫使金屬板分離的衝切工作。一般衝床剪切時，衝頭與衝模需要適當的間隙，每邊約板厚的 6 ～ 12%，視工作之目的而異。如圖 20-27 所示。

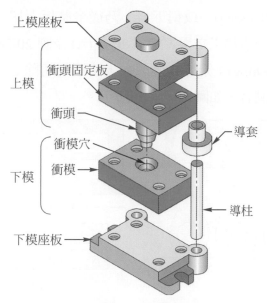

• 圖 20-26　模座基本結構

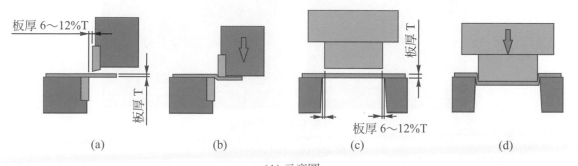

(A) 示意圖

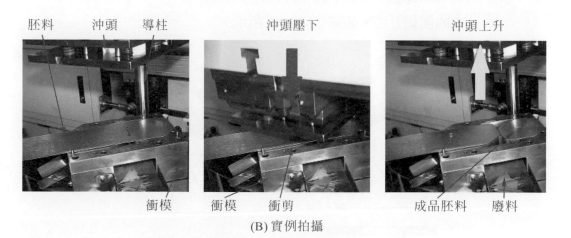

(B) 實例拍攝

• 圖 20-27　剪切模 (彰城工業公司)

(2) 衝胚料 (Blanking)：或稱下料，乃從金屬板上切下所需要的平板胚料，以作為下一步加工之用，如圖 20-28(A) 及圖 20-28(C) 所示。

(3) 衝孔 (Punching)：乃是在金屬板上將廢料切除之工作，使原金屬板留下需要的孔洞者，如圖 20-28(B) 所示。

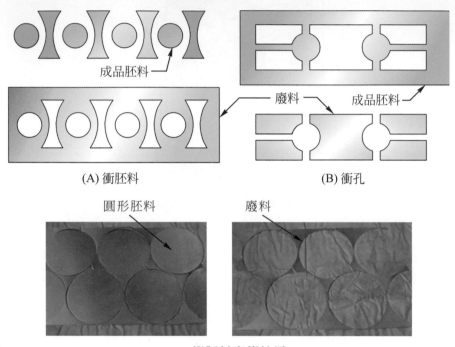

(A) 衝胚料　　　　　　　　　　　(B) 衝孔

(C) 衝胚料實例拍攝

• 圖 20-28　衝胚料與衝孔

(4) 衝縫 (Slitting)：又稱矛製，乃是在金屬板上剪切材料的三邊，而仍保留一邊的衝切方法，如圖 20-29(A) 所示。

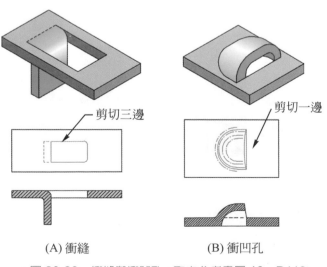

(A) 衝縫　　　　　　　　　　　(B) 衝凹孔

• 圖 20-29　衝縫與衝凹孔 (取自參考書目 18，P412)

(5) 衝凹孔 (Lancing)：乃是在金屬板上剪切材料的一邊，而保留三邊所形成的一個凹穴的加工法，如圖 20-29(B) 所示。

(6) 整緣 (Trimming) 與修邊 (Shaving)：金屬板經抽製後，將工件邊緣多餘之胚料切除者，稱為整緣，旨在切除多餘胚料，又稱為修剪邊材如圖 20-30 所示。而在工件表面切除一極微量之表層，稱為修邊，又稱為刮刨，旨在修整表層或作微小尺寸之修正，如圖 20-31 所示。

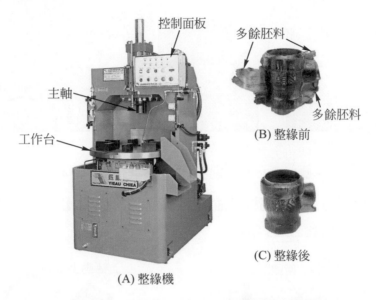

(A) 整緣機

(B) 整緣前

(C) 整緣後

• 圖 20-30　整緣機及其製品 (鈺麟機械實業提供)

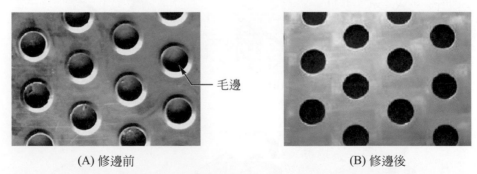

(A) 修邊前

(B) 修邊後

• 圖 20-31　修邊前後製品 (取自不鏽鋼衝孔網)

2. 壓床工作：壓床工作之速度低，主要為彎曲造型、抽製等工作，分述如下：

(1) 彎曲 (Bending)

　　① 彎曲要領：金屬板彎曲時，金屬會發生彈回 (Spring back) 作用，彈回量視金屬板材型式、硬度、厚度及彎曲程度所影響。一般金屬的鈑金

　　彎曲加工時，在同樣的材質、形狀及加工量下，其回彈量乃金屬板較薄者彈回大，硬度較高者彈回大，彎曲半徑愈大者彈回亦會愈大。

　　如圖 20-32 所示，欲彎曲一金屬板成直角，故在設計衝模時，需考慮回彈角，故衝頭與彎曲模之開口，應設計成小於 90 度。

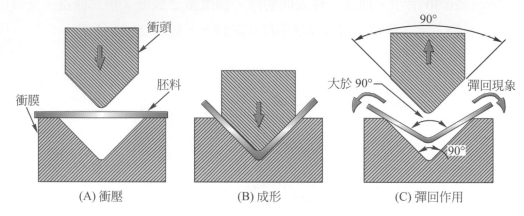

・圖 20-32　V 型彎曲 (取自參考書目 18，P414)

② 彎曲方法：金屬板彎曲加工有模具彎曲、摺疊彎曲及進給彎曲三種方法，如圖 20-33 所示。

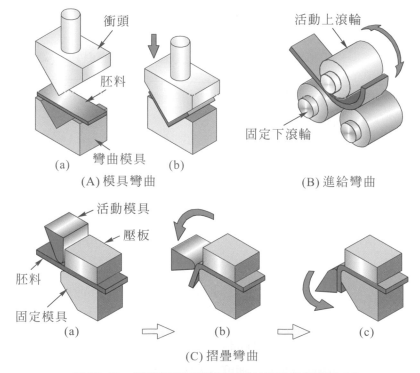

・圖 20-33　彎曲加工三種基本方法 (取自參考書目 44)

❶ 模具彎曲：乃將胚料置於彎曲模具上，利用衝頭壓力，使胚料成型的加工法，如圖 20-33(A) 所示，金屬板作 V 形彎曲。

❷ 進給彎曲：藉多個滾輪間之壓力，使胚料在滾輪間彎曲成型之加工法，如圖 20-33(B)。一般滾輪間之距離愈大，所彎曲出來的半徑愈大，如圖 20-34 所示，一般用於製作大口徑之有縫管。

❸ 摺疊彎曲：藉活動模具移動之壓力，促使胚料沿著固定模具的圓弧部分彎曲成型的加工法，如圖 20-33(C) 所示，用於管材或形材之彎曲。

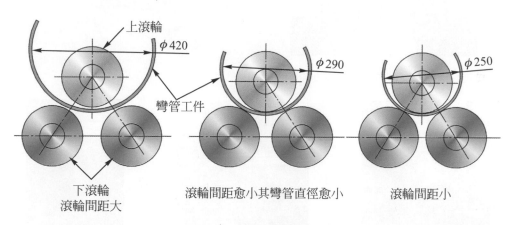

• 圖 20-34　滾輪間距與彎管直徑關係

(2) 抽製 (Drawing)：又叫引伸，較適於厚金屬板加工，如圖 20-35 所示，為金屬板彎曲抽製成 U 型杯狀製品，因胚料夾持環作用於金屬板上，可保持其平直狀態，而減少皺紋的出現。

生活小常識

深引伸或深抽成型

主要用拉伸作用可以製成圓筒形、矩形、階梯形、球形、錐形、拋物線形及其他不規則形狀的薄壁零件。深引伸通常與多種工藝組合使用，包括：翻邊、脹形、擴口、縮口等。

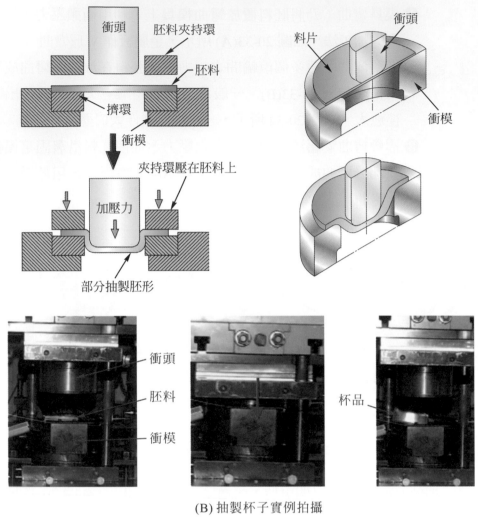

(B) 抽製杯子實例拍攝

• 圖 20-35　抽製杯狀製品 (彰城工業公司提供)

20-4 特殊衝壓加工法

衝壓床工作常利用特殊的模具，用以提高衝壓床的工作效率，常見的有下列幾種：

1. **複合模法 (Compound dies)**：當衝壓機之衝柱一個上下行程時，模具能產生並完成兩個或兩個以上不同的加工步驟者，稱為複合模。如圖 20-36 所示，當衝頭下降時，胚料受壓力而變成 U 字型，而衝頭繼續下降時，衝桿上之尖劈會推動剝板進而將工件壓一折角。

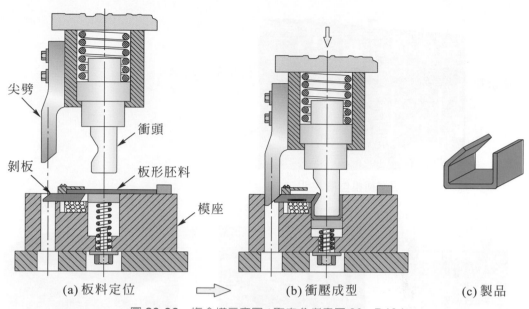

尖劈

衝頭

剝板

板形胚料

模座

(a) 板料定位　⟹　(b) 衝壓成型　(c) 製品

• 圖 20-36　複合模示意圖 (取自參考書目 39，P404)

2. **級進模法 (Progressive dies)**：當衝壓機之衝柱一個上下行程時，在模具內不同位置上，能同時完成兩個或兩個以上的加工操作步驟者，稱為級進模，或稱為連續模。如圖 20-37(A) 所示為墊圈製品，圖 20-37(B)(C) 所示為長方形電線盒製品。

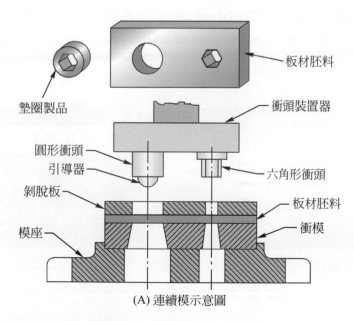

墊圈製品

板材胚料

衝頭裝置器

圓形衝頭

引導器

六角形衝頭

剝脫板

板材胚料

模座

衝模

(A) 連續模示意圖

• 圖 20-37　連續模 (取自彰城工業社 & 參考書目 18，P419)

(B) 四個衝模位置說明

電線盒連續模
(來源：彰城
工業公司)

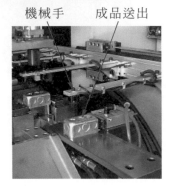

(C) 實例拍攝

(D) 長方形電線盒製品

・圖 20-37　連續模 (取自彰城工業社 & 參考書目 18，P419)(續)

3. **橡皮模 (Guerin 模或 Rubber dies)**：為美國道格拉斯飛機公司之 Guerin 工程師所設計，為一種人工橡皮模，利用橡皮的彈性，作為薄板之彎曲、成型及剪切等工作。如圖 20-38 所示。

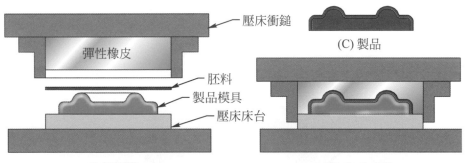

(A) 裝料位置　　　　　　　　　　　(B) 完成成型

・圖 20-38　橡皮模 (取自參考書目 18，P421)

生活小常識

衝床彈性生產線

金屬鈑材加工行業隨著「工業 4.0」觀念，設備往自動化、智能化及彈性化等方向發展，從板材入庫、出庫到自動上料、下料、衝床衝壓、折彎加工、雷射切割、銲接及物流等，組成一系列全自動生產流程的智能鈑金工廠。

學後評量

20-1　1. 衝壓床之優、缺點為何？

　　　2. 衝壓床依機架型式區分為哪四種？並請簡述其特色與用途。

　　　3. 衝壓床之驅動機構有哪 8 種？並請簡述其特色與用途。

20-2　4. 請簡述轉塔壓床與多滑塊衝床各有何特色與用途。

20-3　5. 常見之衝床工作有哪幾種？

　　　6. 常見之壓床工作有哪幾種？

20-4　7. 何謂複合模與連續模加工法？

Chapter 21

衝壓鍛及其產業發展

衝壓鍛機械是金屬成型加工產業不可或缺的設備,是中游加工業的重要一環,下游產業應用更是廣泛。台灣與韓國的技術與價位層次等級相當,因此,衝壓鍛造業技術發展的趨勢是吾人相當重要的課題。

本章大綱

21-1　金屬成型加工產業鏈
21-2　產業技術及國家價位層次

21-1 金屬成型加工產業鏈

一、金屬成型加工產業鏈

目前世界成型工具機，中國為全球最大生產國家，而台灣佔全球產值排名第七。金屬成型工具機包含上游、中游、下游，金屬成型加工業屬於中游，包括加工設備業、模具業、自動化業，和熱處理與表面處理業、潤滑劑檢測設備等周邊設備業，下游產業應用廣泛，如運輸工具業、3C產業、產業機械業、手工具業、閥管配件業、生醫器材業等，如圖21-1所示。

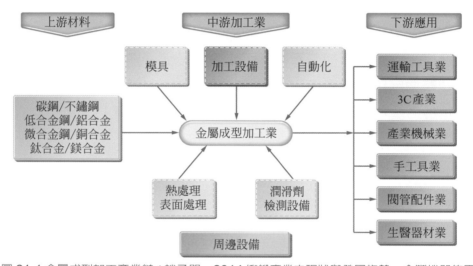

• 圖21-1 金屬成型加工產業鏈 (趙子嚴，2014 衝鍛產業之現狀與發展趨勢，金豐機器集團)

二、機械出、進口與面臨問題

2019年台灣機械出口達到278億美元，2020年1月機械出口主要市場排名依序為大陸、美國，日本。其中工具機產品出口前五大市場排名依序為大陸、美國、印度、土耳其、俄羅斯。而台灣機械進口主要來源依序為美國、日本、中國大陸、新加坡。其中半導體設備進口佔全部機械進口77%，排名依序美國、日本、新加坡、荷蘭、德國。而工具機進口排名依序為日本、大陸、德國。

在全球經貿主要市場中，當前台灣機械產品所面臨問題，在中高端機械因日本的日元對美元大幅貶值、同質性韓國因FTA加持、大陸售價便宜等威脅，致使台灣機械產品在國際市場受到三面挑戰。因此，台灣機械新產品研發方向必須朝客制化、自動化、智慧化，且政府需加速經貿自由化政策及台幣對美元之快速應變能力，方能協助台灣機械產品具競爭力。

21-2 產業技術及國家價位層次

以應用市場需求量而言，德國與瑞士發展的航太與超精密光學技術等級最高，價位層次亦最高。台灣目前的金屬成型加工製造業大多生產以精密製造、汽車、家電、3C 產業為主，未來必須提高技術等級才能提高產品的附加價值，如圖 21-2 所示。

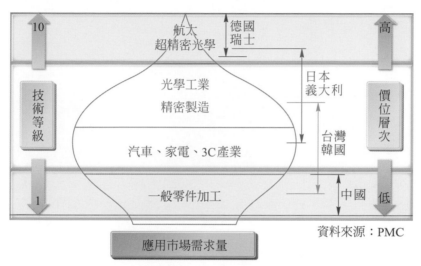

• 圖 21-2 產業技術及國家價位層次 (趙子嚴，2014 衝鍛產業之現狀與發展趨勢，金豐機器集團)

因此衝壓鍛造業技術發展的趨勢，必須朝高效化、服務化、大型化、複合化、智能化、系統化六大方向，如圖 21-3 所示。

• 圖 21-3 鍛壓行業技術發展趨勢 (趙子嚴，2014 衝鍛產業之現狀與發展趨勢，金豐機器集團)

學後評量

21-1 1. 請依上中下游說明金屬成型加工產業鏈爲何？

21-2 2. 金屬成型加工產業以應用市場需求量而言，請畫圖說明產業技術及國家價位層次。

3. 請簡述鍛壓行業技術發展六大趨勢爲何。

第六篇

機件連接加工

本篇大綱

第 22 章　銲接及其產業發展

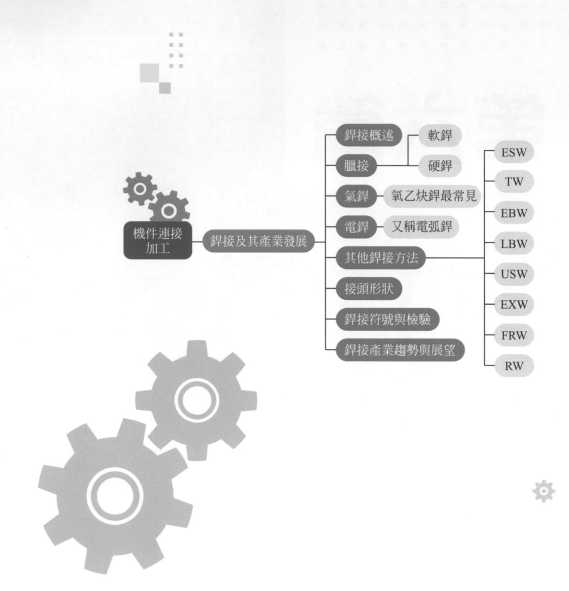

機件連接加工 ── 銲接及其產業發展
- 銲接概述
- 臘接 ── 軟銲
      └── 硬銲
- 氣銲 ── 氧乙炔銲最常見
- 電銲 ── 又稱電弧銲
- 其他銲接方法 ── ESW／TW／EBW／LBW／USW／EXW／FRW／RW
- 接頭形狀
- 銲接符號與檢驗
- 銲接產業趨勢與展望

Chapter 22

銲接及其產業發展

銲接為工業上不可或缺的材料接合方法，被廣泛地應用在各種機件或工具的生產和維修，亦由於銲接技術及設備不斷的日新月異，各種不同的銲接方法被應用於不同的材料、工件大小及形狀，以及不同環境的結構體上，皆可用不同銲接方法加以接合。本章針對臘接、氣銲、電銲、電阻銲及一些特殊銲接法加以介紹，並對銲接的接頭形式、銲接位置、型式及接合方法分別說明，最後針對銲接件符號與檢驗法逐一介紹。

本章大綱

22-1 銲接概述

一、銲接定義

銲接 (Welding) 是指母材 (通常指金屬材料) 在加壓或不加壓，添加填料 (銲料) 或不加填料，在達到某一需要溫度之後，使其相互熔合的方法，所以銲接屬熔融接合廣為使用的方法之一。

二、金屬熔融接合法之分類

依施銲中加不加壓力、母材熔化與否及是否有加填銲料等，可分為三類：

1. **臘接 (Wax welding)**：銲件之接合需靠較銲件母材熔點低的異質材料做為添加銲料，熔化填加於銲件接合部位，而母材本身並不熔化的接合方法，如軟銲 (Soldering)、硬銲 (Brazing) 等。

2. **熔接 (Fusion welding)**：此法是將欲接合金屬 (母材) 接合處熔化，與加入的銲料熔液 (亦可不加銲料) 互相熔合為一體的銲接法，如電弧銲 (Arc welding)、氣銲 (Gas welding)。

3. **壓接 (Pressure welding)**：此法是將欲接合的兩金屬，加熱到半熔化 (或不熔化) 狀態，再施加壓力，使結合為一體的銲接法，如電阻點銲 (Resistance spot welding)。

三、銲接法的優缺點

銲接若與鉚接、鍛接、鑄造相比較，其優缺點敘述如下：

1. **優點**
   (1) 能節省材料，減輕重量，且因設備簡單。
   (2) 施工程序簡單、設計彈性大，施工容易，可減少工時，增進作業效率，因而降低產品成本。
   (3) 可提高機件性能與使用壽命，且缺陷改正容易。

2. **缺點**
   (1) 銲件由於急熱急冷而影響材料的機械性質，容易產生殘留應力及變形，而形成機件銲道附近之破壞根源。
   (2) 銲接部位檢查困難，且銲接工作時會產生強烈的光線及銲塵。

四、銲接的用途

銲接為一快速且經濟的生產方式，主要用途有：

1. 各種機械之製造與修護：如造船車輛、機械器具、建築橋樑及造船車輛等之生產與維修。

2. 模具及夾具之製造與維修：如鑄件砂孔、手工具磨損及機件損害等之填補與修護。

3. 各種金屬之銲接：如軟鋼、合金鋼、不銹鋼及非鐵金屬均可作銲接。

22-2 臘接

一、臘接 (Wax welding)

臘接乃利用第三種非鐵合金做銲料，將此銲料加熱在熔融狀態下，而工件本身並沒有熔化之接合法。臘接以熔化溫度 427℃ (800 °F) 之不同可分為軟銲及硬銲兩種，分述如下：

1. **軟銲 (Soldering)**：此法之熔化溫度在 427℃ (800 °F) 以下者稱之，使用之銲料為錫鉛合金，又稱為錫銲。一般鈑金作業所用的銲劑，是以鋅片溶於鹽酸之中所產生之氯化鋅為主，但具有腐蝕性，若改用非腐蝕性之松香、銲錫膏，其去除氧化物能力雖較差，但常用於食品罐頭摺縫之密封，或電子電器零件之銲接。因銲料中鉛為重金屬，故器具、容器、包裝之製造、修補用金屬等，其含鉛量要低於 10%，如圖 22-1 所示為手工軟銲所使用之錫銲鎗 (俗稱電烙鐵)、銲條及電子電器零件之銲接實例。

生活小常識

錫銲基本銲件之可銲性

不是所有的銲性材料皆可用錫銲實現連接，一般用於如銅及其合金，金，銀，鋅，鎳等具有較好可銲性金屬；而鋁，不鏽鋼，鑄鐵等可銲性差，需採用特殊銲劑及方法才能錫銲。

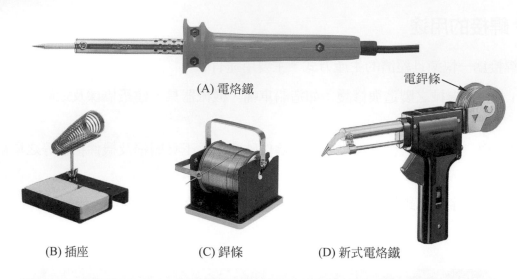

(A) 電烙鐵

電銲條

(B) 插座　　　　(C) 銲條　　　　(D) 新式電烙鐵

(E) 使用實例

• 圖 22-1　軟銲 (凱旋公司提供)

2. **硬銲 (Brazing)**：此法之熔化溫度在 427℃ (800 ℉) 以上者稱之，銲劑一般
   使用硼砂，使用之銲料為銅、銀合金，以六四黃銅最常用，又稱為銅銲。一
   般碳化鎢刀片藉銅合金將之銲於刀柄上，如圖 22-2 所示。另外，銀合金之
   抗疲勞性好，可避免材料因在低溫脆化，常用於冷凍機械或木工帶鋸鋸條之
   接合。

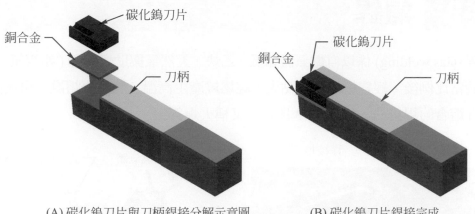

(A) 碳化鎢刀片與刀柄銲接分解示意圖　　(B) 碳化鎢刀片銲接完成

(C) 銅銲實例拍攝(From Eyeinhand2003)

• 圖 22-2　硬銲

二、軟銲與硬銲之差異

　　有關軟銲與硬銲之銲料、銲劑、溫度及主要功用皆有所差異，整理如表 22-1 所示。

◆ 表 22-1　軟銲與硬銲差異表

種類	銲料	銲劑	溫度	功用
軟銲 (錫銲)	錫鉛合金	1. 氯化鋅 2. 松香、銲錫膏	427℃以下	電子、電器零件、食品罐頭摺縫。
硬銲 (銅銲)	銅、銀合金 (六四黃銅)	硼砂	427℃以上	碳化鎢刀片銲在刀柄上。

22-3 氣銲

氣銲 (Gas welding) 係以自燃氣體如氫、乙炔、天然氣與助燃氣體 (如空氣、純氧) 混合成適當比例後，經銲槍混合、點火，經燃燒產生高溫，將銲條熔融，再與欲銲接的金屬件熔合的銲接法，如圖 22-3 所示，又稱火炬銲接。

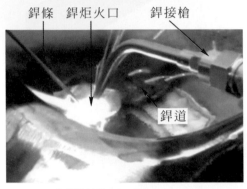

(A) 實例拍攝(From Chuc K E2009)

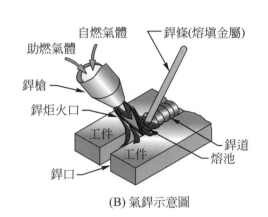

(B) 氣銲示意圖

• 圖 22-3　氣銲

工業上常見之氣銲有氧乙炔銲、空氣乙炔銲、氫氧銲及壓力氣體銲等四種，以氧乙炔銲最常用，分述如後。

一、氧乙炔銲 (Oxygen-acetylene welding，OAW)

1. **設備**：氧乙炔銲乃以氧、乙炔氣為燃燒火炬的氣體，銲接時在加壓的情況下，可填入銲條或不填入，將欲銲接之金屬熔合成一體之法。氧乙炔銲之主要設備有氧氣瓶、乙炔氣瓶、壓力錶及銲接槍或銲割槍，如圖 22-4 所示。中華民國工業氣體協會為安全起見，乙炔氣瓶一般漆成褐色，各接頭之螺紋採用左螺紋。而氧氣瓶一般漆成黑色，各接頭之螺紋則採用右螺紋。

   氧氣充入鋼瓶內之最高壓力約為 141 kg/cm² (2000 psi)，一般操作銲接工作時之氧氣工作壓力為 1 ～ 5 kg/cm²。而乙炔氣充滿瓶身內之最大壓力為 25 kg/cm²，一般操作銲接工作時之乙炔氣工作壓力為 0.1 ～ 0.6 kg/cm²，各視銲接或切割鋼板之厚度而定，鋼板愈厚，所使用之工作壓力愈大。乙炔氣是由電石 (碳化鈣) 置於水中作用產生取得之碳氫化合物，且乙炔氣十分不安定，儲存於鋼瓶中之壓力若超過 1.08 以上時，有爆炸之危險，故應於鋼瓶內填入

丙酮 (Acetone，CH_3COCH_3) 與石綿、木炭、石灰、砂土等多孔性填料以防止其爆炸危險。

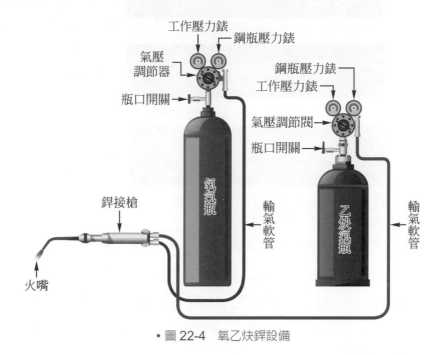

• 圖 22-4　氧乙炔銲設備

2. **火焰種類**：氧乙炔銲之火炬，因氧氣與乙炔氣之混合比例不同，而產生之火炬的性質及其用途亦有所不同，如圖 22-5 所示，分述如下：

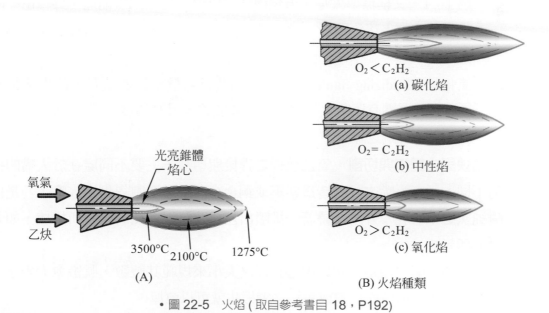

• 圖 22-5　火焰 (取自參考書目 18，P192)

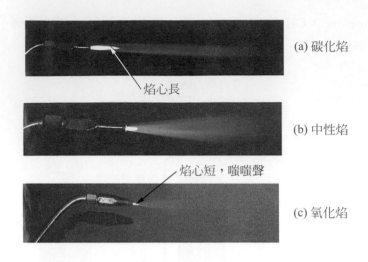

(a) 碳化焰

焰心長

(b) 中性焰

焰心短，嘶嘶聲

(c) 氧化焰

(C) 火焰實例

• 圖 22-5 火焰 (取自參考書目 18，P192)(續)

(1) 碳化焰 (Carbonizing flame)：此種火焰乃乙炔量多於氧氣量，又稱還原焰 (Reducing flame)。由於乙炔氣較多，故火焰內部呈白色之光亮錐體長度較長，火焰溫度約 2700 ～ 3000℃，常用於蒙納合金、鎳合金或非鐵金屬之銲接。

(2) 中性焰 (Neutral flame)：此種火焰乃乙炔量與氧氣為等量，即其混合比為 1：1，又稱標準火焰，火焰內部呈白色之光亮錐體縮短，外緣由一層略帶藍色之火焰包圍著，最高溫度可達 3200℃，廣用於各種銲接或割切工作。

(3) 氧化焰 (Oxidizing flame)：此種火焰乃氧氣量多於乙炔量，故火焰錐體最短，外層圍有藍色火焰層並發出嘶嘶聲，最高溫度可達 3500℃，常用於黃銅、青銅之銲接。

3. **氧乙炔銲之銲接與切割**：氧乙炔銲之銲接與切割，主要不同處在於火嘴的構造不同，兩者火嘴之材質皆為紫銅或銅合金，但是切割銲炬之火嘴，乃是由噴純氧之中心孔及外圍有繞著一排噴出乙炔及氧混合氣的小孔所構成，如圖 22-6 所示。

一般火嘴之規格，乃以中心孔徑之大小來規範其號數，號數愈大表示中心孔徑愈大，而所能切割或銲接之鋼板也就可以愈厚。

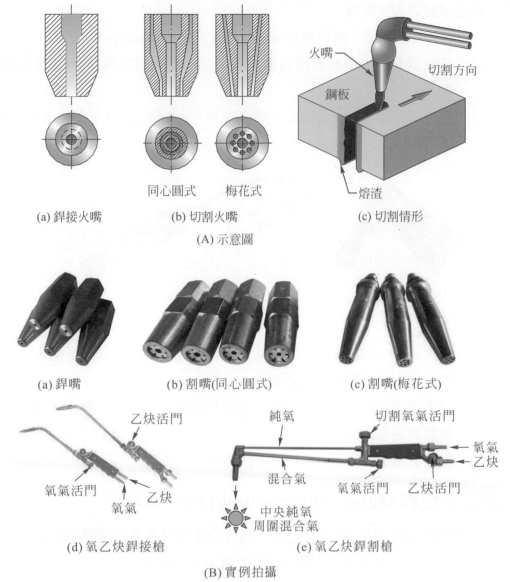

(a) 銲接火嘴　　　(b) 切割火嘴　　　(c) 切割情形

同心圓式　　梅花式

(A) 示意圖

(a) 銲嘴　　　(b) 割嘴(同心圓式)　　　(c) 割嘴(梅花式)

(d) 氧乙炔銲接槍　　　(e) 氧乙炔銲割槍

(B) 實例拍攝

• 圖 22-6　氧乙炔銲之銲接與切割 (威隆工業公司、駿恆銲割設備公司)

4. **氧乙炔銲之點火與熄炬**：操作氧乙炔銲時應先檢查所有設備之安全，銲接槍點火前需先開乙炔氣閥點燃，後開氧氣閥。而熄炬時，應先關閉銲接槍上氧氣閥，後關乙炔氣閥。熄炬後依序鎖緊乙炔瓶、氧氣瓶上氣閥。

5. **銲條選用**：氣銲所使用的銲條有一定編碼，如 GA50、GB40，其中：(1) G 表氣體銲接；(2) A 表高延展性；(3) B 表低延展性；(4) 40、50 表抗拉強度 40 或 50 kg/mm^2。

6. 氧乙炔銲之安全規則

(1) 檢查漏氣與否，可用肥皂水試其接頭處是否有氣泡。

(2) 任何管路、設備及銲接器具上不可沾油脂，以防與氧氣接觸而引起燃燒。

(3) 壓力調整後，瓶口氣閥扳手不可取下，一旦發生回火時便於及時處理。

(4) 使用摩擦點火器點火，不可用火柴，如圖 22-7 所示。

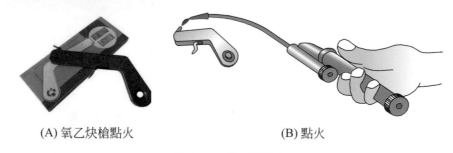

(A) 氧乙炔槍點火   (B) 點火

• 圖 22-7　扳手與點火器

(5) 點火前應先放鬆銲接槍之乙炔閥，吹淨氣炬內之氧氣，以免於點火時，銲接槍內存有混合氣而爆炸。

(6) 停火時若短時間內不使用，須先關緊氣瓶之高壓閥，開放銲接槍之閥，將氣體完全放淨。

(7) 銲接場所不應留有易燃物或火種。

二、空氣乙炔銲 (Air-acetylene welding，AAW)

此法乃利用空氣 (含氧 20%) 與乙炔之混合產生燃燒生熱以達銲接之目的，此種方法燃燒之溫度不高，僅用於鉛之銲接或低溫臘接之工作。

三、氫氧銲 (Oxygen-hydrogen welding，OHW)

如圖 22-8 所示乃利用氫 (氫氣瓶身一般塗紅色) 與氧之混合氣燃燒生熱，燃燒之溫度約 2000℃ 左右，其火炬之燃燒顏色無顯著之變化，故溫度調整不易，且其溫度不高，故衹用於薄金屬板、低熔點金屬之銲接工作。優點為銲接處之表面不易產生氧化物，且水底銲接時，其預熱氣體以氫氧焰較安全。

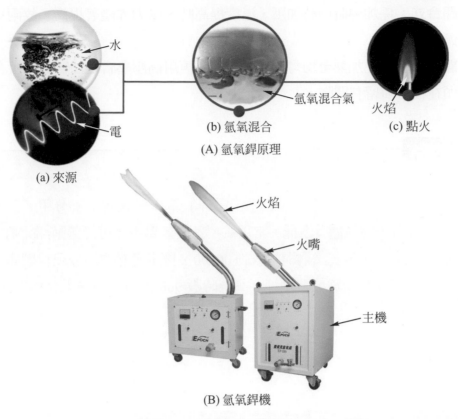

水

電

(a) 來源

(b) 氫氧混合

氫氧混合氣

火焰

(c) 點火

(A) 氫氧銲原理

火焰

火嘴

主機

(B) 氫氧銲機

• 圖 22-8　氫氧銲 (元世紀國際提供)

四、壓力氣體銲 (Pressure gas welding，PGW)

　　將欲銲接之兩金屬對接後，以氧乙炔火焰加熱至約 1200℃ 之溫度，再施以壓力使之接合的方法，如圖 22-9 所示。適各種碳鋼、合金鋼及非鐵金屬之銲接，因對接接頭位置之不同而有：

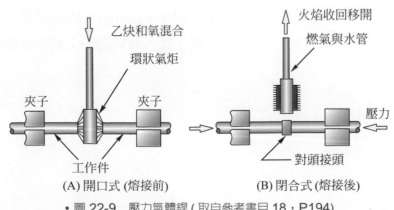

乙炔和氧混合

環狀氣炬

夾子

夾子

工作件

(A) 開口式 (熔接前)

火焰收回移開

燃氣與水管

壓力

對頭接頭

(B) 閉合式 (熔接後)

• 圖 22-9　壓力氣體銲 (取自參考書目 18，P194)

1. **閉合式**：係加熱時同時加壓，溫度提高時，壓力亦隨著提高，故兩接合件對頭互相接觸。

2. **開口式**：係先加熱至均勻後移開火焰，再用高壓壓合之法，故兩接合件之接頭在接合前留有間隙。

生活小常識

氣銲證照

氣銲技能檢定目前只辦理「一般手工電銲」單一級檢定 [不分甲、乙、丙等級]。氣銲所用的氣體有多種，常用氧、乙炔氣為多。可從勞動部勞動力發展署技能檢定中心全球資訊網網站查詢 00400，檢定考試內容分學科題庫、術科試題，目前職前訓練為公費訓練，訓練時數 900 小時。報檢人資格年滿 15 歲或國民中學畢業。

22-4　電銲

一、電銲概述

(一) 定義與用途

　　利用低電壓高電流之電銲機，藉助電極與工件間所產生之電弧加熱，使銲接金屬母材及電極熔合為一體之法，稱為電弧銲接 (Arc welding)，俗稱電銲，如圖 22-10 所示。其銲接溫度達 5500℃以上，在鋼骨結構工程、機械造船工業中佔極重要之地位，尤適於碳鋼之銲接。

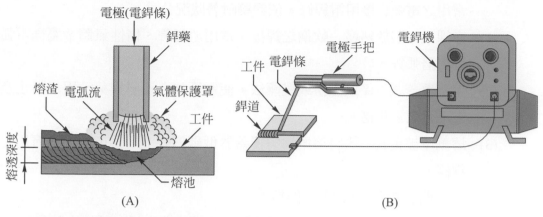

• 圖 22-10　電弧銲接之示意圖 (圖 (A) 取自參考書目 18，P209)

（二）電極的型式

電弧銲接使用的電極型式，常見者分為：

1. **永久性電極 (Permanent electrode)**：是一種非消耗性電極，如使用含 1～2% 釷之鎢棒或不易消耗之碳棒、石墨棒等。

2. **非永久性電極 (Non-permanent electrode)**：是一種消耗性電極，一般為金屬電極，即俗稱之電銲條，主要材質為低碳鋼，直徑為 1.6～8 mm，如圖 22-11 所示。

(a) 不銹鋼電銲條　　　　　　(b) 電銲條

(A) 電銲條**(海天碳棒公司)**

(B) 非永久性電銲條(From Edison TechCenter)

• 圖 22-11　電銲條

常用之電弧銲接用電銲條，依銲藥附著狀況分為：

(1) 赤裸式：限於熟鐵、軟鋼之銲接，常用於氣銲、惰性氣體金屬極電弧銲接與潛弧銲。

(2) 熔劑覆蓋式：係以撒粉或浸蘸法，使電極加上一層銲藥，用以阻止及除去不良之氧化物。

(3) 熔劑厚被覆式：係將熔劑均勻覆蓋於低碳鋼條上，為市面上最廣用之電銲條。

因熔劑 (銲藥) 具有下列優點：

(1) 產生保護層，可除去雜質、氧化物，亦即具有去氧、精煉之效。

(2) 穩定電弧，減少濺散及改善銲珠形狀。

(3) 可延長熔池冷卻時間，增進金屬覆集效率，以增加電弧穿透深度。

(4) 產生熔渣以保護新熔化金屬之表面。

選用電銲條時，銲條蕊徑與工件厚度成正比，銲條規格如 E4327(CNS、ISO 規格)，E6027(AWS 規格)、其中 E 表示被覆式電銲條代號，前二位數中 43、60 表示最低抗拉強度 (43kg/mm^2、430 N/mm^2、430MPa，60ksi)，第三位數字表銲接方法，第四位數字表銲條覆層及適用電性 (電流種類與極性)。【註】(1KSI=1 千磅力 / 平方英寸)。

(三) 電銲機 (Electric welding machine)

電弧銲所使用的設備是電銲機，如圖 22-12 所示，其原理是採低電壓高電流以產生高熱，使用電銲時，其電流大小約為電銲條直徑的 40 倍，其電弧長度約等於電銲條直徑，一般電弧長度與電流、電壓成正比，電流愈大時弧長愈長愈不易熄火。使用時有交流電銲機及直流電銲機之別，各特色分述如下：

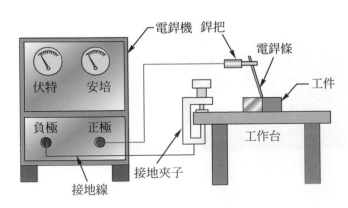

• 圖 22-12　電弧銲接線路示意圖

1. **交流電銲機 (AC arc welding machine)**：使用此種電銲機之優點是價格低廉，少發生因磁場密度不均勻所造成的偏弧 (Arc blow) 現象，銲接速度快、效率高、設備簡單、重量輕且故障少。但缺點是電弧不穩定、容易觸電，且僅用於鐵金屬之銲接。如圖 22-13 所示。

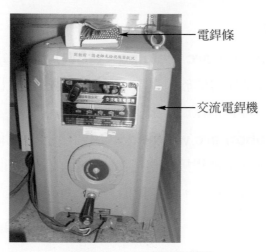

電銲條

交流電銲機

• 圖 22-13　交流電弧電銲機

2. **直流電銲機 (DC arc welding machine)**：此種之優點是電弧穩定、金屬熔入最大、電壓低、危險性小、應用範圍廣，任何金屬均可銲接。缺點是價格昂貴、構造複雜，而且容易因周圍磁場強度分布不均勻產生偏弧現象，如圖 22-14 所示。使用直流電銲機時，其接法有兩種，即：

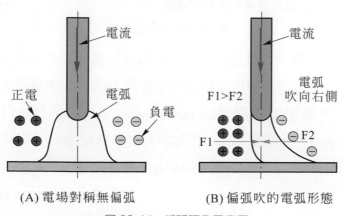

(A) 電場對稱無偏弧　　(B) 偏弧吹的電弧形態

• 圖 22-14　偏弧現象示意圖

(1) 正極性連接法：乃工件接正極，銲把 (電銲條) 接負極，所產生熱量工件占 2/3，電銲條占 1/3，故工件熔透深。

(2) 負極性連接法：乃工件接負極，銲把 (電銲條) 接正極，所產生熱量工件占 1/3，電銲條占 2/3，故電銲條消耗快，相對其熔填快。

二、常見之電弧銲

1. **金屬極電弧銲 (Metal arc welding，MAW)**：利用電流所生之高熱電弧，將電極上填充金屬棒熔填於被銲接母材，藉以達熔合目的之法，稱為金屬極電弧銲，如圖 22-10 所示，常用於鋼料之銲接工作。

2. **碳極電弧銲 (Cabon arc welding，CAW)**：乃利用碳棒電極間所產生之電弧高熱，將電銲條與被銲接母材熔合成一體之法，如圖 22-15 所示。此法之銲接材料的受熱面積較大，故熱量損失及材料變形亦大為其缺點。

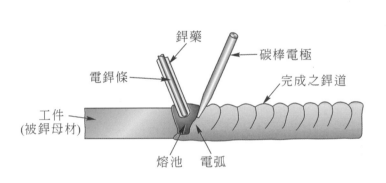

(A) 碳棒電極電弧銲示意圖　　　　　(B) 實例拍攝

• 圖 22-15　碳極電弧銲

3. **惰氣遮蔽電弧銲**：在電弧銲接中利用惰性氣體使氧氣無從侵入，藉以保護銲接件不被氧化，進而來保護熔池及電弧的方法，此法常見者有：

(1) 惰氣金屬極電弧銲 (Gas metal arc welding，GMAW)：又稱 MIG(Metal inert gas)，乃使用金屬 (即電銲條) 作為電極，並引入 CO_2 氣體之銲接法，又稱 CO_2 銲，如圖 22-16 所示為其設備。一般採用直流負極性連接法，用於碳鋼及低合金鋼之銲接。此法具有熔填快，銲接部位之強度亦大等優點，如圖 22-17 所示為其線路示意圖。

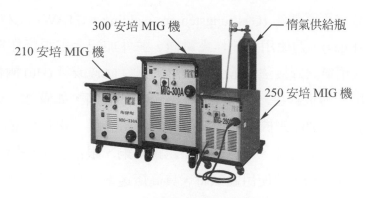

300 安培 MIG 機

210 安培 MIG 機

惰氣供給瓶

250 安培 MIG 機

(A) MIG 機(士發企業提供)

(a)點火　　　(b) 電弧光　　　(c)銲道情形

(B) 實例拍攝 (From Jakubowski)

• 圖 22-16　惰氣金屬極電弧焊

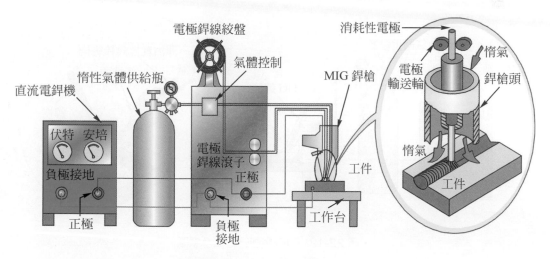

電極銲線絞盤

消耗性電極

惰性氣體供給瓶

氣體控制

直流電銲機

MIG 銲槍

惰氣

伏特　安培

電極輸送輪

銲槍頭

負極接地

電極銲線滾子

正極

工件

正極

負極接地

工作台

惰氣

工件

• 圖 22-17　MIG 電弧銲線路示意圖

(2) 惰氣鎢極電弧銲 (Gas tungsten arc welding，GTAW)：又稱 TIG(Tungsten inert gas)，乃使用鎢棒作為電極，並外加配合電銲條作為熔填金屬，並引入惰氣之銲接法，常引入之惰氣有氬 (Ar) 或氦 (He) 兩種，又稱氬銲，可用於薄板銲接。如圖 22-18 所示為其設備，如圖 22-19 所示為其線路示意圖。TIG 銲機可採用交流電源，用於鎂、鋁及鑄鐵材料之銲接；亦可採用直流電源，用於鋼、不銹鋼及銅、銀合金之銲接。若使用直流正極性連接法，並使用氬氣時，具高熔透率、滲透深及熱影響區域狹窄等優點，但電弧較不穩定，銲珠會濺散。

(A) 實體拍攝　　　　　　　　　　(B) TIG 機(士發企業提供)

• 圖 22-18　TIG 機 (士發企業提供)

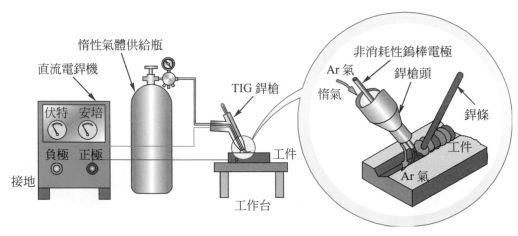

• 圖 22-19　TIG 電弧銲線路示意圖

4. **潛弧銲 (Submerged arc welding，SAW)**：銲接時以**裸式電銲條**作電極，利用**粒狀熔劑之覆蓋**，使電弧之弧光不致外洩，金屬液因而不致飛濺，並可防止銲接處被氧化的銲接方法，如圖 22-20 所示。此法**僅適於平銲**，大多用於低碳鋼、合金鋼及非鐵金屬之厚金屬板銲接。

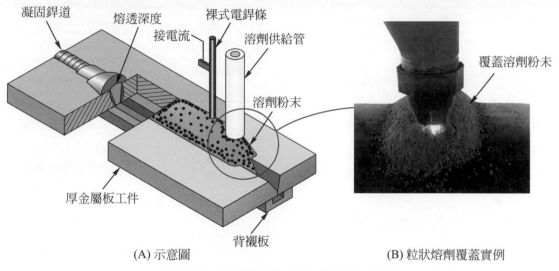

(A) 示意圖　　　　　　　　　　　　　　(B) 粒狀熔劑覆蓋實例

• 圖 22-20 潛弧銲 (取自參考書目 18，P215)

5. **原子氫電弧銲 (Atomic-hydrogen arc welding，AHW)**：利用兩鎢電極所產生之單相交流電弧，**並引入氫氣**，使氫分子分裂成為原子，可產生 6100℃之高熱，以熔合金屬的方法，如圖 22-21 所示。此法之特色是熱量集中，熱影響區域小，亦可防止氧化及氮化，增加銲道表面美觀，有利於薄金屬板之銲接，但是因構造複雜，成本高、工件易生氫脆性是其缺點。

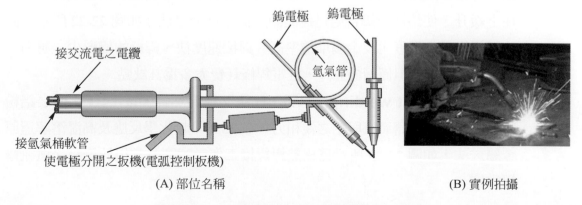

(A) 部位名稱　　　　　　　　　　　　　(B) 實例拍攝

• 圖 22-21 原子氫電弧銲 (取自參考書目 18，P211)

五、電弧銲之比較

常見之電弧銲，依電極及用途比較，整理如表 22-2 所示。

◆ 表 22-2　常見電弧銲比較表

分類	電極	說明	用途
金屬極電弧銲 (電銲)	金屬電銲條	消耗性電極	鋼料銲接
碳棒電極電弧銲	碳棒生高熱電弧	非消耗性電極	以直流爲宜
金屬極惰氣電弧銲	裸式金屬線	1. 消耗性電極 2. CO_2 惰氣	厚鋼板銲接
鎢極惰氣電弧銲	鎢極生高熱電弧	1. 非消耗性電極 2. 氬、氦惰氣	薄金屬板銲接
原子氫電弧銲	兩鎢極生單相交流電弧	1. 引入氫氣 2. 熱量集中	薄金屬板銲接
潛弧銲	裸式電銲條	1. 粉狀熔劑覆蓋，防止氧化 2. 僅適平銲	厚金屬板銲接

22-5 其他銲接方法

除了臘接、氣銲、電銲外，尚有其他常見之銲接法，敘述如下：

1. **電氣熔渣銲 (Electroslag welding，ESW)**：乃先在電極與底板間引電弧，連續作用於熔渣上，另在銲接縫兩側引具水冷卻裝置之滑動銅板，由下往上緩升，使熔渣與接合處迅速凝固，而達熔合之法，如圖 22-22 所示。此法可銲得最大厚度，及金屬堆積率高、銲接速度快、銲縫的變形少、應力分布均勻等優點；但僅適於立銲，且電銲條耗費太多爲其缺點。

2. **發熱銲 (Thermit welding，TW)**：此法又稱鋁熱銲，按 1：3 比例之鋁粉與氧化鐵混合，藉氧氣與鋁之親和力，在 1550℃ 起化學反應及高溫溶解還原金屬之法，如圖 22-23 所示爲鋁熱銲銲接工作示意圖及常用於鐵路之鐵軌修補實例。

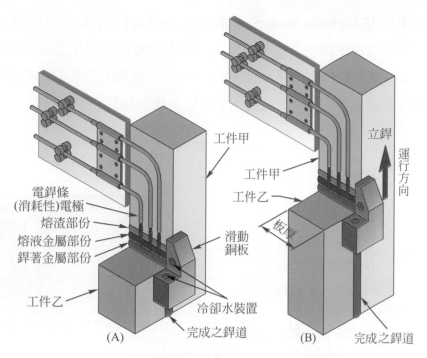

工件甲

電銲條
(消耗性)電極

熔渣部份

熔液金屬部份

銲著金屬部份

工件乙

滑動銅板

冷卻水裝置

完成之銲道

(A)

立銲

運行方向

工件甲

工件乙

板厚

完成之銲道

(B)

• 圖 22-22　電氣熔渣銲 (取自參考書目 18，P218)

(A) 鋁粉與氧化鐵混合在坩堝中

(B) 修補中

(C) 修補完成後拆解坩堝

(D) 修補完成之銲道

(E) 磨除毛邊

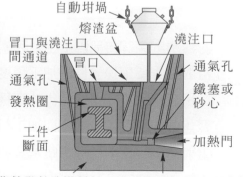

自動坩堝

熔渣盆

冒口與澆注口
間通道

澆注口

冒口

通氣孔

通氣孔

發熱圈

鐵塞或
砂心

工件
斷面

加熱門

背墊發熱造模材料　矽砂與塑性黏土混合物

(F) 示意圖

• 圖 22-23　發熱銲 (取自參考書目 18 與 Wolfgang Lendner)

3. **電子束銲 (Electron beam welding，EBW)**：在真空中以電子槍產生高速而密集之電子動能去撞擊工件，而產生熱能以達熔化之法，如圖 22-24 所示，此法穿透力強，深寬比達 200：1，適合對微細的電子、電腦零件銲接。可銲接普通金屬、耐高溫金屬、易氧化金屬或超合金等材料。

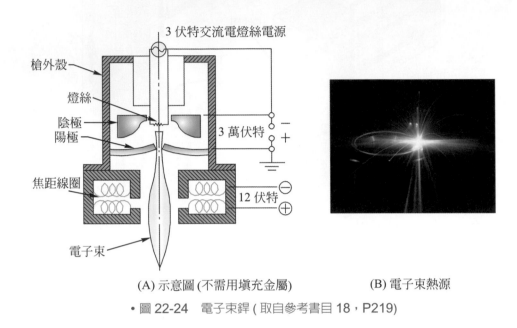

(A) 示意圖 (不需用填充金屬)　　　　　　(B) 電子束熱源

• 圖 22-24　電子束銲 (取自參考書目 18，P219)

4. **雷射束銲 (Laser beam welding，LBW)**：利用透鏡之聚光能力，將高熱之強化光束聚集成萬分之一公分投射於金屬表面上，使金屬熔化而接合之法。此法滲透力強，銲高碳鋼時之銲道深寬比為 12：1，用於精密工業、電子工業或微細小工件無法承受大壓力時之自動化操作銲接，惟缺點是銲接速度緩慢。如圖 22-25 所示為利用雷射束銲接印刷電路板實例。

生活小常識

影響雷射束銲接品質的主要因素

雷射束銲要確保工件的加工精度與銲縫成形的可靠性和穩定性之銲接品質，需採用光束品質和雷射輸出功率穩定性好的雷射器和高品質光學元件組成其導光聚焦系統，且須針對不同加工材料分別設定不同的銲接速度、雷射加工參數、雷射功率、雷射波形、離焦量和保護氣體。

(A) 雷射束銲槍頭部位

(B) 銲接完成品之一

(C) 銲接完成品之二

(D) 四邊線性一次銲接

(E) 單點移動式銲接

(F) 模組式銲接

・圖 22-25 雷射束銲 (禮榮貿易提供)

5. **超音波銲 (Ultrasonic welding，USW)**：超音波金屬銲接技術，可對鐵、非鐵金屬、絞線及許多合金接合，是一種先進的處理技術。藉由超音波每秒 20,000(20 kHz)、35,000(35 kHz) 高速摩擦，使被銲接物表面分子搓和摻雜，形成堅固持穩的金相組織，是一種冷相式 (Cold-phase) 接合，如圖 22-26 所示，其振動方向與接合面平行，並沒有熔化，且不產生高溫、不退火或不改變金相組織，不需前處理或助銲劑。目前除了機械業 (如罐頭封裝及金屬箔等薄工作) 銲接工作外，廣泛運用於電子、電機產業。

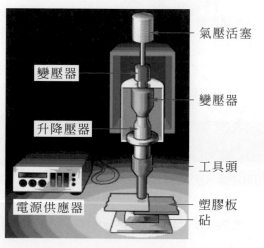

氣壓活塞

變壓器

變壓器

升降壓器

工具頭

電源供應器

塑膠板

砧

・圖 22-26 超音波法示意圖 (From Craig Freudenrich)

6. **爆炸銲 (Explosive welding，EXW)**：藉爆炸物產生高壓力，促使撞擊而使兩金屬表面結合之銲接法，又稱加層或護面銲接法，如圖 22-27 所示，此法具有簡單、快速、高精度之優點，適於大面積之夾層銲接，亦可用於不同金屬板材之銲接；但此法不適合熔點太低或強度不高的工件。

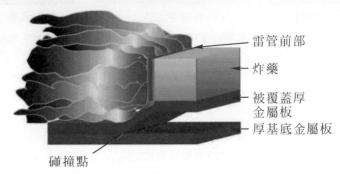

雷管前部
炸藥
被覆蓋厚金屬板
厚基底金屬板
碰撞點

• 圖 22-27　爆炸銲 (取自參考書目 18，P227)

7. **摩擦銲 (Friction welding，FRW)**：將圓桿或管型材料，端面相對，一面高速旋轉，另一面在軸上加壓力，而使接觸面因摩擦生高熱至熔點時，停止旋轉，並在軸向再增壓力而完成結合之法，可用於不同金屬或塑膠之銲接，惟銲接後會在接合之圓周面上，產生不平整之毛邊或凸緣 (Flange)，如圖 22-28 所示。大鑽頭的高碳鋼鑽柄和高速鋼鑽身結合，為其典型製品。

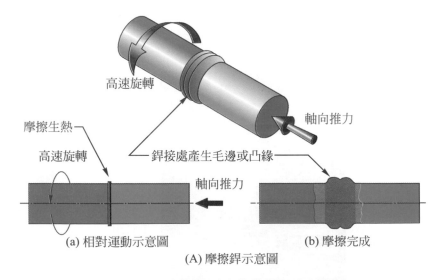

高速旋轉
軸向推力
摩擦生熱
高速旋轉
銲接處產生毛邊或凸緣
軸向推力
(a) 相對運動示意圖
(b) 摩擦完成
(A) 摩擦銲示意圖

• 圖 22-28　摩擦銲 (改自參考書目 18，P222)

(a) 兩端夾持工件　　　　(b) 加壓中

(c) 持續加壓　　　　(d) 摩擦完成

(B) 實例拍攝 (From Ray Bam Bay)

• 圖 22-28　摩擦銲 (改自參考書目 18，P222)(續)

8. **電阻銲 (Resistance welding)**：被銲金屬需先加壓，再通以低電壓大電流，由於接觸面間之電阻生熱，使被銲金屬加熱成半熔狀態而最後接合之法。最適於薄板金之搭接式銲接，常用於汽車鈑金之銲接，常見者有三：

(1) 點銲 (Resistance spot welding，RSW)：將欲接合之金屬夾在兩電極棒間，通電流後接合之法，如圖 22-29 所示，換言之，點銲之接合步驟即：先加壓再通電流，然後維持一般時間，最後完成銲接四步驟。

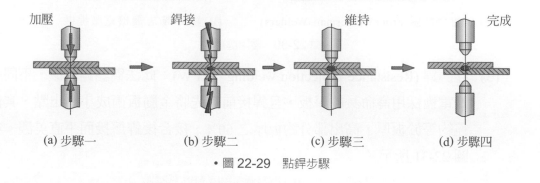

(a) 步驟一　　　　(b) 步驟二　　　　(c) 步驟三　　　　(d) 步驟四

• 圖 22-29　點銲步驟

點銲在加壓時，為使壓力適當，理想壓痕深度為板厚 20～30% 為宜，通電流後所產生之熱量為：H（卡）= 0.24I²RT = 0.24VIT 或 H（焦耳）= I²RT = VIT，其中一焦耳等於 0.24 卡，I 表電流（安培）、R 表電阻（歐姆）、T 表時間

（秒）、V 表電壓（伏特），故所生之熱量受電流之大小影響最大，其中電流平方、電阻與時間互成反比，電壓與電流、電阻互成正比。

(2) 電阻縫銲 (Resistance seam welding，RSEW)：以兩個滾子作為電極，藉滾子的壓力夾持，沿一定路線作連續的銲接工作，電極上的電流由計時器控制，作間歇性式的通電，以形成一串連續不斷的點銲工作，如圖 22-30 所示，常見於水箱、汽油桶之銲接。

滾輪電極（銅合金）

(A) 實例拍攝(From WestermansWelders)　　(B) 縫銲機(志晟機電廠提供)

• 圖 22-30　電阻縫銲

(3) 浮凸銲 (Resistance projection welding，RPW)：此法與點銲相似，不同的是電極採用壽命長的平板，且銲接前需先將金屬板衝成小凸出點，其直徑約等於板厚，高出部分約板厚之 60%，接合後銲熔接面平直美觀。如圖 22-31 所示。

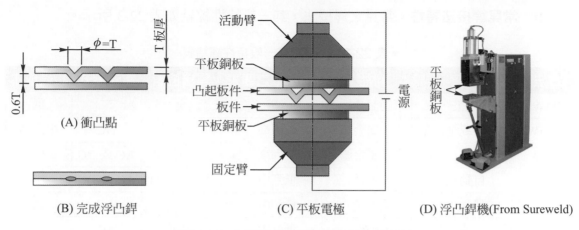

（A）衝凸點

（B）完成浮凸銲　　　　　　（C）平板電極　　　　　　（D）浮凸銲機(From Sureweld)

• 圖 22-31　浮凸銲 (取自參考書目 18，P201)

電阻銲常見對象亦有為桿狀、管狀等金屬之端對端接合，有

(1) 閃電對頭銲 (Flash-butt welding)：在兩桿件端輕輕接觸，通以高電壓使迸出電弧火花，隨即加壓銲接之法，但不適合低熔點金屬之對接。閃光銲優點為操作時間短、銲接電流小，被擠出的飛邊材料少，可銲大截面桿管狀工件，此法亦可作板片的邊對邊銲接等，如圖 5-33 所示。

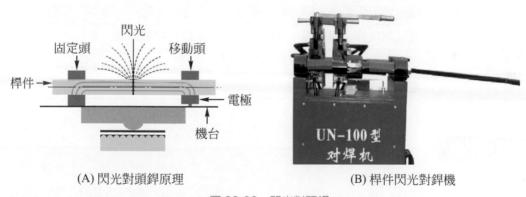

（A）閃光對頭銲原理　　　　　　　（B）桿件閃光對銲機

• 圖 22-32　閃光對頭銲

(2) 衝擊銲 (Percussion welding)：藉高壓電放電作用產生電弧火花促使兩相距約 1.6 mm 之桿件端面上產生大電弧而達銲接目的，此法作用時間短，對已淬火工件不產生退火現象，可輕易接合不同材質之材料，銲接處無鐓粗或擠溢現象，限於小斷面形狀簡單桿件。

(3) 對頭銲 (Upset butt welding)：融接前先施力使兩端接觸，再施以大電流銲接，又稱端壓銲，此法所得之接頭有鐓粗現象，適合小截面材料銲接。

9. 常見銲接法特性：常見之銲接法，其一般特性綜結如表 22-3 所示。

◆ 表 22-3　接合方法一般特性綜結表

方法	操作	利益	技術水準之要求	銲接位置	電流型式	設備成本
OAW	人工	可動與彈性	高	全	×	低
GMAW	半自動或全自動	大多屬金屬	低到高	全	DC	中到高
GTAW	人工或自動	大多屬金屬	低到高	全	AC 或 DC	中
SAW	自動化	高堆積	低到中	水平或平行	AC 或 DC	中
ESW	自動化	高堆積	低到中	立	AC	高
RSW	人工或自動	金屬板	低到中	水平	AC	低
EBW	半自動或自動	大多數	中到高	全	×	高
LBW	全自動	金屬	中	全	×	高

有關銲接件形狀所適合之銲接法，整理如表 22-4 所示。

◆ 表 22-4　銲接件形狀與銲接法綜結表

銲接件形狀	銲接法
薄板金件	鎢極惰氣電弧銲、原子氫電弧銲、超音波銲、點銲、縫銲、浮凸銲
厚板件	電氣熔渣銲、鋁熱銲、金屬極惰氣電弧銲、潛弧銲
圓桿件	摩擦銲、閃光銲、衝擊銲、對頭銲
微細件	電子束銲接、雷射銲接

┃ 生活小常識 ┃

機件點銲品質

1. 為了確保微型機件點銲品質，往往需要在點銲過程中注意加熱速度、能量、電流波形、時間等參數進行精密控制。

2. 為提高鍍鋅鋼板點銲接頭的品質，點銲時必須注意銲接電流、銲接時間和電極壓力等參數。

3. 由於電腦技術和智慧控制技術的發展，應用數理統計、電腦類比和人工智慧等先進方法已引入點銲的品質監控，已經成為電阻品質監控研究的重點。

22-6 接頭形狀

一、接頭形式

兩機件或兩機件以上的銲接部位組合而成的形狀，稱為接頭形狀。基本上，銲接時有下列五種形式，如圖 22-32 所示：

1. **對接頭 (Butt joint)**：兩機件位於同一水平面，且接合處乃相互對齊之接頭方式，如圖 22-33(A) 所示。

2. **搭接頭 (Lap joint)**：兩機件相互重疊，銲口部位並不對齊的接頭方式，如圖 22-33(B) 所示。

3. **角接頭 (Corner joint)**：兩機件彼此成垂直，而呈 L 字型的接頭方式，如圖 22-33(C) 所示。

4. **T 型接頭 (Tee joint)**：兩機件彼此成垂直，而呈 T 字型的接頭方式，如圖 22-33(D) 所示。

5. **邊緣接頭 (Edge joint)**：兩機件邊緣平行或接近平行的接頭方式，如圖 22-33(E) 所示。

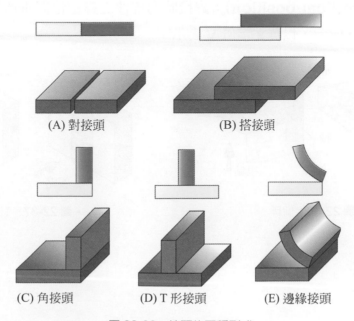

(A) 對接頭　　　　　(B) 搭接頭

(C) 角接頭　　　(D) T 形接頭　　　(E) 邊緣接頭

• 圖 22-33　接頭的五種形式

二、銲接位置

銲接時依銲件擺置位置不同,大致上有:

1. **平銲 (Flat position)**:銲接時乃銲件之銲接部位水平朝上者,如圖 22-34 所示,以英文 F 表示。

2. **橫銲 (Horizontal position)**:銲接時乃銲件之銲口位置橫向,橫槽銲母材與水平線成垂直,橫角銲則銲接面介於水平面與垂直面之間,如圖 22-35 所示,以英文 H 表示。

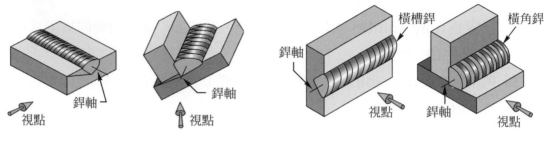

• 圖 22-34　平銲　　　　　　　　　　• 圖 22-35　橫銲

3. **仰銲 (Overhead position)**:銲接時乃銲件之銲接面朝下,施銲時必須仰頭銲接者,如圖 22-36 所示,以英文 O 表示。

4. **立銲 (Vertical position)**:銲接時乃銲件之銲道位置垂直於水平線者,如圖 22-37 所示,以英文字母 V 表示。

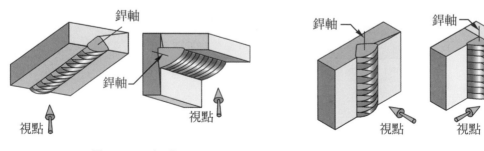

• 圖 22-36　仰銲　　　　　　　　　　• 圖 22-37　立銲

三、銲接型式

常見銲接型式有下列幾種，如表 22-5 所示。

◆ 表 22-5　銲接接頭之型式

銲接件形狀	銲接法說明	圖例
1. I 型對頭銲接	用於厚度在 0.8 ～ 3.2 mm 間之板狀金屬銲接。	I形對頭銲接
2. 單 V 型或雙 V 型對頭銲接	單 V 型對頭銲接用於厚度在 4.8 mm 以上之板狀金屬銲接，而雙 V 型對頭銲接用於厚度較大之板狀金屬銲接。	V形對頭銲接　　雙V形對頭銲接
3. U 型對頭銲接	適用於厚板件之銲接。	U形對頭銲接
4. 凸緣銲接	適用於薄板金屬之銲接。	凸緣銲接
5. 單蓋板對接	使用於高強度薄板金屬之銲接。	單蓋板對接
6. 搭接銲接	適用於單內圓角銲接或雙圓角銲接。	搭接銲接

◆ 表 22-5　銲接接頭之型式（續）

銲接件形狀	銲接法說明	圖例
7. 填角銲接	亦稱 T 型銲接，適用於內圓角之單邊或雙邊銲接。	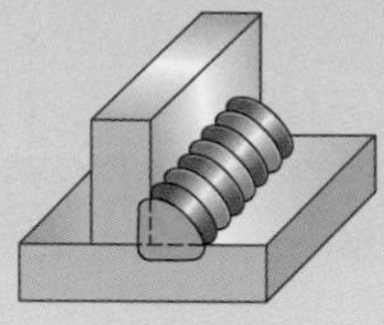 填角銲接
8. J 邊銲接	亦稱邊緣銲接，適用於薄板金屬之單邊銲接。	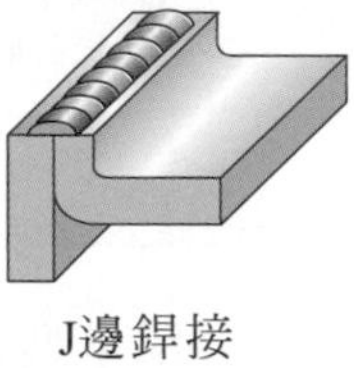 J邊銲接
9. 塞孔銲接	適用於大型厚板件之銲接。	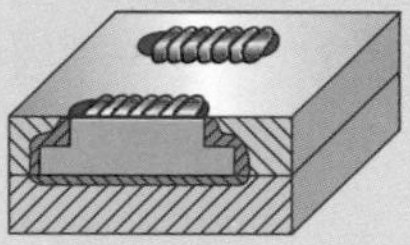 塞孔銲接
10. 榫搭接銲接	適用於彎折板之銲接。	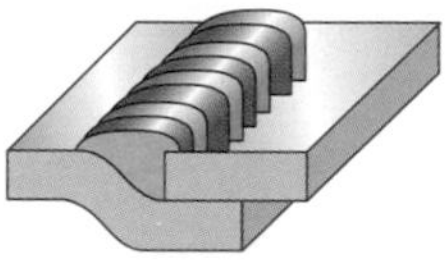 榫搭接銲接
11. K 角銲接	用於兩板金互成垂直之銲接。	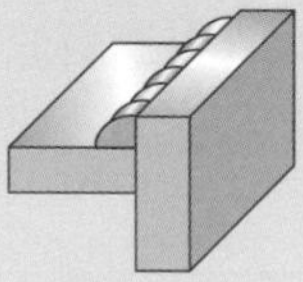 K角銲接

* 四、接合方法 (Joint methods)

銲接時，接合之方式有連續銲接與不連續銲接兩種方法，分述於下：

1. **連續銲接 (Continuous welding)**：在銲接區域內之接合線呈連續不斷者，稱為連續銲接。為一般銲接最常用的銲接方法，可得較高的接合強度，但不適用於薄板金屬之銲接。銲珠連成之銲縫形狀有凸出與凹入二種型式，如圖 22-38 所示。

2. **不連續銲接 (Discontinuous welding)**：在銲接區域內，其接合線於一定之間隔作斷續之接合者，稱為不連續銲接，有跳越式及交錯跳越式銲接法。如圖 22-39 所示。

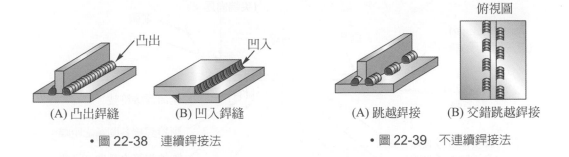

| (A) 凸出銲縫 | (B) 凹入銲縫 | | (A) 跳越銲接 | (B) 交錯跳越銲接 |

•圖 22-38　連續銲接法　　　　　•圖 22-39　不連續銲接法

22-7 銲接符號與檢驗

一、銲接符號

1. **銲接符號標示線**

   (1) 銲接符號之標示線：係由引線、基線、副基線及尾叉組成，如圖 22-40 所示。標示線之引線、基線及尾叉用細實線表示，副基線用虛線表示。

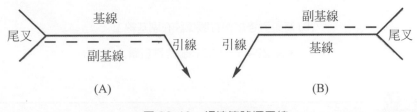

•圖 22-40　銲接符號標示線

(2) 銲接符號標註位置：有關中華民國國家標準 (CNS) 符號之標註，規定如圖 22-41 所示，其他未規定者，一律標註在尾叉中，標註例如表 22-8。

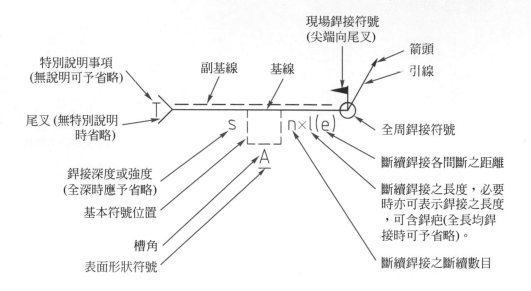

(A) 箭頭邊銲接符號標註在基線上

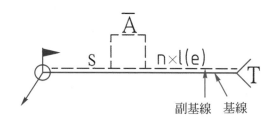

(B) 箭頭對邊熔接符號標註在副基線上

• 圖 22-41　銲接符號標註位置

(3) 箭頭邊及箭頭對邊：銲接件之各視圖中，引線之箭頭所指之一邊稱為箭頭邊，另一邊則稱為箭頭對邊，如圖 22-42 所示，標註例如表 22-8。

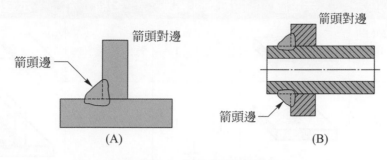

• 圖 22-42　箭頭邊及箭頭對邊

(4) 箭頭邊之銲接：依 CNS 箭頭邊標註規定，如圖 22-43(C) 所示。
　① 若在箭頭邊銲接，則應將有關符號標示在基線上方或下方。
　② 副基線應與有關符號標示在基線之不同側。

(5) 箭頭對邊之銲接：依 CNS 箭頭對邊標註規定，如圖 22-43(D) 所示。
　① 若在箭頭對邊銲接，即應將有關符號標在副基線上方或下方。
　② 副基線應與有關符號標示在基線之相同側。

(6) 箭頭邊及箭頭對邊之銲接：如圖 22-43(E) 所示。
　① 若在箭頭邊及箭頭對邊，兩邊皆銲接時，即應將有關符號標在基線上方及下方，但僅用一引線，指其任一邊。
　② 不畫副基線。

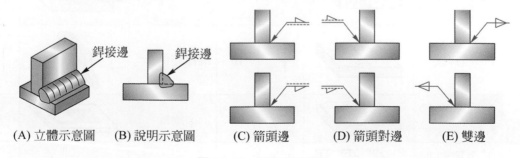

• 圖 22-43　銲接符號標註

2. 銲接之基本符號，如表 22-6 所示。

◆ 表 22-6　銲接基本符號（取自 CNS3-6 工程製圖）

編號	名稱	示意圖	符號	編號	名稱	示意圖	符號
1	凸緣銲接(凸緣熔成平板狀)		八	11	背面銲接		‿
2	I 形槽銲接		‖	12	填角銲接		◺
3	V 形槽銲接		∨	13	塞孔或塞槽銲接		⊐
4	單斜形槽銲接		⋁	14	點銲或浮凸銲		○
5	Y 形槽銲接		Y				
6	斜 Y 形槽銲接		Ƴ	15	縫銲		⊖
7	U 形槽銲接		Y				
8	J 形槽銲接		Ⴑ	16	端緣銲接		‖‖
9	平底 V 形槽銲接		⋎	17	表面銲接		⌒
10	平底單斜形槽銲接		⋎				

3. **銲接之輔助符號**：用以表示銲接道之處理與銲接方法，其意義及符號如表22-7 所示。

◆ 表 22-7　銲接輔助符號（取自 CNS3-6 工程製圖）

名稱			符號	名稱		符號
銲接道之	表面形狀	平面	——	現場及全周銲接	全周銲接	◯
		凹面	⌣		現場銲接	⚑
		凸面	⌢			
		去銲趾			現場全周銲接	⚑
	加工方法	鑿平	C			
		研磨	G	使用背托條	永久者	M
		切削	M			
		不指定加工	F		可去除者	MR
		滾壓	R			
		鎚擊	H			

生活小常識

台灣銲接檢驗師 (TCWI)

(發照單位：台灣銲接協會)

一、報名資格

銲接相關經歷以與銲接製造、施工、品管、修補、教學、設計、研究等直接關連之工作為限。

二、科目

1. 基礎科：(1) 銲接檢驗師之職責與能力、(2) 銲接接頭幾何形狀與專有名詞、(3) 銲接圖面及銲接符號之解讀、(4) 鋼結構用鋼材與銲材、(5) 材料之破壞試驗、(6) 銲接冶金概論、(7) 銲接程序與銲接人員資格檢定、(8) 銲接製程、(9) 銲接設備、(10) 銲道及母材之瑕疵、(11) 綜合品檢。

2. 實作科：銲接缺陷檢驗。

3. 規範科：鋼構造建築物鋼結構施工規範。

4. 銲接符號標註：銲接符號標註方法，如表 22-8 所示範例及說明。

◆ 表 22-8　銲接符號標註例

說明圖	銲接道詳圖	符號標註	標註說明
			箭頭邊 U 形起槽銲接 　銲接深度 3 mm 　銲接角度 40 　圓角半徑 2 mm 　表面填平 箭頭對邊 U 形起槽銲接 　銲接深度 3 mm 　銲接角度 40 　圓角半徑 2 mm 　表面填平
			箭頭邊 U 形起槽銲接 　銲接深度 3 mm 　銲接角度 40 　圓角半徑 2 mm 　表面填平 箭頭對邊 V 形起槽銲接 　銲接深度 4 mm 　銲接角度 60 　表面為凸面

二、銲接件之缺陷與檢驗

　　銲接時，銲接件常因壓力或高溫，而造成變形或缺陷，有些是外觀上可發現，有些是發生在內部，因而造成銲接件品質不良。因此，銲接件需作檢驗。

（一）銲接件之變形

　　銲接件之變形係因銲接熱之熱漲冷縮所生熱應力所致，使工件內部產生很大的殘留應力，必須在銲接後作退火熱處理予以消除。造成銲接件變形之因素，大致上有下列因素：

1. 銲接時不均勻加熱所致。
2. 銲接件過熱，銲接件間之間隙預留不恰當。
3. 不正確的銲接程序。
4. 接頭設計不良。
5. 銲接時，熔填技巧不佳。

所以，防止銲接件變形方法有：

1. 用夾具夾持至冷卻為止。
2. 銲接件間要預留適當間隙。
3. 用正確銲接程序運作。
4. 接頭設計要預先算好收縮量。
5. 改進熔填技巧。

（二）銲接件之缺陷

銲接件之品質應力求完美，有不良現象產生時，就必須即時予以補救或修正。一般銲接件常發生之缺陷介紹如下：

1. **多孔性 (Porosity)**：多孔性係在銲接時，在銲接區因氣體釋放無法逃逸，或因污物進入銲區引起化學反應所造成。在形狀上，一般為球狀形或長桶狀形，如圖 22-44 所示。

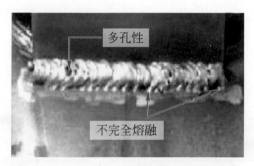

(A) 多孔性　　　　　　　　　　　　　(B) 不完全熔融

• 圖 22-44　多孔性與不完全熔融 (新浪博客 troubleshootingmigbe& 廣州珀施企業公司)

2. **熔渣雜物 (Slag inclusions)**：銲接時若銲件清潔處理不足，或銲接時所供給之遮蔽氣體無效，致使在銲接區形成氧化物、銲劑及電極塗層材料三者混合而成之混合物，如圖 22-45 所示。

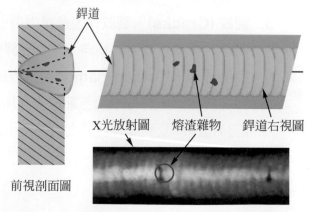

• 圖 22-45　熔渣雜物 (馬棚網)

3. **不完全熔融 (Incomplete fusion)**：不完全熔融是指銲接處熔透產生空隙或不完整，原因是來自氧化或銲接接頭中間有浮渣，並因而產生不良銲珠，如圖 22-46 所示。防止方法不外是提升母材溫度、作好銲接前清潔工作及供給適宜遮蔽氣體或改變接頭設計。

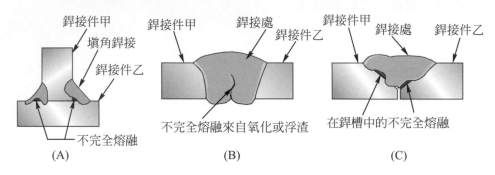

• 圖 22-46　不完全熔融 (取自參考書目 22，P29-7)

4. **不完全滲透 (Incomplete penetration)**：不完全滲透是指銲接處之深度不足，如圖 22-47 所示，防止方法不外是增加銲接溫度或降低行程速度 (移動速度)。

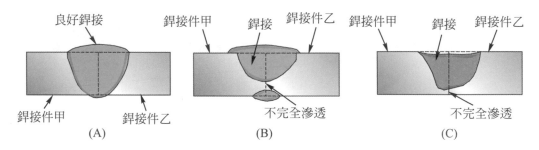

• 圖 22-47　不完全滲透 (取自參考書目 22，P29-8)

5. **裂紋 (Cracks)**：裂紋係因熱應力所引起，常發生之位置與方向，如圖 22-48 所示，典型有縱向、橫向、銲痕或銲腳裂紋。

6. **表面損壞 (Surface damage)**：表面損壞之原因，常來自於兩大原因，一為在銲接時，銲珠飛濺至鄰近表面所引起，另一為在電弧銲接時，由於不小心將電極觸及到非銲接區之表面所引起。

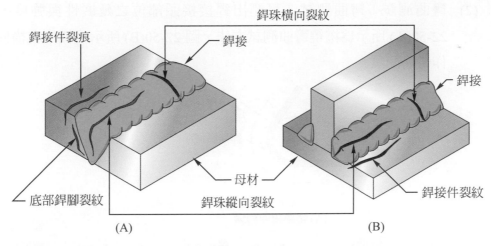

• 圖 22-48　銲接裂紋 (取自參考書目 22，P29-9)

（三）銲接件之檢驗

銲接後，銲接件之品質必須靠檢驗來確立。常見之檢驗有破壞性檢測與非破壞性檢測兩種，敘述如下：

1. 破壞性檢測 (Destructive testing)

(1) 拉伸測試：一般對銲接件做拉伸測試，係從實際銲接接頭或銲接金屬區取得樣本，可作縱向與橫向之測試，如圖 22-49 所示是銲接件之拉伸測試。

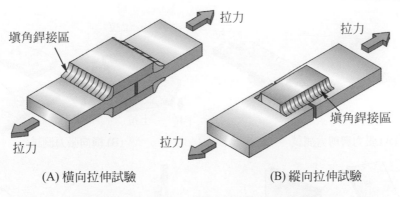

• 圖 22-49　拉伸試驗 (取自參考書目 22，P29-14)

(2) 彎曲測試：**彎曲測試法可測出銲接接頭部位之延展性與強度**，如圖 22-50(A) 所示為捲繞彎曲測試方法，圖 22-50(B) 所示為樣本在橫向三點作彎曲測試。

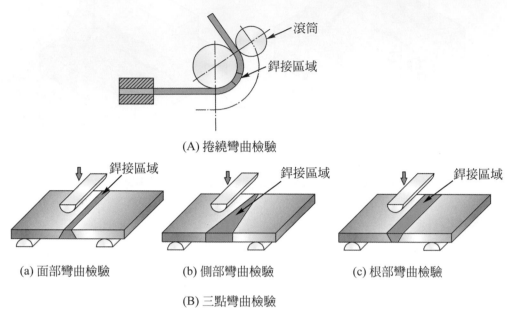

(A) 捲繞彎曲檢驗

(a) 面部彎曲檢驗　　　　　(b) 側部彎曲檢驗　　　　　(c) 根部彎曲檢驗

(B) 三點彎曲檢驗

• 圖 22-50　彎曲檢驗 (取自參考書目 22，P29-15)

(3) 點銲之測試：板金件作點銲時，常使用如圖 22-51(A) 所示張力與剪力、圖 22-51(B) 所示橫向張力、圖 22-51(C) 扭力及圖 22-51(D) 剝皮測試，可測得銲接塊強度。

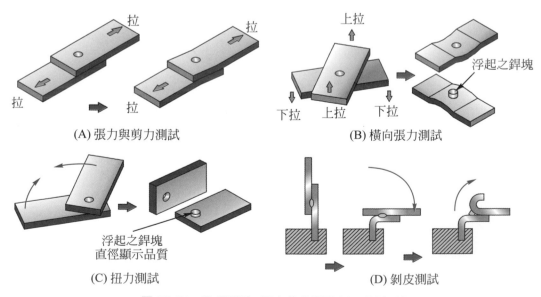

(A) 張力與剪力測試　　　　　　　(B) 橫向張力測試

(C) 扭力測試　　　　　　　　(D) 剝皮測試

• 圖 22-51　點銲測試 (取自參考書目 22，P29-15)

(4) 裂口韌性測試：裂口之韌性 (Toughness) 測試普通都是利用衝擊試驗而得，包含落錘試驗，能量由落錘供應，如圖 22-52 所示為其原理示意圖。

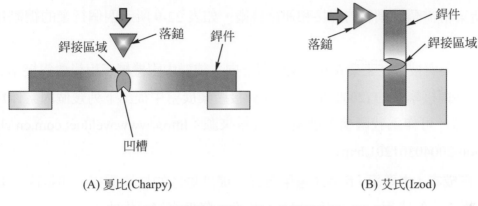

(A) 夏比(Charpy)　　　　　　　　　　(B) 艾氏(Izod)

• 圖 22-52　衝擊韌性測試 (取自參考書目 22，P2-27)

(5) 腐蝕與潛變測試：腐蝕係肇因於銲接區域材料微結構與組成不同所造成，另外對金屬及其合金而言，潛變肇因於高溫而成；因此銲接是項高溫作業，潛變是一項非常重要的考慮因素，故潛變與腐蝕測試是必需的。

2. 非破壞性檢測 (Nondestructive testing)：銲接結構必須常常作非破壞性檢測，常作的項目包括目視檢查、X 光線照相術、磁粉檢驗、螢光滲透液檢驗或超音波檢驗等。

生活小常識

X70 管線鋼一般用於壓力較高的長輸管道中，其碳當量約為 0.40%。但按照國際銲接學會碳當量標準要求控制在 0.12% 以下，故銲接過程中會有一定的裂紋傾向，因此銲前需要預熱，採用預熱溫度約 120℃。

22-8 銲接產業趨勢與展望

一、銲接產業趨勢

製造業常需藉助創新的銲接和連接技術，如表 22-9 所示四個行業的總體趨勢和關鍵需求。

銲接行業與技術在工業界的未來發展方向，依據中國機械工程學會銲接學會秘書處指出美國銲接學會的 (2000-2020) 美國銲接產業展望中提出下列幾個因素作為國家的戰略目標，可作為我國參考借鏡：(資料來源：http://www.weldnet.com.cn/chinese/information/20040301201.htm)

1. **在成本 / 生產率 / 市場 / 應用方面**：提供更佳的技術選擇，如提高自動化及機器人的應用，減少廢品率和返修率，降低銲接平均成本。

2. **加工技術**：在工程和應用層面上，強化銲接在製造和建築操作中的使用。

3. **材料技術**：按照新材料開發的銲接技術，使實際加工方法與工程應用互相適應。

4. **品質技術**：通過採用類比、系統工藝選擇和規範制定、無損檢測技術，將銲接設為六個標準差 (σ) 品質環境的組成部分。

5. **教育及培訓**：提高各個層次銲接從業人員的基礎知識，保證其能根據具體情況做出最佳的銲接工藝選擇。

6. **能源和環境**：通過改善生產效率 (諸如：減少預熱、後熱、使用先進的熱輸入低的銲接工藝、避免銲接過熱等)，節能 50%。

二、銲接未來展望

大致可朝下列兩方向供參考，說明如下：

1. **微接合技術發展**：微結合指工件尺寸在 l ～ 500 μm 的結合技術，主要方法包括微電阻銲接、微雷射銲接、微電弧銲接、電子束銲接、固態或擴散銲、膠合、超音波銲接等。

2. **銲接設備發展**：因應能源、環境因素對經濟可持續性，銲接設備將朝向高效率、節能、低碳、環保的方向發展。電源逆變化、控制電腦數值化和產品的自動化、智慧化、集成網路化等是未來銲接技術的發展方向。

◆ 表 22-9　四個製造行業的總體趨勢和關鍵需求

行業	總體趨勢	關鍵需求
汽車	●供應鏈對設計、製造負更多的責任 ●加強技術開發的先期競爭合作 ●技術實施及管理保持競爭力	●即時傳感及自我調整控制 ●電阻銲工藝控制，電極磨損及設備設計 ●輕型材料、異種材料、聚合材料銲接 ●塗層高強度鋼銲接 ●鐳射加工 / 白車體的銲接 ●結構粘接技術 ●銲接設計及工藝管理方法 ●微電子加工開發及可靠性
重型設備	●全球經濟波動起伏 ●亞洲經濟影響 ●對供應商和供應鏈的依賴增加 ●海外業務增多	●改進銲接接頭斷裂性能和設計準則 ●工藝及結構建模 ●即時程式控制 ●優化的機器人和機械化銲接系統 ●高強度鋼的銲接 ●鐳射加工工序
航空	●減少飛機製造基地 ●更強調承受能力 ●生產開發週期更短 ●對集成製造技術概念的依賴更多 ●產品壽命提高 ●老式飛機 / 更換和維修是主要問題	●新型鋁、鈦、鎳合金的銲接 ●固相連接及銲工藝 ●聚合 / 複合連接 ●包括殘餘應力、變形控制在內的設計手段 ●過程建模、控制和過程中的無損檢驗
電子、醫療器械和精密儀器	●世界範圍迅速增長的行業 ●競爭激烈 ●受新產品和新技術的驅動 ●連接技術以往由行業內部開發，現在開始轉向外部	●各種包裝的設計指南 ●塗層和複合層連接效果 ●工藝優化 ●過程 / 產品建模 ●可靠性技術：評估及試驗方法 ●顯微組織 / 相關性能 ●鐳射加工
能源和化工	●發電行業保持平穩，繼續採用流水操作 ●油氣行業的上游部分隨著關注深水專案而急劇上升 ●下游部分 (即精煉部分) 調整、整合	●深水技術 (海下作業) ●耐腐蝕合金的銲接 ●修復技術 (使用中的修復及無銲後熱處理的修復) ●改進適應性的評估方法 (腐蝕、殘餘應力及錯邊) ●高強度鋼管線的銲接 ●檢驗、可靠性及風險評估

資料來源：愛迪生銲接研究所及其會員公司和顧問委員會提供的 1998 年資訊
(http://www.china-weldnet.com/chinese/information/200403018002.htm)

學後評量

22-1 1. 銲接對鑄造而言，有何優點？有何缺點？

22-2 2. 請依溫度、銲料、銲劑及用途，敘述說明軟銲及硬銲之相異處。

22-3 3. 氣銲常見者有哪四種？

4. 氧乙炔銲之火焰分為哪三種？各有何特點及用途？

5. 請敘述氧乙炔銲之點火與熄炬要領為何？

22-4 6. 電弧銲常見者有哪六種？

7. 電弧銲之電銲條上之銲藥有何優點？

8. 交流電銲機與直流電銲機各有何優、缺點？

9. 惰氣遮蔽電弧銲有哪兩種？並請各說明其意義、氣體與特色。

10. 何謂發熱銲？有何特色？

11. 何謂潛弧銲？有何特色？

12. 何謂摩擦銲？有何特色？

22-5 13. 何謂點銲？有何特色？

14. 何謂電阻銲？有何特色？

15. 何謂浮凸銲？有何特色？

16. 常見之電阻銲有哪幾種？

22-6 17. 銲接位置有哪四種？各英文簡稱為何？

22-7 18. 銲接件常作之破壞性檢驗有哪些？

22-8 19. 美國銲接產業展望中提出哪幾個因素作為國家的戰略目標？

20. 製造業常需藉助創新的銲接和連接技術，請說明汽車業的總體趨勢為何？

21. 製造業常需藉助創新的銲接和連接技術，請說明航空業的總體趨勢為何？

第七篇

新興製造技術

本篇大綱

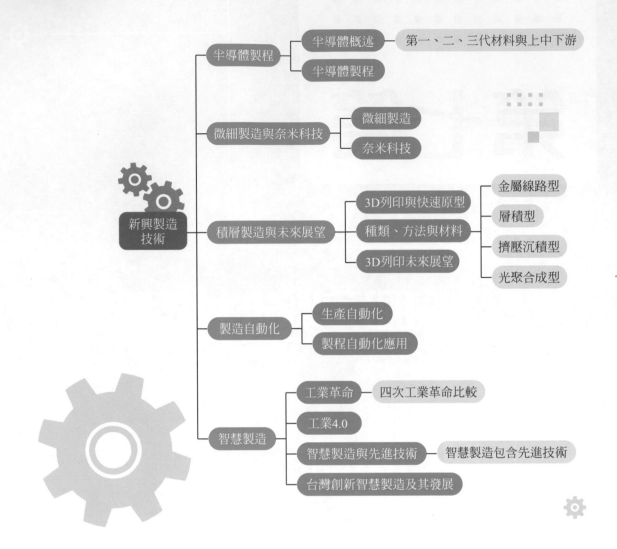

新興製造技術
- 半導體製程
  - 半導體概述 — 第一、二、三代材料與上中下游
  - 半導體製程
- 微細製造與奈米科技
  - 微細製造
  - 奈米科技
- 積層製造與未來展望
  - 3D列印與快速原型 — 金屬線路型
  - 種類、方法與材料 — 層積型
  - 3D列印未來展望 — 擠壓沉積型
  - — 光聚合成型
- 製造自動化
  - 生產自動化
  - 製程自動化應用
- 智慧製造
  - 工業革命 — 四次工業革命比較
  - 工業4.0
  - 智慧製造與先進技術 — 智慧製造包含先進技術
  - 台灣創新智慧製造及其發展

Chapter 23

半導體製程

隨著半導體不斷地被應用與持續發展，已變成許多先進工業國家列為優先發展的關鍵性技術產業。由於半導體產品趨向超精密化、高密度化和微小化，故此類產品的製造需求亦朝奈米技術 (Nanotechnology) 及微細機械加工發展，一些機件之表面要求亦需達到鏡面處理程度，這些技術可能為製造業必需面對的核心領域。

本章大綱

23-1 半導體概述

一、半導體材料

　　半導體 (Semiconductors) 是泛指一些導電能力介於導體 (如鐵、鋁、銅等) 和非導體 (如玻璃、塑膠、石頭等) 之間的元素 (Element) 和化合物 (Compound) 材料。半導體係利用電子或電洞傳導電，故半導體材料的電氣性質是介於導電體和絕緣體之間，電阻係數在 Ω-cm 與 Ω-cm(歐姆‧公分) 之間。因為半導體的電氣性質可藉著控制、植入結晶結構的雜質原子數量而改變。故半導體元件的電氣效用可藉著不同的摻雜原子與濃度梯度所產生的區域而得到控制。最早期的電子元件是以矽 (Silicoh) 為標準材料，其二氧化矽 (Silicon dioxide) 是一種優良的絕緣體，可用做絕緣與保護的目的之用，為第一代半導體材料。

　　第二代為化合物半導體，乃砷化鎵 (Gallium arsenide，GaAs)，磷化銦（Indium phosphide，InP）這兩種半導體材料，具有發光的能力，可製造雷射及發光二極體的半導體元件。目前第三代半導體碳化矽 (SiC)、氮化鎵 (GaN) 正發展應用在電源晶片和射頻晶片。氮化鎵 (GaN) 能隙 3.3eV，遠高於矽 1.1eV，能隙越寬，半導體容忍電場強度越大，越能提供高電壓。第一代半導體比先進製程，第三代半導體比材料製造，即所謂的長晶。半導體產業鏈上游為積體電路 IC 設計（Integrated circuit design）及智慧財產權 IP 設計（Intellectual property design）、半導體材料；中游則為 IC 製造、晶圓製造、DRAM 製造、光罩、化學品等產業；下游為 IC 封裝測試、IC 模組、IC 通路、製程檢測設備、零組件等。

二、半導體應用

　　半導體產品在電子工業裡的應用，一般可區分成：分離式半導體 (Discrete semiconductor)、光電半導體 (Opto-electronic semiconductor) 和積體電路 (Integrated circuit，IC) 三大類，如圖 23-1 所示。各種經半導體製程加工，且完成封裝與測試後的半導體成品，如圖 23-2 所示。

　　目前 IC 的應用，主要在電腦與電腦週邊、消費性電子、通訊與網路、工業端應用等四大產業方面，如表 23-1 所示，在我們日常生活中扮演不可或缺的角色。

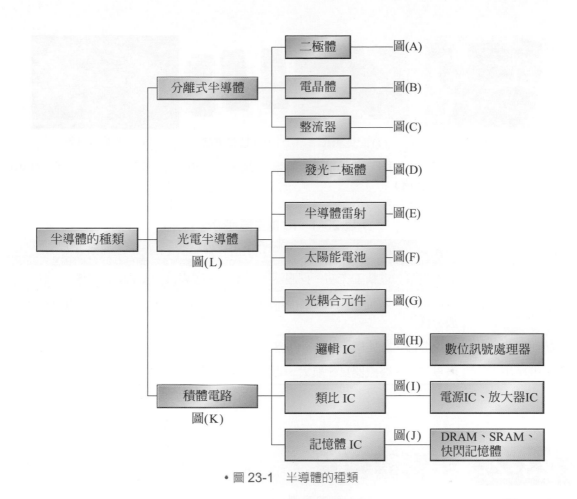

• 圖 23-1　半導體的種類

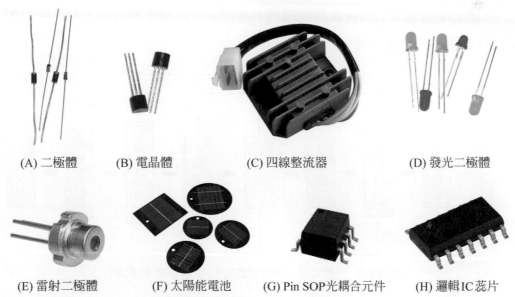

(A) 二極體　　(B) 電晶體　　(C) 四線整流器　　(D) 發光二極體

(E) 雷射二極體　　(F) 太陽能電池　　(G) Pin SOP光耦合元件　　(H) 邏輯IC蕊片

• 圖 23-2　半導體成品 (參自億光科技、五星太陽能、滄者極限網、中央研究院物理所、旭美電子、NAKE 納可光電等公司)

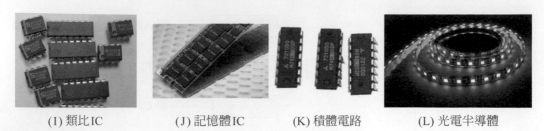

(I) 類比IC　　　(J) 記憶體IC　　　(K) 積體電路　　　(L) 光電半導體

- 圖 23-2　半導體成品 (參自億光科技、五星太陽能、滄者極限網、中央研究院物理所、旭美電子、NAKE 納可光電等公司)(續)

◆ 表 23-1　IC 的主要應用

產業別	主要產品名稱
電腦與電腦週邊	個人電腦、電腦工作站、伺服器、硬碟機、印表機、監視器、鍵盤、滑鼠
消費性電子	數位電視、數位照相機 / 攝影機、MP3、電視機上盒、遊樂器、CD/DVD 錄放影機
通訊與網路	無線手機、數據機 (Modem)、無線區域網路、網路電話、藍芽 (Blue tooth)
工業端應用	汽車控制、醫療器具、航太、軍事軍備、機械手臂

23-2 半導體製程

　　半導體的製造過程均需在無塵的環境下進行，以積體電路為例，其一般的製造順序如圖 23-3 所示，分述如後。

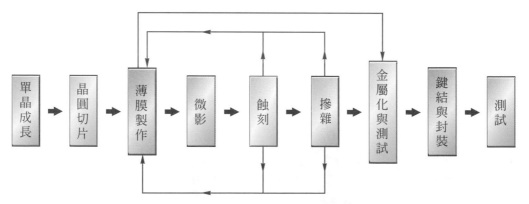

- 圖 23-3　積體電路一般的製造順序 (取自參考書目 36)

1. **單晶成長 (Crystal growth)**：矽在自然界是以二氧化矽與矽酸鹽形態存在，要成為製造半導體元件所需的高品質、無缺陷的單晶材料，必須經過一連串的精煉步驟。精煉的過程，首先是將氧化矽與碳一起放入電氣爐中加熱，可得近 98% 純度的多晶矽，然後將多晶矽透過氫氣之純化與分解而得純矽。長晶主要程序如圖 23-4 所示。

• 圖 23-4　長晶主要程序

　　單晶矽的製造大都採用柴可斯基法 (Czochralski process)，此法是將一顆「種晶」浸入熔融的矽液內，然後在旋轉時慢慢拉出，如圖 23-5 所示，此種長晶技術可拉出一根圓柱狀的單晶晶錠，一般直徑是 50 ～ 200 mm (即 2 吋～ 8 吋)，長度可超過一公尺晶粒，其拉出之速度為 10m/ 秒，然而此法無法正確的控制晶錠直徑是其缺點。

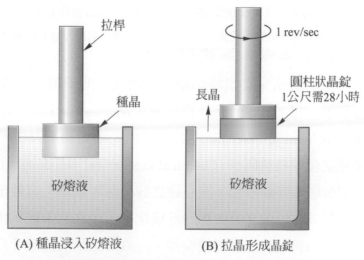

(A) 種晶浸入矽熔液　　　　(B) 拉晶形成晶錠

• 圖 23-5　晶粒生成兩種方法 (取自參考書目 36)

2. **晶片切片 (Wafer cutting or slicing)**：第二階段是利用環狀薄葉片內徑鋸刀，如圖 23-6 所示，將晶錠 (晶柱) 切片成單獨的晶片 (Wafer)，切下來的晶片厚度僅約 0.5mm，在晶片切割過程中，切片晶片的厚度、弓形度 (Bow) 及撓曲度 (Warp) 等特性為製程的管制要點。

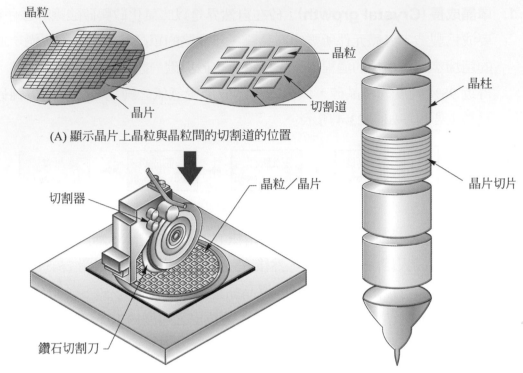

晶粒

晶粒

切割道

晶片

(A) 顯示晶片上晶粒與晶粒間的切割道的位置

晶柱

晶片切片

切割器

晶粒／晶片

鑽石切割刀

(B) 以鑽石切割刀沿著切割道，對一顆顆的晶粒進行分割　　(C) 晶柱與晶片切片

- 圖 23-6　(A) 顯示晶片上晶粒與晶粒間的切割道的位置；(B) 以鑽石切割刀沿著切割道，對一顆顆的晶粒進行分割；(C) 晶柱與晶片切片 (取自參考書目 36)

最後，堅硬的晶片必須將切割過程所產生的刀痕、邊緣形狀與外徑尺寸，進行研磨、拋光 (Polishing) 及清洗 (Cleaning) 等工作。現今大都採用結合化學加工 (Chemical machining) 與精密拋光兩種加工方法，發展出半導體製造業使用之化學機械研磨 (Chemical mechanical polishing，CMP) 技術。此方法係使用強酸或強鹼液體，在堅硬之矽晶圓片表面上腐蝕出一層薄而軟的氧化層，再用絨布以拋光方式拋除此氧化層，使底部未被氧化之基材顯露，之後週而復始由強酸鹼液體繼續腐蝕，一直加工到所需尺寸為止。這種複合加工方法是一種高精密又可自動化的加工方法，不需要使用大量人力；但是需要使用大量清水，產生之廢液污染性又相當高，易對人造成職業傷害及生態造成污染。

3. **薄膜製作**：製成晶片後須在上面沉積一層二氧化矽、氮化矽、多晶矽或導電金屬，以便在此沉積層上製造有形的電路與導線。以整個超大型積體電路的製造流程而言，簡而言之是以薄膜製作、微影、蝕刻及摻雜等四大製程，如

圖 23-7 所示,以製作有形的電路與導線;若製作屬於經摻雜 (Doping) 的矽半導體區域,則需改用如圖 23-8 所示摻雜流程。

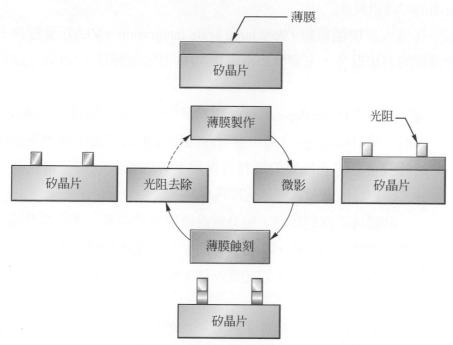

• 圖 23-7 晶片進行電路圖案製作時的製程流程 (取自參考書目 36)

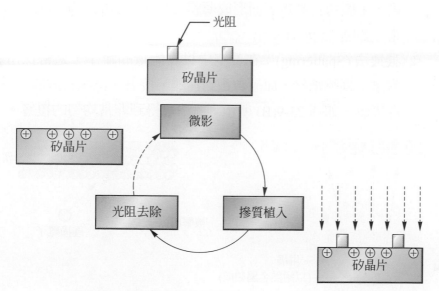

• 圖 23-8 晶片進行摻雜時的製程流程 (取自參考書目 36)

積體電路 (IC) 是由數量龐大的電晶體與電路所構成，而這些必須藉由多種不同的材質，經特殊的"圖案複製"與相關的處理所製成，這項工程，即所謂的"薄膜製作"。

在超大型積體電路 (Very large scale integration，VLSI) 製程裡，用以製作薄膜的方法很多，主要分為兩大類：(1) 薄膜沉積法；(2) 氧化法。分述如下：

(1) 薄膜沉積法 (Film deposition)：沉積薄膜的主要功用是作為擴散及離子植入的遮罩 (Masking) 之用，並可保護半導體的表面。在遮罩的應用上，此薄膜需能防止摻質的遷移及保護下方的電氣迴路，常見者有二氧化矽、磷矽玻璃 (PSG) 與氮化矽等材料。

薄膜有不同的類別，可分為絕緣型與導電型。導電型薄膜主要用途是作為元件的內連線，必須具有高度的導電性以傳送大電流，以及能和封裝後的導線架連接，以完成一個完整的積體電路，常見使用之材料有金與鋁。

薄膜沉積技術包括許多壓力、溫度與真空系統，常見的方法有：

① 蒸發法 (Evoporation)：先將金屬在真空中加熱到蒸發溫度，蒸發金屬後，金屬會在基板表面形成薄膜之法，蒸發的熱源可利用鎢絲或電子束，如圖 23-9(A) 所示。

② 濺鍍法 (Sputtering)：在真空中以高能量的離子，通常採用氬 (Ar⁺)，當離子轟擊靶材，原子會遭到撞離，接著，沉積在放置於系統內的晶片表面，如圖 23-9(B) 所示，此法可得到非常均勻的覆層。

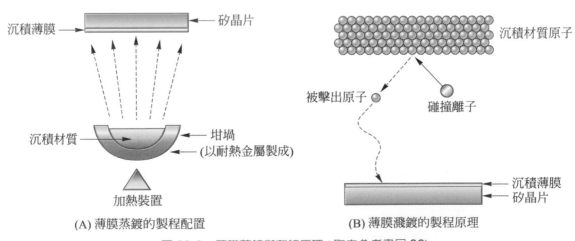

(A) 薄膜蒸鍍的製程配置　　　　(B) 薄膜濺鍍的製程原理

• 圖 23-9　薄膜蒸鍍與濺鍍原理 (取自參考書目 36)

③ 化學氣相沉積法 (Chemical vapordeposition，CVD)：以單獨的或綜合的利用熱能、電漿放電、紫外光照射等形式的能源，使氣態物質在固體的熱表面上發生化學反應並在該表面上沉積，形成穩定的固態物質膜的工業過程。此技術是利用矽甲烷或氯矽甲烷的氧化作用就可將二氧化矽沉積而得。如圖 23-10 所示，在矽晶片加熱後，不同的反應物 (Reactant) 分子經碰撞後，將進行化學反應，進而產生固態的生成物，即為沉積材質，並且附著於晶片的表面，而成為沉積薄膜。此法常見者有兩種，如圖 23-11(A) 所示，是在大氣壓操作下的連續式 CVD 反應機。如圖 23-11(B) 所示，是在低壓操作下的類似方法，稱為低壓化學氣相沉積法，此法比常壓 CVD 有更高生產率，一次可鍍層數百個晶片及可獲更優良的薄膜均勻度。

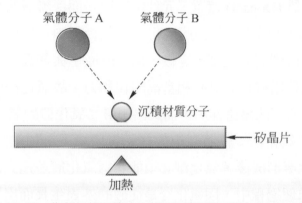

• 圖 23-10　化學氣相沉積法的薄膜沉積原理 (取自參考書目 36)

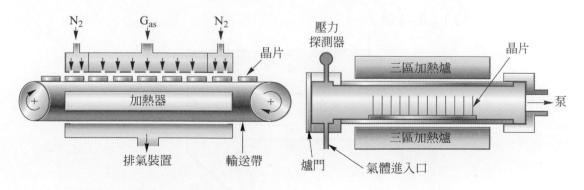

(A) 連續式常壓 CVD 反應機示意圖　　　　(B) 低壓 CVD 反應機示意圖

• 圖 23-11　化學氣相沉積法 (取自參考書目 46)

④ 電漿增強化學氣相沉積法 (Plasma-enforce forced chemical vapordeposition，PECVD)：是將晶片放置在內有源極氣體的電漿中作沉積，此法具有沉積期間所需溫度較低的優點。

⑤ 磊晶法 (Epitaxy)：是以基板充當為種晶，以產生結晶層的方法。此法若矽是從氣相沉積，則此製程稱為氣相磊晶法 (Vapor epitaxy)；若是將經加熱的基板拿出和內含沉積材料的液態溶液接觸，稱為液相磊晶法 (Liquid-phase epitaxy，LPE)；若是在超真空下，利用蒸發的方式產生熱分子束，並沉積到加熱的基板上，稱為分子束磊晶法 (Molecular beam epitaxy，MBE)，此法可得高純度是其優點，但其長晶速率和生產速率較低是其缺點。

(2) 氧化 (Oxidation)：現今在 IC 技術上，氧化矽是最廣泛使用的氧化物，具有摻質 (Dopant) 遮罩、元件絕緣與表面保護層的功能。氧化膜除了上述沉積法 (所需求的薄膜成份若與基板材料不同時採用) 之外，可採用氧化法得到更高純度的等級，但只能產生與基板材料需相同的氧化層。此法是利用矽和氧具有相當高的親和力，故氧化法就是藉氧氣和基板材料在高溫下的反應作用，而長出一層二氧化矽的氧化膜方法。方法有：

① 乾式氧化法：係將基板放在氧氣環境下，加熱到 900 ～ 1200℃，當氧化層形成後，氧化劑必須能穿透氧化層並達到矽表層，因此，在氧化處理過程中，因氧化層是從矽的外表生長而出，故會有部分的矽基板被消耗掉，如圖 23-12 所示，氧化物的厚度與被消耗的矽之數量比約 1：0.44 倍。

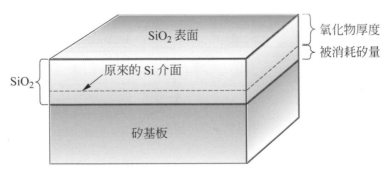

• 圖 23-12　氧化矽的成長，顯示矽的消耗量 (取自參考書目 46)

② 濕式氧化法：這是一種應用水蒸氣充當氧化劑的方法，與乾式法相較，此法有相當高的生成速率，但是所得到的氧化物密度較低，故其誘電性強度較低。

③ 混合式氧化法：一般實務上是結合上述兩種方法，長出三個部分的氧化物：乾式、濕式、乾式。結合了濕式有較高生長速率及乾式高品質的優點。

④ 選擇性氧化法：有些基板表面僅需部分氧化時，則需選用此種製程。此法係利用氮化矽抑制氧與水蒸氣穿透特性，將氮化矽罩蓋某些區域，這些區域的矽就不被氧化的方法。

4. **微影 (Lithography)**：微影是將元件的幾何圖案，經光罩 (Mask) 傳遞到矽晶片基板表面的製程。此過程中，用自動化機械與標準化的晶片製造設備來代替人力，以達到無塵的環境是非常重要。微影的步驟，大都是先進 IC 製程，可能要重覆下列步驟數十次，說明如下：

(1) 完成圖案設計：現今大都以電腦輔助設計 (CAD) 作為光罩圖案的設計與產生的主要方法，並且經一連串的製程將此圖案印製在透明玻璃上，其中圖案因電路密度複雜度而需不斷縮小其元件的線寬，技術從微米技術進步至奈米時代。

(2) 光阻塗佈：將晶片清潔，並塗覆一層乳化液，稱為光阻 (Photoresist，PR)，方法是將液態狀的光阻滴到基板上，然後在高速旋轉下得到均勻光阻薄層。如圖 23-13 所示。光阻主要是由做為黏合劑 (Binder) 的樹脂 (Resin)、感光劑 (Sensitizer) 及溶劑 (Solvent) 等成分混合而成。

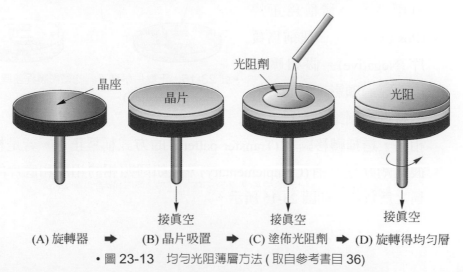

(A) 旋轉器 ➡ (B) 晶片吸置 ➡ (C) 塗佈光阻劑 ➡ (D) 旋轉得均勻層

• 圖 23-13　均勻光阻薄層方法 (取自參考書目 36)

(3) 烘烤 (Prebaking)：此目的是要將光阻內的溶劑驅除並硬化，方法是在 100℃的烤爐內烘烤 10 ～ 30 分鐘，如圖 23-14 所示。

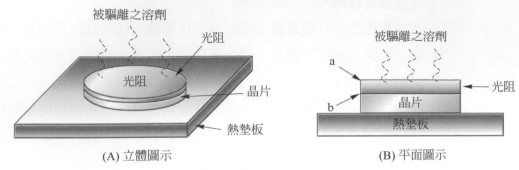

被驅離之溶劑

光阻

光阻

晶片

熱墊板

(A) 立體圖示

被驅離之溶劑

a

b

光阻

晶片

熱墊板

(B) 平面圖示

• 圖 23-14　對晶片上的光阻層進行烘烤與固化 (取自參考書目 36)

(4) 圖案轉移 (Registration)：將晶片定位在光罩定位器內，在光罩下，透過紫外線 (UV) 照射，光阻 (PR) 經曝光與顯影 (Development) 後，則複製版的光罩圖案將顯現在 PR 層中。換言之，此階段是將光罩上的圖案移轉到光阻上面。用以進行曝光的感光材料主要有兩者，一種稱為正片 (Positive)，另一種稱為負片 (Negative)。假如曝光後，經過顯影，感光材料所獲得的圖案與光罩上的

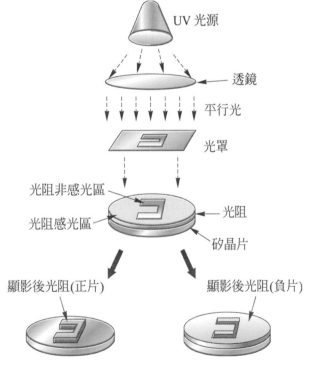

UV 光源

透鏡

平行光

光罩

光阻非感光區

光阻感光區

光阻

矽晶片

顯影後光阻(正片)

顯影後光阻(負片)

• 圖 23-15　正負片兩種不同的微影製程差異 (取自參考書目 36)

相同，這種轉移圖案 (Transfer pattern) 的方式稱為正片。若是相反地，彼此剛好呈互補 (Complementary)，就如同照相的相片和底片的關係，稱之為負片，如圖 23-15 所示。

(5)　再烘乾 (Postbaking)：將晶片烘乾目的是在強化並增進光阻的附著力，此外，若更進一步進行 150～200℃的紫外線下烘乾處理，更可韌化光阻，以承受高能離子植入與乾式蝕刻。

(6)　去除光阻：未爲光阻所覆蓋的底下薄膜要接著蝕除，最後將晶片浸入溶劑內以去除光阻。整個流程，如圖 23-16 所示。

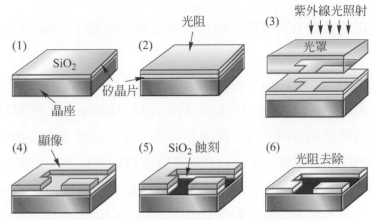

• 圖 23-16　以微影法作圖案轉移 (取自參考書目 46)

綜合上述，整個微影製程，大致上分成三個主要步驟：(1) 將未經使用的光阻塗佈於晶片表面；(2) 進行光阻在光罩下的曝光；(3) 光阻的顯影，如圖 23-17 所示。

• 圖 23-17　微影三大主要製程

5. **蝕刻 (Etching)**：蝕刻是一將全部沉積膜或薄膜的某一部分去除的製程，在矽晶技術中，蝕刻製程必須有效地蝕除氧化矽層，但僅微量的去除下方矽晶或光阻材料。換言之，蝕刻是將部分未被光阻保護的氧化矽層加以除去，並留下所需的線路圖。此外，多晶矽與金屬必須蝕刻成具垂直壁狀輪廓的高解析度線，但僅微量去除下方的絕緣膜。如圖 23-18 所示是薄膜被蝕刻的連續過程，藉由氣態或液態的反應物和固態薄膜的化學反應，生成屬於氣態或液態的生成物，於此，薄膜材質便可逐步的被蝕除。此過程，恰與前述之化學氣相沉積反應相反。

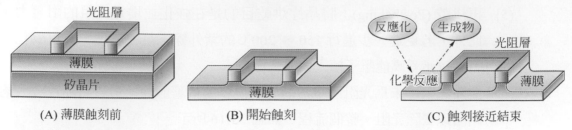

(A) 薄膜蝕刻前　　　　　　(B) 開始蝕刻　　　　　　(C) 蝕刻接近結束

• 圖 23-18　薄膜蝕刻連續過程 (取自參考書目 36)

常用的蝕刻方法有乾式蝕刻與濕式蝕刻兩種，如圖 23-19 所示，敘述如下：

(1) 濕式蝕刻：係將晶片浸入用來腐蝕氧化矽的液態溶液中，此種溶液含有氫氟酸 (HF)，此法主要缺點是等向性 (Isotropic)，意即對矽晶的各方向腐蝕率是相等的，而且腐蝕非常慢，這個結果會導致過切，而妨礙超高解析度的圖案轉移，而且此法電路線條精度較差，如圖 23-19(A) 所示。

(2) 乾式蝕刻：此法具有高度的方向性，結果可形成高度的非等向性蝕刻，此法所得電路線條之精度較高，如圖 23-19(B) 及圖 23-20 所示。完整的乾式蝕刻設備費用昂貴，最常採用的技術包括：

① 濺擊蝕刻 (Sputter etching)：係利用氬 (Ar⁺) 氣離子來轟擊去除材料。

② 電漿蝕刻 (Plasma etching)：係使用輻頻 (RF) 激發所產生的氯或氟離子之氣體電漿來去除材料。

③ 反應性離子蝕刻 (Reactive ion etching)：係採用動量移轉與化學反應來去除材料。

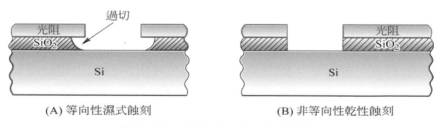

(A) 等向性濕式蝕刻　　　　　　(B) 非等向性乾性蝕刻

• 圖 23-19　蝕刻輪廓 (取自參考書目 46)

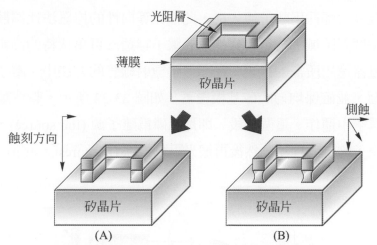

光阻層

薄膜

矽晶片

側蝕

蝕刻方向

矽晶片

矽晶片

(A)　　　　　　　　　(B)

• 圖 23-20　薄膜經 (A) 非等向性，及 (B) 等向性蝕刻後截面輪廓 (取自參考書目 46)

6. **摻雜 (Doping)**：蝕刻後需在不受保護的矽基板上加入適當的摻雜原子，以產生 n 型或 p 型外稟外導體。微電子元件的電路運作需依類區域上之相異的摻雜種類與濃度，這些區域的電氣特性可經由摻質引入基板，並隨著擴散 (Diffusion) 法與離子植入法 (Ion implantation) 來改變之。

擴散法是在 800 ～ 1200℃高溫下實施，如圖 23-21 所示，因熱的激發造成原子的移動，摻質可在沉積薄膜時摻入基板表面，或基板能夠置放在含有摻質源的氣體內。於基板內部之摻質移動能力受溫度、時間、擴散係數 (或擴散性) 與基板的種類或品質等因素所影響。此法費用較便宜，但有高度的等向性，早期積體電路的摻雜常用此法。

氣態摻質

摻入晶片
之摻質

矽晶片

摻質

矽晶片

(A) 摻質預置　　　　　　　　(B) 摻質驅入過程

• 圖 23-21　熱擴散法 (取自參考書目 36)

生活小常識

智慧製造台積電奈米技術獨占鰲頭

2020 年台積電在技術領先優勢下，為全球首家 5 奈米製程量產廠，而 3 奈米已邁入路徑階段 (pathfinding)，成立 ONE TEAM (RD 交付量產第一步)，台南 18B 廠預計第三季進機開廠。

　　現今大都採用離子植入法，此種非等向性的摻雜法比擴散法更容易控制植入深度與區域，乃是將經加速的離子穿透一百萬伏特的高電壓場，利用質量分離器選用所需的摻質，在類似陰極射線管的方法中，離子束經偏移板射入晶圓，並確保均勻的矽基板覆蓋，如圖 23-22 所示，整個離子植入系統必須在真空中運作。這個階段，即是以磷為離子源 (Ion source)，對整片晶圓進行磷原子的植入程序，然後再把光阻劑去除 (Photoresist strip)。

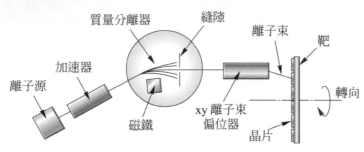

• 圖 23-22　離子植入設備 (取自參考書目 46)

　　如圖 23-23 顯示採用離子植入法，進行晶片摻雜的製程步驟，首先經特定能量加速的摻質，將圖 (A) 所示，以設定的電流量，打入晶片一定的深度內，如圖 (C) 所示，以完成摻質的預置；然後利用熱爐管的高溫，把植入的摻質藉由熱擴散，進一步驅入到所設計的深度及位置，如圖 (B) 所示。

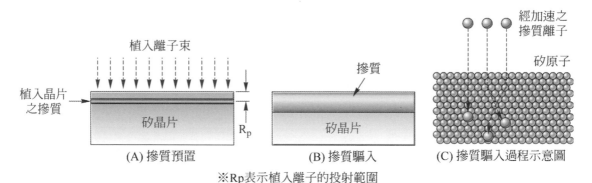

※Rp表示植入離子的投射範圍

• 圖 23-23　離子植入法 (取自參考書目 36)

7. **金屬化及測試 (Metallization and testing)**：矽晶片經反覆的進行氧化或薄膜沉積、微影及在氧化層上蝕刻圖案等製程後，利用擴散及離子植入等方式在矽結構中建立不同的摻質區域後，接著要利用鋁 (AL) 或鎢 (W) 製成的金屬導線作為內連線 (Interconnection) 進行內部的連接，方能製成完整的電子電路構裝，才能使積體電路發揮正常功能。

現代的 IC，通常需要有幾層的金屬化薄層，且每一層的金屬都要被介電層所隔絕，金屬薄層以介層 (Vias) 連接在一起，使基板上的元件取得連結，以得到電子電路得到接觸 (Contact)，如圖 23-24 所示。

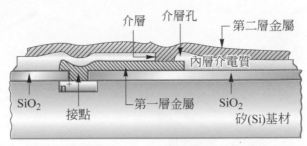

• 圖 23-24　雙重金屬內連線結構示意圖 (取自參考書目 46)

金屬化後的晶片上每一個單獨電路必須進行測試 (Testing)，每個晶片也可稱爲晶粒 (Die)，可利用電腦控制的探針台進行測試，探討方法是利用針狀探測頭接近晶粒上的鋁墊，經掃描晶片後，電腦即可模擬記錄每個電路的功能是否異常。

初步測試完成後，常以鑽石鋸割法將每個晶粒從晶片切離，或僅部分地切割晶片。然後，利用壓力將晶片從標線處分離，最後晶片加以分級。

8. **鍵結 (Bonding) 與封裝 (Packaging)**：製成晶粒爲了確保其可靠度，需將晶粒固著於較穩固的基底上；因此，常利用環氧樹脂基的黏著劑將其與封裝材料貼合，亦可利用加熱金屬合金系材料以低熔合金銲接方式進行貼合，最常用之熔接材料爲混合 94.6% 金與 3.6% 矽之成份，在 370℃進行熔接。

當晶粒固著於基底上後，爲了能夠與構裝接頭連接而形成電路的導通，通常是用邊爲 100 ～ 125 μm 左右的銲墊包圍住晶粒，而以銲線的方式與此襯墊連接，銲線一般而言爲非常薄細 (25 直徑) 的金線或鋁線，利用熱壓、超音波或熱波技使襯墊與銲線接合。

鍵結完成後，必須進行封裝，通常依據不同的功能需求，選擇不同的構裝形式；一個線路的構裝，必考慮到包括晶片尺寸、延伸接頭數量、操作環境、熱散失及功率需求等因素。以對偶線構裝 (DIP) 爲例，如圖 23-25(A) 所示，採用熱塑性塑膠、環氧基樹脂或陶瓷，作出 2 到 500 支延伸接頭，此法價格低廉、處理容易。如圖 23-25(B) 所示之板式陶瓷構裝，其構裝和所有的接頭都在同一塊板子上，廣用於多層電路板上，具有寬溫度範圍及高可靠性

和高性能的特性。構裝的目的主要有四,即:(1) 電力傳送;(2) 訊號傳送;(3) 熱的去除;(4) 電路保護。

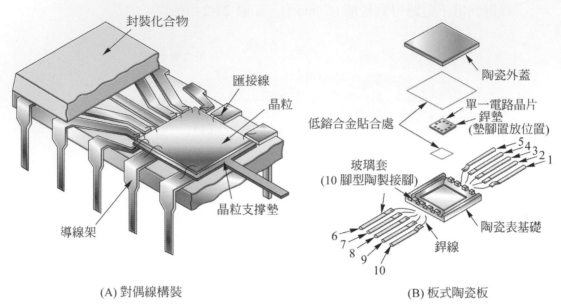

(A) 對偶線構裝　　　　　　　　　(B) 板式陶瓷板

• 圖 23-25　IC 封裝示意圖 (取自參考書目 36)

在構裝之後,晶片需加以標記,並進行最終的測試,包括高溫、濕度、機械衝擊、腐蝕及震動等項目,以隔絕受環境的影響。

IC 構裝依使用材料,可分為陶瓷 (Ceramic) 與塑膠兩種,以目前商應用上之塑膠構裝中打線接合為例,其步驟依序如圖 23-26 所示。

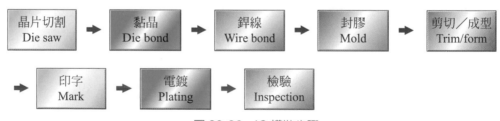

• 圖 23-26　IC 構裝步驟

生活小常識

台灣 IC 封測上市公司

日月光、超豐、京元電子、欣銓、台星科、精材、聯鈞、頎邦、勝麗、力成、同欣電、福懋科、捷敏、訊芯…等,產業鏈完整,在全世界舉足輕重。

學後評量

23-1　1.　半導體主要分成那三類？

2.　構裝的主要目的爲何？

3.　積體電路一般的製造程序爲何？

23-2　4.　超大型積體電路的製造流程分爲那四大製程。

5.　微影的步驟爲何？

6.　何謂微影？主要目的爲何？

7.　何謂蝕刻？主要目的爲何？

筆記頁 *Note*

微細製造與奈米科技

隨著半導體不斷地被應用與持續發展，已變成許多先進工業國家列為優先發展的關鍵性技術產業。由於半導體產品趨向超精密化、高密度化和微小化，故此類產品的製造需求亦朝奈米技術 (Nanotechnology) 及微細機械加工發展，一些機件之表面要求亦需達到鏡面處理程度，這些技術可能為製造業必需面對的核心領域。

本章大綱

24-1 微細製造

一、單位與特點

隨著半導體產業與光電產業的蓬勃發展，製品朝超精密化、智能化及微小化，這些高附加價值的與高產值製品加工技術迅速獗起，如圖 24-1 所示；因此，傳統的機械加工模式無法滿足新世紀的製造需求，故有賴新加工技術的開發，才能因應新世紀所需產業的技術。

• 圖 24-1　微製造馬達 (Nitrocharged 公司)

(一) 微細單位

一般機械加工的單位以厘米 (mm) 作爲計量，傳統加工的尺度約以數條爲誤差標準 (1 條 = 0.01 mm)，較精密的微放電加工的方法製造，其尺度可達到微米級 (1 微米 $= 10^{-6}$m $= 10^{-3}$mm)；光學微影的加工方式，提供更微小的製程技術，再微細的加工得以鑽石爲刀具對材料進行奈米 (Nano) 級的加工 (1 奈米 $= 1$nm $= 10^{-9}$m $= 10^{-6}$mm)；至於更小的原子級加工，則是有關於薄膜技術的應用開發 ($1Å = 10^{-10}$m)。

(二) 微細特點

微細裝置的機械運作行爲有別於傳統機械，在微觀 (Micro) 世界中，包括摩擦、應力、磨耗、變形、潤滑、疲勞……等機械特性將不同於巨觀的世界。而且具有下列特點：

1. 精確度高：在微機械之元件本身及系統運作，其精度相對比傳統機械高。

2. **單位成本低廉**：由於微機械之體積小，所需之材料成本相對較低，同時可以使用半導體製成技術作批量方式生產。

3. **輕柔運作**：微機械意味低質量、低慣性，其運作較平順。

4. **高運作速率**：系統越小，可使用的運作速率越高；通常一系統縮小 10 倍時，其相對可運作之速率可提高 10 倍以上。例如微細的矽晶氣輪機 (Microturbine) 可在使用簡單的矽晶軸承下，轉速達 24000rpm。

二、微細製造的應用與加工

(一)產業應用

對於微細製造技術的發展，帶動了全球許多產業上的發展趨勢，產品運用在諸多產業上，並佔有舉足輕重地位。

1. **醫療保健業**：目前大量的微系統技術產品，已被使用在醫學診斷、治療和健康檢查中。如助聽器、耳蝸的植入、心律調節器、血管擴張器、微型內視鏡和微型導管系統等。

2. **資訊與通信產業**：日常電器中，CD 和 DVD 這些微元件產品是藉著它們表面本身的微米尺寸槽來傳送資訊；另外，硬碟記憶體的讀寫頭、噴墨印表機的噴嘴頭、CD 和 DVD 雷射頭或行動電話的表面聲波濾波器等都是使用微系統技術。當提到光纖網路，光纖只是總體技術和商業產品的一小部分，它必須要大量，廣泛的光子微裝置方能形成網路系統。

3. **交通事業**：由於微細製造有改良速度、增加安全性、提高舒適感及減少成本和降低環境污染等特點，故微細製造之產品亦被運用在交通器配備上，如微感測器 (Microsenser) 安裝在馬達上，用來量測各種壓力、質流率、引擎撞擊和氣體燃燒成分等。在輪胎內加裝可傳送有關毀壞狀況、溫度變化等資料。未來，程式化的儀表板、微攝影系統的夜視功能和後照鏡技術亦將被廣泛應用。

4. **民生娛樂**：CD 隨身聽 (Compact audio disk) 和數位影像光碟機 (Digital versatile video disk)、平面液晶顯示電視等微系統產品皆屬於民生娛樂產品的領域。

(二) 持續發展與展望

微技術的快速發展,將導致引人注目的變化及研究,不但代表未來技術將是日新月異,同時亦代表著無限的商機,包括微反應元件、系統和設備的製造能力。就微型化的發展歷史過程,微系統技術的領域包括微機械學、微光學、微流體技術、微聲學、微化學及微生物工程設備。未來,有許多的微米技術應用在現代的科技上,其需求量將大於現在的大型製品,如微光學元件、應用於全球與區域性的網路、微硬碟系統,或者是將微相機加裝在行動電話上。微加工技術應用在微系統的製作,可望於新世紀中在化學和生物科技上將取代傳統的合成與製藥技術。因為可藉由微反應器的開發,改善了化學藥品的生產方式與強化製程,可加速產品的開發與節省資源。

(三) 微機械加工 (Micro mechanical machining)

適用於微元件的批量生產,主要的加工方法有傳統切削加工方法中,利用刀具微小化等改進形成微車削加工、微銑削加工、微孔加工和微輪磨加工等,以及特殊加工方法中的微放電加工、雷射加工、離子束加工和原子力顯微加工等。微機械加工技術領域中,如何將刀具微小化,以便加工出微元件是關鍵因素,在加工過程中,刀具振動、環境因素、熱誤差等是影響精度的重要因素。

24-2 奈米科技

一、奈米與奈米特性

奈米 (Naometer,nm) 是指米 (Meter,公尺) 的十億分之一,1 nm 稱為 1 奈米,故 1 nm = 10^{-9} m,如圖 24-2 所示奈米與米之比較。奈米技術 (Nanotechnology) 是一門應用科學,其目的在於研究於奈米規模時,物質和設備的設計方法、組成、特性以及應用。一般將材料控制在 0.1 nm ∼ 100 nm 之間的尺度稱為奈米材料,主要方法是從塊材開始通過切割、蝕刻、研磨等辦法得到,比如超精度加工,得到精確的微小結構與高效穩定的奈米尺度質量材料。奈米材料具有異於普通材料的光、電、磁、熱、力學、機械等性能,比如質量輕、體積小、消耗的能量低,且具更佳的物性、化性與功能性。根據物理形態劃分,大致可分為奈米粉末 (奈米顆粒)、奈米纖維 (奈米管、奈米線)、奈米膜、奈米塊體和奈米相分離液體等五類。

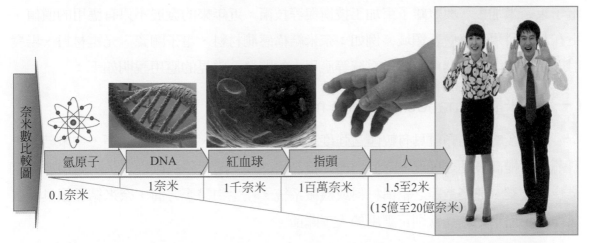

奈米數比較圖

| 氫原子 | DNA | 紅血球 | 指頭 | 人 |

0.1奈米　　　1奈米　　　1千奈米　　1百萬奈米　　1.5至2米

(15億至20億奈米)

• 圖 24-2　奈米數比較圖 (RPG 網、Esotericonline 網、伊秀美體、ILOVE 部落格、健康頻道)

二、奈米科技

　　奈米科技 (Nanotechnology) 為原子、分子、高分子、量子點和高分子之集合的世界，且被表面效應所掌控，如範德瓦耳斯力、電荷、氫鍵、共價鍵、離子鍵、親水性、疏水性和量子穿隧效應等，其中慣性和湍流等巨觀效應則常因相對小而被忽略掉。

　　奈米科技是指量測、操控、模擬、且製造出小於 100 奈米呈現新機能或新穎物性的物質，在此基礎下設計、製作成新的元件、器具或系統的技術。廣泛的可應用於如奈米醫學、奈米醫學、奈米生物、奈米光電、奈米電子、奈米化工、奈米材料、奈米機電、奈米軍事等用途。

　　奈米科技可以解決目前遇到的諸多困難，如電阻量子線可以減輕高密度、高容量電子元件的發熱及能量消耗問題。或是製造奈米產品如奈米化的金粒子具有高催化能力的奈米金觸媒，亦可利用防曬材料奈米化後，提高隔離紫外線效率的奈米防曬劑；亦可應用奈米粒子和液體間的表面張力原理，製作不怕髒污的奈米塗料；亦可應用分子作用力以及晶片製造技術，發展出可快速檢測疾病的生物晶片。

三、奈米應用技術

　　奈米製造是傳統微米製造技術的延伸，使圖案製造能力可達奈米層次。奈米加工的世界已非傳統刀具切削，利用微細加工之蝕刻、化學反應加工或使用穿隧顯微鏡等。其加工技術包含掃描探針技術 (如掃描探針顯微術 SPM、微機械隧道掃描探測顯微術 µ-STM、原子力顯微術 AFM)、奈米微影加工技術 (近場光學奈米微影加工)、

電子束奈米加工、與聚離子束加工技術與等技術。近年來的發展不只有應用的價值，更在基礎科學有寬廣新領域。例如：奈米結構感測材料、電子陶瓷、光電材料、場發射顯示器、微制動器、微機電系統等應用上的開發。常見的應用說明如下：

(一) 奈米晶體 (nanocrystalline materials)

奈米金屬結晶顆粒具有較佳之強度、硬度、磁特性、表面催化性等，奈米結晶材料薄膜可提高表面之硬度、降低磨擦、提高耐熱性、耐化學腐蝕性等，可應用於汽車業、航太業、建築業等之結構材料或機械系統。在生物醫學方面，奈米結晶銀具有抗菌作用，而奈米結晶鈦則可應用於人工關節。

(二) 奈米粉體 (Nanoparticles)

奈米粉體是奈米材料中種類最繁多且應用最廣泛之一類，製程包括固相機械研磨法、液相沉澱法、溶膠－凝膠法、化學氣相沉積法等，不同之方法各有其優缺點及適用範圍。常見之應用如下：

1. **陶瓷奈米粉體 (ceramic nanoparticles)**：最常見可分為二類：(1) 金屬氧化物如 TiO_2、ZnO 等；(2) 矽酸鹽類，通常為奈米尺度之黏土薄片。
2. **複合材料**：由於無機分散相表面積與高分子間之作用力，使複合材料之剛性大幅提升，耐化學腐蝕及保有透明性，而透氣性、熱膨脹性下降等優點，應用於家電器材、汽車零組件、輸送導管、包裝材料如保鮮膜、飲料瓶等耐磨結構材料與一般民生工業上。
3. **塗布**：奈米粉體塗布具增強表面硬度、抗磨、透明等特性，應用於建材及太陽眼鏡鏡片上；磁性奈米粉體塗布則可應用於資料儲存。
4. **醫學與藥物**：奈米銀微粒具有抗菌功效、氧化鋅則具殺黴作用。TiO_2 與 ZnO 對 UV 吸收具良好功效，可應用於防曬油等美容產品。
5. **其他**：奈米粉體之高表面積在工業上具良好催化反應，用於燃料電池上可增加其反應速率，提高效能。亦可使用金屬奈米粉體印製電子電路，或使用磁性奈米粉體於半導體與醫學核磁共振影像上。

（三）奈米孔隙材料 (nanoporous materials)

奈米孔隙材料可由溶膠－凝膠法、微影蝕刻、離子束等方法製得；奈米孔隙薄膜經鍍膜處理，可得奈米細管結構，可作為半導體業中之低介電材料；奈米多孔矽具有特殊發光性質，可作為固態雷射之材料；奈米多孔碳則具高電容特性，可應用於如手提電腦、行動電話，乃至電動車等電池之開發。

（四）奈米纖維與奈米線 (nanofibers & nanowires)

奈米纜線傾向為無機材質，包括金屬、半導體（如矽、鍺）、及一些有機高分子，主要應用於電子工程。其製造主要有三個方式：

1. 微影蝕刻或拓印。
2. 化學成長。
3. 自組裝成長。

奈米纖維可用於複合材料與表面塗布，達補強作用。Hyperion Catalysis International 正開發利用奈米碳纖絲，製造導電塑膠及薄膜，可應用在汽車之靜電塗料或電器設備之靜電消除。電紡奈米纖維具強度提升與高表面積等特性，適合作為奈米粉體於催化應用上之反應床。奈米纖維可製成抗化學品、防水透氣、防污等特殊性能布料。奈米纖維可用為過濾材料及醫學組織工程之支架材料；亦具應用潛力在藥物輸送之媒介、感測器、奈米電機等領域；此外可撓式光伏特膜片可製成穿戴之太陽能電池。

其他奈米纜線的應用，包括於氣體分離與微分析、可攜式電源供應器之催化劑、陶瓷微機電系統、輻射線偵測器、發光二極體、雷射、可調式微波裝置等。目前奈米纜線於奈米電子工程之應用，仍處實驗室研發階段。

（五）奈米碳管 (Carbon nanotube，CNT)

碳原子構成的針狀物中空管狀體，直徑約為數奈米至數十奈米，長度可達數微米，稱為奈米碳管。奈米碳管可分兩種，如圖 24-3 所示單層壁 (single wall) 及多層壁 (multi-wall) 的奈米碳管，單層壁為一層石墨層所構成，而多層壁的是由二至數十層同心軸石墨層所構成。

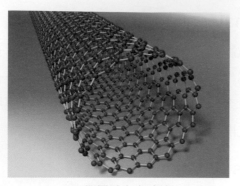

(A) 單層壁奈米碳管　　　　　　(B) 多層壁奈米碳管

• 圖 24-3　奈米碳管 (隨意窩屁屁滴部落格、中國醫藥大學醫學系)

　　奈米碳管是目前人類可製成最細的管子之一，具良好的熱與電傳導性，化學穩定性與強度高，且具有韌性。奈米碳管可應用在製作比現今更小的電晶體或電子元件，如圖 24-4 所示可將奈米碳管做成超微小電場電子發射 (Field Emission 或簡稱為「場發射」螢幕，取代傳統式體積龐大的陰極射線管 (cathode radiation，CRT) 螢幕。

　　奈米碳管亦具吸附氫氣與碳氫化合物之功能，可以應用在航太與汽車工業上燃料電池的氫氣儲存槽。亦可作為大幅提高解析度之原子力顯微鏡或掃描隧道顯微鏡。

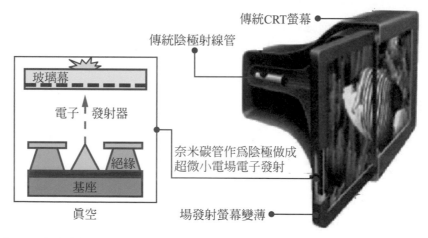

• 圖 24-4　奈米碳管顯示器與傳統 CRT 比較 (奈米新世界 & 國立交通大學資訊技服中心)

(六) 光子晶體 (Photonic crystals)

　　光子晶體是由不同折射率的介質，以周期性排列而成的人工微結構，是一種多孔結構組織。如圖 24-5 所示大自然中珠光鳳蝶的蝶翼表面，因有光子晶體的顯微結構，可反射特定波長的光波，因而展現多彩的色澤。蜘蛛絲是由數十到百條奈米結晶蛋白

質纖維結構纏繞而成，具有高彈性、高強度及黏性，可說是世界上最強的生物纖維。

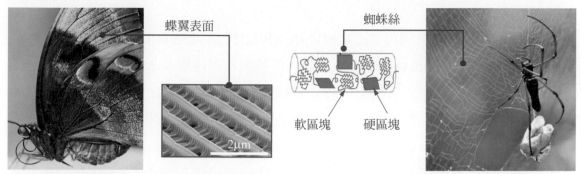

(A) 珠光鳳蝶　　　(B) 光子晶體顯微結構　(C) 結晶蛋白質纖維結構　　　　(D) 蜘蛛吐絲

• 圖 24-5　大自然中生物就有奈米級構造 (香港大紀元、國家實驗研究院儀器科技研究中心、阿波羅新聞、天智科技公司)

　　在新的奈米技術中，因體積非常小，被廣泛應用在諸多領域中，如以光子輸送信息的激光計算機、光子晶體晶片等。使用光子晶體製造的光纖，比傳統光纖更具優良的傳輸特佳與色散補償作用，如圖 24-6 所示。

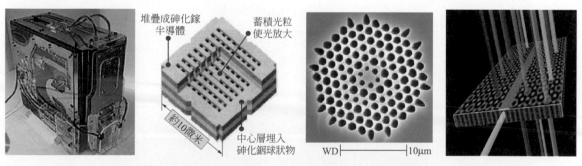

• 圖 24-6　光子晶體應用領域例 (互動百科、材料世界網、光纖在線編輯部、科學就是醬網)

生活小常識

光子晶體製程

二維光子晶體僅須一般半導體的微影蝕刻製程，製作較簡易，但對於光能量的侷限效應有限，且「能帶」受限於電磁波方向與偏極化等缺點。故三維光子晶體是未來元件製作的重要課題，但其製程相對繁複且困難。

生活小常識

磁力研磨拋光加工

(卓漢明、林清田,國科會成果報告 (NSC94-2212-E-252-001)

磁力研磨 (Magnetic Abrasive Finishing) 係利用電磁線圈或永久磁鐵產生磁場,
使置於磁場中之磁性磨料形成撓性磁刷 (Flexible Magnetic Abrasive),並以磁
刷上之磨料拋光工件,如圖所示藉以平滑工件表面,達到超精密研磨加工的效
果。

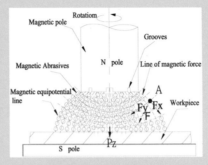

平面磁力研磨機構示意圖

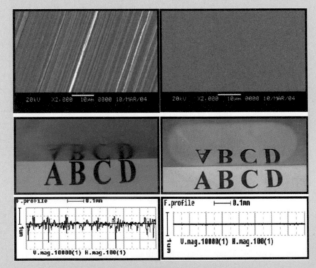

左圖為平面拋光前(Rmax 2.572μm)
右圖為拋光後呈現鏡面(Rmax 0.10μm)

學後評量

24-1 1. 微細裝置的機械運作具有何特點？

2. 微機械加工的主要加工法有哪些？

3. 微細製造技術可應用在哪四大產業上？請舉例之。

24-2 4. 何謂奈米？何謂奈米技術？

5. 奈米科技可應用於哪些用途？

6. 常見之奈米粉體有哪些應用？

Chapter 25

積層製造與未來展望

積層製造技術所衍生之產業被稱為第三次工業革命科技之一，其建構步驟、類型、方法與材料，皆影響傳統製造業的創新生產模式。

本章大綱

25-1 積層製造與快速原型

一、積層製造產業

積層製造 (Additive manufacturing) 科技產業不但影響傳統製造業的大批量生產模式，亦將有可能改變創新、技術、藝術、教育及社群等產業領域，並且展現全新的面貌，包括下列幾點：

1. **創意設計風潮**：3D 印表機設備具初期資金與設備投資門檻低、產品成本低、無庫存等優勢，相當適合中小企業創業，可帶動創意設計、個人工作室，以及家庭工廠的興起。

2. **供應鏈質變**：3D 列印技術將會降低對模具廠與零組件供應商的倚賴，全球產業鏈將逐漸被壓縮與簡化，離岸外包 (Off-shore outsourcing) 模式將轉向近岸外包 (Near-shoreoutsourcing) 與國內生產並重的模式。

3. **改變生產與銷售模式**：產品以專用機大量生產，導致價格愈趨便宜化；因 3D 列印技術適合產品的不斷推陳出新與產品少量個性化，對未來產品的生產與銷售模式勢必產生質變。

4. **新興電子商務模式**：可輕易將創作商品直接向其他消費者或是廠商進？販售。因此，全球電子商務交易將逐漸從實體商品轉向商品數據藍圖與朝向列印材料。

二、快速原型 (Rapid prototyping，簡稱 PR)

快速原型是 20 世紀以來機械結合電腦技術之代表性機器之一，加工流程是藉由 CAD 或掃瞄系統建立之電腦資料，使用材料以積層堆疊方式，自動製作立體機件的方法，如圖 25-1 所示。雖然建構之機件模型精密度比工具機加工差，但具有優勢包括：(1) 實體代替圖形；(2) 做為機件尺度及功能驗證；(3) 縮短研發成本、想法可以驗證和測試；(4) 應用範圍廣泛、可以「在家」創業；(5) 可客製化、可創意與製造特殊造型與列印小東西；(6) 少量生產、快速打樣；(7) 減少耗材成本、降低製造成本、提高原型製造效率。

(A) RP 流程	(a) 電腦繪圖	(b) 轉STL檔	(c) 切層處理	(d) 光罩圖案	(e) RP成形機	(f) 實體模型
(B) 公仔 製程	(a) 3D掃描	(b) 轉STL檔	(c) 切層處理	(d) 積層堆疊	(e) 取物清理	(f) 實體模型

• 圖 25-1　快速原型 (取材國立台灣科技大學材科與工程所 &REIFY3D& 浮洛葛葛)

三、積層製造目的與建構步驟

　　3D 列印 (3D printing) 被正名稱為「增量製造」或是「積層製造」(Additive Manufacturing，AM)，最早是指使用傳統噴墨印表機噴頭的流程，為任何列印三維物體形狀和幾何特徵的過程，屬於工業機器人的一種，亦是快速成型技術一種，如圖 25-2 所示。可列印材質從塑膠、陶瓷、石膏粉末、尼龍、金屬、合金、蠟…近百種材質。應用領域如珠寶、鞋類、工業設計、建築、土木工程和施工、汽車、槍枝、航空太空、牙科和醫療產業、教育及地理資訊系統等皆可。

噴頭 ●————

堆疊 ●————

積層製造目的
將3D圖檔以高精度堆疊方式呈現原始模型的細節與特徵，最後經清除支撐材料、拋光等處理完成物品。

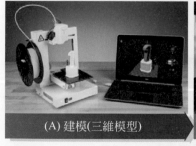
(A) 建模(三維模型)

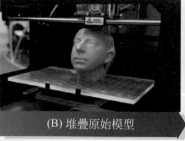
(B) 堆疊原始模型

(C) 物件處理完成實例

• 圖 25-2　積層製造目的 (新浪部落格民智一郎的博客 & 中走絲線切割技術社區)

四、積層製造產品建構步驟

1. **建模 (三維模型) 與轉檔**：工作流程是先透過如電腦輔助設計 (CAD) 或電腦動畫建模軟體或三維掃描器建立物體的形狀、外表等三維模型，並轉換成 .STL 或 .OBJ 印表機讀取格式，產生能夠讓機器逐層列印的截面資訊，才能讓 3D 印表機把材料層層地列印、疊壓、黏合。

2. **切層處理**：進行「流形錯誤」檢查與「修正」，包括各表面沒有相互連線或是模型上存在空隙等；而後用一種名為「slicer」(意為「切片機」) 軟體將檔案作切層或切片處理 (分割成逐層截面資料)、設定列印格式，同時生成 G 代碼 (G Code) 以針對某種積層製造機的客製指令。

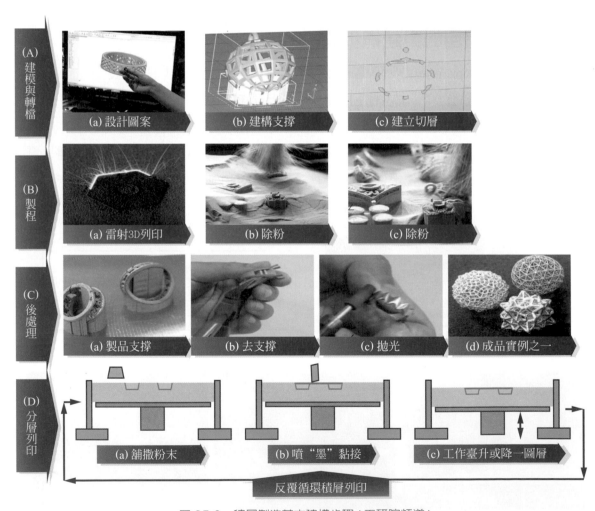

• 圖 25-3　積層製造基本建構步驟 (工研院頻道)

3. **分層列印**：積層製造機作校正、熱機，並根據 G 代碼從不同的橫截面，將液體粉末、紙張或板材等材料一層層組合形成積層製造物件，如圖 25-3(D) 所示。

4. **物件後處理**：取出物件 (脫模) 並清除多餘支撐材料與最後處理 (如表面拋光) 即為成品，如圖 25-3(ABC) 所示。

25-2 種類、方法與材料

在挑選積層製造列印機時，主要需要考慮的是列印解析度、列印速度、印表機價格、列印原型價格、列印材料的選擇、價格及其顯色能力。列印解析度指的是層厚度以及長度、寬解析度，單位為點 / 英寸 (dpi) 或微米 (μm)。積層製造之加工法以列印機類型作分類，如表 25-1 所示，說明如下。

◆ 表 25-1　印表機類型與製造方法

列印機類型	層疊製造方法
1. 金屬線路型	電子束無模成型製造器 (EBF)
2. 層積型	分層實體製造 (LOM)
3. 擠壓沉積型	熔融沉積成型 (FDM) 或熔絲製造 (FFF)
4. 光聚合成型	數字光處理 (DLP)、立體光刻 (SLA)
5. 粒料結合型	選擇性雷射燒結 (SLS)、直接金屬雷射燒結 (DMLS)、選擇性雷射熔化 (SLM)、電子束熔煉成型 (EBM)、選擇性熱燒結 (SHS)、石膏 3D 列印 (PP)

一、金屬線路型

1. **意義**：以電子束無模成型製造器 (Electron Beam Freeform Fabrication，EBF) 為代表，此法乃先通過電腦繪製一個三維物體圖，三維圖被分成可由電子束追蹤的多個層，與此同時，鋁、鈦等金屬絲將被輸送至電子束中，用於構建這些分層，電子束釋放的熱量 (溫度可達 3000 度) 使金屬液化，然後變成需要的外形，如圖 25-4 所示。

2. **特色**：製造材料幾乎所有金屬合金皆可，是一款自動成形和銲接機器，給飛機和航天器零件的製造方式帶來革命性變革。

(A) EBF成形外形一

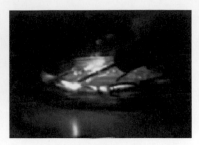
(B) EBF成形外形二

(C)幾何造型製品

• 圖 25-4　電子束無模成型製造 (NASA Langley's Technology Gateway)

二、層積型

1. **意義**：以層狀物體製造法 (Laminated-object manufacturing，LOM 技術) 為代表，又稱分層實體製造法，印製過程類似點陣式印表機的列印方式，以雷射或刀具將塑膠薄膜切成所需形狀，再經滾輪一層層使用膠水黏貼，堆出立體物件，如圖 25-5 所示。

2. **特色**：所用成形材料是塗有黏結劑之成捲紙張、纖維布、塑膠或金屬薄片，此種製造可做出實心物體，列印速度比較快，但是廢料較多。

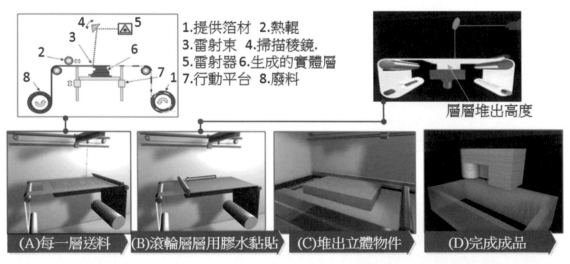

• 圖 25-5　LOM 工藝生成模型過程 (Julio Cesar Barbosa de Lima&TurkCADCAMvideo& 維基百科)

三、擠壓沉積型

1. **意義**：有熔絲製造技術 (Fused filament fabrication，FFF) 與熔合沉積法 (Fused deposition moldeling，FDM 技術)，後者又稱熱熔解積層製造技術，是繼 LOM 和 SLA 後發展出的技術。用純樹脂粘接呈絲狀的熱熔性材料加熱到半熔融狀態，通過微細噴嘴將其擠出在平面工作檯上後迅速變成固態，如此反覆堆疊作業印出立體物件之法，如圖 25-6 所示。

2. **特色**：可使用各種色彩工程塑料作為製造材料，如 ABS 樹脂、聚碳酸酯 (PC)、聚乳酸 (PLA)、高密度聚乙烯 (HDPE)、PC、醫用 ABS、聚苯礬 (PPSU) 和高抗衝聚苯乙烯 (HIPS) 等高分子聚合物。在消費市場想要機械強度用 FDM，而欲表面精細度者用 DLP 製造。

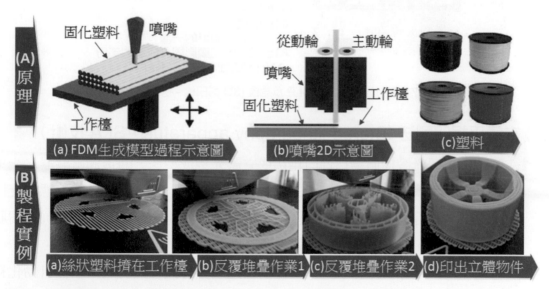

• 圖 25-6　熔合沉積法 FDM 技術 (取自 read01& 維基百科 & ACAD Pte Singapore)

四、光聚合成型

此技術來自光聚合技術 (光固化技術)，適用於光聚合物、彈性體原料、人造樹脂。常見者如下：

（一）數位光處理 (Digital light processing，DLP)

1. **意義**：將切層處理 (分割成逐層截面資料) 後的截面圖案，用燈泡照射在光固化聚合物樹脂上，每一層做完後須將物件稍微提高以逐步拉出光固化樹脂，如此反覆逐層截面堆疊形成物件之法，如圖 25-7 所示。

2. **特色**：此法物件精細度佳，但耗材較貴，燈泡的亮度會因為時間而逐漸變弱，須注意光照強度問題。適合製作模型、玩具等強調表面精細度而不強調硬度的產品。

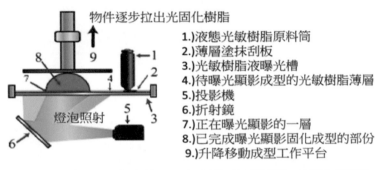

物件逐步拉出光固化樹脂

1.)液態光敏樹脂原料筒
2.)薄層塗抹刮板
3.)光敏樹脂液曝光槽
4.)待曝光顯影成型的光敏樹脂薄層
5.)投影機
6.)折射鏡
7.)正在曝光顯影的一層
8.)已完成曝光顯影固化成型的部份
9.)升降移動成型工作平台

燈泡照射

• 圖 25-7　數位光固化處理 DLP 示意圖 (3D 列印機 - 初學入門指南)

（二）立體平板印刷法 (Stereo lithography apparatus，SLA 技術)

1. **意義**：又稱光敏樹脂選擇性固化法或立體光刻成型法，乃透過雷射器之光束 (氦 - 鎘、氬離子、紫外線、LED 燈及任何高能量光束皆可)，將液態的光敏樹脂表面進行逐行、逐點掃描產生聚合反應而固化圖層，再將物件沉入樹脂覆蓋新層，如此逐層掃描固化列印成型物件之法，如圖 25-8 所示。

2. **特色**：為第一種實用化且應用廣泛的快速成型方式，具有成型過程自動化程度高、製作原型表面佳、尺寸精度高、列印物件解析度高，可製作結構較複雜模型或零件等優點。但缺點是部制 (1) 成型件多為樹脂類，其強度、剛度、耐熱性等較差；(2) 固化後的零件較脆、易斷裂、易彎曲和變形，需要支撐。(3) 液態樹脂具有氣味和毒性，須避光保護，工作環境要求苛刻；(4) 設備雖精密但維護費較高。

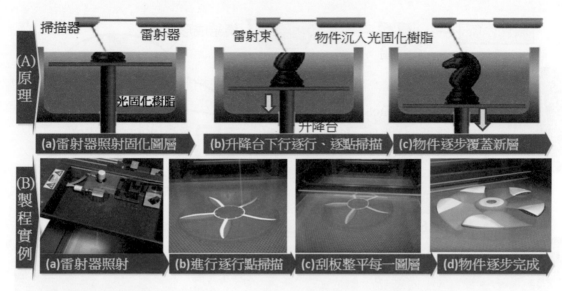

- 圖 25-8 立體光固化成型 (SLA)
(取材自 Solid Concepts & CH-TSENG.BLOGSPOT.TW/CameraEyes)

五、粒料結合成型

(一) 選擇性雷射燒結法 (Selective laser sintering,SLS 技術)

1. **意義**:以高能量雷射光在塑膠粉末,選用低熔點金屬粉末混合主要在成形過程中起粘結劑作用) 上使其燒結凝固成型,而後工作檯下降一個層厚,藉鋪粉輥輪再鋪上新一層粉末並開始新一層燒結,如此反覆直至物件完全成型,如圖 25-9 所示。

2. **特色**:SLS 優點:(1) 使用材料廣泛,如聚醯胺 (尼龍)、玻璃纖維、玻璃纖維增強聚醯胺 (PA-GF)、甲苯、碳化物、彈性體。(2) 可製造複雜構件或模具。(3) 物件埋在粉末內不須增加基座支撐。(4) 最大特點為物件堅硬耐用,適用於製作高強度的元件模型。SLS 缺點:(1) 機件表面粗糙,呈顆粒狀。(2) 加工過程會產生有害氣體。

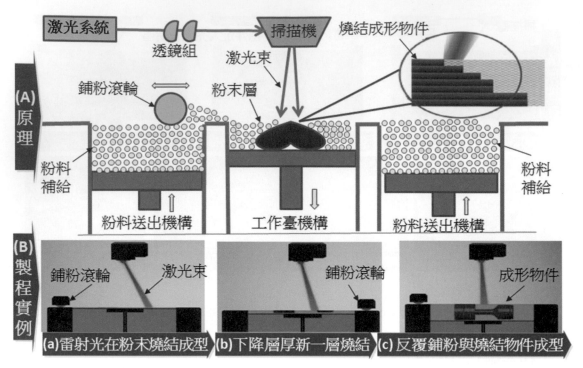

• 圖 25-9　SLS 技術原理 (取材 read01 網 &CameraEyes&3DPRINTER468& futhurs 齊藤精一郎)

（二）直接金屬雷射燒結 (Direct metal laser sintering，DMLS)

1. **意義**：DMLS 是將金屬粉末以高能量雷射光束加熱到融化臨界點，變成亞液態以融合並凝結硬化之法，如圖 25-10 所示實例。

2. **特色**：此法與 SLS 相似，主要不同點在於雷射功率、溫度和粉末選擇，DMLS 雷射功率與溫度相對 SLS 為高。此法機械強度和開模澆鑄產品同佳，列印出機件可直接使用，使用材料以金屬為主，如不鏽鋼、鈦、金、銀、銅，以及其他金屬或合金等。

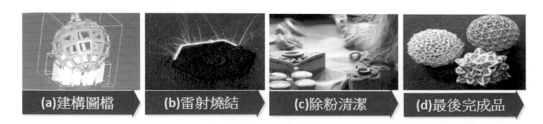

• 圖 25-10　直接金屬雷射燒結 DMLS 製程實例 (取自工研院頻道)

（三）選擇性雷射熔化 (Selective laser melting，SLM)

1. **意義**：將 SLS 的雷射功率再加高即為 SLM 或 DMLS，SLS 和 SLM 的不同點在於 SLM 的溫度比較高，這種技術主要材料以金屬為主 (SLS 材料比較

多元)，且不採用燒結融合粉末顆粒做法，而是分層使用高能量雷射使粉末完全熔化，經冷卻凝固而成型出高密度物件的一種技術，如圖 25-11 所示實例。

2. **特色**：機械強度和開模澆鑄產品同佳，列印出機件可直接使用，但是價格昂貴，速度偏低，精度和表面粗造度仍可通過後期加工提高。

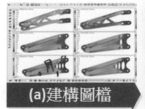

(a)建構圖檔　(b)雷射燒結　(c)除粉清潔　(d)最後完成品

• 圖 25-11　選擇性雷射熔化 SLM 製程實例 (SLM Solutions Group AG)

(四)電子束熔融成型 (Electron beam melting，EBM)

1. **意義**：乃把 SLM 的雷射換成高真空環境下的電子束，將金屬粉末層層融化，並疊加在建構平台上生成完全緻密機件的方法，是一種可用於製造鈦合金金屬件的積層製造技術，如圖 25-12 所示。

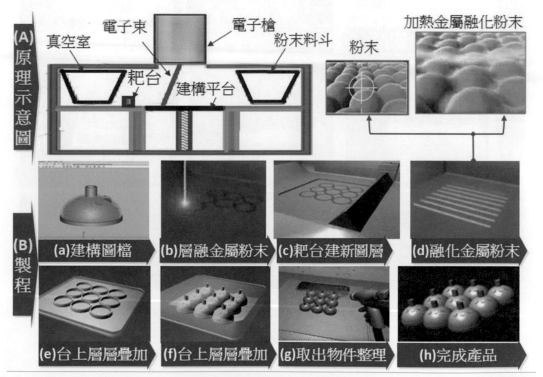

• 圖 25-12　電子束熔融技術 (CH-TSENG.BLOGSPOT.TW/CameraEyes&Eng. Rami Khalil)

2. **特色**：此法生產出的物件密度高、無空隙、無氣泡且硬度強、非常堅固；電子束式的溫差小，殘餘應力低，加工支撐所需較少，能列印難熔金屬，並且可以將不同的金屬熔合。廣泛應用於快速原型製作和生物醫學工程等領域。電子束式相對於雷射束式，此法缺點是須實施預熱。

（五）選擇性熱燒結成型 (Selective heat sintering，SHS)

1. **意義**：此法基床可加熱控制粉末溫度，當啟動後，熱敏列印頭的熱量融化基床上物件區域作燒結，然後 3D 印表機再鋪上新一層粉末並來回移動逐層燒結最終形成物件 (被未融化的粉末包圍著)，如圖 25-13 所示。

2. **特色**：未使用的粉末 100% 可回收，可用鈦金屬來製造成品植入物，且無需支撐結構就能製造出具有複雜結構的物體。此法能用尼龍粉末材料創建出彈性大且強度高成品，且列印速度快。

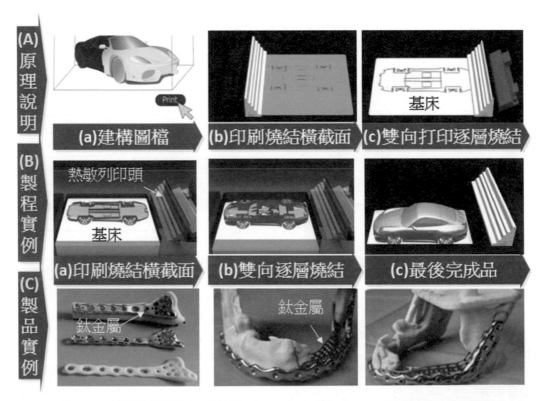

• 圖 25-13　選擇性熱燒結 SHS 技術 (Blueprinter3D's channel&(read01 網 3D 虎)

（六）粉末層噴頭 3D 列印 (Powder bed and inkjet head 3d printing，PP)

1. **意義**：材料粉末是通過噴頭用粘接劑 (如矽膠) 將零件截面「印刷」在材料粉末上面，如圖 25-14 所示。

2. **特色**：基本材料有石膏、熱塑性塑料、陶瓷、金屬，此種與 SLS 工藝類似，採用粉末材料成形。

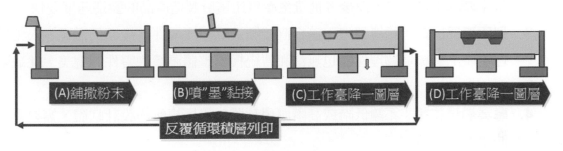

• 圖 25-14　粉末層噴頭 3D 列印

25-3 積層製造未來展望

一、前言

　　由於逆向工程興起，迄今全球積層製造的應用領域主要分佈在消費性產品 (29%)、汽車 (19%)、醫療 (13%)、教育 (10%)、太空 (8%) 及工業機械 (7%) 等領域。設備可區分為「生產製造用、專業領域用、工作室用」三個等級；3D 物件編輯軟體區分為支援專業生產製造的高階應用軟體，適用於醫療、軍事、航空、工程及教育等領域，以及低階機型的入門軟體。而積層製造服務則是提供 3D 建模、編修、列印及代售等服務 (資策會產業情報所，2013)。未來各種產品定制化 (Mass customization) 生產，可能將超越傳統的注塑模型生產的規模化生產方式 (Massproduction)，也就是組裝測試、設計驗證、功能模型等生產與甚至銷售，將使包括列印材料業、前後段設備產業、設計業、行銷與銷售通路體系等製造產業群聚帶來全球的革命。

二、技術發展方向與瓶頸

　　積層製造技術類型與材料共同決定應用範圍，與傳統製造技術相比，各有用武之地，目前與傳統製造業優勢互補。未來技術發展方向將朝：(1) 造型材料多樣化；(2)

硬體裝置低價化；(3) 機械與物理性能優質化；(4) 軟體及服務充實化；(5) 物聯網深化爲智能化；(6) 將軟體、設備、材料、列印技術與解決方案一體化。

然而目前仍有幾大方向須待繼續克服：

1. **材料的限制**：金屬材料之液化列印仍難以成型，採用高溫、高壓的粉末冶金方式技術，短期亦難成熟；故多元材料的列印未來將成必然。

2. **價格成本**：由於積層製造設備和耗材因素使商品的成本，仍遠高於規模化大量生產的平均成本，而後者批量生產也比積層製造產品的製造速度要快。

3. **列印產品品質**：積層製造不適合直接製造高精度零件，後期仍需經過人工處理；產品機械與物理性能也無法和傳統模具整體澆鑄的零件相媲美，此缺陷有待突破。

4. **專業編輯軟體**：不論低階或高階應用軟體，仍屬複雜的設計軟體，需要專業的學習與應用。

5. **列印速度慢**：積層製造速度仍然無法滿足工廠大量生產的需求。

6. **智慧財產權的衝擊**：例如積層製造技術玩偶、公仔再製或古物新翻製衝擊專利及法律層。

7. **主要用途「原型製作」可能被虛擬實境取代**：目前發展中的「虛擬實境」(Virtual Reality，VR) 技術，若可將數位 3D 檔案擬真讓使用者看到並感覺到，將使積層製造的「原型製作」功能顯得不再那麼重要。

參考資料

1. 吳顯東，3D 列印材料發展現況與趨勢，MIC-AISP 情報顧問服務。
2. 大格科技 發表于科技，3D 列印的挑戰及產業發展的瓶頸。

三、用途

目前積層製造技術的應用範圍，說明如下：

1. **生活應用產業**：如圖 25-15 所示
   (1) 食：食品食物、糖果、比薩餅、蛋糕糕點裝飾、巧克力等客製化生產。
   (2) 衣：時裝設計師使用積層製造的比基尼泳衣、專用跑鞋和裙裝。
   (3) 住：精確比例的建築模型、模型屋製作作等，科學家正在嘗試使用微波燒結技術將月球表層土砌成堅硬的建材。
   (4) 行：汽車及其零組件。

(5) 育：包括：①國高中的科展發表、自然科學學習教材。②大學大專的各
項比賽、畢業製作、原型開發學習。③研究所的研究輔助器材、研究內
容實體化展示。④補習班的電腦繪圖實體化教學。

(6) 樂：如積層製造筆可客製藝術設計。

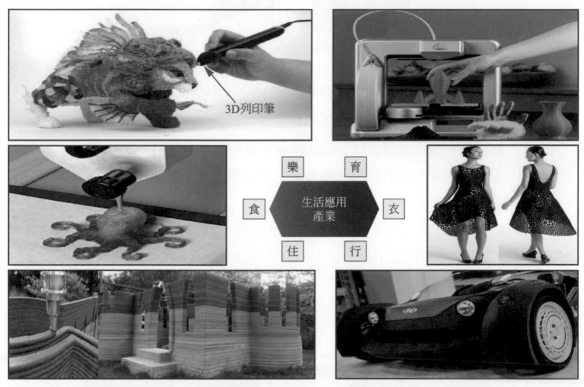

- 圖 25-15　生活應用產業產品 (鉅亨網新聞中心、NERVOUS SYSTEM 網、民智一郎的博客、自由時報
汽車頻道、Engadget&ifuun 網)

2. **工業產業**：國防 (槍枝與航空航太零組件)、機器零組件、手機殼、鞋底、
水壺、眼鏡、鏡片…等客製，如圖 25-16 所示。

(A) SLS列印全金屬步槍　　　　　　　(B) 零件組

- 圖 25-16　工業產品 (Guns 網、EMAZE 網、英國阿多尼斯公司 &Flickr 網)

(C) 手機殼   (D) 鞋底與水壺

• 圖 25-16　工業產品 (Guns 網、EMAZE 網、英國阿多尼斯公司 &Flickr 網)(續)

3. **醫藥材與生物列印**：醫藥材列印如鈦骨盆、鈦下頜、頭蓋骨、髖關節、牙齒科之齒模、輔助醫療義肢、助聽輔具等客製化醫療輔具。2013 年中國科學家開始使用活細胞在特殊積層製造機生產活體人耳、肝臟和腎臟等人體器官的生物列印科技，如圖 25-17(A)、(B) 所示。

4. **時尚文創**：古玩新製、貴珠寶、飾品配件、組合模型、公仔等創意特色商品，如圖 25-17(C)、(D) 所示。

(A) 齒模   (B) 活體器官

(C) 公仔   (D) 創意茶具

• 圖 25-17　醫藥與生物及文創產品 (Flickr 網、科技新報網連以婷、智茂資訊公司 &SCOOP 獨家報導網)

5. **新式創業模式**：積層製造商機創造社群式製造法，其構成包括開放的軟硬體、群眾募資平台及積層製造技術等三大要素。即隨著網際網路雲製造、物聯網 (Internet of Things) 生態可整合進行積層製造的創業、融資以及設計程序交易，再透過物流將成品送到客戶，如圖 25-18 所示。另外，透過互動設計與人機介面，亦成就展示科技的商機。

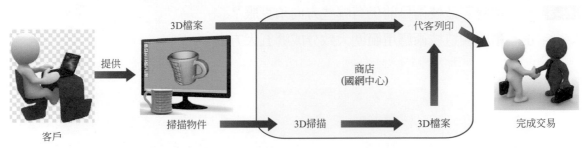

• 圖 25-18　社群式製造法其中一種實例 (瑞德集團、馬路科技公司 &001 房仲資訊)

生活小常識

複合材質同步齒輪環 (Composite Synchronizer Ring) (均牧實業公司提供)

汽車變速箱同步齒輪環中，以碳纖複合材質為基底 (Carbon-based Friction)，可確保齒輪在使用過程中減少變形、斷齒、缺齒情形，提供長時間高負荷運轉，有效提高生產效率。

汽車變速箱碳纖複合材料同步齒輪環 (均牧實業公司提供)

1. 銅製品碳纖複合材料製程：(1) 銅管切胚 → (2) 加熱 → (3) 鍛壓 → (4) 去毛邊 → (5) CNC 加工 → (6) 加入碳纖粉並經加壓加熱固法化 → (7) CNC 加工 → (8) 成品 → (9) 包裝出貨 (適量裝箱 25 公斤內)。

2. 鋼製品碳纖複合材料製程：(1) 鋼管切胚 → (2) 加熱 → (3) 鍛壓 → (4) 去毛邊 → (5) CNC 加工 → (6) 加入碳纖粉並經加壓加熱固法化 → (7) CNC 加工 → (8) 熱處理後 磨再防鏽 → (9) 包裝出貨 (適量裝箱 25 公斤內)。

學後評量

25-1   1.   積層製造科技帶來哪四種新面貌？

        2.   快速原型具有哪些優勢？

        3.   請說明積層製造產品時的建構步驟。

25-2   4.   積層製造以印表機類型區分為哪幾個類別？並以表格方式分別舉例。

25-3   5.   積層製造技術目前仍有哪些方向須克服？

        6.   積層製造技術應用範圍大致分成哪五大方向？

製造自動化

機械製造隨電腦科技的發展,已有相當程度的結合與應用,不僅提升至製造的效益,也擴展製造技術的突破與發展,促使電腦科技成為機械製造科技不容忽視的一環,本章敘述生產自動化和製程自動化應用。

本章大綱

26-1 生產自動化
26-2 製程自動化應用

26-1 生產自動化

在科技日新月異的時代裏，工業生產的競爭非常激烈。所以，一個國家或企業投入龐大的人力與資金從事科技的研發，使生產自動化，以邁向技術密集的時代及適應競爭日愈激烈的國際社會。

自動化 (Automation) 是以機械力、油壓力、電力及汽力之設計，替代人力來執行，人類希望完成之工作。自動化可分為機械自動化 (屬於硬體自動化) 和電腦自動化 (屬於軟體自動化) 兩種。自動化亦可依行業別分類為三種，即生產自動化 (Production automation)、業務自動化 (Service automation) 和程序自動化 (Process automation)。程序自動化又稱為過程自動化，應用於水泥業、糖業等裝置或物料流程之工業。業務自動化應用於通訊、管理、商務、辦公或網路為主的行業。而本節乃在敘述生產自動化，說明如後。

一、生產自動化的意義及目的

生產自動化係指生產過程中各種作業的自動化，其主要目的是 (1) 縮短製造前置時間、工作省時省力化、減少人工成本；(2) 提高產品品質、降低生產成本；(3) 產品零件標準化。同時進一步效益可以提昇企業的生產力、提供簡便和效率的工作環境、提高工作的安全性和提供新的服務品質。故以自動化的機械來取代傳統勞力，以生產高品質且低價之產品，才能在自由市場的競爭中創造利潤。

二、生產自動化的作業方式

生產自動化依作業方式之不同分為下列兩種：

1. **固定型自動作業 (Fixed automation)**：此類型是指生產設備是固定型的傳統專用機械，作業程序簡單，適於大量生產，但是工作之彈性較差，變更困難，只適合同類型工件的生產。如圖 26-1 所示是衝床利用送料機從事自動送料。

• 圖 26-1　送料機自動送料 (金豐機器提供)

2. **可程式型自動作業 (Programmable automation)**：此類型乃指利用微處理機，微電子技術來控制生產作業的一種系統。它具有下列之特色：(1) 系統能適應少量多變化之產品的生產；(2) 作業程序較有彈性且易於變更；(3) 為一種可程式化 (Programmable) 的作業型態。如圖 26-2 所示是工業自動化的彈性製造系統 (F.M.S.)，整合了自動化機械、自動倉儲系統、機器人及自動搬運技術。

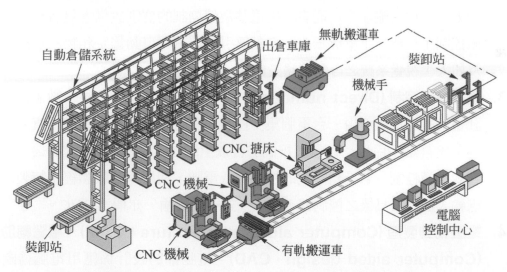

• 圖 26-2　FMS 彈性製造系統流程圖 (取自參考書目 30)

26-2 製程自動化應用

　　機械製造業的目標，就是生產高速率、高效率、高品質及適合人類使用又高經濟價值的產品。機械工具機結合電腦已是潮流所趨，其發展脈絡敘述如下：

1. **數值控制 (Numerical control，NC)**：是一種利用可使工具機運動的程式數值資料，以精確的自動控制工具機的運動方法，其情報流程如圖 26-3 所示。

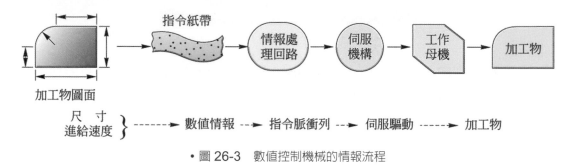

• 圖 26-3　數值控制機械的情報流程

2. **電腦數值控制 (Computer numerical control，CNC)**：由於電腦的快速發展，故將電腦置於數值控制內，直接用鍵盤將程式儲存於記憶體或直接作插入、替換及刪除等功能者。用電腦數值控制的個別設備常見者有：電腦數值控制工具機、工業機器人、自動導引搬運車、自動鑑定和物料追蹤系統以及如人工視覺系統之自動檢驗設備。

3. **直接數值控制 (Direct numerical control，DNC)**：將很多數值控制用之計畫儲存於電腦，由一台電腦集中控制很多台數值工具機，稱為直接數值控制；換言之，係以一台電腦控制 2 台以上的 CNC 工作母機者稱之，又稱群管式數值控制。若是藉用別的控制器或電腦，利用傳輸軟體經由特製之傳輸線輸入數控工具機之控制器，完成一對一之傳輸，亦稱為 DNC。

4. **電腦輔助製造 (Computer aided manufacture，CAM)、電腦輔助設計 (Computer aided design，CAD)**：電腦輔助設計係應用電腦繪圖軟體或工程應用軟體及其設備協助設計者，藉以進行設計創造、修改繪製工作圖或分析產品成最佳化者稱為 CAD。電腦輔助製造係用電腦系統及介面，配合 CAD 所設計的工作圖，配合製造加工參數 (如選定刀具、決定刀具路徑、切削深度、進給量、輔助功能等) 後，即可利用其軟體功能自動轉換成 CNC

機器的加工程式，稱為 CAM。故舉凡製圖、製造、檢驗、生產管理、包裝、
物料管理等皆可藉 CAD/CAM 的協助，並可很容易設計任何零件，並完成加
工之程式。如圖 26-4 表示其應用領域，如圖 26-5 表示其應用流程圖。

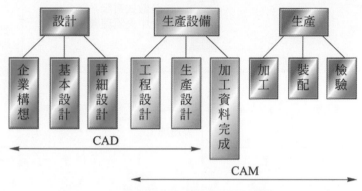

• 圖 26-4　CAD/CAM 之應用領域

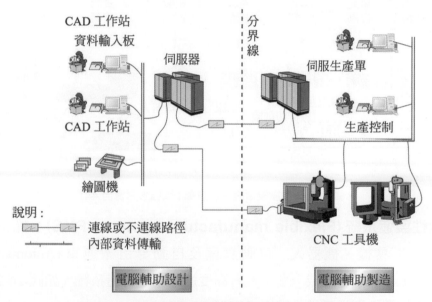

• 圖 26-5　CAD/CAM 應用流程圖 (取自參考書目 44)

5. **電腦整合製造 (Computer integrated manufacture，CIM)**：係以電腦
為工具藉網路將所有自動化設備，透過中央處理系統之電腦加工工程，計畫
報表與管理控制之整合，結合成一整體且完整的自動化生產系統，以完成多
種加工之製造過程者，如圖 26-6 為 CIM 示意圖。故電腦整合製造系統包括
兩大項目：

(1)　電腦支援設計製造系統：乃將製造生產系統與物料流動系統整合。

(2) 電腦支援管理業務系統：乃整合行政、業務、財務、辦公室自動化等工作。

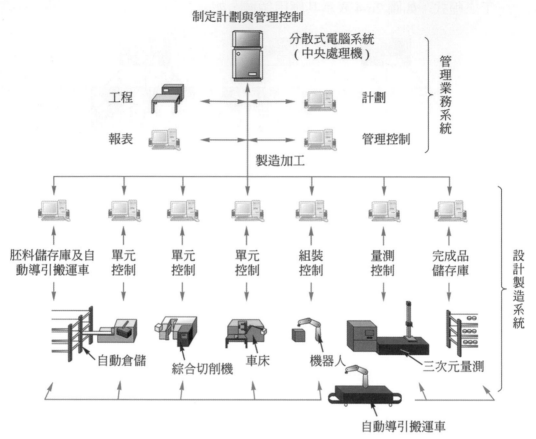

・圖 26-6　電腦整合製造示意圖 (取自參考書目 44)

6. **彈性製造系統 (Flexible manufacture system，FMS)**：係集合電腦、CNC 工具機、機器人、自動倉儲及自動導引搬運車 (Automatical guided vehicles，AGV) 而成一套，具有高度適應性之製造系統，如圖 26-2 所示。因此，彈性製造系統設備組成如下：

(1) 自動化數值控制機械：藉 CNC 程式、電腦輔助繪圖 (CAG)、電腦輔助設計 (CAD)、電腦輔助製造 (CAM) 等軟體工程驅動 CNC 工具機加工。

(2) 物料搬運系統：包括自動倉儲系統、無人搬運車、機械手、自動機台交換 (Automatic Pallet Changer，APC) 等設備。

(3) 電腦控制系統：由電腦監控 CNC 機械加工之運作，資料庫建立與儲存等。

7. **自動程式刀具系統 (Automatic programming tool system，APT)**：可以利用電腦輔助運算，並配合電腦語言描述加工物的形狀、大小、加工順序與動作等，經電腦轉換、運算及後段處理 (Post processor)，而能將加工之程式製作完成稱之。自動程式撰寫的語言依控制的型式分為位置控制與輪廓控制兩種，我國採用日本富士通 (FANUC) 公司所發展的自動程式製作語言 (簡稱 FAPT) 居多，以該公司 P 系統 C 型微電腦撰寫之程式尚有 SAPT、HAPT、AD-APT……等各具特色。近年來由於利用 CAD/CAM 交談式的輔助設計，以及後處理程式與巨集指令功能可直接轉化成 NC 碼，並利用 DNC 直接傳輸至數控機械上加以加工，比 APT 之功能更佳。

8. **其他**：如群組技術 (Group technology，GT)、電腦輔助測試 (Computer aided testing，CAT)、電腦輔助工程 (Computer aided engineering，CAE)、電腦輔助繪圖 (Computer aided graphics，CAG)、管理資訊系統 (Management information system，MIS) 和辦公室自動化 (Office automation，OA)、人工智慧 (Artificial intelligence，AI)、電腦輔助製造規劃 (Computer aided process planning，CAPP) 等。

生活小常識

汽車變速箱同步齒輪環 (均牧實業公司提供)

同步齒輪環 (SYnchronizer Ring) 為手排變速箱中，在滑套與齒輪未達同步前，做為一個減緩的齒輪，用來抑制入檔的動作，進而提高他們的同步性。

銅質或鋼質同步齒輪環製程：(1) 銅管切胚→ (2) 加熱→ (3) 鍛壓→ (4) 去毛邊→ (5) CNC 加工→ (6) 噴鉬與再磨→ (7) 成品→ (8) 包裝 (適量裝箱 25 公斤內) → (8) 出貨。

汽車變速箱同步齒輪環 - 銅或鋼質 (均牧實業公司提供)

學後評量

26-1 1. 何謂生產自動化？有何好處？

2. 自動化如何分類？請分別舉例說明之。

3. 試舉例五種自動化生產中不可或缺的元件或機構？

4. 簡述機械製造之展望。

26-2 5. DNC/CNC/APT/FMS 之中文意義為何？

6. 請說明 CAD 與 CAM 之應用領域為何？

7. 電腦整合製造系統包括哪二領域？請分別說明整合哪些工作。

8. 請敘述製造的觀念朝哪幾方面發展？

Chapter 27

智慧製造

今日的科技正在以一種概念，發展形成未來的第四次工業革命，機械產業除了機械結合電腦外，正發展著先進技術進入智能化與互聯，邁向全新的智慧製造領域。

本章大綱

27-1 工業革命

　　機械在人類生活中佔有很重要的地位，機器更是人類從事生產工作不可或缺的伙伴。工業發展史從十八世紀至今，約略分為幾次工業革命。第一次工業革命主要發明蒸氣機，當時被用來轉動紡織機；第二次工業革命主要進入汽船時代、蒸汽火車，與十九世紀發明內燃機而開始了汽油時代，如圖 27-1 與圖 27-2 所示。第三次工業革命主要為應用原子能、電子電腦和資訊技術 (IT)、生物工程技術和空間技術，開啟工業製造自動化、綠色工業革命等技術應用。因此，從 18 世紀 60 年代至今，大致分成三次改變，依主要特徵、主要發明 (成果) 與特點歸納出如表 27-1 所示。

(A) James Watt蒸汽機

(B) 蒸汽機轉動紡織機

(C) 蒸汽輪船

(D) 蒸氣火車

• 圖 27-1　蒸汽機的演進 (百度百科、藍動網、photofans 網)

(B) 內燃機汽車　　(A) 內燃機　　(C) 內燃機農機車

• 圖 27-2　內燃機的應用 (360 百科、浩博工礦機械公司、天農網)

　　所以、工業革命在誘發一系列技術創新浪潮的同時，是一個長達六七十年以上的"創造性顛覆"變革過程，全球產業競爭力因而發生徹底重構。

◆ 表 27-1　四次工業革命比較

	第一次 工業革命	第二次 工業革命	第三次 工業革命	第四次 工業革命
時間	18 世紀 60 年代～19 世紀上半期	19 世紀中後期～20 世紀初	第二次世界大戰～21 世紀	21 世紀以後 (一種概念與發展中現狀)
主要特徵	進入蒸汽化：以水力、蒸汽爲動力。	進入電汽化： 1. 應用電力、電動機、和內燃機 (進入汽油時代)。 2. 發明白熾燈進入電氣時代。	進入訊息化：應用原子能、電子電腦和資訊技術 (IT)、生物工程技術和空間技術。	進入智能化與互聯：區塊鏈技術模糊了實體、數位和生物世界的界限。
主要發明 (成果)	1. 英國瓦特 (James Watt) 發明蒸汽機。 2. 珍妮 (Hargreaves James) 發明紡紗機。	1. 美國富爾頓 (Robert Fulton) 發明蒸汽船。 2. 美國愛迪生 (Thomas Alva Edison) 發明留聲機、白熾燈。 3. 美國萊特兄弟 (Wilbur and Orville Wright) 發明飛機。 4. 德國賓士 (Karl Friedrich Benz) 發明內燃機。 5. 煉鋼有「貝塞麥轉爐煉鋼法」和「西門子平爐」。	1. 1945 年美國成功試製原子彈。 2. 1957 年蘇聯發射人造地球衛星。 3. 1959 年出現電晶體電腦。 4. 1969 年美國人類登月。 5. 21 世紀火星探索、基因改造等科學技術。	1. 2011 年在德國漢諾威工業博覽會上被首次提出。 2. 2013 年 " 工業 4.0" 報告發佈。
特點	1. 生產者是需具熟練的技術。 2. 機器代替人力。	1. 白熾燈使人類進入了電氣時代。 2. 內燃汽車、遠洋輪船、飛機等得到迅速發展成爲交通工具，並進入汽油時代。	1. 工業機器人代替流水線工人與自動化的工業製造。 2. 智慧電網帶動綠色工業革命 (太陽能、風能、地熱、潮汐、生物質等可再生綠色能源)。 3. 電子裝置及資訊技術蓬勃發展，電腦結合機器、3D 列印等技術應用。	邁向以雲計算、大資料、互聯網、物聯網、人工智慧、高級智慧型機器人、無人控制技術、自駕與電動車、量子資訊技術、虛擬實境、清潔能源以及生物技術等全新技術。

生活小常識

1. **工業機器人 (Industrial Robot，IR)**

   它是多關節或多自由度面向機械手，靠自身動力和控制能力來實現多種功能的機器。工作具有高效性、持久性、準確性和速度。現代的工業機器人還可以根據人工智慧技術制定的原則綱領行動，包括銲接、刷漆、組裝、採集和放置、產品檢測和測試等應用。

2. **綠色能源 (Green energy)**

   清潔能源、潔淨能源或再生能源，是指不排放污染物的能源。來自天然來源如水力發電、風力發電、太陽能、生物能 (沼氣)、地熱能、海潮能、海水溫差發電等。

27-2 工業 4.0

一、工業 4.0 緣起緣起

工業 4.0(Industry4.0) 始於德國政府《德國 2020 高技術戰略》中所提出的十大未來專案之一，德國政府高科技計劃的工業 4.0 可謂是未來的趨勢之一，或稱「第四次工業革命、生產力 4.0」，旨在提升製造業的智能化水準，建立具有適應性、資源效率及基因工程學的智慧工廠，在商業流程及價值流程中整合客戶及商業夥伴。其技術基礎是網路實體系統及物聯網。換言之，是指利用物聯資訊系統 (Cyber—Physical System 簡稱 CPS) 將生產中的供應，製造，銷售資訊資料化、智慧化，最後達到快速，有效，個人化的產品供應。

二、工業 4.0 內涵

工業 4.0 如圖 27-3 所示，是將所有工業相關的技術、銷售與產品體驗統合，建立具有適應性、資源效率和人因工程學的智慧工廠，並在商業流程及價值流程中整合客戶以及商業夥伴。其技術基礎是智慧整合感控系統及物聯網 (IoT，Internet of things)。其架構能透過大數據分析，直接生成滿足客戶的相關解決方案產品 (需求客製化)，更可利用電腦預測部分原生狀況，例如天氣預測、公共運輸、市場調查資料

等，能及時精準生產或調度現有資源、減少多餘成本與浪費等，進而使供應端優化。整個工業 4.0 關鍵點就是製造業終將成為資訊產業的一部分。

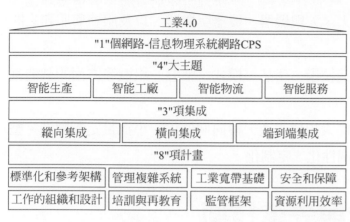

(A) 德國工業4.0戰略要點

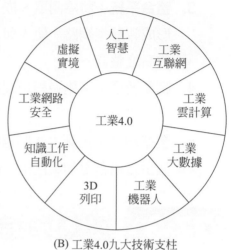

(B) 工業4.0九大技術支柱

• 圖 27-3　第四次工業革命主要內涵

生活小常識

工業互聯網 (Industry of Internet)

工業互聯網是工業系統與高級計算、分析、感測技術以及互聯網的高度融合，是一種結合軟體和大數據分析、預測演算法等能力，是將互聯網中人與人之間的溝通延續到人與機器的溝通，以及機器和機器的溝通，即人、機、物整合，它重構全球工業、幫助降低成本、節省能源並提高生產率。鴻海集團郭台銘正計畫利用區塊鏈安全可靠的密碼學技術，打通工業互聯網上人流、物流、過程流、資訊流、金流與技術流的「六流」環節。

(一) 工業 4.0 九大技術支柱

工業 4.0 九大技術支柱包括工業物聯網、雲計算、工業大數據資料、人工智慧、工業網路安全、虛擬實境、工業機器人、積層製造和知識工作自動化等九大支柱。

(二) 工業 4.0 特點

1. 互聯網 (Internet)：把設備、生產線、產品、工廠、供應商和客戶透過互聯網連接。

2. **數據聯接**：將設備、工業鏈、產品、銷售、研發、運營、管理、消費者等資料之數據連接。

3. **整合系統**：將感測器、嵌入式中端系統、智慧控制系統、通信設施通過 CPS 形成智慧型網路。使人與人、人與機器、機器與機器、以及服務與服務之間的高度整合。

4. **創新發展**：實施過程是製造技術、產品、模式、業態、組織等方面的製造創新發展過程。

5. **製造轉型**：工廠生產形態從大規模生產，轉向個性化、小批量定制製造。整個生產過程更加柔性化、個性化、定制化。

27-3 智慧製造與先進技術

一、智慧製造 (Wisdom manufacturing，WM)

(一) 意義與功用

「工業 4.0」概念是以智慧製造爲主導的第四次工業革命，或革命性的生產方法。智慧製造是運用人、機、物協同的一種知識製造模式，如圖 27-4 示意圖，可根據客戶個別化需求，在互聯網、物聯網、內容 / 知識網、人際網和先進製造技術等的支援下，將各種製造資源連接形成資源庫，而作出智慧的回應與製造，給客戶提供高附加價值的服務面向。

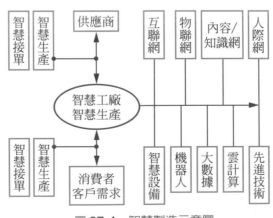

• 圖 27-4　智慧製造示意圖

工業智慧製造主要的功用有：

1. 提高生產執行能力及生產效率。
2. 產品品質的持續改善。
3. 實現雙向質量追溯、實現生產透明化。
4. 實現精益生產，如豐田生產方式 TPS(Toyata production system)。

（二）範疇

　　智慧製造乃結合物聯網技術、機械學習具感知、決策虛實整合系統 (CPS)，利用智慧的設備監控技術，實現產品生命週期中的設計、製造、裝配、物流等功能與生產方式。在電腦虛擬環境中，對整個生產過程進行模擬、評估和優化，可即時正確地採集生產線資料，清楚掌握產銷流程、減少生產線上人工錯誤、提高生產過程的可控性、以及合理的生產計畫與進度。故智慧製造大數據應用於二大領域，即：

1. **智慧工廠 (Smart factory)**：是管控數字化、集運轉自動化 (包括生產設備、檢測設備、儲運設備、廠務設施、物件辨識)、協作聯網化 (包括開工投產、用料控管、生產數據、品檢測試、進度報工、現場資源、倉儲搬運和設施監控等自動化)。

2. **智慧生產 (Smart manufacturing)**：包括產品開發智能化、生產管理智能化、經營管理智能化、供應鏈管理智能化、售後服務智能化等。

（三）實現的先進技術

　　智慧製造包含下列先進技術：

1. 智慧感測 (Wisdom sensing)

　　　　智慧感測是基本構成要素，如儀器、儀錶、感測器等控制系統的智慧化，主要是以微處理器和人工智慧技術的發展與應用為主，包括運用人工神經網路 (Artificial neural network，即 ANN)、遺傳演算法 (Genetic algorithm 或 Genetic algorithms，GA)、混沌控制 (Chaos control) 和進化計算等智慧技術，使儀器儀錶實現高速、高效、多功能、高機動靈活等性能。如圖 27-5(A) 所示智慧自行車衣，可感測身體上包括心跳、流汗、體溫等生理資訊；圖 27-5(B) 所示工研院新研發的「3D 智慧視覺感測技術」能快速辨識場域內各項 3D 環境，使機械手臂作拼接、組裝、選取等工作。

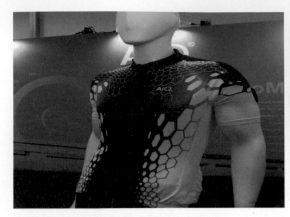 

(A) 智慧感測生理衣服   (B) 工研院3D智慧視覺感測

• 圖 27-5　智慧感測實例 (來源：ithome 網余至浩、科技新報 Atkinson)

2. 工業通信無線化 (Wireless communication)

　　全球工廠自動化中的無線通訊 (Wireless communication) 系統應用，目前支援的通信包括如圖 27-6 所示 Wi-Fi、藍牙 (Bluetooth)、全球定位系統 (Global positioning system，GPS)、近距離無線通訊技術、遠距離無線傳輸技術、長期演進技術 (Long term evolution，LTE) 以及全球互通微波存取 (Worldwide interoperability for microwave access，WiMAX)WiMax…等。

藍芽 USB

GPS 接收器   Wi-Fi 接收器

• 圖 27-6　工業通信無線化應用 (來源：癮科技 Callpod、ecbuy & 泡泡網)

3. 工業互聯製造 (Industrial connected manufacturing)

　　是工業系統與高級計算、分析、感測技術以及互聯網的高度融合，是一種結合軟體和大數據分析、預測演算法等能力，將互聯網中人與人之間的溝通延續到人與機器的溝通，以及機器和機器的溝通，即人、機、物整合，如圖 27-7 所示。鴻海集團郭台銘正計畫利用區塊鏈安全可靠的密碼學技術，打通工業互聯網上人流、物流、過程流、資訊流、金流與技術流的「六流」環節。

• 圖 27-7　人機物整合示意圖 (來源：itritech 蘇孟宗)

4. 人工智慧 (Artificial intelligence，AI)

　　也稱作機器智慧，是指由人工製造出來的系統，通過普通電腦實現的智慧。目前大多定義在機器像人一樣「思考」、「行動」、「理性地思考」和「理性地行動」，如圖 27-8 所示。這裡「行動」應廣義地理解為採取行動，或制定行動的決策，而不是肢體動作。未來有可能製造出真正能推理 (en：Reasoning) 和解決問題 (en：Problem-solving) 的強人工智慧的機器或人工智慧物聯網 (AIoT)，即 AI 結合 IoT，目前如蘋果手機「嘿，Siri」功能。

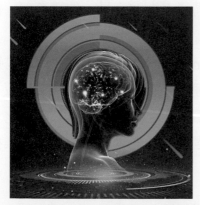

• 圖 27-8　機器像人一樣智慧示意圖 (來源：收費千庫網：萬能老揚 & 涼圓奈奈生)

5. 工業雲計算 (Industrial cloud computing)

在工業自動化領域，如製造執行系統 (Manufacturing execution systems，MES) 及生產計畫系統 (Production planning systems，PPS) 等 IT 元件的智慧化，雲端運算將可提供更完整的系統和服務。故「工業雲計算」為整合 CAD(電腦輔助設計)，CAE(電腦輔助工程分析)，CAM(電腦輔助製造)，CAPP(電腦輔助程式流程設計)，PDM(產品資料管理)，PLM(產品生命週期管理，Product lifecycle management) 等設計及生產流程，以虛擬實境及模擬應用技術，提供多層次的雲應用資訊化產品服務。如圖 27-9 所示雲計算是傳統電腦和網路技術發展融合的產物，是一種計算模式，以辦公室產品為例，包括：

| (A) 辦公商務聯繫網路 | (B) 辦公互聯網 |

• 圖 27-9　辦公自動化示意圖 (來源：收費千庫網 - Super Visual、Janice)

(1) 辦公自動化 (Office automation，OA)：包含會議室、車輛、圖書室、資訊發佈、進銷存貨、工作流等平臺之功能模組，以人為中心，事件為驅動，流程為導航，表單為呈現，提升執行力和規範制度為目的，在企業能大規模應用，實現網路辦公、網路溝通、網路審批、知識管理、網路決策的資訊化建設思路，從而最終提高綜合競爭能力。

(2) 客戶關係管理 (Customer relationship management，CRM)：系統包括：銷售自動化、行銷自動化、進銷存管理、客戶支援、報表和儀錶板、任務 & 活動、個人設置、機構設置、用戶和許可權、定制、自動化、範本、網站集成、資料管理功能等，通過這些功能模組，可幫助企業提高效益。

(3) 人力資源管理 (Human resource management，HRM)：包含員工、考勤、薪資福利、績效考核、教育培訓、調查問卷、招聘、員工自助查詢等資訊化平臺模組系統，使人事勞資管理人員的工作重心轉向人力資源開發與管理。

6. 工業大數據 (Industrial big data)

是指在工業領域中，從客戶需求到銷售、訂單、計畫、研發、設計、工藝、製造、採購、供應、庫存、發貨和交付、售後服務、運送維修、報廢或回收再製造等有關生產經營、設備物聯和外部三類資料及相關技術和應用的總稱。故工業大數據技術包括資料規劃、採集、預處理、存儲、分析挖掘、視覺化和智慧控制等，獲得有價值資訊的過程，從而促進製造型企業的產品創新、提升經營水準和生產運作效率以及拓展新型商業模式。

工業大數據除具有資料量大 (Volume)、多樣 (Variety)、快速 (Velocity) 和價值密度低 (Value) 外，還具有時序性 (Sequence)、強關聯性 (Strong-Relevance)、準確性 (Accuracy)、閉環性 (Closed-loop) 等特徵，如圖 27-10 所示為大數據電腦機房。

• 圖 27-10 大數據電腦機房 (來源：收費千庫網 498252367 靜)

7. 工業機器人 (Industrial robot，IR)

它是多關節或多自由度面向機械手，靠自身動力和控制能力來實現多種功能的機器。工作具有高效性、持久性、準確性和速度。現代的工業機器人還可以根據人工智慧技術制定的原則綱領行動，包括銲接、刷漆、組裝、採集和放置、產品檢測和測試等典型應用，如圖 27-11 所示汽車廠應用機器人銲接。

• 圖 27-11　工業機器人 (來源：旺報吳泓勳)

8. 工業網路安全 (Industrial network security)

隨著工業資訊化、工業互聯網、工業雲等新興技術的興起，資訊、網路以及物聯網技術在智慧電網、智慧交通、工業生產系統等工業控制領域得到了廣泛的應用，如圖 27-12 所示智慧城市互聯網息傳遞例。

• 圖 27-12　智慧城市互聯網息傳遞示意圖 (來源：收費千庫網 - 怪咖)

這使得工業控制系統將同時面臨傳統資訊安全風險和工業資訊安全風險，必將面臨病毒、木馬、駭客入侵、拒絕服務等傳統的資訊安全威脅。

故網路安全防護是一種網路安全技術，指致力於解決諸如如何有效進行介入控制，以及如何保證資料傳輸的安全性的技術手段，主要包括物理安全、網路結構安全、系統安全、管理安全等分析技術，及其它的安全服務和安全機制策略。常見的五個最有效和可用方案，如防火牆、安全路由器、無線 WPA2、郵件安全、Web 安全等。一般防護措施有：

(1) 存取控制：對使用者訪問網路資源的許可權進行嚴格的認證和控制，例如，進行用戶身份認證，對口令加密、更新和鑒別，設置使用者訪問目錄和檔的許可權、控制網路設備配置的許可權等等。

(2) 資料加密防護：加密的作用是保障資訊被人截獲後不能讀懂其含義。

(3) 網路隔離防護：網路隔離有兩種方式，即隔離卡和網路安全隔離網閘。

(4) 其他措施：其他措施包括資訊過濾、容錯、數據鏡像、資料備份和審計等。

9. 虛擬實境 (VR、AR&MR)

(1) 虛擬實境 (VR，Virtual reality)

是利用電腦模擬產生一個三維空間，並提供使用者視覺、感覺或觸覺等感官模擬環境的虛擬世界。該技術整合了電腦圖形、電腦仿真、人工智慧、感應、顯示及網路並列處理等技術，是一種由電腦技術輔助生成的高技術模擬系統，如圖 27-13 所示。

(A) VR虛擬實境　　　　　　　　　　　(B) VR眼鏡

• 圖 27-13　虛擬實境示意圖 (來源：收費千庫網 - 我就是我)

(2) 擴增實境 (AR，augmented reality)

是在現實空間中加一個虛擬物件，藉攝影機辨識技術與電腦程式結合，將設定的圖片出現在鏡頭裡面 (即虛擬物件)，如生活中利用手機鏡頭來查看周遭的神奇寶貝再點擊手機或裝置捕捉的娛樂、汽車導航、汽車引擎模擬檢測和地圖導覽等 APP 都是擴增實境的應用，如圖 27-14 所示。

(A) 精靈寶可夢

(B) 擴增實境汽車導航

(C) 汽車引擎模擬檢測

(D) 地圖導覽

• 圖 27-14　擴增實境應用實例 (來源：科技新報林蕙茹、湖南萬通汽車學校、擴增實境互動技術產學聯盟 & Marketingpick 部落格)

(3) 混合實境 (MR，Mixed reality)

是將產生的虛擬物件出現在現實生活中，即將虛擬的場景與現實世界進行更多的結合、串聯，從而建立一個新環境及視覺上所認知的虛擬影像，在現實世界中的物件能夠與數位世界中的物件共同存在並且即時產生互動。Microsoft 推出的 HoloLens 可以讓使用者看見修改過後的設計圖草稿、觀看虛擬電視等，如圖 27-15 所示。

• 圖 27-15　混合實境 (來源：BENEVO 台灣部落格、usalottery888 部落格)

27-4 台灣創新智慧製造及其發展

一、台灣智慧機械產業

　　依據機械公會統計 2017 年機械業產值突破兆元大關，如圖 27-16 及表 27-2 & 27-3 所示正式成為兆元產業。依據 ITC 國貿中心資料顯示 2016 年木工機械為第四大出口國、工具機為第五大出口國、塑橡膠機為第七大出口國，在全球占有舉足輕重的地位。

	2008年	2009年	2010年	2011年	2012年	2013年	2014年	2015年	2016年	2017年
產值	8,688	5,965	8,900	9,539	9,501	9,311	9,853	9,550	9,900	11,000
年度成長率	-1.6%	-31.3%	49.2%	7.2%	-0.4%	-2.0%	5.8%	-3.1%	3.7%	11.1%

• 圖 27-16　台灣機械產業歷年產值圖 (來源：經濟部統計處、機械公會：PMC 整理)

◆ 表 27-2　製造業生產價值一按用途別及四大行業分

單位：新台幣億元

年紀別	製造業	按產品用途分				按四大行業分			
		最　終需要財	投資財	消費財	生產財	金屬機電工程	資訊電子工程	化學工程	民生工業
1. 製造業生產價值									
104 年	130101	32353	14102	18251	97748	37820	43207	35190	13884
105 年	124116	31175	13371	17804	92942	36020	41846	32655	13595
106 年	131840	31462	13702	17760	100378	39199	43325	35604	13712
107 年	140391	32566	14923	17643	107825	41756	44328	40144	14194
108 年	132195	33709	15544	18165	98486	38808	43368	35686	14333
109 年	127272	34303	16332	17971	92969	36584	47608	28995	14085
第 2 季	29423	8182	3966	4217	21241	8459	11467	6217	3280
第 3 季	32291	8971	4222	4749	23320	9055	12492	7045	3699
第 4 季	34516	9339	4467	4871	25178	10162	12820	7801	3733
110 年	160756	38623	19062	19561	122132	48943	56588	39418	15807
第 1 季	35833	8684	4128	4546	27149	10520	12847	8789	3677
第 2 季	39733	9608	4271	4887	30126	12090	13683	10037	3923
第 3 季	42033	9911	4944	4967	32122	13046	14802	10153	4032
第 4 季	43156	10421	5259	5161	32736	13288	15256	10438	4174
111 年									
第 1 季	41570	9587	4877	4710	31983	12399	15060	10232	3879
第 2 季	45126	10175	5292	4882	34951	13188	15913	12016	4009
第 3 季	43608	10977	5722	5255	32631	12288	16912	10168	4239
本年累計	130304	30738	15891	14848	99565	37876	47885	32416	12127

◆ 表 27-3　製造業生產價值―按中行業分

單位：新台幣百萬元

年紀別	C 製造業	08 食品及飼品業	09 飲料業	10 菸草業	11 紡織業	12 成衣及服飾品業	13 皮革、毛皮及其製品業	14 木竹製品業	15 紙漿、紙及紙製品業
1. 製造業生產價值									
104 年	13001070	491492	94819	46507	298927	24529	19334	19233	167143
105 年	12411640	501879	94273	55056	278016	23190	15078	18776	163349
106 年	13184032	507011	95178	69917	273349	20829	15161	18981	172528
107 年	14039084	522670	92616	79409	275382	18276	13304	19569	181446
108 年	13219500	540740	89583	78683	261682	17799	13487	17880	174696
109 年	12727192	547652	94453	80457	216038	15691	9558	18108	168839
第 2 季	2942321	131585	24237	19550	43874	3660	2034	4179	40046
第 3 季	3229080	143728	28026	22831	53106	4066	2204	4550	42512
第 4 季	3451617	139534	22215	22253	58858	4375	2358	4786	43932
110 年	16075551	597149	92492	83707	255754	17532	10135	22727	196540
第 1 季	3583299	142457	21460	16959	59264	3883	2163	4732	45444
第 2 季	3973328	145481	24145	22186	64175	3946	2630	6006	50251
第 3 季	4203278	151684	24436	21870	65139	4774	2590	6050	49861
第 4 季	4315646	157528	22450	22692	67176	4929	2753	5940	50985
111 年									
第 1 季	4157012	154632	21367	17355	67016	4441	2864	5472	48596
第 2 季	4512612	159385	23828	17464	67770	4353	2710	5809	49758
第 3 季	4360756	171197	27597	22904	65039	4172	2715	5966	48941
本年累計	13030381	485215	72792	57723	199824	12966	8290	17247	147295

表格 27-2&27-3 來源：經濟部統計處，首頁 / 最新消息 / 製造業產值統計 (https://www.moea.gov.tw/MNS/dos/bulletin/Bulletin.aspx?kind=7&html=1&menu_id=6726&bull_id=10173)

　　進入 21 世紀，各國競相投入智慧製造領域，德國 2020 高技術戰略、中國 2025 智慧製造與台灣的創新智慧製造等，即將爲第四次工業革命開啓新紀元，誰取得領先整合誰就能引領風騷整個世紀。

　　台灣目前擁有全世界舉足輕重的精密機械產業，若能加入智慧技術形成智慧機械，再經系統整合就能成爲智慧製造。目前台灣產業的強項有機械設備、機器人元件、控制器、伺服馬達、智慧主軸、3C、電子資訊、金屬運具、水五金、手工具、食品、紡織等等，若能帶動技術服務業發展並整合爲智慧製造，即可達到整線與整廠出口輸出。換言之，發展智慧製造關鍵技術之系統包括智慧零組件 (感測器模組開發與其應用)、單機智慧化 (控制層技術開發與其應用)、整線智慧化 (聯網層技術開發與其整合) 與整廠智慧化 (資訊層技術開發與其整合) 等四部分。

　　所以，目前台灣在智慧機械產業推動上有三大推動策略與六大作法，即：

1. **連結在地**：打造智慧之都、整合產學研人才。
2. **連結未來**：提高中小企業跨越門檻能力、打造智慧機械標竿。
3. **連結國際**：強化與歐美日技術合作、推動新南向市場產業合作。

參考資料

1. 創新智慧製造推廣與產業輔導說明，台中市政府經濟發展局慧製造推動辦公室。
2. 楊志清，智慧機械產業推動方案，經濟部。

二、新興製造技術之發展趨勢

　　21 世紀隨著電子、資訊等高新技術的不斷發展，未來先進製造技術發展是朝精密化、智慧化、網絡化、虛擬化、環保化、全球化的市場需求方向發展，先進製造技術的發展趨勢大致有以下幾個方面：

1. **資訊融入先進製造技術**：各種先進生產模式的發展，資訊技術融入電腦整合製造 (CIM)、虛擬企業與虛擬製造等。
2. **設計技術多元化**：產品設計手段向智慧化設計方向發展，如逆向工程技術、優化設計 (Optimal Design) 等。產品設計要通盤考慮包括設計、製造、檢測、銷售、使用、維修、報廢等階段的產品的整個生命週期，同時注意考慮市場、價格、安全、美學、資源、環境等方面的影響。

3. **快速成型製造技術**：快速成型製造技術是鑄造、塑性加工、粉末冶金、連接等技術的總稱，此種快速成型技術應用為一種精密、少能耗、無污染的製造方法。

4. **綠色製造業興起**：主要包括

   (1) 綠色產品設計技術，使產品在生命週期符合環保、人類健康、能耗低、資源利用率高的要求。

   (2) 綠色製造技術，主要包含了綠色資源、綠色生產過程和綠色產品三方面的內容。

   (3) 產品的回收和循環再製造，主要對產品 (材料使用) 生命週期結束時的材料處理循環。

5. **虛擬現實技術**：虛擬現實技術 (Virtual Reality Technology) 在製造業中主要包括虛擬製造技術和虛擬企業兩個部分。虛擬製造技術可應用於金屬切削加工過程、產品設計過程，使在產品設計完成時，成型製造的準備工作 (如鑄造) 也同時完成。是在產品真正製出之前，首先在虛擬製造環境中生成軟產品原型代替傳統的硬樣品 (Hard Prototype)，對其性能和製造性進行預測和評價。虛擬企業是將產品涉及到的不同企業靠網絡連繫，超越空間約束而能統一指揮的合作經濟實體，即功能虛擬化、組織虛擬化、地域虛擬化，能快速響應某一市場需求。

6. **人工智慧物聯網 (AIoT)**：乃物聯網 (IoT) 與人工智慧 (AI) 的結合，如提供人臉辨識與數據分析系統，是熱門的科技趨勢。又如傳統物聯網是在環境中透過佈署的實體感測器，定時採集並傳回環境數據 (如溫度、壓力、聲音、水流速度等)，在整合人工智慧後，電腦能「看見」和「辨識」周遭人、物，即智慧物聯網，近年來高級汽車已導入 AIoI，使汽車與行人、物體偵測暨完全主動煞車系統的功能。

7. **工業機器人產業**：機器人是智慧自動化的重要模組，整合感知技術，例如影像、機電整合技術、微機電等技術，可以對機密機械業加值。2011 年台灣工業機器人產值達 46 億新台幣，較 2010 年成長 31%。預估 20122014 年將持續成長，但是成長空間仍然很大如圖 27-17 所示。目前台灣工業機器人關鍵零組件，如伺服馬達、控制器與減速機構等仍仰賴國外進口。

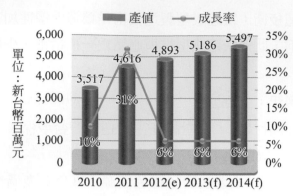

資料來源：工研院(2012/08)

- 圖 27-17　2010-2014 年台灣工業機器人產業產值統計 (資料來源：葉錦清
  (2012)。機械產業國內外發展趨勢與展望。全球台商 e 焦點。工研院
  產經中心機械與系統研究組分析師)

參考資料

先進製造技術的發展趨勢——中國建材網。

生活小常識

工業機器人 (Industrial robot，IR)
它是多關節或多自由度面向機械手，靠自身動力和控制能力來實現多種功能的
機器。工作具有高效性、持久性、準確性和速度。現代的工業機器人還可以根
據人工智慧技術制定的原則綱領行動，包括銲接、刷漆、組裝、採集和放置、
產品檢測和測試等典型應用。

　　台灣機器人逾百家相關企業，讓台灣組成全球最完整的工業機器人產業鏈，數量
僅次美、日、德，位居全球第四。工業機器人主要分為五大部位，說明如下（資料引
自天下雜誌，文 / 陳一姍 & 洪家寧 (https://topic.cw.com.tw/cw2000_2017/) 與來源自工
研院、工業局、麥肯錫、台灣至會自動化與機器人協會）

1. **機構模組**：機器人的骨架，組成機器人的各個部位。關鍵零組件包括軸承、
   線性滑軌、滾珠導螺桿、夾爪等。代表企業有上銀、銀泰、東佑達、鴻準、
   哈鎖、天行自動化等公司。

2. **感測器模組**：機器人的感官，讓機器人感知外界環境的訊號刺激，如溫度、光線、距離等。關鍵零組件包括視覺感測器、距離感測器、力學感測器、其他感測器等。代表企業有敦南、菱光、致茂、柏昇、台達電、所羅門等公司。

3. **驅動模組**：機器人的肌肉，向執行系統提供動力，通常由電力驅動，還有空氣、油壓驅動。關鍵零組件包括伺服馬達、減速機、驅動器等。代表企業有上銀、銀泰、東佑達、鴻準、哈鎮、天行自動化等公司。

4. **控制器模組**：機器人的指揮系統，讓機器人按照要求工作。關鍵零組件包括 PC-Based、可程式控制器（PLC）、工業電腦等。代表企業有上銀、研華寶元、賜福、新代科技、台達電、洋威數控、舜鵬等公司。

5. **整機**：整合組裝所有機器人零組件，台灣工業機器人目前主要分為直線型與直角座標型機器人、SCARA 機器人、Delta 機器人、多關節機器人等四大類。其中以直角座標型機器人在國內產業鏈最完整、也最具國際競爭力，上銀科技公司排名全球第二，市佔率四成。

　　新世紀的製造技術，對傳統產業造成重大影響，故傳統產業如何技術升級而「再工業化」影響未來產業發展與企業命脈，技術趨勢列舉如表 27-2 所示。

◆ 表 27-2　資料來源：修改自林葳均 (2014)。2014 年傳統產業新春展望與趨勢分析。金屬中心產業研究組關鍵。

再工業化製造技術趨勢	說明
傳動感測、測量和過程控制	所有先進製造技術都需要由處理巨量數據的電腦
材料設計、合成與加工	新材料隨著將材料細分到原子或分子層級，造就新材料開發，將使新式機器的製造成為可能。
電腦製造模擬生產之估算技術	工程師和設計師使用電腦輔助的建模工具，不僅用於設計產品，並且電腦製造模擬方式對產品進行檢測、修正、改良，省略過去費錢更費時的實體檢驗過程。
奈米製造	預計奈米材料將來會在高效太陽能電池板、電池的生產過程中發揮作用，未來幾代的電子設備和運算設備也會高度依賴於奈米製造。
軟電子製造	例如產生彎曲的平板電腦，預計軟性電子有機會成為未來 10 年成長最快速的產品之一。
生物製造	利用生物有機體或生物有機體的一部分以人工方式生產產品，如開發藥物和複方藥。

◆ 表 27-2　資料來源：修改自林葳均 (2014)。2014 年傳統產業新春展望與趨勢分析。金屬中心產業研究組關鍵。(續)

再工業化製造技術趨勢	說明
表面精光	包括搪磨、研磨、超級精磨、滾筒磨光、拋光與擦光、超音波研磨。
3D 列印製造與多元化材料	3D 列印機不僅有助於降低產品開發成本，還有希望為全新的設計、材料結構與材料組合創造條件。能夠列印 1,000 多種材料 (硬塑膠、軟塑膠、陶瓷和金屬等。
工業機器人	機器人是智慧自動化的重要模組，整合感知技術，例如影像、機電整合技術、微機電等技術，可以對機密機械業加值。

生活小常識

軟性電路板 (取自東遠精技公司)

軟性電路板 (FPC) 簡稱軟板，以網印方式在可撓性基材上作線路布置，作為電子產品訊號傳輸媒介，如圖示。具有可連續自動化生產、提高配線密度、重量輕、體積小、配線錯誤減少、可撓性及可彈性改變形狀等特性。廣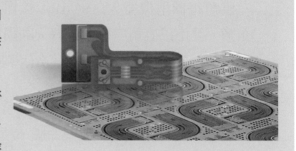泛應用於筆記型電腦的液晶螢幕、智慧型手機、平板電腦以及硬碟儲存設備等消費性電子產品。

學後評量

27-1　1. 工業革命大致分成三次改變，請依主要特徵、主要發明 (成果) 與特點歸納作比較說明。

27-2　2. 工業 4.0 包括哪九大技術支柱？

3. 德國工業 4.0 戰略要點有哪四大主題？

27-3　4. 請簡述智慧製造包含哪些先進技術？

5. 請說明智慧工廠和智慧生產所含內容。

27-4　6. 請說明發展智慧製造關鍵技術之系統包括哪四部分。

7. 請簡述先進製造技術的發展趨勢大致朝哪 6 方向。

第八篇

觀念統合實例

本篇大綱

Chapter 28

觀念統合實例

書的教學目標在培養學習者具選用各種機械製造的基礎能力,所以共分七篇內容加以敘述。最終本篇以實例,精編選擇題與解析說明方式敘述其應用原委,讓學習者具有選用各種機械製造方法的能力,每範例橫跨各篇、各章,讓學習者更具有應用能力。

✿ 本章大綱

第 1 篇　觀念統合實例

▶▶ [範例 1] 統合第 1&2 章

鑄造是人類掌握比較早的一種熱成形法，金屬爲鑄造技術使用最多的材料，其鑄件通常在重要部位須另外作精密加工。砂模鑄造法的砂可重複使用，成本較低；缺點是鑄模製作耗時，鑄模本身是破壞性取得成品，不能被重複使用。圖 28-1 所示機件爲一固定座，敬請回答下列有關問題？

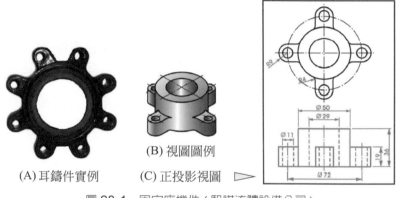

(A) 耳鑄件實例　　(C) 正投影視圖 ▷

(B) 視圖圖例

• 圖 28-1　固定座機件 (熙諾流體設備公司)

第 1 章　製造加工

(　　) 1. 下列有關本機件之敘述，下列何者錯誤？　(A) 若爲鑄鐵件，其鑄孔若須進一步精密加工可以採用鑽床鑽孔、搪床搪孔或車床璇孔　(B) 本鑄鐵件之上下平面可採用銑床或磨床進一步作精密加工　(C) 若是鑄孔須精密加工，可採用陶瓷刀具切削　(D) 若採用之碳化鎢刀對鑄孔作精密加工，以英文標示 P 類比 K、M 類適宜。

第 2 章　材料與特性

(　　) 2. 對於本機件之敘述，下列何者錯誤？　(A) 本機件之材料可爲鑄鐵　(B) 此固定座機件若爲鑄鐵件，可採砂模鑄造法製得　(C) 本機件之孔最適宜鑄造本體後再直接鑽孔而得　(D) 若爲鑄鐵件，規格可能是 FC200。

（　　）3. 本機件若爲 FC200 材質，下列敘述何者<u>錯誤</u>？　(A) 材料爲灰鑄鐵　(B) 最大抗拉強度是 200 kg/mm² 　(C) 本機件代表鑄造件　(D) 本機件強調材料之鑄造性。

（　　）4. 本機件若爲青銅材質，下列敘述何者<u>錯誤</u>？　(A) 青銅爲銅與鋅之合金　(B) 青銅材料適合鑄造　(C) 青銅比黃銅材質更具強度、硬度與低熔點　(D) 本機件若含錫量 10% 時稱爲砲銅。

【簡答】

1.(D)　2.(C)　3.(B)　4.(A)

【解析說明】

1. (D) 鑄孔精密加工，採用碳化鎢刀具以 K 類爲宜。M 類用於切削不繡鋼或高錳鋼等材料的工作。P 類適宜鋼類連續切削，K 類適宜非鐵金屬或鑄鐵類不連續切削。

2. (C) 本機件之孔是在砂模內置放砂心同時鑄造本體而得。

3. (B) 最小抗拉強度是 200 N/mm²。

4. (A) 青銅爲銅與錫之合金。

▶️ [範例 2] 統合第 3 章 量測與品管

　　如圖 28-2 本軸件產品修改自丙級技術士檢定題目，加工方式採用車床切削，包刮加工階級外徑、錐度與螺紋，並須符合公差與表面織構符號。敬請回答下列有關問題。

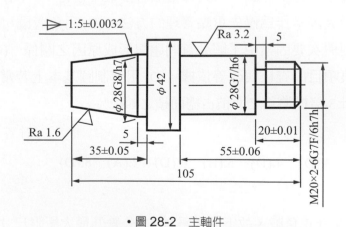

・圖 28-2　主軸件

第 3 章 量測與品管

( ) 1. 對於尺度 35±0.05，下列敘述何者正確？ (A) 35.05 為最大尺度 (B) 下偏差為 0.05 (C) 公差為 0.05 (D) 實測尺度若是 34.95 為不良品機件。

( ) 2. 對於尺度 $\phi28G8/h7$，下列敘述何者錯誤？ (A) 此機件公差等級孔徑大於軸徑 (B) 此機件配合採用基孔制 (C) G8 為孔徑尺度及公差 (D)h7 為軸徑尺度及公差。

( ) 3. 對於尺度 $\phi28G7/h6$，下列敘述何者正確？ (A) 此機件孔軸採用過渡配合 (B) 外徑軸公差顯示以下偏差為基本偏差 (C) 孔徑尺度可能為 $\phi28 {}^{+0.09}_{-0.02}$ (D) 外徑軸之公差位置為 h，公差等級為 6 級。

( ) 4. 依此工作圖顯示，下列何者屬於軸徑的尺度？
(A) $\phi28 {}^{+0.09}_{+0.02}$ (B) $\phi28 {}^{+0.09}_{-0.02}$ (C) $\phi28 {}^{+0.05}_{0.00}$ (D) $\phi28 {}^{0.00}_{-0.05}$。

( ) 5. 對於表面織構符號 $\sqrt{}^{Ra\,3.2}$ 之敘述，下列何者錯誤？ (A) 採用中心線平均粗糙度表示 (B) 粗糙度值為 3.2 mm (C) 表面情況為細切面範圍 (D) 符號代表必須切削加工。

( ) 6. 依此工作圖欲量測螺紋 M20，下列哪種量具不恰當？ (A) 螺紋量規 (B) 螺紋牙規 (C) 螺紋分厘卡 (D)V 溝分厘卡。

( ) 7. 依此工作圖欲選用量具測量尺度，下列哪種量具最不恰當？ (A) 用量表測表面粗糙度 (B) 用螺紋牙規測節距 (C) 用分厘卡可測外徑 (D) 用塊規與正弦桿組合測錐度。

( ) 8. 若大量生產此工作圖，下列哪種品管法最不恰當？ (A) 用柏拉圖可找出問題最大因素作為優先重點管理的方法 (B) 用魚骨圖可從影響品質變異的主要與次要因素中了解品質問題與形成原因之關係 (C) 用查核表可作為不良項目的查核與改善依據 (D) 用管制圖基本上若常態分布下，其平均值 ±3 倍標準差之面積占總面積之 68.2%。

【簡答】

1.(A) 2.(B) 3.(D) 4.(D) 5.(B) 6.(D) 7.(A) 8.(D)

【解析說明】

1. (B) 偏差包含正負號，故下偏差為；(C) 公差乃最大極限尺寸與最小極限尺寸之差，故為 0.1；(D) 實測尺度若是 34.95 公差範圍內，為合格良品機件。

2. (B) 此機件配合採用基軸制，圖示 h7、h6。

3. (A) 此機件孔軸採用餘隙配合；(B) 因外徑軸公差為 h6，故以上偏差為零作為基本偏差；(C) 孔徑公差為置為 G，上下偏差皆屬於正偏差，故可能為 $\phi 28 \, ^{+0.09}_{+0.02}$。

4. (D) 軸徑尺度 h7、h6 為負尺度，且 h 由零線往下偏，以上偏差為零作為為基本偏差。

5. (B) 粗糙度值為 3.2 μm，為 0.0032 mm。

6. (D)V 溝分厘卡用於測量奇數刃鉸刀、螺絲攻、端銑刀、齒輪及栓槽軸徑。

7. (A) 量表無法測表面粗糙度，宜選用表面粗糙度量測儀。

8. (D) 用管制圖基本上若常態分布下，其平均值 ±3 倍標準差之面積占總面積之 99.7%。其平均值 ±2 倍標準差之面積占總面積之 68.2%。

▶▶ [範例 3] 統合第 1、2 章

　　圖 28-3 產品為 Led 高功率探照燈，由鏡片、防水墊片、反射面板、Led 驅動板、散熱本體與鐵質固定支架組等組合而成。Led 燈具壽命長、節能、高亮度、大功率等優點。敬請回答下列有關問題。

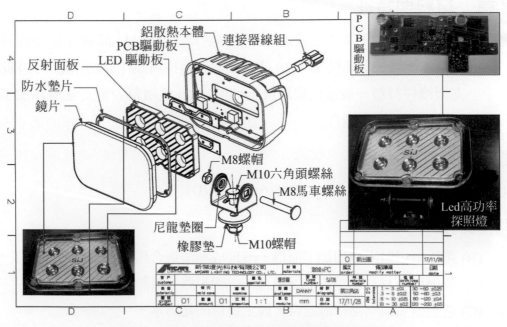

• 圖 28-3　Led 高功率探照燈 (新傑燈光科技公司提供)

第 1 章　製造加工

(　)　1. 對於鏡片之敘述，下列何者錯誤？　(A) 最適合材料可選用 PC 塑膠
　　　　　(B) 可用滾延成型加工而得　(C) 鏡片表面可作表面硬化處理增加硬度
　　　　　(D) 鏡片表面可作抗 UV 處理以增抗老化。

(　)　2. 對於反射面板之敘述，下列何者錯誤？　(A) 常選用環氧樹脂作為材料
　　　　　(B) 可用射出成型加工而得　(C) 面板表面常作鋁材蒸鍍增加其反射能力
　　　　　(D) 圖示反射面板之模具設計須作咬花與拋光處理。

(　)　3. 鏡片、防水墊片與鋁散熱本體之組合最適合方法是　(A) 以鉚釘結合
　　　　　(B) 以螺栓結合　(C) 透過矽氧樹脂黏結　(D) 以銲接方式結合。

(　)　4. PCB 驅動板中電子零件嵌在印刷電路面板上最適合之接合方法選用
　　　　　(A) 軟銲　(B) 硬銲　(C) 氧乙炔銲　(D) 電阻銲。

(　)　5. 對於散熱本體之敘述，下列何者錯誤？　(A) 最適合本體加工方法是冷室
　　　　　壓鑄法　(B) 一般採用鋁材是因散熱效果佳　(C) 黑色本體是因烤漆而得
　　　　　(D) 此本體機件加工方法是砂模鑄造法。

(　)　6. 對於鐵質 U 型固定支架上之孔徑加工，下列何者最不適合？　(A) 衝床衝
　　　　　孔　(B) 鑽床鑽孔　(C) 立式銑床銑孔　(D) 鉋床鉋孔。

第 2 章　材料與特性

(　)　7. 對於鐵質固定支架組之敘述，下列何者錯誤？　(A) 最適合 U 型鐵質固定
　　　　　支架加工方法是衝壓法　(B) 此支架組裝是採用螺栓協助固定　(C) 此固定
　　　　　支架機件材料一般採低碳鋼材質即可　(D) 此鐵質固定支架機件加工方法
　　　　　以鍛造法製得最適合。

【簡答】

　　1.(B)　2.(A)　3.(C)　4.(A)　5.(D)　6.(D)　7.(D)

【解析說明】

1. (B) 鏡片可用射出成型加工而得，滾延成型法適合膠帶、雨衣布等加工。
2. (A) 反射面板材料常選用 PC(氟碳) 塑膠，為一種熱塑性塑膠。
3. (C) 透過矽氧樹脂黏結最適合，最主要目的是防水。

4. (A) 印刷電路面板上電子零件接合方法選用軟銲，又稱錫銲。

5. (D) 砂模鑄造法精度差，不適合大量生產。

6. (D) 鉋床主要是鉋削平面的一種機器。

7. (D) 此鐵質固定支架機件一般採低碳鋼材料，以衝壓法加工製得，不須鍛造法。

第1&2篇　觀念統合實例

▶[範例1]統合第1、3&4章

圖 28-4 為階級軸件產品與切削刀具三視圖所顯示各主要角度，敬請回答下列有關問題。

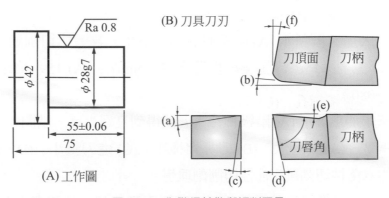

• 圖 28-4　為階級軸件與切削刀具

第1章　切削刀具

( )　1. 如圖所示 (B) 若為高速鋼刀具，下列敘述何者錯誤？　(A) 耐熱溫度約 600℃，適添加切削劑並可斷續切削　(B) 若為鎢系高速鋼 18-4-1 型，即分別各含鎢 18%、鉻 4%、釩 1%　(C) 若是鉬系高速鋼則為低速切削刀具，主要用於如鑽頭、鉸刀或螺絲攻等的主要材料　(D) 在一般高速鋼中加入鎳元素，用於耐高溫之切削，又稱超高速鋼。

第 3 章　公差與表面粗糙度

(　　) 2. 下列對於尺度之敘述何者<u>錯誤</u>？　(A) 圖示尺度 42 與 75 代表不須公差　(B)55 尺度爲雙向公差　(C)28 尺度公差位置在 g，表示上下偏差皆爲負向　(D) 表面粗糙度顯示表面情況爲精切面範圍。

第 4 章　切削加工

(　　) 3. 如圖所示 (B) 若爲高速鋼刀具，下列敘述何者<u>錯誤</u>？　(A) 圖中 (d) 爲前隙角，採用正值，大的隙角使刀刃銳利，容易切削，但刃口強度較低　(B) 圖中 (c) 爲側隙角，主要用途爲防止刀具與工件間之摩擦，故採用正值　(C) 圖中 (e) 爲後斜角，主要用途皆是引導排屑功能　(D) 圖中 (b) 爲刀端角，功用爲控制切屑流向與增加刃口強度。

(　　) 4. 如圖所示　(A) 階級軸件加工，下列何種機器最適合？　(A) 鑽床　(B) 車床　(C) 銑床　(D) 鋸床。

(　　) 5. 以車床加工圖所示 (A) 階級軸件直徑 $\phi 28$，若選擇切削速度 56 m/min，請問工件每分鐘迴轉速爲多少 rpm？　(A) 159　(B) 437　(C) 637　(D) 1080。

(　　) 6. 以車床加工圖示 (A) 階級軸件，若欲得到良好光度，請問下列條件何者<u>不適當</u>？　(A) 切速大　(B) 刀鼻半徑小　(C) 進刀量小　(D) 添加以冷卻爲主的水溶性切削劑比油性切削劑理想。

(　　) 7. 若圖示 (A) 階級軸件爲銅材料，請問下列加工情況何者<u>不正確</u>？　(A) 切屑爲不連續切屑　(B) 採用刀具斜角較大以使容易排屑　(C) 選擇高切削速度　(D) 進刀深度、進刀量要小。

(　　) 8. 加工圖示 (A) 階級軸件時，作用在刀具上的切削力，下列影響因素敘述何者<u>不正確</u>？　(A) 進刀量及切削深度愈大，切削阻力愈大，即切削力愈大　(B) 斜角、間隙角愈大，表刀具愈銳利，切削力愈小　(C) 切邊角愈大，切削力愈大　(D) 切削速度愈大，可降低切削力，但影響並不顯著。

【簡答】

1.(D)　2.(A)　3.(D)　4.(B)　5.(C)　6.(B)　7.(A)　8.(C)

【解析說明】

1. (D) 在一般高速鋼中加入鈷元素，用於耐高溫之切削，又稱超高速鋼。

2. (A) 圖示 42 與 75 雖沒有標示專用公差，但是並非沒有公差，仍須符合一般公差。

3. (D) 圖中 (b) 為切邊角，功用有 (1) 控制切屑流向，(2) 使切屑變薄，減少刃口單位面積之受力，(3) 增加刃口強度及 (4) 減少振動。

4. (B) 以車床最適合階級軸件加工。

5. (C) $V = \pi DN/1000$；$56 = \pi \times 28 \times N/1000$；

   $N = 1000 \times 56/\pi \times 28 = 637$ (rpm)

6. (B) 良好光度條件有切速大、進刀量小、刀鼻半徑大、切邊角大、刀端角小、切削深度小、添加以冷卻為主的水溶性切削劑。

7. (A) 鋼鐵、銅或鋁等為延展性高的工件材質、切屑為連續切屑，最理想的切削情況如採用刀具斜角較大以使容易排屑、選擇高切削速度、進刀深度、進刀量要小。

8. (C) 切邊角愈大，切削力愈小。

▶》[範例 2] 統合第 3、4&5 章

　　圖 28-5 為中碳鋼材質齒輪減速機之一主軸，軸件右側鍵座用來以雙圓頭平形鍵結合齒輪或皮帶輪，直徑 16 公差用於配合滾珠軸承。圖示考量其精度下，加工採取圓胚料經工作母機加工階級外形，鍵座採銑床加工、螺紋由車床完成，敬請回答下列有關問題。

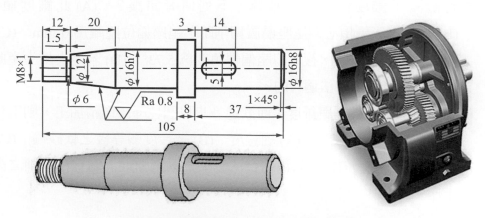

• 圖 28-5　齒輪減速機與主軸 (瑞踡企業公司)

第3章 公差與量具

( ) 1.下列對於圖示軸件之敘述何者<u>錯誤</u>？ (A) 軸件兩端雖同是直徑 16，但是 h7 的公差比 h8 小，故左端精度較高 (B) 以外徑分厘卡測量外徑是適宜的 (C) 以游標卡尺測量鍵座孔槽尺度是適宜的 (D) 表面粗糙度採用最大高度粗糙度。

第4章 切削加工

( ) 2.對於切削性及切削加工，下列敘述何者<u>錯誤</u>？ (A) 影響切削加工及切削性最主要者為刀具刃角 (B) 使用單鋒刀具車削各階級外徑，銑床銑削鍵座孔所使用之銑刀為多鋒刀具 (C) 車床是一種刀具移動而工件旋轉的機器 (D) 銑床是一種工件、刀具同時運動的機器。

第5章 工作機械

( ) 3.若選用銑床銑削鍵座，下列敘述何者<u>錯誤</u>？ (A) 使用立式銑床比臥式銑床適合 (B) 選用端銑刀 (C) 以順銑法銑削比逆銑法適合 (D) 精銑削應使用較小的進刀與較高轉數。

( ) 4.選用機器加工圖示軸件，下列敘述何者<u>錯誤</u>？ (A) 選用車床加工時，可用兩頂心間夾持，此法夾持迅速，可確保兩端同心度一致 (B) 選用無心磨床加工以增加精度及光度 (C) 選用車床加工外徑階級、錐度與螺紋 (D) 選用車床加工軸件時，以穩定中心架協助夾持或利用尾座頂心支撐尾端皆有助切削時不會產生震刀情況。

( ) 5.有關圖示錐度作車削之敘述，下列何者<u>錯誤</u>？ (A) 此錐度值為 0.2 (B) 利用車床兩頂心間尾座偏置切削時，尾座偏位距離為 6 mm (C) 利用複式刀座偏轉法時，複式刀座偏轉角度為 5.73° (D) 若是大量生產此長軸件，採用錐度附件法適合的。

( ) 6.如圖所示軸件外徑與錐度表面欲進一步以圓柱磨床作精加工，則下列選用砂輪敘述何者<u>錯誤</u>？ (A) 細粒度 (B) 結合度弱等級之軟砂輪 (C) 氣孔數多的鬆組織 (D) 蟲膠漆結合法砂輪強韌富彈性，適宜精磨削之高光度工作。

【簡答】

1.(D)　2.(A)　3.(C)　4.(B)　5.(B)　6.(C)

【解析說明】

1. (D) 表面粗糙度 Ra 為中心平均粗糙度，最大高度粗糙度為 Rmax。

2. (A) 影響切削加工及切削性最主要者為工件的材質。

3. (C) 逆銑法較適合，常用於粗銑削鑄鐵、角度銑刀銑削 (角銑)、端銑刀銑削 (端銑) 及銑削內溝槽。

4. (B) 選用外圓磨床加工增加精度及光度，無心磨床較適合單一圓柱機件。

5. (B) 尾座偏位距離 $(S) = \{T\,(\text{錐度}) \times L\,(\text{工件全長})\} \times \dfrac{1}{2}$

$$= (0.2 \times 105) \times \dfrac{1}{2} = 10.5 \text{ mm}。$$

6. (C) 氣孔數少的密組織方適於硬材工件、小面積加工或精磨削工作。

▶ [範例 3] 統合 第 3、4、5、6&15 章

圖 28-6 為含碳 0.2% 之低碳鋼材質齒輪主軸，考量其精度下，加工採取圓胚料經工作母機加工階級外形、螺紋與錐度，齒輪與左端圓柱方形平面採銑床完成加工，敬請回答下列有關問題。

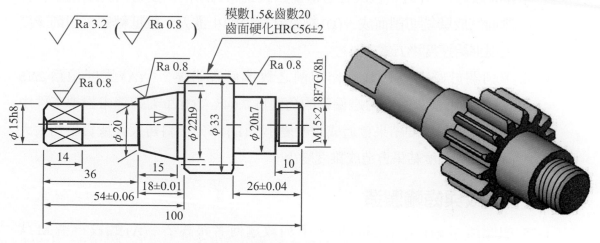

・圖 28-6　齒輪主軸

第 3 章　公差與量具

(　　) 1. 下列對於圖 28-6 軸件選用量具之敘述何者錯誤？　(A) 直徑 22 公差等級比直徑 20 大，意即公差等級愈大，公差愈大　(B) 此軸件採用基軸制法標示　(C) 若是大量生產此軸徑，則螺紋檢驗以螺紋分厘卡比螺紋環規適合 (D) 可用齒輪游標卡尺量測齒輪弦齒頂與弦齒厚。

第 4 章　切削加工

(　　) 2. 本齒輪主軸為延展性高的低碳鋼材質，切屑易形成連續切屑。但是也可能造成積屑刃緣 (黏附刀刃) 之連續切屑導致刀頂面快速磨損，使得光度變差。故形成積屑刃緣的主要因素下列何者不是？　(A) 刀具斜角較小 (B) 切削速度較低　(C) 進刀量及進刀深度大　(D) 刀具頂面摩擦係數大且切削中未加切削劑。

第 5 章　工作機械

(　　) 3. 若選用銑床加工齒輪與圓柱方形平面，下列敘述何者錯誤？　(A) 圖示齒數為 20 之齒輪時，若銑床分度蝸輪為 40 齒，採用白郎夏普 (Brown & Sharp) 分度頭及分度板，其分度曲柄恰應轉動 2 轉 (B) 若選用切削速度為 31.4 m/min，若以外徑 100 mm 之六刃面銑刀銑切，銑床主軸轉速以 100 rpm 最適合　(C) 左側圓柱方形為臥式銑床利用兩側銑刀同時銑削兩平行側面完成騎銑切削而成　(D) 精銑宜採用較小進刀、較低轉數、切削深度大但進給速度小方式。

(　　) 4. 下列關於圖示軸件錐度作切削之敘述何者錯誤？　(A) 錐度值為 2/15 (B) 車削時採用複式刀座偏轉的角度為 7.64°　(C) 車刀刀鋒未對準工件中心時，車削錐度結果會造成錐度變小　(D) 車刀後斜角太大或負斜角太大時，車削錐度結果會造成錐度變小。

第 6 章　螺紋與齒輪製造

(　　) 5. 如圖所示軸件車削螺紋時，下列敘述何者錯誤？　(A) 螺紋符號 M 代表公制螺紋，螺紋角為 60°　(B) 螺紋為細牙，其螺距與導程皆為 2 mm (C) 以車床車削螺紋乃適內、外螺紋的高精密度、少量特殊螺紋製造

(D) 車製螺紋時宜先選搭齒輪系，若車床導螺桿節距為 5 mm，柱齒數選 30 齒，則導桿齒數為 40 齒。

( ) 6. 如圖所示軸件車削螺紋時，下列敘述何者錯誤？ (A) 採用複式刀座偏轉 30° 進刀由複式刀座控制，則車削之進刀深度為 1.5 mm (B) 車刀刀刃必需對準工件中心，若是車刀刀刃太高或太低，皆會造成螺紋牙角變小 (C) 可使用中心規協助校正車刀刀刃角度、車刀對工件校正是否垂直及檢查螺距 (D) 在螺紋牙角正確條件下，可使用螺紋分厘卡、三線測量法或螺紋三線規檢驗節徑。

( ) 7. 如圖所示軸件車削螺紋時，下列敘述其公差何者錯誤？ (A) 8h 表示陽螺紋的節徑與外徑公差 (B) 8F 表示陰螺紋的節徑公差，F 表示公差域，8 表示公差等級 (C) 7G 表示陰螺紋的內徑公差，G 表示公差域，7 表示公差等級 (D) 配合制度乃採用基孔制。

( ) 8. 如圖所示軸件齒輪加工時，下列敘述何者錯誤？ (A) 節徑為 30 mm (B) 齒冠高為 1.5 mm (C) 徑節為 1.5 (D) 經熱處理後齒輪採用磨床以齒形砂輪整修齒面增加光度與精度。

第 15 章 表面硬化

( ) 9. 對於圖示軸件上齒輪欲作齒面硬化，下列何種最適宜？ (A) 火焰硬化法 (B) 高週波硬化法 (C) 滲碳法 (D) 氮化法。

【簡答】

1.(C) 2.(C) 3.(D) 4.(B) 5.(D) 6.(B) 7.(D) 8.(C) 9.(C)

【解析說明】

1. (C) 若是大量生產圖示軸徑，則螺紋檢驗以螺紋環規最適合。
2. (C) 進刀量較小，但進刀深度大易形成積屑刃緣。
3. (D) 精銑採用較小進刀、較高轉數、切削深度小與進給速度小方式。
4. (B) 車削時採用複式刀座偏轉的角度為

$$(\theta) = \frac{1}{2} \times T \ (錐度) \times 57.3 = 28.65 \times (\frac{2}{15}) = 3.82°。$$

5. (D) 若車床導螺桿節距為 5 mm，柱齒數選 30 齒，則導桿齒數為 75 齒。

$$\frac{n \times P_s}{P_L} = \frac{T_s}{TL} \text{，故 } \frac{2}{5} = \frac{30}{TL} \text{；所以，} T_s = 75 \text{ 齒。}$$

6. (B) 車刀後斜角若太大、車刀刀刃未對準工件中心，皆會造成螺紋牙角變大。

7. (D) 配合採用基軸制。

8. (C) 周節 $P_c = \pi \cdot \dfrac{D}{T} = \pi \times M = 1.5\pi$。徑節為模數的倒數。

9. (C) 滲碳法用於含碳量在 0.2% 以下之低碳鋼機件。

第 3、4&5 篇　觀念統合實例

▶▶ [範例] 統合第 11、13、16、17-19 章

　　金屬機殼產業正夯，以手機殼與其配件為例，一般的機殼採用塑膠或鋁、鎂合金，機殼經過成型→二次處理→表面處理等步驟製成。

　　金屬機殼成型以「一體成型」為例，一般先壓鑄後，再經擠型、鍛造。二次處理流程大致依次為 CNC →雷射加工→化成皮膜→震動研磨→化學蝕刻→拋光→噴絲、拉絲。表面處理大致流程為：噴塗→陽極→電鍍→轉印→真空電鍍 (PVD)。

　　圖 28-7 為，常見保護殼、皮套、吊飾等手機配件，敬請回答下列有關問題。

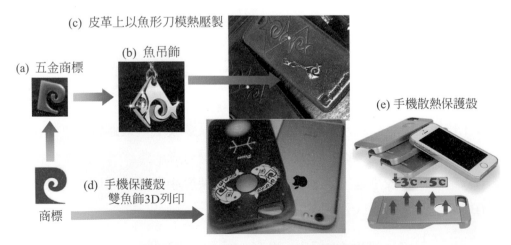

(c) 皮革上以魚形刀模熱壓製

(b) 魚吊飾

(a) 五金商標

(e) 手機散熱保護殼

(d) 手機保護殼
雙魚飾3D列印

商標

3℃～5℃

(A) 品牌創意設計之手機配件 (英國阿多尼斯公司提供)

• 圖 28-7　常見保護殼、皮套、吊飾等手機配件與手機殼模具

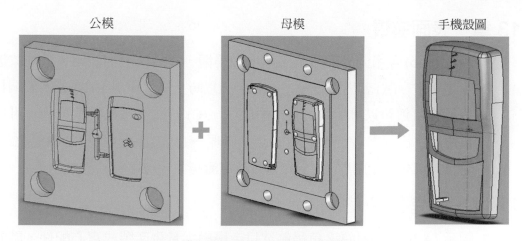

公模　　　　　　母模　　　　　手機殼圖

(B)手機殼模具與產品圖（凱特爾國際公司）

• 圖 28-7　常見保護殼、皮套、吊飾等手機配件與手機殼模具 (續)

第 11 章　塑膠加工

(　) 1. 下列對於圖示 (B) 手機殼之敘述何者<u>錯誤</u>？　(A) 此模具為衝壓模具 (B) 若為 TPU 材質，擁有高張拉力、強韌與耐老化特性，為環保材料之一種　(C) 若為 PC 材質，擁有高電氣絕緣性、強度高與毒性低，為熱塑性塑膠之一種　(D) 若為 PP 材質，擁有高電氣絕緣性、化學抵抗性與毒性低，為熱塑性塑膠之一種。

(　) 2. 如圖所示 (B) 手機殼若為塑膠模具，請問可能為下列哪種模塑成型法？ (A) 擠製成型　(B) 滾壓成型　(C) 吹製成型　(D) 射出成型。

(　) 3. 以圖示 (A-d) 與 (B) 製造手機機殼成型為例，主要技術下列哪種方法<u>最不適宜</u>？　(A) 機器切削加工　(B) 沖壓　(C) 鍛造　(D) 擠型。

(　) 4. 手機機殼成型後，常須作二次處理，主要技術下列哪種方法<u>最不適宜</u>？ (A) CNC 機器加工　(B) 雷射加工　(C) 化學蝕刻　(D) 擠型。

(　) 5. 欲將圖示 (A-d) 雙魚圖形製在手機殼上，請問下列哪種方法<u>最不適宜</u>？ (A) 在機殼上以 3D 浮雕列印機列印　(B) 在機殼上採金屬印刷法轉印 (C) 機殼與雙魚圖形製成模具後一體成型法　(D) 粉末冶金法一體成型。

第 13 章　表面塗層

(　　) 6. 圖示 (A-b) 魚吊飾成形後欲電鍍增加美觀，提高其附加價值，下列敘述何者錯誤？　(A) 若爲銀質魚吊飾可鍍銠以防止氧化變黑　(B) 若爲碳鋼材質魚吊飾可鍍鉻以增加耐磨性、耐蝕性　(C) 若爲塑膠材質魚吊飾，可作塑料電鍍，流程爲 (1) 清潔→ (2) 溶劑處理→ (3) 調節處理→ (4) 敏感化→ (5) 成核具催化性金屬種子　(D) 電鍍時電流越大，被電鍍的物件越美觀。

第 17 章　鑄造

(　　) 7. 圖示 (A-b) 爲鋅材質之魚吊飾欲以金屬模大量生產製成實心配件，請問下列哪種方法最不適宜？　(A) 可採用低壓永久模鑄造法製成　(B) 採用熱室式比冷室式壓鑄機適合　(C) 可採用瀝鑄造法製成　(D) 可採用重力模鑄造法製成。

第 18 ～ 20 章　塑性加工

(　　) 8. 圖示 (A-a) 某知名品牌商標欲製成五金配件，請問下列哪種塑性加工法最適宜大量生產？　(A) 衝壓法製成　(B) 滾軋法製成　(C) 鍛造法製成　(D) 抽製法製成。

【簡答】

1.(A)　2.(D)　3.(A)　4.(D)　5.(D)　6.(D)　7.(C)　8.(A)

【解析說明】

1. (A) 圖示模具設計有流路系統，故爲塑膠模具，或壓鑄模具。

2. (D) 圖示 (B) 手機殼以射出成型機完成射出成型。擠製成型產品如塑膠管，滾壓成型產品如塑膠板、吹製成型產品如塑膠瓶。

3. (A) 把金屬製成大致符合產品的型狀，主要技術有壓鑄、衝壓、鍛造、擠型等。機器雖可切削加工外型，但是把塊狀加工成機殼最不適宜。

4. (D) 二次處理流程大致依次爲 CNC →雷射加工→化成皮膜→震動研磨→化學蝕刻→拋光→噴絲、拉絲。

5. (D) 粉末冶金雖可一體成型，但是手機機殼大都爲鎂、鋁等活潑性金屬，其粉末易生塵爆危險，且粉末冶金製品無法生產完全密實產品，強度不足，故最不適宜。

6.　(D) 電鍍後被電鍍物件的美觀性和電流大小有關係，電流越小，被電鍍的物件越美觀。

7.　(C) 瀝鑄造法適宜製中空雕像，故最不適宜。

8.　(A) 圖示 (A-a) 所示商標為薄件，可以衝壓法製成。滾軋法適宜長條形型鋼，鍛造法適宜厚材形工具及機件，抽製法適宜製成杯狀產品。

第 1&5 篇　觀念統合實例

▶ [範例 1] 統合第 1、2&16 章

圖 28-8 為汽缸本體 (Cylinder block 或 Engine block) 是引擎的基本架構，上方緊接著汽缸頭蓋，而下方則接著曲軸箱；汽缸本體是引擎下半座的主要部份。

汽缸本體大都以壓鑄模法或翻砂鑄造法鑄造而成，材質通常為鐵、鋁合金或銅合金，亦有利用鎳基複合電鍍技術鍍上一層薄膜，俗稱為陶瓷汽缸。若渦輪增壓在強制進氣的情況下，鑄鐵的材質會比較耐用。敬請回答下列有關問題？

(B) 鐵質汽缸本體(維基百科)

(C) 黃銅汽缸本體(員新金屬工業公司)

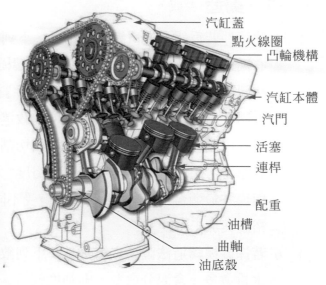

汽缸蓋
點火線圈
凸輪機構
汽缸本體
汽門
活塞
連桿
配重
油槽
曲軸
油底殼

(A) 汽車引擎(老男人網)

・圖 28-8　汽缸本體與引擎 (員金屬工業公司 & 維基百科)

第 1 章　加工法選擇

(　) 1. 此鑄件若爲黃銅汽缸本體鑄件，下列敘述何者最不恰當？　(A) 此鑄件完成後用立式綜合加工機作孔徑精加工相當理想　(B) 此鑄件以彈性製造系統 FMS 作孔徑精加工相當理想　(C) 此鑄件以超音波加工 USM 作孔徑精加工相當理想　(D) 若是採用碳化鎢刀具作孔徑精加工，以編號 K10 比 P40 爲理想。

第 2 章　材料與特性

(　) 2. 此鑄件若爲黃銅汽缸本體鑄件，下列敘述何者錯誤？　(A) 黃銅爲銅與鋅形成的合金　(B) 若含鋅 30% 時稱爲七三黃銅，其硬度最大 (C) 含鋅 40% 時抗拉強度最大，稱爲六四黃銅　(D) 黃銅耐蝕性大且易於鑄造及加工。

(　) 3. 若爲鐵質汽缸本體，下列敘述何者錯誤？　(A) 含碳量在 2.0 ～ 6.67%　(B) 以慢冷而得者斷面呈灰色，結晶粒粗大，稱爲灰口鑄鐵　(C) 以快冷而得者，所含碳爲炭化鐵，質極硬，稱爲白鑄鐵　(D) 在白鑄鐵中加入鎂 (Mg)、鈰 (Ce) 球化劑，使其組織變爲化合碳者，稱爲延性鑄鐵。

第 17 章　鑄造

(　) 4. 此鑄件若爲鋁合金汽缸本體鑄件，下列敘述何者錯誤？　(A) 可以採眞離心模鑄造法製得　(B) 可以採冷室壓鑄模鑄造法製得　(C) 可以採砂模鑄造法製得　(D) 作金相顯微檢驗其機械性質乃爲一種破壞性檢驗法。

(　) 5. 本體件若採砂模鑄造法製得，下列敘述何者錯誤？　(A) 製作砂模時，於模孔中置放砂心法製得孔後再經精切削　(B) 翻砂時若考慮受熱脹冷縮因素影響，須注意收縮裕度與變形裕度　(C) 採用旋轉刮板模型法製作模型與模穴最適合　(D) 翻砂時若考慮受不同金屬種類因素影響，須注意收縮裕度與加工裕度。

(　) 6. 若採砂模鑄造法製得本鑄鐵件，下列敘述何者錯誤？　(A) 若砂模中之含水量愈多、含泥分愈多，則強度較高，但其透氣性較差　(B) 磁粉檢驗可探測鑄件內部之孔隙，屬於非破壞性檢驗　(C) 一般熔解溫度大於澆鑄溫度約 50 至 100℃　(D) 一般鑄件大者或厚者，澆鑄速度宜快。

（　　）7. 本鑄鐵件若爲壓鑄模鑄造，則相較砂模鑄造而言，下列敘述何者<u>錯誤</u>？
(A) 表面平滑美觀、操作迅速　(B) 適合大量生產，組織緻密、鑄件強度大
(C) 金屬液進入模穴速度高，故透氣性佳且不易產生氣孔　(D) 僅適低熔點
非鐵金屬，且模具及設備費用高。

【簡答】

1.(C)　2.(B)　3.(D)　4.(A)　5.(C)　6.(D)　7.(C)

【解析說明】

1. (C) 超音波加工 USM 雖可作孔徑精加工，但是適宜硬脆材料，不適合黃銅。
2. (B) 含鋅 30% 時伸長率最大，稱爲七三黃銅。
3. (D) 在灰鑄鐵中加入鎂 (Mg)、鈰 (Ce) 球化劑，使其組織變爲球狀石墨者，稱
   爲延性鑄鐵。白鑄鐵在冷卻過程中延長退火時間作脫炭處理而得，產生化合
   碳 (含石墨、肥粒體) 之組織稱爲展性鑄鐵。
4. (A) 眞離心模鑄造法適宜製管類對稱中空鑄件。
5. (C) 本機件製作模穴前須先製作模型，以鬆件模型與製作乾砂心最恰當。
6. (D) 一般鑄件大者或厚者，澆鑄速度宜慢。
7. (C) 金屬液進入模穴速度高，透氣性差且易成氣孔缺陷。

▶》[範例 2] 統合第 1、2、16&17 章

圖 28-9 汽車輪圈就機械性質而言，鋁矽合金的延伸率與抗拉力較佳，而鎂鐵合
金硬度剛性較佳。在同樣強度要求下，F1 賽車大都用鋁鎂合金輪圈，因輕質量，唯
鎂爲極高度不穩定之元素，鎂呈黑色色澤，表面處理效果較差，生產成本較高。汽車
輪圈製程一般分三大流程，即：

• 圖 28-9　汽車輪圈 (Kknews 網老侯解車 & 富華鋁業公司 & 痞客幫 3C 毒舌痞子 543)

1. 粗胚成型：重力模鑄造、低壓永久模鑄造、壓鑄模鑄造或鍛造等。
2. 精密加工：鑽孔、搪孔、車削等。
3. 表面處理：塗裝／電鍍／拋光／真空濺鍍／鑽石鏡面加工等。

第1章　加工法

(　　) 1. 對於汽車輪圈之敘述，下列何者錯誤？　(A) 若為鋁製，可作熱處理增加其強度　(B) 若為鐵製，可作熱處理增加其強度　(C) 輪面輪輻花紋切削可採用化學腐蝕加工法　(D) 可依據需求塗裝顏色。

第2章　材料與特性

(　　) 2. 對於汽車輪圈之敘述，下列何者錯誤？　(A) 鋁質比含碳量高之鐵質更具有良好鍛造性　(B) 鋁合金鍛造輪圈比鐵質鑄造圈重量輕、結構強度佳　(C) 一般純鋁和純鐵材質質軟，切削易形成積屑刃緣之連續切屑，故刀具須選用大斜角、小進深、高切速方式加工　(D) 鋁合金輪圈相較比鐵質鑄造圈耐蝕性差，容易變形，但硬度高。

第17章　鑄造

(　　) 3. 鋁質汽車輪圈若為壓鑄模鑄造而成，下列敘述何者錯誤？　(A) 選用熱室法比冷室法佳　(B) 可一體成形輪面和輪桶框，但一般須再加熱至 400℃ 經旋壓精製而成　(C) 壓鑄模因熔化爐位置不同區分為熱室法與冷室法　(D) 壓鑄模鑄造法是一種金屬模鑄造法。

(　　) 4. 下列敘述製造汽車輪圈方法何者最不適當？　(A) 重力模鑄造法　(B) 低壓永久模鑄造法　(C) 壓鑄模鑄造法　(D) 瀝鑄模鑄造法。

第18章　金屬之熱作

(　　) 5. 鋁質汽車輪圈若為鍛造加工而成，下列敘述何者正確？　(A) 鍛造是一種熱作塑性加工法　(B) 此件可採用端壓冷鍛法製得　(C) 此件可採用端壓熱鍛 (鍛粗) 法製得　(D) 此件可採用衝擊式鍛造法製得。

(　　) 6. 鍛造加工鋁質汽車輪圈，下列敘述何者錯誤？　(A) 是施以大於降伏強度而小於極限強度外力使產生永久變形的加工法　(B) 是將金屬加熱至再結晶溫度以下成塑性體而施以加工成形者　(C) 此法改變材料形狀之能量比

冷作低，故加壓成形容易　(D) 此法由於組織細化，可使機械性質如強度、韌性，均勻性因而改善。

(　) 7. 鍛造加工鋁質汽車輪圈，下列敘述何者<u>錯誤</u>？　(A) 鋁材鍛造時依火色判斷鍛造溫度為亮紅色　(B) 汽車輪圈須採用閉模鍛造以增尺度精確性　(C) 鍛造後輪圈可得良好的強度與耐衝擊等性質　(D) 相較冷作而言，此法不易產生殘留應力與不易引起加工硬化。

【簡答】

1. (C)　2.(D)　3.(A)　4.(D)　5.(A)　6.(B)　7.(A)

【解析說明】

1. (C) 輪面輪輻一般採機械加工，而化學腐蝕加工法適宜如不繡鋼雕花門之局部加工。

2. (D) 鋁合金輪圈耐蝕性好，不容易變形，但硬度低。

3. (A) 冷室法適用於銅、鎂、鋁之低熔點非鐵金屬。熱室法適用於鋅、鉛、錫之低熔點非鐵金屬。

4. (D) 瀝鑄模鑄造法適用於中空鑄件，如塑像。

5. (B) 端壓冷鍛法適合鐵釘釘頭、鉚釘釘頭等製造；(C) 端壓熱鍛 (鍛粗) 法適合螺栓頭、汽缸等製造；(D) 衝擊式鍛造法適合小型鍛件的大量生產製造。

6. (B) 鍛造是將金屬加熱至再結晶溫度以上成塑性體而施以加工成形者。

7. (A) 鍛造時依火色判斷鍛造溫度，然鋁材加熱至熔化過程中大都為鋁材銀白色，相較難依火色判斷鍛造溫度。

第 1、5&6 篇　觀念統合實例

▶ [範例]統合第 1、2、17-19 & 21 章

　　銲接或稱熔接，是一種以加熱方式接合金屬或其他熱塑性塑料的工藝及技術。銲接方法可細分為鑞接、氣銲、電弧銲、電阻銲及其他特殊銲接等。銲接可以在多種環境下進行，如野外、水下和太空，但銲接可能給操作者帶來危險及傷害，包括燒傷、

觸電、視力損害、吸入有毒氣體、紫外線照射過度等，故在進行銲接時必須採取適當的防護措施。圖 28-10 為一銲接底座件，敬請回答下列有關圖示五銲接機件問題。

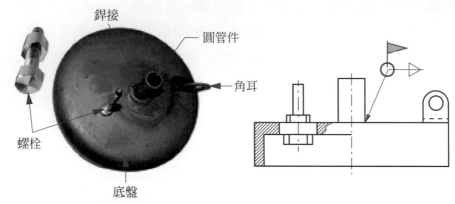

• 圖 28-10 銲接底座機件 (取材豪星機電工業公司)

第 1 章 切削刀具

(　　) 1. 如圖所示圓管件若為銅質機件，孔徑與兩端面欲作高速、鏡面精切削加工，下列切削刀具材質何者最適宜？ (A) 鑄造合金 (B) P10 類碳化鎢 (C) 陶瓷刀具 (D) 鑽石刀具。

第 2 章 材料與特性

(　　) 2. 如圖所示銲接在底盤上圓管件若為銅質材料，下列對於銅及其合金之敘述何者<u>錯誤</u>？ (A) 若為黃銅件，則是銅與鋅之合金，色呈黃色、耐蝕性大，易於鑄造及加工 (B) 若為青銅件，則是銅與錫之合金，具高強度與硬度、熔點低、流動性佳，易於鑄造及加工 (C) 若為六四黃銅件，具良好伸長率，但抗拉強度較差 (D) 若為砲銅件，表示含錫量 10%。

第 18-20 章 塑性加工

(　　) 3. 如圖所示底盤若為鐵質機件，<u>最不適宜</u>的製造方法是下列何種？
(A) 滾軋 (B) 熱鍛造 (C) 熱抽製 (D) 壓床冷引伸。

第22章　銲接

(　　) 4.如圖所示在底盤上銲接鐵質圓管件若採用電弧銲接法，下列敘述何者錯誤？　(A) 使用電銲條具有銲藥被覆爲佳，以產生保護層、穩定電弧及減少濺散，具有去氧、精煉之效　(B) 使用電銲機時其電流大小約爲銲條直徑的 40 倍，電弧長度約等於電銲條直徑 (C) 若用惰氣鎢極電弧銲接，電銲機採用交流電源比直流電源適合　(D) 若用惰氣鎢極電弧銲接，常引入氬 (Ar) 或氦 (He)，又稱氬焊。

(　　) 5.如圖所示在底盤上銲接鐵質圓管件時，若採用氧乙炔銲接法，下列敘述何者錯誤？　(A) 圖示爲現場全周塡角銲熔接　(B) 乙炔氣是由電石 (碳化鈣) 置於水中作用產生取得之碳氫化合物　(C) 選用氧化焰乃氧氣量多於乙炔量　(D) 點火時須先開銲炬上氧氣閥點火，後開乙炔閥以調節火焰種類。

(　　) 6.在底盤上銲接銅質圓管件，下列何種方法最不適宜？　(A) 硬銲　(B) 超音波銲　(C) MIG 銲　(D) 氧乙炔銲。

【簡答】

1.(D)　2.(C)　3.(A)　4.(C)　5.(D)　6.(B)

【解析說明】

1. (A) 鑄造合金用於高速切削抗拉材料或不銹鋼；(B)P10 類碳化鎢用於精切削碳鋼、鑄鋼、合金鋼等鋼類之高抗拉強度材料連續切削工作；(C) 陶瓷刀具適精切鑄鐵及高硬度材料。

2. (C) 六四黃銅件具良好抗拉強度，七三黃銅件具良好伸長率。

3. (A) 滾軋常用於鋼筋、鋼板及結構型鋼製造，難以製得筒形底盤；(D) 鐵質底盤若厚度在 3 mm 以下，可用壓床作冷引伸製得。

4. (C) 惰氣鎢極電弧銲接又稱氬銲，電銲機採用交流電源乃用於鎂、鋁與鑄鐵材料銲接；採用直流電源用於鋼、不銹鋼及銅、銀合金銲接。

5. (D) 點火時須先開銲炬上乙炔閥點火，後開氧氣閥以調節火焰種類。

6. (B) 超音波銲用於不同材料之薄板銲接，如罐頭封裝及金屬箔的銲接。

第 4、5&6 篇　觀念統合實例

▶ [範例] 統合第 1、14、15、17&21 章

　　汽車發動機曲柄連桿構造中，連桿為不可或缺的機件之一。機構係依靠曲柄和飛輪的轉動慣性，通過連桿帶動活塞運動，將燃料燃燒產生的熱能藉活塞往復 (上下) 運動、曲軸旋轉運動轉變為機械能對外輸出動力完成作功衝程。敬請回答下列有關圖 28-11 連桿問題。

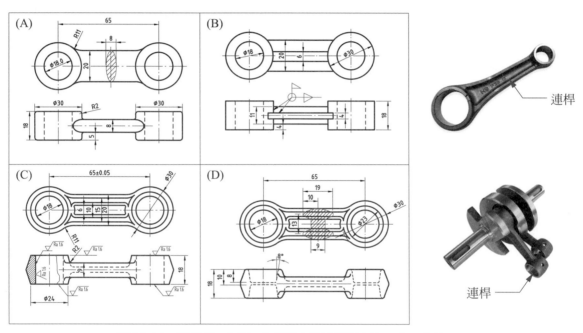

• 圖 28-11　連桿與工作圖 (全華圖書機械製圖實習 & 雲陽曲軸公司)

第 1 章　加工圖例

(　　) 1. 如圖所示四個連桿工作圖之敘述，下列何者錯誤？　(A) 圖 (A) 是鑄造工作圖　(B) 圖 (B) 是鉚接工作圖　(C) 圖 (C) 是熱處理工作圖　(D) 圖 (D) 是鍛造工作圖。

第 15 章　表面硬化

(　　) 2. 如圖所示連桿若為鋁合金材質，其孔徑常作表面處理增加耐磨性，下列何種表面硬化法最適宜？ (A) 氮化法 (B) 滲碳法 (C) 高週波硬化法 (D) 火焰硬化法。

(　　) 3. 如圖所示連桿若為含碳量在 0.2% 以下之低碳鋼材質，其孔徑常作表面處理增加耐磨性，下列何種表面硬化法最適宜？ (A) 氮化法 (B) 滲碳法 (C) 高週波硬化法 (D) 火焰硬化法。

(　　) 4. 如圖所示連桿若為中碳鋼材質，其孔徑常作表面處理增加耐磨性，下列何種表面硬化法<u>最不適宜</u>？ (A) 碳化鎢批覆法 (B) 滲碳法 (C) 高週波硬化法 (D) 火焰硬化法。

(　　) 5. 如圖所示若為鋼質連桿，其孔徑須增加表面硬度，下列何種表面硬化法<u>不恰當</u>？ (A) 碳化鎢批覆法 (B) 物理蒸鍍法 (C) 淬火法 (D) 電鍍法鍍鉻。

第 17 章　鑄造

(　　) 6. 若連桿材質為鋁並採用鑄造法加工，下列敘述何者錯誤？ (A) 可採用砂模鑄造法少量生產製得 (B) 可採用壓鑄模鑄造法大量生產製得 (C) 採用低壓永久模鑄造法可得品質純淨且廢料損失少鑄件 (D) 可採用陶瓷殼模鑄造法批量生產製得。

第 18 章　塑性加工

(　　) 7. 若連桿材質為鋁並採用塑性加工法，下列敘述何者錯誤？ (A) 可採用鍛造法大量生產 (B) 塑性加工後易產生加工硬化，須以製程退火予以消除 (C) 塑性加工溫度為再結晶溫度以上較佳 (D) 塑性加工後連桿常須另外精加工孔徑。

第 22 章　銲接

(　　) 8. 如圖 28-11(B) 工作圖所示製造連桿，下列敘述何者<u>錯誤</u>？　(A) 圖示符號為全周銲接　(B) 圖示符號為箭頭邊與箭頭對邊皆須填角銲接　(C) 若銲接後銲道產生裂紋，係因電流太小或銲接速度太快所造成　(D) 檢驗銲道是否產生不完全熔融現象，可採用 X 光線照相術或磁粉檢驗等非破壞性檢測之。

【簡答】

1.(C)　2.(A)　3.(B)　4.(B)　5.(C)　6.(D)　7.(B)　8.(C)

【解析說明】

1. (C) 圖 (c) 是機械加工工作圖，顯示有機械精加工所須之精度與光度。

2. (A) 氮化法用於含有鋁、鉻、鉬、矽、錳、鈦、釩等元素之合金鋼表面硬化。滲碳法用於含碳量低於 0.2%，高週波硬化法與火焰硬化法用於中碳鋼為宜。

3. (B) 滲碳法用於含碳量在 0.2% 以下之低碳鋼機件。

4. (B) 滲碳法用於含碳量在 0.2% 以下之低碳鋼機件。

5. (C) 淬火法為一種熱處理，雖可增加機件硬度，但是非屬表面硬化法。

6. (D) 陶瓷殼模鑄造法適合熔點較高的合金鋼鑄件。

7. (B) 連桿採用鍛造法塑性加工，較不易產生加工硬化，不須以製程退火予以消除。

8. (C) 若銲接後銲道產生裂紋，係因熱應力所引起。

第 2、3&7 篇　觀念統合實例

▶▷ [範例] 統合第 7、12&26 章

3C 產品已是現代化社會中不可或缺的必需品，尤其人手一台的智慧型手機與五花八門的手機配件。機殼或配件之成型，不管是壓鑄模、擠型成型模、鍛造模或塑膠射出成型模，這些都必須透過模具設計與開發後進行大量生產的製造。因此，模具設計後的製造精度關係到產品品質的優劣。

圖 28-12 為手機機殼產品與模具設計，敬請回答下列有關問題。

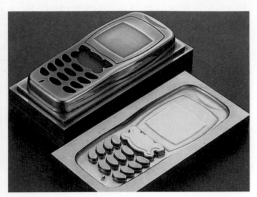

• 圖 28-12　手機殼模具與產品圖 (甬通塑膠製品廠 & 億曜企業公司)

第 7 章　電腦數值控制

(　　) 1. 圖示手機殼模具以五軸加工機切削加工，關於五軸的敘述何者有誤？
(A) 五軸加工機指 X、Y、Z 三個直線移動軸和 A、B 旋轉移動軸　(B) 五軸加工機指 X、Y、Z 三個直線移動軸和 B、C 旋轉移動軸　(C) 五軸加工機指 X、Y、Z 三個直線移動軸和 A、B、C 旋轉移動軸　(D) 繞著 X 直線移動軸旋轉的旋轉軸向稱為 A 軸。

第 12 章　特殊切削加工

(　　) 2. 圖示手機殼模具之加工，請問下列哪種方法最適宜？　(A) 電積成型法
(B) 放電加工 (EDM) 法　(C) 傳統立式銑床端銑刀切削 (D) 衝壓法。
(　　) 3. 圖示手機殼模具之加工，請問下列哪種方法最不適宜？　(A) 3D 金屬列印法　(B) 放電加工 (EDM) 法　(C) 化學銑切 (CHM) 法 (D) 五軸加工機切削。
(　　) 4. 圖示手機殼模具以數值控制機械切削加工，關於數值控制機械特色的敘述何者有誤？　(A) 精確度良好，可減少檢驗費用　(B) 可全天候加工，程式可儲存並重複使用　(C) 可減少人為的操作錯誤，提高生產效率　(D) 對各類工件之加工適應性少彈性，且工程管理不容易。

第 26 章 製造自動化

( ) 5.科技日新月異的時代裏,自動化可分為生產自動化、業務自動化與程序自動化,下列敘述何者<u>有誤</u>? (A) 業務自動化又稱過程自動化,應用於水泥、糖業…等裝置工業或物料流程工業中之自動化 (B) 生產自動化具有工作省時省力化、產品零件標準化與提高作業環境安全 (C) 生產自動化包括自動化工業及工業自動化兩部分 (D) 電腦整合製造 (CIM) 乃以電腦為工具,資料庫為中心。

【簡答】

1.(C) 2.(B) 3.(C) 4.(D) 5.(A)

【解析說明】

1. (C) 五軸加工機指右手定則 X、Y、Z 三個直線移動軸和 2 個旋轉移動軸 (A、B 軸或 B、C 軸或 A、C 軸)

2. (B) 一般產品形狀複雜且大量生產,常須製作模具,以放電加工 (EDM) 法完成製模加工最常見。若是運用電腦輔助設計軟體 (CAD) 設計模具,再將此圖形資料送至電腦數值控制機械 (CNC),依製作程式進行加工 (CAM),則可得比 EDM 法更高的尺度精度與光度。

3. (C) 化學銑切 (CHM) 法雖用於去除未貫穿多餘厚度物件及複雜的模型加工,但是主要以鋁及其合金為主要加工對象。而模具材質一般以合金鋼為主,故最不適合。

4. (D) 對各類工件之加工適應性大,且品質管制與工程管理容易。

5. (A) 程序自動化又稱過程自動化,應用於水泥、糖業…等裝置工業或物料流程工業中之自動化。業務自動化以商務、網路、通訊、辦公、管理為主。

參考書目

1. 機械製造，林英明、徐文法、林彥伶編著，全華圖書股份有限公司 (106.9)

2. 機械製造，王千億、王俊傑編著，全華圖書股份有限公司 (106.9)

3. 機械製造，姜禮德，龍騰文化 (106.9)

4. 機械製造，邱雲堯、陳佳萬、張安欣等 7 人譯 (三版)Manufacturing Engineering and Technology，Kalpakjian 著，文京出版公司 (100)

5. 93 年四技二專統測機械專業 (二) 試題

6. 機工學，張甘棠著，三文出版社 (80.1)

7. 機械製造，簡文通編著，全華圖書股份有限公司 (97.7)

8. 機械製造，黃廷合編著，全華圖書股份有限公司 (88.9)

9. 機械製造，張世於編著，長諾資訊圖書公司 (88.9)

10. 機械製造，王獻彰、黃芳謙、廖文龍編著，龍展圖書公司 (96.9)

11. 機械製造，蔡秋明、林圳明、陳聰浪、吳滄欽編著，儒林圖書公司 (88.9)

12. 機械製造，鄭壬申、鄭耀昌編著，儒林圖書公司 (88.9)

13. 機械製造，劉明春編著，全華圖書股份有限公司 (88.9)

14. 機械製造，鍾來貴編著，華興書局 (96.9)

15. 機械製造，張榮桂編著，普大圖書公司 (81.8)

16. 機械製造精修，曾祿喜編著，成龍圖書公司 (88.5)

17. 機械製造，曾鴻毅、陳美保編著，建弘出版社 (85.8)

18. 機工實習，蔡秋明、許敏惠、林有昭、林英明編著，東江圖書公司 (84.8)

19. 機工實習，張皓堯、張清邦編著，長諾資訊圖書公司 (88.8)

20. 機工實習，許金山編著，長諾資訊圖書公司 (88.8)

21. 機械製造程序，王大靜譯，大孚書局 (75.6)

22. 實用機工學，蔡德藏編著，正工出版社 (84.9)

23. 機械製造，林義成、李國信、吳仁志編著，東大圖書公司 (94.8)。

24. 機械製造，鄭志賢、楊志豪編著，台科大圖書公司 (97.8)。

25. 機械製造 (Manufacturing Engineering and Technology)，邱雲堯、陳佳萬、張安欣、鄭偉盛、陳士榮、何世偉、喻立信編譯，文京圖書公司 (87.6)。

26. 機械材料，邱廣泉編著，全華圖書股份有限公司 (88.8)。

27. 機械材料，楊明恭、吳惟編著，東大圖書公司 (95.8)。

28. 機械工作法，龔肇鑄譯，東華出版社 (78.7)

29. 金工作業，徐萬椿譯，東華書局 (75.9)

30. 實技機工學，林炳輝編著，全國工商出版社 (75.5)

31. 機械基礎實習——鑄造，張晉昌編著，全華圖書股份有限公司 (88.9)

32. 數值控制機械，王飛達、林英明編著，長諾資訊圖書公司 (88.9)

33. 數值控制機械，吳政堯編著，全華圖書股份有限公司 (88.9)

34. 數值控制機械，陳春池、陳進郎編著，全華圖書股份有限公司 (97.8)

35. 數值控制機械實習，陳進郎、陳正瑄編著，全華圖書股份有限公司 (94.8)

36. 機械大意，楊映國、張文俊編著，全華圖書股份有限公司 (88.9)

37. 機械設計大意，吳思達、張世徵編著，全華圖書股份有限公司 (97.8)

38. 自動化概論，張充鑫、賴連康編著，全華圖書股份有限公司 (97.8)

39. 自動化概論，陳重銘編著，全華圖書股份有限公司 (97.8)

40. 鑄造實習，林益昌編著，全華圖書股份有限公司 (97.8)

41. 鑄造學，張晉昌編著，科友圖書公司 (97.8)

42. 沖壓模具製造能力本位訓練教材，趙子嚴著，行政院勞工委員會職訓局 (87.9)

43. 精密鑄造，林宗獻編著，全華圖書股份有限公司 (94.8)

44. 機械月刊，機械月刊社 (75 ～ 88 年)

45. CNC 工程製圖國家標準規範，經濟部中央標準局 (76.7)

46. 碳化鎢植焊被覆，黃慎模，機械月刊社 (90 年)。

47. Amstead, B.H., Ostwald, Phillip F. and Begeman, M.L., (1986). Manufacturing Processes, John Wiley & Sons.

48. E. Paul Degarmo, J. T. Black, ronald A. Kohser, (2002). Materials and processes in Manufacturing, John Wiley & Sons Inc. 9th edition, ISBN: 0471033065

49. Jairo Munoz, Phillip F. Ostwald, (1997). Manufacturing Processes and Systems. Muze Inc. 9th edition. ISBN: 0471047414

50. Krar, Stephen F.; Krar, Steve F.; Check, Albert F. (1996). Technology of Machine Tools, Blacklick, Ohio, U.S.A. Glencoe/McGraw-Hill Post Secondar, ISBN:0028030710.

51. Mikell P. Groover, (1996). Fundamentals of Modern Manufacturing-Materials, Processes, and Systems, Prentice Hall. ISBN:0133121828

52. Pollack, Herman W. (1973). Manufacturing and machine tool operations. Prentice Hall. 6th Printing.

53. U. Rembold, B. O. Nnaji. A. Storr. (1993). Computer-Integrated Manufacturing and Engineering. Addison-Wesley Pub (Sd) ISBN:0201565412.

54. 參考自：http://tupian.baike.com

55. 參考自：http://big5.made-in-china.com

56. 參考自：http://sword044.pixnet.net

57. ISTecnik Precision Laser：http://www.istecnik.com.au

58. Metrology Inc.：http://www.sanken.osaka-u.ac.jp/

59. Burningsmell：http://burningsmell.org/electrochem/

60. WIKIPEDIA：http://en.wikipedia.org

61. LEECH Indistries Ins.：http://www.leechind.com

62. 參考自：http://wenda.china.com

63. 參考自：www.people.com.cn

64. 參考自：www.instrument.com.cn

65. 參考自：http://yykld.com

66. 參考自：http://zh.wikipedia.org

67. 參考自：http://taiwanpedia.culture.tw/

68. 參考自：http://www.nipic.com/

69. 參考自：http://digitalarchives.tw/

70. 參考自：http://www.txooo.com/

71. 參考自：http://www.bdtic.com

72. 參考自：http://www.zhongyibaike.com/

73. 參考自：www.51jb.com

74. 參考自：http://zcplk.hbcdhg.com

75. 參考自：http://digitalmuseum.zju.edu.cn

76. 參考自：http://www.yuancailiao.net

77. 參考自：http://www.uua.cn/

78. 參考自：http://www.cndibo.com/

79. 參考自：http://bwg.gxdzzl.gov.cn

80. 參考自：http://www.ctaoci.com/

81. 參考自：http://www.taocang.com/

82. Richard R. Kibbe, John E. Neely, Roland O. Meyer, Warren T. White. (2001). Machine tool practices. Prentice Hall Inc. 7th edition. ISBN:0130334472.

83. Serope Kalpakjian, Steven R. Schmid. (2001). Manufacturing Engineering and Technology. Prentice Hall, Inc. 4th edition. ISBN:0130174408.

84. 機械製造，簡文通編著，全華圖書股份有限公司 (93.9)

85. 機械製造，王千億、王俊傑編著，全華圖書股份有限公司 (94.9)

國家圖書館出版品預行編目資料

機械製造 / 林英明, 卓漢明, 林彥伶編著. - - 八.
版. - - 新北市：全華圖書, 2024.01
　　面　；　公分
ISBN 978-626-328-814-0 (平裝)

　1.CST：機械製造

446.89　　　　　　　　　　　112021899

機械製造

作著／林英明、卓漢明、林彥伶

發行人／陳本源

執行編輯／林昱先

封面設計／楊昭琅

出版者／全華圖書股份有限公司

郵政帳號／0100836-1 號

印刷者／宏懋打字印刷股份有限公司

圖書編號／0614706

八版一刷／2024 年 01 月

基價／16 元

ISBN／978-626-328-814-0(平裝)

全華圖書／www.chwa.com.tw

全華網路書店 Open Tech／www.opentech.com.tw

若您對本書有任何問題，歡迎來信指導 book@chwa.com.tw

臺北總公司(北區營業處)
地址：23671 新北市土城區忠義路 21 號
電話：(02) 2262-5666
傳真：(02) 6637-3695、6637-3696

南區營業處
地址：80769 高雄市三民區應安街 12 號
電話：(07) 381-1377
傳真：(07) 862-5562

中區營業處
地址：40256 臺中市南區樹義一巷 26 號
電話：(04) 2261-8485
傳真：(04) 3600-9806(高中職)
　　　(04) 3601-8600(大專)

讀者回函卡

掃 QRcode 線上填寫 ▶▶▶

姓名：

生日：西元　　　　年　　　月　　　日　　性別：□男 □女

電話：（　　　）　　　　　　　手機：

通訊處：□□□□□

e-mail：（必填）

註：數字零，請用 ⊘ 表示，數字 1 與英文 L 請另註明並書寫端正，謝謝。

學歷：□高中·職　□專科　□大學　□碩士　□博士

職業：□工程師　□教師　□學生　□軍·公　□其他

學校/公司：　　　　　　　　　　　科系/部門：

· 需求書類：

□ A. 電子 □ B. 電機 □ C. 資訊 □ D. 機械 □ E. 汽車 □ F. 工管 □ G. 土木 □ H. 化工 □ I. 設計
□ J. 商管 □ K. 日文 □ L. 美容 □ M. 休閒 □ N. 餐飲 □ O. 其他

· 本次購買圖書為：　　　　　　　　　　　　　　　　書號：

· 您對本書的評價：

封面設計：□非常滿意 □滿意 □尚可 □需改善，請說明
內容表達：□非常滿意 □滿意 □尚可 □需改善，請說明
版面編排：□非常滿意 □滿意 □尚可 □需改善，請說明
印刷品質：□非常滿意 □滿意 □尚可 □需改善，請說明
書籍定價：□非常滿意 □滿意 □尚可 □需改善，請說明
整體評價：請說明

· 您在何處購買本書？

□書局　□網路書店　□書展　□團購　□其他

· 您購買本書的原因？（可複選）

□個人需要　□公司採購　□親友推薦　□老師指定用書　□其他

· 您希望全華以何種方式提供出版訊息及特惠活動？

□電子報　□DM　□廣告（媒體名稱）

· 您是否上過全華網路書店？（www.opentech.com.tw）

□是　□否　您的建議

· 您希望全華出版哪方面書籍？

· 您希望全華加強哪些服務？

感謝您提供寶貴意見，全華將秉持服務的熱忱，出版更多好書，以饗讀者。

填寫日期：　　　/　　　/

2020.09 修訂

勘　誤　表

書號		書　名	作　者
頁　數	行　數	錯誤或不當之詞句	建議修改之詞句

我有話要說：　（其它之批評與建議，如封面、編排、內容、印刷品質等‧‧‧）